**傑瑞德．法莫**

周沛郁　譯
林政道　審訂

# Elderflora

## A Modern History of Ancient Trees

從宗教、科學、歷史看古老植物
與人類的關係

Jared
Farmer

# 老樹的故事

致綠蔭墓園的守護者——無論為生者還是逝者。

浪濤起處曾有大樹
何等變遷大地目睹！
喧囂長路不似往昔
汪洋中央靜謐之處

——桂冠詩人阿佛烈·丁尼生（Alfred Tennyson，一八五〇年）

樹木遭受的苛待形形色色，皆出於無知和無信仰的黑暗；當光明到來，人心總是正直。

——環保運動家約翰·繆爾（John Muir，約寫於一九〇〇年）

我遍覽現今世界情勢，但我不恐懼，也沒喪氣。據計算，一個物種會存續九百萬年，所以人類在衰亡之前，或許能得到一些不可或缺的智慧。這世界已經運作了大約三十億年。以那麼長遠的視野來看，即使今日的衝突與困惑再難忍受，也不會令人悲觀或絕望。

——古生物學家溫妮弗雷德·戈德林（Winifred Goldring，一九五〇年）

# 目次

## Chapter 8　哀悼時刻

自序

# 刺果松WPN-114的殘骸

一九八八年的一個夏日，黃石公園發生森林大火，我和父親正開車穿過猶他州的「西部沙漠」。一過內華達州的州界，就是我們的目的地，大盆地國家公園（Great Basin National Park）。我們離開「美國最孤獨的公路」五十號公路，沿著惠勒峰景觀道路（Wheeler Peak Scenic Drive）往上開——這條路很平坦，開起來感覺非常輕鬆——然後在亞高山帶的一座停車場熄火。我們從停車場走過短短的步道，來到銀礦州（即內華達州）第二高山下的冰斗。我們望著「冰川」，它看起來像是一面石牆上疊著髒兮兮的冰。冰斗冰川退縮到快要消失，露出一層層冰磧（moraine）。一大片沒有土壤的石英石塊上長了一些樹，它們既是植物，又像是地質景觀。我父親是楊百翰大學（Brigham Young University）的科學家，當時應該跟我說過這個松樹族群出現於更新世（Pleistocene）之後。當時的我還是青少年，所以可能不在意那些。我不記得了，只記得那座山峰令我著迷。我想要爬上去。

事隔幾年，我爬上那座山脊——那是我爬的第一座超過一萬三千英尺（約四千公尺）的高山——在山頂郵筒裡的筆記本上，留下了我的名字。我一直記得筆記本裡的其中兩個人。一個是歐洲人，他遊遍了南猶他州迷人的紅岩沙漠地區，大盆地的灰暗地貌讓他感到舒服許多。另一個是來自內華達州白松郡

（White Pine County）的當地男性，分享了高山反應帶來的痛苦。他寫道，我好寂寞，我只是想要有個男朋友。

二十年過去了，我再度造訪冰斗，這次我關注的是松樹。在我動筆起草本書書稿之前，我想前來致意。我承認，自己也希望在多岩的樹叢間得到一些啟發。我自宗教信仰中養成的魔法思維習慣已根深蒂固。我知道這些亙古山峰的陰影中有著昔日的生命，那是近乎神聖的事物——科學界已知最古老的樹。我渴望接近它，但又不想太靠近。我抗拒著向樹椿朝聖的衝動。身為歷史學教授，我從歷史的觀點，把我渴望的對象視為文化迷戀的象徵。

隔年，我又回去了。我的心改變了我的想法。我必須親眼看見並觸摸那棵大盆地刺果松——WPN-114的殘骸。

# 前言
# 尋找最老生物

目前已知現存的最老生物是什麼？我們又是怎麼知道的呢？還有我們為什麼想要知道？對於這個問題的解釋，是一段充滿好奇與關心的歷史。這個故事也涉及科學和宗教。最重要的是，故事中蘊含著人類與樹木的關係，而且是無比悠長的長期關係。我和千年的植物共同創作，這些關於現代與昔日的敘事，關乎著地球未完的篇章。

## 充滿傳說色彩的老樹

樹木是植物，但被人稱為「樹」，這是個尊貴的名稱，但不是植物學名詞。樹性（treeness）的本質是擬人化。樹和人天差地遠，是模組化生物體（modular organism）[1]，但人類在誤解之下，把樹提升為像人一般的存在：具有軀幹和肢體的個體。在擬人化的植物之中，巨型植物（*megaflora*）和古老植物物

(1) 編註：一般維管束植物皆屬此類，以樹木來說，樹枝是一種模組。

（*elderflora*）這兩個重疊的類別，在活著的時候得到了最高的榮耀，而且在死後激起最深刻的悲傷。人們珍惜大樹、老樹，尤其是高大的老樹。

但也有不珍惜的時候。

在現存最古老的神話與最早的文本中，古老植物既受敬重，又遭到破壞。久遠的古樹因為它與神祇或英雄、苦行僧或先知有關的特定地點，而被賦予神聖的地位。那些樹生長在聖地，有些至今仍在。若是樹木死亡或被砍伐，守護者會重新種樹，以延續聖地的生命。聖化樹木的年齡其實沒那麼久遠，而是受到歲月加持。它的樹齡不是以數字表示，而是一種相對的概念——「像某個人事物一樣老」，或是「比某個人事物更老」。

應許之地正是完美的例子。約瑟夫（Josephus）是來自耶路撒冷的法利賽人，成為羅馬公民，並在希臘撰寫了多本編年史。這位移居者在《猶太古史》（*Jewish Antiquities*）中改寫了《希伯來聖經》，納入了《創世紀》的場景：亞伯拉罕在約旦河西岸希布倫（Hebron）附近的幔利（Mamre）紮營，在一棵櫟樹下接待三位天使。約瑟夫辨識出那棵樹是「奧奇其斯」（Ogyges），這個古希臘名讓人想起終結白銀時代的大洪水。約瑟夫的另一部大作，第一手記述了猶太人對抗羅馬人的大起義，他在書中記載，現今希布倫的紀念碑之中，有一棵著名的篤耨香（terebinth）早在創世紀時就已存在。它和宙斯一樣古老，年代比大洪水還要久遠；那位古歷史學家描述了幔利附近的兩棵上古樹木。[1]

不知何時開始，這兩種概念融合為一種有機的形式——「幔利櫟樹」（Oak of Mamre），也就是「亞伯拉罕櫟樹」（Abraham's Oak）。西元四世紀，第一位基督教皇帝君士坦丁建造了一間廊柱大廳，圍住並淨化那棵指定的樹，因為當時異教徒還會用神像和祭品來崇拜它。多虧了皇帝的關注，幔利的年度市集兼具商業與宗教意義，吸引訪客遠道而來。

這個最老生物的體現——比「世界」更早出現的樹——比其宿主生物的生命更長久。這些世紀以來，幔利櫟樹死過幾次，經過遷移，也曾同時占據多個位置。猶太人、基督徒和穆斯林，使那裡成為泛亞伯拉罕諸教的朝聖地。十字軍和中世紀的朝聖者，剝下了樹上的有機紀念品，反覆為其帶來傷害。十九世紀，帶著筆刷和相機的遊客，把目光落在一棵樹幹三叉而美麗如畫的以色列櫟身上。一場暴風雪吹斷了其中一根樹幹時，耶路撒冷的英國領事館抓緊了這個機會。據說當地的阿拉伯人告誡他，傷害這棵樹的人會失去長子，但領事館的翻譯官沒有理會，反而徵用了駱駝，載著櫟樹殘骸朝倫敦而去。一八七一年，這棵外觀殘缺之大樹周圍的鄉村土地，被俄國東正教教會從穆斯林手中買下，興建了一座教堂，之後就被現代的巴勒斯坦城市希布倫包圍。二十世紀尾聲——由耶穌的出生年開始計算，而耶穌與約瑟夫大約是同時代的人——那棵圍著欄杆、架著支架、包著鋼鐵的櫟樹再度死去。二〇一九年，櫟樹的樹幹終於倒下，教堂的樹藝師只好為最新的接替者騰出土裡的空間。

以全球來看，關注這棵枯樹盛衰的信徒並不多。幔利櫟樹不再享譽世界，原因除了主要來自俄國的朝聖者必須通過以色列的檢查哨之外，還有其他很多因素，而且各地還有很多經過科學加持的「可信」老樹。

## 判定老樹的年齡

「世界上」——明確來說是羅馬世界中——最早出現的最老樹木清單，出現於老普林尼（Pliny）的《博物誌》（*Natural History*），而老普林尼也是與約瑟夫同時代的人。這本多達兩萬則記事的選集，因為作者過世而中斷；作者的死因是太過近距離地觀察維蘇威火山的爆發。老普林尼是位早期科學家，主要使用相對定年法來判定樹木年紀，在能提供已知或預估的種植時間時，則再以數字補充。這位博物學家在這本遺著中，明顯懷疑地提到比羅馬更老、跟雅典一樣老的一些樹。[2]

老普林尼過世後的一千五百年，後羅馬時代的知識分子仍偏好相對定年法。直到十八世紀，科學才成為西方人判定古老植物年齡價值的主要機制。約翰・伊夫林（John Evelyn, 1620–1706）是十七世紀英國知名文人，在最早的英文森林學論文裡，編纂了更新的老樹清單。在一般聖化的種植樹木之外，伊夫林也加上自然生長的老樹。對他的讀者來說，所謂的「世界」已經包含了美洲。當時許多研究轉以量化呈現，與伊夫林同時代的英國學者開始計算木質組織，也就是形成層（cambium）的層次，以估算樹齡。樹齡變成了形成層齡，或是最老樹輪的年齡。對理性主義者和福音派來說，「一千」這個數字成為古老樹木的門檻。伊夫林解釋了如何靠著數算樹幹內刻畫的「太陽週期或樹輪」來「粗估」木本植物的歲數。[3]遺憾的是，對伊夫林這樣的愛樹人而言，只有倒木或砍伐樹木，才能用樹輪計算樹齡。

一八三四年，英文中首度出現「科學家」（scientist）這個詞。十九世紀，隨著「科學植物學」在歐洲專業化，附插圖的老樹清單成為百科全書的常見內容。地質學家思考著能不能用地層化石來推算地球的年紀，如此推測所得到的數字，是數百萬年以至於數十億年；植物學家則想知道是否有單一生物體能活到六千年以上，超過《聖經》的年表。地質學家用一種相對定年法，靠著判斷哪一層岩石比較古老或年輕，將事件按年代排序。植物學家則靠著形成層，朝著絕對定年的目標努力。研究岩石和樹木的學者同樣力圖「打破時間的限制」。[4]

現代博物學家用林奈（Carl Linnaeus）發展出的分類與命名系統，來研究植物物種的相對壽命，並在學會的刊物上發表論文。研究植物學家——他們許多受雇於植物園這種新機構——仔細檢查了長壽的歐洲樹木，尤其是紅豆杉，特別是英國教堂墓地的紅豆杉。英國號稱發明了現代科學，試圖從標誌性的針葉樹得到經驗證據，其結果有好有壞。

同時，像世界知名的普魯士博物學家亞歷山大・馮・洪堡德（Alexander von Humboldt）這樣的田野科學家，隨著帝國的航道，在非洲、美洲和紐澳發掘巨型植物。他們誤以為愈大的植物就愈老，而且最大的植物應該出現於亞熱帶，因為那裡的氣候有利於生長，也不像歐亞大陸那麼集約地利用木材。植物計齡學者預估，「至少六千歲」這個稱號的角逐者，包括塞內加爾的一棵猢猻木[(2)]、特內里費島（Tenerife）的一棵龍血樹、瓦哈卡（Oaxaca）的一棵落羽松[(3)]，而昆士蘭的一棵蘇鐵也曾短暫上榜。

---

(2) 審訂註：又稱猴麵包樹（*Adansonia digitata*），為錦葵科的落葉大喬木，具有非常明顯的樹幹基部膨大特徵。原產熱帶非洲。

(3) 審訂註：這裡指的落羽松為墨西哥落羽松（*Taxodium mucronatum*），目前分類上屬於柏科（Cupressaceae），墨西哥瓦哈卡州有一株胸徑達一四・〇五公尺，是目前所知世界上最粗的樹。

科學旅人為自然旅遊者鋪了路，他們是典型的現代人物。對於有知識、有預算的人而言，造訪最新發現的最古老巨型植物，是另一種值得吸取的經驗。在某些特定地區，古老樹木的現代新奇感變得商品化了，像是在美國內華達山脈，中產階級的美國人會乘坐驛站馬車穿過被挖空的紅杉。

在進行科學調查和旅遊邂逅的同時，十八、十九世紀的西方政府著手實行「科學林業」，讓樹齡變得工具化。由國家資助的林業是永續性的高峰，這個早期的現代觀念，和永久管理土地的國家治理理念並行發展。帝國征服和工業革命都要靠木製品，像是占領土地和虜俘人時都要使用有木製槍托的長槍；需要裝有高大桅杆的海軍船艦來運輸奴隸，以便壓榨他們的勞力；都市的無產階級需要木造的公寓和工廠；而這一切也都需要木頭鉛筆記在紙本帳簿上。

林業技師把樹木依世代分群，讓成熟的樹木在永續收穫的基礎上，於最理想的時間點砍伐。生長錐（*Zuwachsbohrer*）促進了作物輪作的合理做法。這種由德國發明的機械，是一種手持的曲柄工具，能取出樹芯樣本，一條條地測量樹的年齡，盡可能減少對植物的損傷。技師只要計算樹芯的樹輪，就能推導出接近的樹齡。後來，中歐的林業官員把針葉樹重新歸類為可取代的木材蓄積，並將「非凡」的樹木編目、保存，尤其是與宙斯、朱比特和索爾等天神有關的夏櫟，能從形態看出它非常古老。科學的「喬林」（high forest）除魅化，伴隨著個別樹木的世俗再魅化。

不過，最長的生長錐也鑽不到曾生長在環太平洋地區周邊——從加州北部到智利南部、紐西蘭和臺灣——的巨大針葉樹髓心。植物學家從樹樁推斷那些樹的樹齡，而那樣的樹樁可多了，這又是十九世紀的另一個傳承。在帝國的周邊區域，在林業技師從大都會來臨之前，移居者剝奪了原住民的土地，激烈地恣意皆伐森林[(4)]。過程中，西方人讓西方的永續概念成了笑柄。殖民屯墾主義和工業資本主義結合，讓各地一些有史以來最高大、最古老樹木的神聖地位被褻瀆並遭到毀壞。這些採伐者就像約瑟夫・康拉德（Joseph Conrad）的小說《黑暗之心》（*Heart of Darkness*）裡的馬洛（Marlow）一樣，想像他們是「旅行回到了世界初始之時，植物正在地球上大肆生長，而大樹在其中稱王」。[5] 這類對森林的弒殺行為，引發了反制的森林保護運動，其主導者有些是移居者後代，有些是原住民社運人士。

關於利用、保存與調查老齡林樹木，最重要的地區莫過於美國征服時代和之後的北美洲西部。研究「樹木時間」的樹輪學（dendrochronology）正是發源自那裡。對於樹木可以在生長層中記錄氣候訊號的這種基本理解，至少可以追溯到達文西（Leonardo Da Vinci, 1452–1519）的年代。包括亨利・梭羅（Henry David Thoreau）在內的許多十九世紀博物學家，都會從樹輪中解讀訊息。起初，人們是把每棵樹當作個別的文本來解讀。後來，亞利桑那大學的天文學家安德魯・埃利克・道格拉斯（Andrew Ellicott Douglass）編纂了樹芯樣本的交叉比對資料庫。由於樹輪對氣候很敏感，他發現如果要為不知樹齡的樹林定年，可以比對已知樹齡的同種活樹木之樹輪。亞利桑那州半乾燥地區的針葉樹，會形成理想的「樣本樹輪」（timewood），清晰可辨、未腐朽，從頭到尾都很完整。道格拉斯建立了美國西南部樹輪模式的年表之後，就能判斷當地原住民普韋布洛（Puebloa）村落遺跡梁木的絕對年代。考古學家對於樹輪時間就是曆法時間的證明，感到歡欣。不同於岩石層的相對定年，環狀生長的樹輪能用來做年分上的解析。

(4) 編註：「皆伐」為專業用語，指一次全部砍光。

道格拉斯的知名學生艾德蒙·舒爾曼（Edmund Schulman）則往另一個方向發展，他由多個屬、種的不同樹木建立了樣本網路。一九四〇年代和一九五〇年代，舒爾曼在夏日進行了漫長的野外調查旅程，行駛過塵土遍布的崎嶇道路，為針葉樹鑽樹芯，在轎車後車廂裡裝滿了樣本和筆記。舒爾曼整合了統計分析資料，推斷出次大陸層級的數千年氣候變遷。舒爾曼在全面性的野外調查過程中，發現了比紅杉更古老的松樹。那些松樹不是生長在最佳地段的大樹，而是乾旱的高海拔山坡上發育不良的樹木。舒爾曼從資料中發展出一種反洪堡德（anti-Humboldtian）的原則——「逆境中的長壽」。[6]

對形成層齡的科學探究始於歐洲紅豆杉，最終於美國大盆地的刺果松達到巔峰。紅豆杉充滿古老的意義，卻無法靠著採樣和解讀樣本樹輪來定年，因為紅豆杉會變得中空。世界爺的樹幹結實，可以定年，但得要等到樹傾倒之後才能這麼做，因為世界爺太粗了，無法用生長錐取樹芯。刺果松的運作類似紅豆杉，不過與紅豆杉相反，它能精確地定年，而且充滿現代意義。

透過樹輪學，古老植物的森林有了新生機。多節瘤的樹木原本沒有經濟價值，現在卻有了立即的科學用處，能產生並記錄經驗證據。一九六〇年代，研究人員利用舒爾曼野外樣區交叉定年的樣本樹輪，校正了放射性碳（碳十四）定年法；碳十四是原子武器研究的一個衍生產物。科學家檢視死亡有機物中殘存的同位素碳——這是過去大氣的殘留物——濃度，就能估算許多東西的年代，而且不只限於層狀物體。放射性碳定年法在校正之後，就成為考古學家和植物學家寶貴的工具。植物學家終於能推估非喬木植物，以及樹輪短缺或不可靠的樹木之年齡。

在仔細檢視後，相關學者發現刺果松的細胞層可做為參照依據。氣候學家透過它們，發現了溫度和降水的代理資料，便用這些資料重新建構地區的歷史，並且模擬半個地球的未來。天文物理學家也在那些細胞組織中，發現了來自宇宙放射性事件所造成的同位素訊號。大盆地刺果松（*Pinus longaeva*）是史前植物的活媒介，代表著終極的現代老樹。

在舒爾曼之後，對於最古老生物的科學探索不再限於個體；這種概念從未真正適合模組化生物體。以功能來看，每個分枝模組都是一個生物體，能夠獨立生長——此為果樹繁殖這種古老園藝技術所依循的原理。其實，植物的生命長度，正是第一個模組誕生之後，直到最後一個模組死亡之前的時間。因此，目前對極長壽植物的調查，拓展到無性繁殖的個體和族群。在這樣的定義下，那些稱為樹木的植物，可能有數萬歲那麼老。親緣演化學者（phylogeneticist）(5)透過「分子鐘」（molecular clock，又稱演化鐘）的技術，也能估測木本植物的演化年齡（即該樹種形成的時間），可追溯到數千萬或數億年前。達爾文所說的「沒有一個現存物種會毫不變更地把原樣傳播到遙遠的未來」或許沒有錯，不過，某些裸子植物確實讓它們的樣貌流傳過時間之海。[7] 一九四〇年代與之後的一九九〇年代，在中國和澳洲，陸續有植物學家宣布了驚人發現，這些似乎年代錯置的活「恐龍樹」，與中生代的化石十分近似。

今日，樹輪學者繼續列舉古老植物，地點遍及沼澤、熔岩平原和人類出沒之處。不過，一旦加以量測，生命就有了盡頭。《傳道書》（*Ecclesiastes*）的告誡仍然適用：「因為多有智慧，就多有愁煩；加增知識的，就加增憂傷。」[8] 一旦最老的樹被發現，也就代表其時日不多，而該地也染上了些許悲淒。知名

(5) 編註：研究物種間親緣關係與演化的學者。

老樹不只吸引了愛樹如癡的旅客，也吸引了蓄意破壞者，或是無意中攜帶病原體的人。和聖化的樹不同，已定年的樹無法重生，只有老一次的機會。氣候變遷則加重了失去老樹的預感。我們比從前的任何世代，都更了解千年老樹的地理座標和實際樹齡，而且，預測老樹之死，預見了我們的悲傷，並在之後發現悲傷來得比預期更快。

## 聖樹的命運

目前，我一直避談本篇開場的問題：目前已知現存的最老生物是什麼？簡而言之，目前紀錄中所列最古老生物是位於加州高聳白山山脈的大盆地刺果松，定年者是艾德蒙．舒爾曼。人們稱之為「馬土撒拉」（Methuselah），這個名字源自《聖經》中的族長，他活到了九百六十九歲。那棵刺果松已超越一般物質的範疇，而升級為具有意義的存在。馬土撒拉的守護者對其座標位置守口如瓶，以免這棵刺果松受到傷害。天底下有誰敢傷害將近五千歲的生物呢？這個念頭讓人一想就覺得是褻瀆。用社會人類學的老式說法則是：破壞圖騰的感覺很禁忌。

當我以為自己是在研究演化孑遺（殘遺）和科學史的時候，其根源一再把我帶向文物和宗教研究。對於世俗人士尋求那些經儀器定年的古樹光環時，我已經見怪不怪了。他們的追尋符合某種深層的模式。

人類經常把特殊的植物獨立出來，加以命名；而這些被精心照顧的擬人植物（plant-persons），則讓人類理解並彌補自己造成傷害的能力。在聖化樹木的陰影中，潛伏著對立的原型，也就是褻瀆樹木的人。

他傳統上是男性，如同黎巴嫩山上的吉爾伽美什（Gilgamesh），為了興建神殿大門而掠奪神聖的雪松。或是阿育王（Aśoka），這位印度皇帝試圖砍倒菩提樹未果之後，走上了佛陀之路。也可能也是穆泰瓦基勒（al-Mutawakkil），在波斯文本中，這位阿拔斯帝國（Abbasid）的哈里發，在砍倒一棵有紀念意義的柏木之後，英年早逝；那棵柏木和天堂一樣古老，是由先知查拉圖斯特拉（Zoroaster）種下的。[9] 或者像是拉塔（Rātā），這位玻里尼西亞英雄沒有徵求一棵莊嚴的樹木同意，就砍下它並刻成獨木舟，激怒了諸神，後來諸神用咒語讓那棵樹復活。

他也是厄律西特（Erysichthon），這個對神不敬的王子，下令砍掉狄蜜特女神的樹林。按照古羅馬詩人奧維德（Ovid）筆下的經典情節，這個希臘神話人物遭到了報應。厄律西特因為僕人拒絕完成褻瀆而斥責他們，自己抓起斧頭，砍掉了最老、最大棵的櫟樹，而那棵樹本身已經長成一座樹林。厄律西特砍斷那棵樹的同時，也切斷了與之同齡的樹精壽命，但樹精搶先詛咒了王子，讓他感受到無盡的飢餓。[10]

法律和文學的情況相同；制裁砍伐聖樹者，是最早有記載的自然保護行為，分別出現在中國戰國時代和古典希臘時期。我們對希臘「神聖樹林」的了解非常少，而且大多來自界碑上的銘刻。相關的規定、禁止和罰款的數目都顯示了不是所有古希臘人都信仰神祇和樹精，而不去盜伐樹木。

照料樹木（包括園藝）的當地歷史，和全球砍伐森林的傳承共存著。一百萬年前，早期人族和小蠹蟲一同成為喬木的頂級掠食者。地球環境改造的原始科技是火。更新世晚期，使用火把的人類小群體促成了廣泛的物種滅絕；他們藉著焚燒來整地，無差別地吞噬一切。不過，在之後的漫長歲月中，刀耕火種的傳統做法能減少競爭，降低嚴重火災的機率，有利於許多種類的樹木生長。直到這幾個世紀，人們結合了焚燒石化燃料，才放棄混農林業，回歸焦土整地的方式。熱帶地區種植經濟作物的農民，焚燒了具有豐富生物多樣性的森林，以騰出空間來栽種馴化植物。即使有國家林業和大規模的植樹行動，現在地球的總木本植物生物量也比末次冰期結束後的那段時間來得少。

人們不只焚燒森林取得土地，也掠奪森林，取得梁木建材。約翰．伊夫林曾譴責「浪費、破壞用材樹種的行為隨處可見」。[11]富含樹脂的木材，相當於有機的黃金，它們擁有完美的化學組成。人們在發明了砍樹工具之後，就渴望得到最好的木材用於最重要的用途。原因很簡單：能利用，才有敬重。早前的各種傳統中，人類會透過儀式來安撫巨型植物，然後再將植物砍下。文化群體能尊崇個別樹木，尤其是種在墓園的樹，同時卻也伐除整片地景中的森林；東亞的歷史正是這樣。好幾千年前，農業學家就把黃河流域的低地改造成田野和稻田；十一世紀，中國皇帝為了因應木材危機，把腦筋動到南方山林遍布的長江流域，徵來的工人在那裡為了北京的宮殿而採伐老齡林木材。國家也透過稅收政策，鼓勵改種可供買賣的杉木人工林。

在世界各地，一棵老樹倒下可能很吉利，也可能駭人聽聞，而伐採數百萬棵製材植物卻不值得關注。在我出生那一年，紙業公司在廣告中宣揚這則老生常談：「大多人覺得樹木神聖。但仔細想想，有些樹想必很平凡。」[12]

說來矛盾，無論不干預或加以照料，老樹都能獲益。中國哲學經典《莊子》一書中，不斷出現木工雖然能砍下歪曲老樹，卻不覺得那些樹值得砍下的寓言。這位哲學家將無用奉為長壽的奧祕。不能砍的樹可以安享天年[(6)]，因此成為聖地。莊子說，人們應該種植並照顧那些看似無用的東西。[13]

另一個矛盾是，對老樹的關懷，不等同於對老年人的照顧。因為歪曲的樹木彷彿具人格性，卻擁有極長的壽命，而且體現了老而不衰，因此令人驚奇及敬重，不像老人佝僂的身體令人同情或輕蔑。雖然普遍認為智慧與年紀有正相關，但有記載的歷史中，對長者的偏見卻是常態，而非例外。

還有一個矛盾是，老樹既是跨文化的尊敬對象，也是文化間褻瀆的對象。在衝突時期，人們可能把對手最古老的植物連根拔起，即使自己的聖典禁止那樣的行為。人們破壞樹木的典型故事不只這些。盧肯（Lucan）是一位光芒不及奧維德的詩人，他曾敘述過凱撒大帝（Julius Caesar）在高盧戰役時，下令砍伐一片凱爾特樹林——這個故事的真實性可議，但不至於難以置信——凱撒的士兵厭惡地退縮時，凱撒抓起一把斧頭，在一棵高聳的櫟樹上砍出第一道切口，然後用褻瀆的話激怒德魯伊（Druids）[(7)]。[14]在後羅馬時期的歐洲，基督教傳教士砍倒了數以千計的聖化樹木和樹型的聖柱，同時崇拜十字架。他們花了超過一千年的時間宣揚教義並摧毀各種異教符號。在此同時，許多異教徒的樹木再生為天主教的朝聖地。

在科學與技術之前讓老樹倒下，是令人驚慌又耗時的工作。要做出這樣的行為，需要瀆神或贖罪。在之後的章節中，我會分享一些伐採工人為了「不理性」的原因，拒絕傷害老樹心材的絕妙例子。後啟

(6) 審訂註：出自《莊子．山木》：莊子行於山中，見大木，枝葉盛茂，伐木者止其旁而不取也。問其故。曰：「無所可用。」莊子曰：「此木以不材得終其天年。」

(7) 編註：凱爾特人的祭司與智者，擁有極高的宗教及社會地位。

蒙時期的歐洲人及其殖民地，大多學會了擺脫他們對巨型植物和古老植物的敬畏，而取代這些情感的，是理性主義和管理（例如國有林地），或好奇與關懷（例如自然紀念物和國家公園）。總而言之，經營或保護的森林區雖然重要，範圍卻遠遠小於人類皆伐的區域。

十九世紀，歐洲人把歐洲的「原始林」縮減到剩下從俄國瓜分的一小塊波蘭。在這樣的背景下，德國和不列顛的新教事實主義者，把「樹木崇拜」歸類為「原始人」的遺俗。詹姆斯・喬治・弗雷澤（James George Frazer）著有暢銷書《金枝》（*Golden Bough*, 1890），提出人類意識的一個演化理論。弗雷澤設想了從泛靈信仰到多神信仰，再到一神信仰，最後到世俗主義的一種漸進式演變。簡單來說，就是從魔法到宗教，再到科學。這位劍橋教師在生涯尾聲時，哀嘆著人類所有出於沿襲迷信的不理性行為而「浪費的時間」。[15]

依據弗雷澤這樣的學者所言，古代異教崇拜者犯下了範疇錯誤(8)，誤以為聖樹本身是神聖的。希臘人和羅馬人展現了比較「先進」的思維，將一群群樹木聖化為神祇的所有物。依據神話學教授的解讀，天主教是朝偶像崇拜開倒車，因為十字架的信仰其實重現了樹木信仰。回過頭看，維多利亞時代（1837–1901）的人忽略了似乎很明顯的事情。在歐洲之外，傳統的聖樹繼續出現在現代化的場景中。比如日本，明治政府將神社的樹林納入管理。直到今日，許多國家仍然存在被奉為聖物的巨大樹木，從土耳其（用破布將之綁起來）、印度（以棉線包裹它）到南韓（在其周圍設置稻草繩）皆有。

弗雷澤對所有科學、統治者和旅遊業認可的世俗聖樹，都視若無睹。十九世紀的歐洲盲目崇拜古老遺跡，包括考古、建築和樹木。這些東西的現代性，產生了與古代的新關係。第二次世界大戰前的數十年間，以德國為首的工業國家，把老樹或其他值得注目的樹木編目，以便進行保護。強權國家的保育學家，把這個世界視為同步的政治圈，把各國經過科學認證的古老有機紀念物想成獨立而同等重要的遺產。二戰之後，非政府組織和國際公約在創立「世界遺產」的同時，也為小規模的保護區設立了法律規範。今日，遊客會到加州紅杉海岸邊，名列聯合國教科文組織（UNESCO）的那些國家公園，造訪州立保護區「大教堂樹林」（Cathedral Grove）。而加州另一側的乾燥區域，科學朝聖者則循著舒爾曼教授的足跡，體驗國家保護區「馬士撒拉樹林」的神聖力量。

簡而言之，聖樹不只實際上存活下來，也在文化中存活下來，成為當今的傳統。《金枝》提供了一些養分，它在經人斷章取義之後，成為二十世紀希望振興自然崇拜的反現代主義者（例如新異教徒）的資料來源。弗雷澤的神話創造之影響，在托爾金（John Ronald Reuel Tolkien）身上發揚光大。托爾金賦予樹人生命，他們是巨木的原始種族，也是中土世界最古老的生物。奇幻小說可說是現代版的神話，常常出現樹木崇拜的內容。遊客可以去日本造訪吉卜力動畫《魔法公主》中的扁柏老齡林，或去迪士尼樂園，體驗科幻電影《阿凡達》（*Avatar*）中的潘朵拉星球實體。

老樹的資料充斥著謬論和幻想，就連權威鉅作也不例外。最常見的謬見和樹齡有關。能計時定年的植物相對比較少。號稱非常老或特定年齡的知名樹木，多半沒那麼老；目前的紀錄保持者，在儀器定年之前大多默默無名。同樣地，任何被聲稱為古老特定樹木的地方依戀（place attachment），很可能實際上

(8) 編註：指將原屬於某種範疇的事實，用另一種範疇來描述。

是現代產物，儘管人類那種與老樹產生關聯的衝動，具有悠久的歷史。

其實，我們用不著假設這些攀關係的行為有什麼固有或演化上的衝動。看看那些沒有基因的迷因（Meme），就明白了。按照弗雷澤的說法，人們對那棵長壽的刺果松馬土撒拉油然而生的情感，與其說是原始遺俗，不如說是文化傳播。最老的植物要能存續，不只植物要夠長壽，文學與法律也要隨之延續。它需要代代相傳的敬重與褻瀆的故事。故事和樹木一樣，是世上最經久不衰的事物。

## 以地點為基礎的星球史

雖然我在第一章就闡述了這種有點出於臆測的跨文化背景，但無意講述一個放諸四海皆準的故事。我採取的是西方的敘事視角，以科學態度和方式探尋世界上最老的生物，一路被帶往陌生甚至怪異的地方。目的地是超越人類的「綜觀時間性」（timefulness）[9]。雖然我的故事中引入了全球化的西方時間性——諸如線性時間、歷史主義、千禧年運動、《聖經》與文明與地質的時間尺度、格里曆及世界標準時間——但我的目標不在撰寫全球歷史。我想嘗試的是一種不同的類型——以地點為基礎的星球史。

我在本書中使用的「世界」、「全球」、「星球」和「地球」，各有不同的意義。「地球」獨一無二，是一個天體。地球的過去涵蓋了許多可居住的星球或生物圈。這個星球不斷改變，通常改變緩慢，有時則極為迅速。在地球殘存的億萬歲月間，它還會展現許多其他額外的變化。智人（*Homo sapiens*）於新生代的全新世（Holocene）發展出壯大的生物圈，並孕育出極為多樣的人類世界或世界觀，這是為了理解人類在宇宙中所在位置而形成的文化系統。在近五百年的全球化中，帝國與國家／國際的「世界」猛烈吞噬了地方「世界」（local worlds）和地方的時間性。地方與全球之間的歷史張力，影響著當前應對星球變遷的國際努力。

對「最老生物」的好奇與關注，與西方殖民主義和石化燃料資本主義這兩大「古老」破壞者的關係密切，並非偶然。雖然傳統知識以及那些使其得以存活保留的長者，在現代化過程中變得可有可無，但老樹對現代人卻變得更加珍貴。在社會與生態轉型的背景下，樹木長壽的數值驗證以及象徵性樣本的保存得以進行。各種舊有的經濟模式、古老的語言、棲地和物種，都遭受了摧殘。許多其他舊有的事物得以留存或改變；我們應該始終對現代性過度強調堅持自身的創新、並自負地拒絕《傳道書》中「日光之下並無新事」[16]這類古老格言的態度，抱持懷疑。不過，西方世界對於發現、累積和不斷追求新鮮的執著，終究產生了可量測的新事物，也就是人類活動所改變的碳循環。

對現代來說，歷史學家述說了各種「漫長的世紀」，其中「漫長的十九世紀」通常定義為法國大革命和第一次世界大戰之間的時期。我的書正是在講最漫長的十九世紀，那是星球年齡、演化年齡和樹木年齡在線性時間上，把人類意識遠遠拉回過往的一段時間；同時，隨著改用石化燃料能源，又把人類的衝擊遠遠拋向未來。

(9) 編註：這個概念來自地質學家瑪希婭・貝約內魯（Marcia Bjornerud）的著作《地質學家的記時錄：從山脈、大氣的悠遠演變，思索氣候變遷與地球的未來》（*Timefulness: How Thinking Like a Geologist Can Help Save the World*），二〇二〇年，商周出版。

我身為環境歷史學家，是透過長壽的樹木來進行長時間、跨尺度的思考。這些樹同時兼具超在地性（hyperlocals）、超地球性（ultraterrestrials）和超長壽性（supermortals）。若用愛因斯坦式的語言來定義：這些植物存在於「地景時間」（placetime）之中。在這些樹木創造的故事中，同時以不同速度的地質時間、演化時間和歷史時間進行。古老的物種經歷過許多版本的地球，一次聚焦一處。它們就是此地的過去。現存的古老樣本，在樹輪裡記錄了人為氣候驅力（climate forcing）的演變。這些時間的守護者，讓我能述說碳循環遙遠抽象的尺度，以及教堂墓地切身而物質化的尺度。我的每一章都在微觀（超級地方性的植物與其生態系）、中觀（帝國、國家、民族及生物區）與宏觀（生物圈）之間切換。我跨越時間性，讓植物和人聚在一起，揭示全球的關係與星球的未來。

藉著分享人類與古老生物之間的故事——這些長壽樹木以如此貼近地球、卻又近乎異界的方式經歷時空（時間中的地點、地點中的時間）——我希望能對包括未來的線性時間，說出一些帶來希望或至少不絕望的話語。相對於基督教時間的神聖線性，或地質時代的世俗線性——兩者皆由大災難定義——我想強調的是：延長當下、延遲結局、接納不確定性的做法，也有神聖的潛力。我預想到石化燃料資本主義結束後的下一個新世界，我們的廢墟中將有花園欣欣向榮。

我盡可能抗拒自稱為「愛樹派」。我擔心我自己欣賞老樹，會被理解成我是在為研究老樹的西方男性辯護。他們撰寫「最老！最大！最極端！」的編年史裡，有些稚氣的成分。而博物學家量測樹圍來估算樹齡的歷史，則有點好笑，而且有點陽具崇拜。我雖然是在做研究，戀樹癖卻不斷加重。各種十九世紀的人物愈來愈令我惱怒並且疲憊：那些賣弄學問的古物收藏家、體面的遊客、邊境的叫賣商人、帝國的林業官員等等，滔滔不絕地講著古老的大樹。現代人即使有了樹輪學的洞見，卻仍然為了賦予古老生物意義，在種族、國家、文明，還有多愁善感的神祕主義等方面開倒車。

我沒有摒棄這些混亂的文獻，包括把植物給擬人化這件事，而是決定與這些文獻並肩同行，透過它們來努力。我的歷史班底雖然有大量的已故白人男性和糟糕透頂的角色，但其中有些人盡其所能，在他們身處的時空，超脫自身、超越我們的物種而思考。古老枝幹與其地景時間，容許那些真實而成熟的沉思，能令人產生深刻的認知改變。我在經濟植物學與樹輪學之中，發現了植生哲學（vegetal philosophy）。我在擬人化的樹性中，發現了樹木的本質（treehood）。那些被大家稱為「老樹」的植物，擁有自己的生命；它們超脫了意識形態和方法論，活得比我們任何人還要久。

必須一提的是，我對刺果松之鄉美國大盆地有著無與倫比的歸屬感，那片土地讓我感到前所未有的自在。我是英國和德國移民的後代，在猶他州長大。我在布魯克林開始勾勒這本書的輪廓，因為書中的一些章節涉及十九世紀來自英國與德國的人民與思想對全球造成的影響，也因為我的敘事隨著來到二十世紀的美國大盆地而達到高潮，我想，接下來的內容可能看似過於個人化，事實上卻處處令我感到驚奇和挑戰。我要感謝或大或小的裸子植物，迫使我重新思考自己在時間中的地位。

## 植物的生物學

這時就用上生物學的說明了。雖然「最老的生物」是一個符號，卻不能簡化成符號學。這種概念需要的是物質，而且是有機物。歷史學家靠著歷史，能做的事有限。人們或許能構思「樹木」的意義，並為他們稱為「老樹」的維管束植物確立其歲月價值，但無法創造出在原地生長幾個世紀的生命。唯獨依賴太陽能的生物，才能展現出那種奇蹟。植物可以分為短暫生長、一年生、二年生、多年生，在這一切之外，還有長生（perdurables），那是千年的木質生命形態。

相較於被子植物（開花、有果實的植物），裸子植物（不開花、種子裸露的植物）通常生長緩慢，但活得比較久。裸子植物包括銀杏（單屬單種）、蘇鐵和各式各樣的針葉樹，包括紅豆杉、松、冷杉、雲杉、雪松、紅杉、柏、羅漢松和南洋杉。這些支系都始於數億年前，裸子植物的演化趨異之前。其實，更新、更快速的競爭，迫使生長緩慢的植物退守到土壤貧瘠或裸露的地點，這些棲位雖然不利，卻有助於植物活得更老。五千年是非無性繁殖植物在逆境下生存的大致極限。植物之中，極度長壽的潛力似乎是久遠過去演化下的遺跡。大約只有二十五種植物，能在不受人類協助下生長超過一千年。這些植物大多是針葉樹，而且屬於原始的譜系。柏科之中有最長壽的樹，而松科位居第二。許多孑遺針葉樹在受限而脆弱的棲地勉強求生；冰河時期對它們的處境沒什麼幫助。一般來說，人類雖然有生火、馴養動物和金工的科技，卻無益於那些植物。大約六百種針葉樹之中，三分之一左右瀕臨絕種，許多屬縮減到只有一個種。

裸子植物其實不是活得長，而是死得慢；也可說是因為死得慢而活得更長。內部無生命的木頭（心材），發揮了力學和結構上的關鍵功能。相較之下，有生命的薄薄外層會受到風吹日曬雨淋。如果火或閃電等外來狀況損壞了一棵樹，這層樹皮並不會像動物的皮膚一樣癒合或結疤。新的形成層會覆蓋並吸收傷口，成為與樹輪共存的另一個歷史紀錄。因此，古老的針葉樹既非超越時間，亦非不死，而是應時

（timeful）且會死亡的。少數特別的針葉樹，例如刺果松，會依序經歷各區段的死亡；它會阻隔外部的病痛，一區段一區段關閉，持續產生可繁殖的毬果，靠著薄薄一層樹皮再上活一千年。最後的形成層和最初的形成層一樣生氣勃勃。長壽並不會抑制多產。與動物不同，植物不會累積導致退化性疾病的蛋白質。

和長壽（延後死亡）最相關的是化學物質。長壽針葉樹會產生大量的樹脂——揮發性的芳香烴化合物，例如萜類（terpene）——能抑制真菌導致的腐朽和昆蟲的啃食。從化學的角度看，刺果松非常誇張。刺果松的棲地在高海拔，因此更能避免天敵、競爭者和火災，只要能耐旱及耐寒就好。在長期逆境的棲地，刺果松生長得比較緩慢且矮壯。緩慢的生長會使樹產生更多木質素，這是另一種有機聚合物，能提供防禦。耐受逆境的植物以安穩為優先，體型是其次。這些植物發育遲緩，是適應與艱苦的結果。

如果矮化是長壽的一種途徑，巨大化就是另一種類型。巨型針葉樹，例如加州的世界爺、智利的四鱗柏和紐西蘭的貝殼杉，比較可能活過非連續的損害。在森林更新的循環中，巨型針葉樹通常位於初期或晚期的階段。它們在幼苗木時期生長迅速，以便占據土壤空間，然後繼續向上垂直生長，以便爭取樹冠的空間。長壽是不得不然，因為在強力干擾的情況後，建立新族群的機會不多。不過，這種策略伴隨了一大缺點，也就是有倒伏的風險。重力可能和腐朽一樣致命。另一個權衡是向上輸送水分的負擔，也難怪最高大的針葉樹出現在潮溼的溫帶區域。

「再生長」是高壽的另一條途徑；裸子植物和被子植物都有這種適應表現。某些單幹的喬木物種——尤其是銀杏、紅杉、紅豆杉和橄欖——即使經歷大災難也能恢復，即使樹幹死亡也能活下去。這些樹從來不會失去再萌櫱和再生的機會，在生物體的層面上，它們不會衰老，也就是不會隨著年齡增長而失去活力。按理說，那樣的植物內在有著永遠活下去的能力，但終究會因為某些外在力量而結束生命。人類可以藉著嫁接、修剪樹冠或矮林作業，迫使特定物種和栽培品種的植物回春（rejuvenation）。平常短命的植物，在經過園藝照料後，可能活得更久。

最後，有些長壽植物，主要是針葉樹，會長成無性繁殖的群體，具有多根樹幹，隱密地連結在一起；長壽的部分僅限於根系和基因組，而不是地上的形成層。無性繁殖的年齡是由共同祖先有性繁殖發芽的時間開始估算。比方說，美洲顫楊的群體可能已經活上——或持續死去——數萬年。

就算是非無性繁殖系的樹木，其實也是群體和超生物體。樹木的特質形形色色，而樹性則是極簡且一致的。植物地下的部分——不論從生理學或哲學角度來說都是最有生產力的部分——是根的網路系統，藉著和菌根形成共生關係，而與其他植物溝通、分享。而在地面上，每根樹枝本身其實都是一棵樹，有自己的歷史，那些歷史就記載在其自身獨特的形狀中。模組化生物體因為有可塑性，因此變化近乎無窮。一棵樹遭受突然的干擾之後，生長曲線可能就會改變。在更長的時間尺度下，木本植物的族群可能因逐步的變化，而從喬木狀變成灌木狀，或從灌木狀變成喬木狀。

在相對快速的族群層級微觀演化下，掩蓋了物種層級上緩慢的巨觀演化。木本植物在不同面向上，同時具有多變與不變的特性。一棵雙幹的刺果松，兩根樹幹相隔了四千年的體細胞突變，不過，相較於樹枝中生長的細菌、真菌快速演化，那樣的分化實在微乎其微。細菌、真菌在數百萬代之間不斷變化與突變，持續嘗試分解可能從數千年前就已長成木材的刺果松，但幾乎都沒有成功。喬木植物在發展出木質素——這是演化史上的一個關鍵結果——的五億年後，仍然占有優勢。

長壽的代價是無法移動。在個體層面，植物無法像動物一樣遷徙。植物的地方性是全面的。樹木逆來順受，直到發生不可動搖的事。外在的死亡原因可能源於某個明確的大災難，例如火災或強風，或多個累加的壓力源。一旦超過某些極限，即使樹根最深的個體，也會無法運作。水、鹽分和溫度的閾值，是絕對閾值。

氣候穩定能增長樹木的壽命。在最近的地質時期，無論對大型或小型的古老植物而言，都是有利的時代。按樹輪資料建構的電腦模式來看，不久的將來，變異性、極端性、不穩定性會提高。有關全球平均溫度上升的著名「曲棍球桿」圖[10]，加上其他許多急遽攀升的曲線——例如人口成長、資源利用、甲烷和二氧化碳排放、海洋酸化等等——通稱為戰後的「大加速」(Great Acceleration)。

另一方面則是大縮減（great diminution），包括了大型樹木和大型動物減少；老樹和老齡林減少；古老物種和整體物種也減少。按照《聖經》的說法是，人類繁衍眾多，使得大地枯竭。就連保護區也難逃汙染、沙漠化、盜伐、入侵害蟲和病原菌、加劇的風暴、更炎熱的乾旱、氣溫上升，以及海平面上升。不論野生或是栽植的老樹，都面臨了新的弱點。美國西部曾經致力於抑制野火，但這一番努力卻大大弄巧成拙，為森林累積了導致毀滅性超級大火的燃料。今日大地的長老，失落氣候的遺跡不遂天年，因為我們的時代而流離失所。

(10) 審訂註：指氣溫急遽上升，呈現像曲棍球桿的形狀。

森林枝葉枯萎，代表了時間多樣性（chronodiversity）縮減。這個概念和生物多樣性有關；生物多樣性是地球上生命的歧異程度，粗略地以計算物種的數量或「物種豐富度」（species richness）來衡量。保育生物學家對此計算方式做出預警性聲明。他們表明，明智而道德的做法，是保護數百萬年演化史所形成的最大可能遺傳資訊。「時間豐富度」（temporal richness）與物種豐富度是互補關係。若能涵括不同演化年代、各種生存策略和壽命長度的物種，物種內還有不同年齡的個體，生物圈就擁有更多的可能性。當物種豐富、年齡豐富的雨林，變成一排排單一栽培、單一年齡的作物，將會是加倍巨大的生態損失。

過去兩個世紀以來，國家和企業——時常與地方人士及原住民社運團體作對——把全球的森林地區劃為二分的區域：種植「普通」小樹的大型人造林，以及由「特別」老樹組成，不可侵犯的小型保護區。人們意識到，在人為氣候變遷之前，透過隔離來保存有其道理；那是永恆不變的邏輯。國有森林應該能永遠存在才對。現在，在這命運多變的時代，這些古老樹木的戶外博物館可能因為無法移動而在劫難逃。

自然生成的高齡樹木本身有價值嗎？林業官員和森林生態學家一向為這個問題爭論不休。一個世紀之前，技師會用「逾齡」、「過熟」、和「老熟」來形容超過盛年卻仍存活的立木。在商業經營者眼中，樹木生命是個別而循環的，他們認為，讓樹木在具可販售價值後繼續生長，以生物學來看是浪費時間。他們在國際市場所經營的木製品生意，鼓勵樹齡和尺寸整齊劃一。相較之下，森林生態學家研究每棵樹內、樹上和樹下的群落——每棵樹都自成一個世界——他們認為森林生命是過程性的。生命的循環需要死亡和垂死的樹木。今日，林業官員和生態學家互相妥協，由老樹提供養分循環、碳儲藏和其他「生態系服務」（ecosystem services）。

前提是這些樹在氣候愈來愈暖的期間，沒有化為灰燼。

## 時間的定義

老樹不只具有生態系功能，也是道德的贈與者。老樹邀請我們發揮最深刻的天賦，能尊重、分析、沉思，成為完整的人類——真正的智人。老樹拓展我們對道德和時間性的想像。這個終極的論點既務實又哲學，其實是時間問題。

浩翰時光（Big time）是宇宙的年齡，遠遠大於一百億年；而宇宙敘事始於大爆炸，終於無窮的熵，或是更神祕的事物。這種時間尺度晦澀難懂，是宇宙學的愛因斯坦領域。

深度時間（Deep time）是地球的年齡，超過四十億年；這是線性的故事，也是地史學，垂直視覺化，層層疊疊；是時間的地層學。地質時間的尺度是十八、十九世紀科學的大合作計畫。

漫長時間（Long time）超過人類的一生，即使算上不久之前翻倍的預期壽命也一樣。漫長時間超過了過世祖父母和未出生孫子女之間的歲月。漫長時間的上限，相當於目前的地質時代——全新世，過去的十一萬年間，寒冰退縮，人類繁衍。這種時間性既是歷史也是預言，涵蓋了人類在這個星球的過去與未來。那是世代間倫理和地球系統模擬的時間尺度，亦是目前的主要科學合作計畫。

短暫時間（Short time）是景氣循環和新聞循環的時間尺度，是拋棄式產品的使用時間，時尚和網路迷因的半衰期，可能長達幾年、幾個金融季度，或僅僅幾天。就連「長期股東價值」的時間也頗短。流行文化縮短，是消費資本主義（現在則是監控資本主義）和美國化串連之後的一大成就。

在這些時間性之中，似乎只有「浩翰時光」自成一格。其他三種時間性，都向彼此塌陷或融合。深度時間、漫長時間和短暫時間，化為單一的時段——「人類世」（Anthropocene）。在我們揣想人類對碳循環的影響時，歷史時間成了地質時間，現在成了未來。氣候變遷就是時間的變化。任何我們做出或延遲的短期決策，皆可能影響數千年。整體而言，輕率的選擇，可能造成永久的演化後果。百萬年的循環之後，岩層將記錄下現代性的科技化石（technofossil）[11]，以及因滅絕而消失的化石。

隨著地質力量而來的是時代責任，也就是長期思考的義務。這是我們這個時代的問題，即時間的問題，與此同時，我們的注意力卻愈來愈短。

人類的頭腦就像行為經濟學家所描述那樣，能夠搭配「快」思「慢」想，讓系統一與系統二相輔相成。從集體層面來看，小型傳統社會展現了類似這些雙重模式的特質，長者和指定的知識保管者協助較緩慢的決策過程。人工智慧（AI）現在能用即時的緩慢思考來促進長期計畫，不過，人工智慧考慮周到的程度，取決於編寫和運用它的人。在包括兩院制政體的大規模現代政體中，即時反應比慎重設想更重要。各國在應對武裝入侵、自然災害和流行病時，迅速動員——雖然有時並不明智。雖然氣候威脅以極快的地質速度發生，但至今尚未引起相應的緊迫感。

二〇一七年到二〇二一年間，我艱辛地撰寫此書，同時美國的總統之位成了短暫注意力的武器，未來的「氣候變遷」成為立即的「氣候危機」，新冠肺炎（Covid-19）突顯了年齡歧視、虛假和黨派對立已成為常態。在社會契約破裂的情況下，我還能設想生態協議嗎？我時而熱血，時而沮喪。

雖然我提倡長期思考，但也意識到這樣未必能促進超越人類的倫理或人性或和平。未來主義展望有兩類，一類是永世（For All Time），另一種是末世（End Times），而兩種類型同樣斬釘截鐵。帝國和國家堅持自己永垂不朽，用武力延長那樣的假象。極權主義者長期傲慢，前有埃及法老及其金字塔，後有希特勒的「千年帝國」。福音派的千禧年運動（millenarianism）這種起源自十九世紀的全球信仰，翻轉了情勢：強權暴力將在末日被推翻，然後開啟耶穌基督的千年統治。革命共產主義也是十九世紀的信仰體系，顯露出類似的時間性。

各種不同形式的末世論——包括宗教與世俗的——使得漫長時間可能中斷。人類世假定的開端，或者說全新世的終止之時，也可稱為「人類年」（anno hominis）。預言「奇異點」的那些科技先知，以及那些相信祆教與亞伯拉罕諸教末世論（apocalypse）的人，共同點可不少。不論是否篤信宗教，宗教時間都持續存在。世俗環保人士對於他們的末日論（doomism）也相當虔誠，這是冷戰時期形成的僵化思維框架。始於瑪麗．雪萊《最後一人》（*The Last Man*, 1826）的推想小說（speculative fiction）類型，有著反烏托邦的趨勢，多少是因為最近的娛樂產業把災難給商品化了，包括對於超級英雄的狂熱現象也是。對許多人而言（通常對我也是），認定「未來會崩壞」遠比相信「未來是過去和現在的延續」要容易多了。

我在一個千禧年教派的家庭長大，該教派成立於一八三〇年，名字中有「後期」（Latter-day）兩個字，在這個新興宗教運動中，青春期的男孩也能成為「長老」。父權的時間性和《聖經》的時代論，現在都令

(11) 編註：指的是由人類活動所產生的人工製品及廢棄物，諸如手機、電腦、高速公路、城市等等，將在地質紀錄中留下痕跡。

我厭惡，但是，千禧年的線性思維依然吸引了我。我在尋找一種神聖的時間尺度，不涉及宗教，沒有規定或預言的結局，也沒有「時光圓滿」(fullness of time）的那種永恆。

對於保護監督，我只向樹低頭，這多少是出於傳統的關係。在神話形式中，樹出現在創世故事中，存在於時間之初。在圖像形式中，樹則代表了季節、循環、譜系、演算法和知識體系。古老枝幹是我們能感受到的時間性和我們只能揣想的時間性之間的橋梁。所以，達爾文才會把數百萬年的演化史，想像成枝葉開展的生命之樹。說來深奧，一些特定的活針葉樹——源遠流長的古老個體——體現了地質史。火山爆發、地磁反轉和太陽質子事件，在那些樹的木材中留下了標記。我們透過樹輪學，明白了木本植物如何記錄週期性時間和線性時間、時間（Chronos，一段期間）和時機（Kairos，當下瞬間）、氣候和天氣、宇宙生成和星球生成。長壽植物是多時間性的生物——在生物形態下兼具漫長時間、短暫時間及深度時間（地質時間）——讓我們可以不用人類中心主義去思考人類世。長壽植物讓人能從情感面去觸及綜觀性時間。

其他具綜觀時間性的生命形態，像是細菌、病毒、真菌、地衣等，無法觸動人類的正面情緒。水母和扁蟲雖然實現了永遠活著的奧祕，但人類並不想賦予水母和扁蟲人格性，更不用說崇拜那些生物的永生。人類當然愛哺乳類伴侶動物，可惜牠們一樣會老去，以「狗的壽命」和「貓的壽命」比人類老得更快。最長壽的脊椎動物，鯊魚和陸龜，壽命是人類百歲人瑞的兩倍，但牠們未馴化的生活方式超過了人類正常觀點的框架。

大型動物比植物更容易讓人認同——即使擬人化的植物也比不上——所以說到深度時間性功能，最先想到的就是已成化石的巨型動物。然而，過度強調恐龍，扭曲了地質史。一九八〇年代以來，人們想像著恐龍時代（中生代）的地球和哺乳動物時代（新生代）的地球之間有著災難性的斷裂。

我們沒學會去注意大蜥蜴之間的巨型植物，因為那些葉子太普通了。地質學的五次大滅絕事件，主要是動物滅絕。但包括銀杏在內的標幟性裸子植物，自從侏儸紀時代一直存在。把它稱為「恐龍樹」，是以動物為中心的觀點。

深度時間，包括當下的地質時代，需要以植物為中心的調整。植物界大約占了地球總生物量的八十%。維管束植物在久遠之前的古生代占領了陸地，重塑大氣，改變了海洋的化學組成，促成海洋滅絕，重設了演化的方向。這些植物可說是最初的普羅米修斯（Prometheans）[12]，增加了氧氣和可燃物質，改變了氣候和星球本身。後來的中生代可以重新詮釋成針葉樹時代，而巨大針葉樹的這段黃金年代延續至新生代早期。雖然過去三千萬年對裸子植物而言比較有挑戰，不過，某些屬的裸子植物在深度時間性與漫長時間性的耐力確實驚人。

不過，形形色色的故事中，不屈不撓的植物不像社會崩壞、生態滅絕和第六次大滅絕那麼引人注目。在希望渺茫的日子裡，我感到這情節的吸引力——人類燃燒植物中儲存的碳，迅速成為植物之外的星球改變者；而改變中的星球，一樣迅速地燒毀文明。

一九八〇年，美國人類學家瑪格麗特．米德（Margaret Mead）在最早期的那些氣候變遷研討會中，

(12) 編註：希臘神話中為人類盜來火種的泰坦神，被認為是智慧與先見之神。

宣布：「我們（身為負責任的科學家）需要創造的，是如何讓『有遠見』變成這星球各種人的公民意識習慣。」[17]這種由上而下的做法所帶來的結果平淡無趣，而有科學見識的政府試圖限制溫室氣體排放，卻經歷災難性的失敗，很容易讓人感到絕望，覺得短期主義是「人性」裡的瑕疵；而人性又是另一種原罪。

但歷史證明事實並非如此。原始的建築形式——墓地，是聯繫生人和亡者之間長久關係的地景。最理想的宗教，包涵了跨世代的感激之舉。更具體來說，一些決策機構，諸如修道院、大學、家族企業延續了上千年，甚至更久。資本主義或許厭惡跨世代的義務，但也稱不上是人類的全部。父母、老師和圖書館員每天都投入於維繫世界，此外，還有基礎建設的維修人員和謙遜的樹苗種植者也是如此。有句知名的中文諺語體現了這種概念：前人種樹，後人乘涼——其他語言也有類似的說法。

有鑑於這些有遠見的活生生例子（我還可以列舉更多），我想改寫米德的建議：科學家需要增加並擴展各種民族已經發明的綜觀時間性習慣和傳統；人道主義者需要述說更多非人之事物與生命建立長期關係的科學故事；科學家和人道主義者可以攜手宣揚地球中心主義（geohumanism）。這種哲學立場把地球看成首要，但並非生態中心主義或反人類主義的方式，而是簡單地體認到，地球先於人類存在。這種立場承認了人類是演化的產物，承認了我們的物種和陸生植物一樣都是大氣的影響者，此外，還有一種令人謙卑的體認：地球系統反應氣候驅力的方式，無法預測也難以控制，而且這種反應的時間尺度超越了我們的人生經驗。

我的道德立場很明確是時間性的：我們要成為地球的明智管理者，就必須學會在樹木時間的完整性之中思考。

現代人很少有時間適應現代的狀態；這種不容妥協的協議，讓世界必須不斷改變，而且改變得愈來愈快，直到曾經在地的「世界」概念擴大到全球。為成長而成長、為創新而創新，成為全球資本主義的終極目標，卻危及了我們的星球。東西愈來愈多，等於生命愈來愈少。不過，地球確實會比更快、更便宜且更糟糕的這一刻更長久。人們既無法拯救天體，也無法摧毀天體。不過，當權者確實可能因為貪婪或愚蠢，而摧毀當前地球狀態和之後任何狀態之間延續的棲地。這種時間性的孤立、世界不成熟的情形，卻不被算在損失的帳簿上。跨世代折現（intergenerational discounting）屬於末期現代化（terminal modernity）創傷的一部分——俗稱一切照舊——就像剝削勞力一樣，已內嵌為體系的一部分。未來世代缺乏立場，而下一個新世界的成員尚未存在。

已經存在的植物是例外——在更加緩慢、更加公平、後碳經濟體系下，未來將成為最古老的樹——它們現在已經活生生地存在了。這些植物並不是抽象概念。雖然它們無法說話、不能投票，卻擁有倫理上的權利。關注那些植物的壽命，等於照顧我們的後代。以務實的角度來看，沒有比這更神聖的事了。未來老樹的照顧者，在世界之間創造關切，在物種之間創造親屬關係。他們是倖存者故事的共同作者。

即使高大老樹大量枝葉枯萎已是現在進行式，也未必會導致古老植物的滅絕。經過一段間歇期後，應該還能出現古老植物。由於長壽植物廣為流傳，所以哪裡都可能是長壽的熱點。有朝一日，植物生命形態在改變的棲地和優化的城市裡，將再度享有古老生物的地位；只要未來人類還敬重那樣的事物。只要人們對於可能長命的年輕生命抱以寄望、感到惋惜並且加以照料，耆老之樹將會生存下去。和世界末日不同，這個故事不需要結束。目前還不用。

## 附註

1. Josephus, *Jewish Antiquities* 1.10.4; Josephus, *The Jewish War* 4.9.7.
2. Pliny, *Natural History* 16.85–89.
3. Evelyn, *Sylva*, 4th ed. (R. Scott, 1706), 3.3.
4. 這個名句於一八一二年出自喬治．居維葉（Georges Cuvier）。
5. Joseph Conrad, *Youth and Two Other Stories* (New York, 1903), 105.
6. Edmund Schulman, "Longevity under Adversity in Conifers," *Science* 119 (March 26, 1954): 396–399.
7. Darwin, *On the Origin of Species* (London, 1859), 489.
8. Ecclesiastes 1:18.
9. 英文裡，這棵傳奇的樹稱為卡什馬爾柏木（Cypress of Kashmar，或拼為Keshmar、Kishmar）。《列王紀》中記錄了這棵柏木的種植；砍倒的事詳述於*Dabistan*中。
10. Ovid, *Metamorphoses* 8.738–878.
11. Evelyn, *Sylva*, 2.4.
12. 這則一九七四年由聖瑞吉斯紙業公司（St. Regis Paper Company）的廣告，曾刊登在《富比士》（*Forbes*）、《財星》（*Fortune*）、《商業週刊》（*Businessweek*）等出版品上。
13. *The Complete Works of Zhuangzi*, trans. Burton Watson (New York, 2013), esp. chap. 4 ("In the World of Men")

and chap. 20 ("The Mountain Tree").

14. Lucan, *Pharsalia* 3.399–452.

15. James George Frazer, *Aftermath: A Supplement to the Golden Bough* (London, 1936), vi.

16. Ecclesiastes 1:9.

17. William W. Kellogg and Margaret Mead, eds., *The Atmosphere: Endangered and Endangering* (Tunbridge Wells, 1980), xxi.

Chapter 1

# Venerable Species

# 德高望重的物種

具有「老」這種特質的植物，數千年來都受到人類的崇敬。其中，雪松、橄欖、銀杏、菩提樹和猢猻木，這五種植物相關的傳統豐富而悠久。這些樹木以某種生物文化共生，提供人類經濟和心靈功能，而人類則提供照顧。這些樹種在不同程度上都已被馴化。

早在科學發展之前，人們就在猜測它們的壽命極限。即使進入現代之後，樹木的壽命仍然不精準，只能求近似值，而且難免誇大。近幾十年間，科學家證實了非科學家早就知道的事：某些具象徵性的樣本，在人類附近堅守了許多個世紀。對這五種樹之中最長壽的個體來說，耐力是共生的，這是演化潛力和人類協助的聯合成果。

不過，徒有敬意，並不能保證它們不受破壞。全球變遷和區域衝突，可能終結人為輔助的長壽，就算是正常的使用也會如此。唯一能與戀樹癖匹敵的是森林濫伐。

## 黎巴嫩的雪松

如果歷史是故事資料庫，那麼原始最古老的樹可能是黎巴嫩的雪松，它是世界知名的永恆與失落之象徵。黎巴嫩的雪松在猶太經典《妥拉》（*Torah*）中昂然而立，也是《吉爾伽美什》史詩的引子。在古代文本中，「雪松」可以當作「樹木」的詩意總稱，但加上「黎巴嫩」這個地名之後，通常是指黎巴嫩雪松（*Cedrus libani*）。數千年來，黎巴嫩山的雪松一直受到敬愛，卻又遭到破壞。現今，黎巴嫩雪松被人類逼到了極限，在其標誌性棲地，已經沒有更高的腹地可以撤退了。

這一切都始於《吉爾伽美什》。這一部美索不達米亞史詩的同名主角，是否為真實歷史人物及西元前三千年的國王，還有待商榷。故事中，吉爾伽美什是個半神，後來成為人類。這部史詩述說吉爾伽美什成年的過程，在各種語言中不斷重述，包括了蘇美語、阿卡德語、西臺語、胡里安語（Hurrian），然後在西元前一二〇〇年左右標準化，以楔形文字刻在十二塊泥板上。接下來一千年間，這部史詩出現在工匠製造的陶板上，但其希臘文或拉丁文譯本並沒有流傳下來。經過數千年歲月之後，這部史詩被遺忘並埋藏了兩千年。十九世紀末，英國考古學家在伊拉克挖掘出一座古代圖書館，找回這部史詩的碎片。這部文本適於當代閱讀；因為它沒有原版，也沒有官方版或完整版，具有古文明的分量，卻沒有現代讀物的包袱。其故事內容大致如下：

吉爾伽美什的地位崇高，但智慧不足，對自己的王國施行暴政。諸神為了降服年輕的半神，創造了一個野人：恩奇杜（Enkidu）。吉爾伽美什和恩奇杜打成平手之後，接受了恩奇杜對等的地位。長久的摯友關係於是展開。

國王想在雪松山上建一座自己的紀念碑。他慫恿新朋友和他一起闖入諸神的住所。雖然有不祥的預感，但這兩個破壞者仍長途跋涉到山外之山，越過最後一道深溝之後，進入那座原始林。那裡的樹木高大粗壯，樹冠傳來蟬、鳥和猴子的合唱。雪松落下芬芳的樹脂，宛如黏答答的雨水。英雄們立刻著手砍樹。然後洪巴巴（Humbaba）出現了，他是守護森林的獠牙巨人。洪巴巴斥責了原本就認識的恩奇杜，並對他們提出挑戰。接著是一場撼動大地的大戰，最後，巨怪詛咒侵入者會折壽。但他們還是殺了巨怪。吉爾伽美什和恩奇杜檢視他們的成果，驚歎不已：他們讓森林化為荒地了。恩奇杜想要挽回褻瀆，於是運走了樹冠觸及穹蒼的最高雪松，讓完完整整的原木順著幼發拉底河而下，做成神殿的大門。吉爾伽美什把洪巴巴的頭顱裝進袋子裡，當作自己的戰利品。

然而，恩奇杜為了他們共同的罪過而付出代價。諸神讓恩奇杜衰弱地死去，留下吉爾伽美什沮喪地獨活，他這才意識到自己終究失敗了。吉爾伽美什先是追求永生，然後是回春；在長久的追尋徒勞無功之後，他接納了自己是人類、生命有限的命運；他回到城市的人民身邊。吉爾伽美什褻瀆的歲月已經過去，而智慧增長。他做了睿智國王會做的事：建了一道牆。他在磚牆深處放了一只盒子（可能是雪松木盒），盒子裡裝著他冒險過程的原始敘述。

黎巴嫩山古老的森林裡有刺柏、冷杉和松樹，但只有雪松成為文學象徵和經濟指標。原因在於樹脂，雪松木材中含有一些大分子有機物，能抗收縮或翹曲，也能防腐，因此是木工的理想材料。此外，雪松的樹脂可以精煉成藥物和膏藥、填縫劑以及木頭保存與防腐的藥劑。二十世紀，考古學家在吉薩大金字塔（Great Pyramid of Giza）旁挖掘出一艘船，四千五百年前的雪松木板仍然散發甜香。

埃及無窮無盡的木材取自於腓尼基（Phoenicia）；腓尼基是一個沿海城邦，位在現今的黎巴嫩和敘利亞。古代近東地區的所有大國，都和腓尼基的木材商有貿易往來。依據《妥拉》的記載，以色列的所羅門王（King Solomon）和推羅（Tyre）的希拉姆王（King Hiram）結盟之後，有些上等的雪松最後運到了耶路撒冷。所羅門王用芳香的雪松蓋了第一聖殿（First Temple），並且為自己建造一座奢華的住所：黎巴嫩林宮。

所羅門王的木材存在的時間，比他興建的建築更長久。在木材稀少的地區，征戰之後是回收。而耶路撒冷遭到征服的次數傲視古今。研究者藉著放射性碳定年法，證實了用來建造八世紀以來占據聖殿山的聖所阿克薩清真寺（Al-Aqsa Mosque）的雪松梁椼，回收自羅馬神殿，而羅馬神殿的材料又是來自希律王（KIng Herod）紀念碑；建造第二聖殿的正是這位國王。

打劫這種事源遠流長。巴比倫王尼布甲尼撒二世（Nebuchadnezzar II）在西元前六世紀征服了以色列和腓尼基，打劫了所羅門王的神殿，並把俘虜帶回巴比倫。尼布甲尼撒二世在幼發拉底河旁，蓋了一座有雪松屋頂的宮殿，以及由雪松接合的塔廟，這種建築可能啟發了文學上的通天巴別塔。這位國王在他的高樓上刻寫了第一人稱的吹噓，那些文字重複出現在通往黎巴嫩的道路上的紀念碑上，內容如出一轍：「我辦到了其他國王所不能之事，我切穿山巒，碾過岩石，親手斬下雪松。」尼布甲尼撒二世看似重現了吉爾伽美什的故事；他應當知道這件事。

新巴比倫帝國之後，是四處征戰的波斯，接著是希臘，然後是羅馬。大家都想要雪松。到了西元紀年，腓尼基文化已經不復存在了。西元二世紀，羅馬皇帝哈德良（Hadrian）在黎巴嫩山周圍設了將近一百個「禁止進入」的標誌。巨石上刻著拉丁文縮寫的銘文，標示了後方的木材為皇帝所有。今日，這些羅馬界碑被灌木林環繞，人們在界碑周圍挖掘，尋找埋藏的寶藏。黎巴嫩長盛不衰的光榮早已不復見。

現代評論家為了解釋發生什麼事，採用自大又濫用的常見寓言：簡而言之，是「吉爾伽美什基因」。[1]不過，證據顯示，實情沒那麼簡單。伐取黎巴嫩木材的巔峰似乎是在青銅器時代，之後是羅馬時代。不過，人類對針葉樹生態最大的衝擊，發生在羅馬帝國滅亡之後。說到縮減雪松的地盤，地位低下的山地居民——難民、苦修者、牧羊人——的功勞，遠比法老和皇帝更大。

中世紀早期，大量的人口首度遷移到地中海東岸（即黎凡特地區〔Levant〕）[(1)]的高地。黎巴嫩山成為種族宗教少數者的庇護所，尤其是馬龍尼教派（Maronites，東方天主教會），他們為了種植穀物而伐除森林，把土地開墾成梯田。當地人則持續砍樹來當作木柴及燒製木炭。高地人也養山羊，山羊每一季都會把下層植啃到光禿。針葉樹並沒有隨著哺乳動物，尤其是草食動物一起演化。但黎巴嫩雪松要花幾十年才能性成熟，產生醒目的直立毬果。

中世紀晚期，黎巴嫩山的雪松屬（*Cedrus*）植物，已經縮減成零星的高海拔林分。最出名的一片位在一座圈谷裡——幾世紀來被認為是最後一片——海拔兩千公尺，就在山區最高的山峰之下。那些樹從崖錐延伸的圓丘狀區域冒出來，層層疊疊毫不對稱，完全不像古代文獻頌揚的雪松那樣高大通直。圈谷下方是加迪沙山谷（Qadisha Valley），那座裂谷中布滿洞穴，自從基督紀元早期，就成為修道社群的藏身處。來自山谷上方村落卜舍里（Bsharri）的馬龍尼人，守護了樹林幾個世紀。他們在樹下的祭壇上，為耶穌顯容慶日（Feast of Transfiguration）[(2)]舉辦彌撒。

大約自一五五〇年起，歐洲的朝聖遊客開始前往加迪沙山谷的高山上，見證《聖經》時代的不朽遺跡。遊客著迷地列舉樹林殘存的「古木」；這些樣本和創世或大洪水，或先知或所羅門王同時代。不過，有共識的時間範圍或統計系統並不存在。他們該不該只數算那些最大棵的樹，或是只數算那些看起來古老的樹？十六世紀時的統計數據是二十三到二十八棵。問題變得人盡皆知：黎巴嫩的雪松算不得。

到了十九世紀，「族長」或「聖樹」倒到僅剩五到十棵。科學植物學家開始猜測這種樹木未來會絕種，並且猜測最老個體的樹齡有多大。約瑟夫・胡克（Joseph Hooker）和安德魯・莫瑞（Andrew Murray）這兩位英國植物學權威，從一根被砍下的樹枝觀察其樹輪，分別推斷最高樹齡為兩千五百年和五千年。他們參考地質學，假定冰河作用和之後的暖化，迫使這種植物遷移到庇護所。莫瑞寫道，把雪松衰微歸咎於「政府管理不當、人類浪費、戰爭造成滿目瘡痍」或許大錯特錯。他提出了不同的理論：「氣候變遷」。[2]

當代遊客的眼光比較短淺。遊客把「天下最著名的自然紀念物」變得粗爛而令人失望的原因，怪到阿拉伯人、他們的羊隻和遊客自己頭上。[3]所有樹幹都遭到小折刀刻鑿，被營火燻黑。樹枝遭人砍下，樹皮被撕下，毬果也被撿光。知名的冒險家理查・法蘭西斯・柏頓（Richard Francis Burton）藏不住他對「雪松叢」的鄙視，他稱之「極為不雅觀」。[4]柏頓和其他英國人自滿地表示，黎巴嫩雪松在不列顛群島生長得比較好；黎巴嫩雪松具有《聖經》氛圍，因此被引入不列顛群島各地。

卜舍里當地最早的官僚保育努力，可以追溯到一八七三年至一八八三年，當時魯斯坦・帕夏（Rüstem Pasha）是鄂圖曼帝國指派到黎巴嫩山的基督徒總督。帕夏當時對神聖樹林生了興趣，於是頒布規定，指

(1) 編註：黎凡特一詞源自法文，意指太陽升起之處，以十六世紀的西歐視角，指的就是東地中海地區，即東方的鄂圖曼帝國。範圍包含今日的賽普勒斯、以色列、伊拉克、約旦、黎巴嫩、巴勒斯坦、敘利亞及部分土耳其。

(2) 編註：為耶穌被釘死在十字架之前的四十天，現今定於八月六日。

派守護者，授權在雪松周圍建了一堵牆，當時的雪松大約有四百五十棵。帕夏也想嘗試重新造林，但在當地找不到雪松插條和苗木的供應者。帕夏不得不向布魯塞爾的皇家植物園（Royal Botanic Garden）下訂單。

二十世紀，黎巴嫩殘存的森林遭遇了不同壓力。二十世紀的頭十年，見證了高地最後的大量砍伐。這些含有樹脂的木材，不再用作神殿大門和宮殿屋頂，而是做成鐵路的枕木。兩個大量利用木材的地區計畫（大馬士革－麥地那鐵路和阿勒坡－巴格達鐵路）使得國際情勢更加緊張。第一次世界大戰後鄂圖曼帝國滅亡，至第二次世界大戰後法國託管結束，黎巴嫩終於獨立。這個新國家的國徽採用了黎巴嫩雪松，處處都印著雪松圖像。一開始，國家疏於保護國家的活國徽，這由卜舍里「老樹林」（Old Grove）附近的滑雪勝地可見一斑。最後，在一九六〇年代，黎巴嫩和全球環境運動同步，列管了十二片占地不到三千公頃的殘存樹林，在聯合國協助下開始重新造林計畫。在一九七五年至一九九〇年的黎巴嫩內戰期間，中斷了所有的保育活動，不過，設置地雷的情況無意間保護了兩片樹林不受破壞。然後，一九九〇年代開啟了一個新時代。政府全面保護國家樹木，成立新保護區，授權種下新的黎巴嫩雪松。至於聯合國教科文組織，則指定加迪沙山谷為世界遺產，包括著名的樹林，現在阿拉伯文稱之為「神松」（Arz el-Rab）。

建立保護區，不等於能自然發揮保護功能，尤其是戰後恢復中的國家。在教科文組織的監測報告中，抱怨了神松森林出現的非法開發者、未經許可的經營者和粗魯的遊客。樹林的法律地位極為複雜，其所有人是馬龍尼教會，由非政府組織管理，由數個地方、國家和國際單位來監督。其他十一片樹林都有各自的難題。整體來看，黎巴嫩雪松和黎巴嫩人遭遇同樣的狀況：政治動盪、經濟不穩定。

此外還有生態威脅，而這些威脅與全球變化有關。一九九〇年代，好幾片雪松林因為葉蜂群而開始落葉。黎巴嫩與法國專家靠著國際金援，控制了這場蟲害，但有鑑於冬天愈來愈溫和，滑雪勝地不再有雪，未來還會爆發更多蟲災。間冰期（兩個冰期之間的時期）的「氣候變化」，變成人為的「氣候變遷」。模式專家預測，到了二一〇〇年，雪松將只能在黎巴嫩山上的少數高海拔地區生長，但前提是人們繼續幫助雪松遷移、保衛雪松。在一個教派主義分裂、受貪腐阻礙的國家，雪松是統一的象徵。二〇一九年秋天，黎巴嫩抗議者湧入街道，要求政治階層下台；同一季，格外慘烈的森林大火燒遍山林。

以基因組的層面來看，黎巴嫩雪松還沒到瀕危的程度。在土耳其的陶魯斯山脈（Taurus Mountains），雪松擁有更好的棲地，有空間向上移動。在黎巴嫩，未來可見更多馴化的情形。即使只是因為數千年前雪松和腓尼基人的象徵性關聯，黎巴嫩人也一定會想辦法讓這個樹種留下來。黎巴嫩若少了雪松，就像坦尚尼亞的吉力馬札羅（Kilimanjaro）沒有雪。在神松上方，山巔之下，荒廢的梯田裡已經種下了未來的神聖樹林。

自從十九世紀中葉以來，地質時間和演化時間讓人們首次覺得絕種可能發生，植物學家擔心黎巴嫩雪松會落入最糟的處境。現代化的同一時刻，最早引入歐洲的那棵雪松的故事流傳開來。據說，那棵植物是奉國王之命，被帶到巴黎。皇家策展人在一趟橫越地中海的航程中，寧可自己口渴，也要把他配給的水獻給樹苗；他把樹苗裹著泥土，包在帽子裡。採集者設法讓帽子盆栽通過不敢置信的海關官員，將其納入巴黎植物園（Jardin des Plantes）；那棵雪松在園中長成了巨木。然而，這棵樹一百歲（一八三七年）時，成為最古老樹種在當地的最老樣本，結果卻為了讓路給法國第一條鐵路而被砍掉。那棵雪松在「變遷的世界」裡活不下來。[5]

雖然這些故事都不是真的——除了巴黎植物園確實有一棵高大的雪松——但這則寓言確實反映了人們對科技破壞之速度的焦慮。這種感覺只會與日俱增。不過，巴黎的雪松存活至今，應該能給人一點安慰。黎巴嫩山上，科學家曾記錄的最古老樣本有六百四十五道樹輪。巴黎的雪松差不多長到一半了。

## 地中海的橄欖

砍倒高地雪松的那個古文明，也栽培了低地的橄欖。地中海東岸的北方，是橄欖栽培數一數二的「搖籃」。千年來，產油的油橄欖已經成為地中海地區的代名詞。

油橄欖大約在七千年前被人類馴化，如果馴化油橄欖是史無記載的一大壯舉，那麼油橄欖厥功甚偉。地中海人幾乎沒給予這種植物什麼東西，卻得到無數的回饋。柑橘和蘋果只能靠嫁接來繁殖，但橄欖卻只要削下一些基部組織，插在地上就能無性繁殖。橄欖天生就適合栽培。

在新石器時代，橄欖文明介於採集和園藝之間。人們視狀況把栽培品種嫁接到野橄欖上，或連根拔起野橄欖，當作園藝的砧木[(3)]。野橄欖和橄欖可以雜交，所以「野」、「馴養」和「野生」這些詞幾乎不大適用。栽培品種長出的果實較大、油脂較多，而且沒有刺。園藝家把栽培品種修剪成方便處理的樹木狀，野橄欖則生長於名為「馬基斯」（maquis）的灌叢群落中[4]。與單一栽培的林木比起來，地中海傳統橄欖樹林維持很高的生物多樣性。以功能來看，它們相當於原生的森林。

園藝比穀類和稻米農業更需要長期思考。橄欖樹的產量需要三十、四十年才能達到巔峰。許多諺語都透露了這種訊息：我種下我的葡萄，但我祖父種下我的橄欖。經過謹慎的等待之後，橄欖樹成為家庭經濟中的低維護成員。橄欖生長在其他作物不適合生長的岩礫坡地上。除了修剪和採收，橄欖不需要多少照顧，不用灌溉也不用施肥。採收的時間是秋末冬初，是農業的淡季。

橄欖的壽命和其他被子植物——闊葉、非松柏類、結果的植物——相比，十分驚人。橄欖的持久力來自再生能力。泰奧弗拉斯托斯（Theophrastus）在最早的植物學教科書中指出：「最長壽的樹木是不論如何都能堅持下去的樹，就像橄欖樹藉著樹幹，藉著側向生長的能力，而且橄欖的根系非常難破壞。」[6]橄欖採取區段生長方式，也就是不同的枝幹連接到不同的根。狀況差的時候，部分區段的橄欖可能死去，但不會整個死亡；狀況好的時候，可以長出新區段。

橄欖樹具有與眾不同的特質，因此在希臘的神話、法律和戰爭中都占有特別的一席之地。雅典娜的饋贈讓普羅米修斯的禮物更完美了；橄欖帶給人橄欖油，而橄欖油帶來光。傷害那樣的樹木，是侵略行為。在雅典與斯巴達的伯羅奔尼撒戰爭（Peloponnesian War）期間，希臘重裝步兵經常攻擊對手的橄欖

(3) 編註：嫁接植物的下部。

(4) 審訂註：馬基斯群落（maquis community）是分布在地中海一帶的常綠硬葉灌叢，主要由中小型帶有革質葉、有刺的木本植物構成。

樹。希臘文有個動詞*dendrotomeô*，是指惡意砍倒果樹。他們出於實際與文化因素，很少讓果樹生長的地景淪為荒土。

橄欖並不容易連根拔起。此外，希臘法律會保護樹樁，因為樹樁被視為活的果樹。古希臘悲劇劇作家索福克勒斯（Sophocles）在一齣劇中，讚歎這種能自我更新而無法摧毀的樹，譏笑敵人的矛。[7]就連在戰爭時期，這種特別的樹也有不可動搖的地位，斯巴達人就饒過了雅典學院周圍的橄欖樹。薛西斯（Xerxes）麾下的波斯人入侵希臘的亞地加（Attica）時，倒是沒有那樣內疚。波斯人打劫雅典衛城時，燒了雅典娜的聖樹。據古希臘作家希羅多德（Herodotus）所述，燒焦的橄欖樹隔天就冒出新芽。[8]

橄欖樹很難死去，但也因為同樣的原由，很難確定它的年紀。區段生長與不定位置重新生長，加上易在中心形成空洞的傾向，令樹輪學者束手無策。因此，公認最老的樹木，其實只是已知最老的樹木。以信徒的數目來計算，最老的樹木其實是八棵樹的集合：生長在東耶路撒冷的方濟會聖所橄欖園（Garden of Olives）牆內的聖樹。那些樹代表的是永生的基督教象徵。

如同希伯來文的messiah（彌賽亞），希臘文中的Christ，意思是「受膏者」，以受祝福的油為標記。《新約聖經》充斥著橄欖的意象。不過，四福音書中並沒有那樣的橄欖園。福音派只提到橄欖山（Mount of Olives）附近有個模糊的地點：客西馬尼（Gethsemane），耶穌在他生命中的最後一個春天經常造訪那裡。在閃族語中，*gat-šemānî*的意思是「橄欖油壓榨機」。只有《約翰福音》提到附近有座「園子」。[9]在希臘，「園子」（*kēpos*）原本是農地之意。在耶穌的年代，橄欖山的一座洞穴中其實有榨油設備。這座地下設施的擁有者，可能在淡季把空間租給耶穌。

早在西元四世紀，橄欖山就吸引了基督教朝聖者。這裡的樹和基督的痛苦、被捕與升天屬於同時代，更不用說聖母之墓了。拜占庭帝國在山上建造禮拜堂，後來的十字軍也一樣。當地的橄欖在征服與建設、反抗與夷平的循環中，一世紀又一世紀地活了下來。不過，橄欖園這個單獨的朝聖地，是十九世紀的產物，為對教派間與國際競爭的實質回應。巴勒斯坦在邊緣化數百年之後，成為地理上的卒子。在這樣的背景下，遊客聚集到聖地，而建築環境也為了容納遊客而改變。十九世紀末，基督教觀光客有三座「客西馬尼的花園」可以選擇，一座屬於羅馬天主教，一座是希臘東正教，另一座是俄國東正教。

傳統的聖地屬於方濟會。那裡有著扭曲多節而浪漫的橄欖樹，此外沒什麼別的。修道士沒得到鄂圖曼帝國的允許，無法建教堂，於是在一八四七年用牆圍起他們的橄欖樹，之後把圍欄變成開放式的小禮拜堂，並有耶穌受難像（stations of the cross）(5)。他們販售橄欖核念珠串、木製文物和橄欖油給遊客。為了達成歐洲人對「園子」的期待，託管者種下了觀賞性的花卉。之後，他們又加上法式風格的正式植栽造景。一名美國人抗議道：「那是我見過最生硬的花園。」[10] 到了鄂圖曼帝國末年，那個地點轉變成樹木園，除了橄欖，還有棕櫚樹和仙人掌。

英國託管年間——當地在十字軍東征之後首次受到基督教治理——方濟會教士把握機會，在橄欖樹林旁建造一座教堂。託管人把儀式搬進室內之後，將橄欖園恢復到「原本」的狀態，移除了花床、柏木和柵欄。今日，自然化的花園吸引了重生的基督教徒。當代的福音派不像維多利亞時代的新教徒那樣，

(5) 編註：此處所指的是十四苦路站，為基督徒信仰中，記述耶穌受難和死亡過程中的一系列場景或地點，也會以聖畫或聖像形式呈現。

對天主教和東正教朝聖者的輕信嗤之以鼻，而是在耶穌曾祈禱的那些樹下祈禱。

真的可能是這樣嗎？依據一名大起義（Great Revolt）的猶太目擊者約瑟夫（Josephus）表示，羅馬指揮官提圖斯（Titus）在西元七〇年摧毀了緊臨耶路撒冷的所有園子和果樹，留下一片淒苦的荒涼[11]不過，羅馬士兵未必砍倒了所有的樹。此外，橄欖樹也能從樹樁復活。因此，信者恆信。

二〇一二年，在梵蒂岡的一場記者會裡，義大利植物學者報告了前所未有的調查成果。他們替客西馬尼最老的林子做了放射線碳定年，另外估測了空心處的年分——也就是那些失落的歲月。研究人員指出，空心的橄欖樹齡約為八、九百歲，與耶路撒冷王國同時代。他們推測，十字軍種下這片橄欖林，因為遺傳檢測顯示，那八棵樹有著同樣的親本。科學家無法判斷母樹先前是否曾占據那個地方——或是否可以追溯到耶穌的時代——不過似乎傾向於支持傳統說法。一名研究人員聲稱：「科學文獻中，不曾記載比我們的橄欖更高齡的植物。」[12]

客西馬尼有兩種事物十分耐久，即使懷疑論者和無神論者也不禁歎服，一是體制性，一是植物性。亞西西的方濟各（Francis of Assisi）在一二一七年指派了聖地的託管者；他的信徒在一六八一年取得了那片橄欖樹林；自從十九世紀中葉以來，方濟會修士就把那裡當作花園來維護。然而，歷史年表顯示，這些年老德劭的植物，幾乎大半輩子都被人棄之不顧；它們是半野生，就像這個物種本身一樣。橄欖山的這些樹，比十字軍東征還要歷史悠久，比石造教堂還要古老。這些樹存活下來，成為耶路撒冷第二神聖的基督教聖地。雖然它們無法永生，但存在的時間卻超過了現存的所有政府。

以色列這個現代國家和以色列古國的標誌性樹木橄欖樹，有著奇妙的關係。猶太復國主義者透過猶太國家基金（Jewish National Fund），種下數百萬棵常綠樹，從環境的角度「恢復」了應許之地——或者按美學說法，是把環境歐洲化了。他們選用松樹，而不用櫟樹或橄欖造林。雖然以色列的橄欖油生產與消耗量都不大，不過，橄欖園具有明確的以色列風格：採用高科技、滴灌系統及機器採收。以色列的初榨橄欖油和古猶太人出口的橄欖油不同，是供人食用，而不是當燃料。

同時，在約旦河西岸，巴勒斯坦人出於經濟需求加上文化信仰，在老樹上採用傳統的栽種法。這個族群因居住地遭到占領而失去國籍，二十世紀期間，橄欖和他們的經濟與身分認同變得密不可分。他們未經灌溉的結實樹木，象徵著巴勒斯坦人口中的「堅定不移」（sumud），亦即在苦難中不為所動，堅守陣地。阿拉伯橄欖樹身為土地所有權的法律標記，成為以色列鏟除的對象，雖然這有違經典《塔木德》的傳統——禁止破壞果樹以及一般的浪費，即使戰時也不例外。伊斯蘭教法的規範相差不大，不過，《可蘭經》記載，先知受到神的豁免，可以燒掉猶太人在麥地那的椰棗。

第二次巴勒斯坦大起義（Second Intifada）以來，耶路撒冷和伯利恆之間的瓦拉加村（al-Walaja），有一棵果樹成了巴勒斯坦的象徵。一九四八年以阿戰爭時，瓦拉加的村民流離失所。不幸的是，戰後的國界把他們遷移後的村落一切為二。二〇〇〇年代，以色列軍方把綠線（Green Line）化為水泥牆和電圍籬的無樹區。就這樣，瓦拉加的村民失去了橄欖樹，而且再也無法自由地在剩餘的樹林間來去。

距離圍籬不遠處有一大棵橄欖樹，有著多分枝的樹幹。多年來都是由一名當地人薩拉・阿布・阿里（Salah Abu Ali）看守。他會為了來朝聖的政治遊客講解。阿布・阿里在二〇一二年說：「這棵樹見證了瓦拉加村民經歷的悲劇。這棵樹正是巴勒斯坦。」[13]巴勒斯坦文化部一直希望用科學方法追溯樹齡，向世界遺產名錄提名。巴勒斯坦獨立建國的外國支持者反覆主張，瓦拉加的這棵樹是世上樹根最深的橄欖樹——樹齡高達一千年、四千年，甚至五千年。

也有其他國家聲稱自己的橄欖樹最古老。黎巴嫩觀光部為他們的諾亞姊妹橄欖樹（Sisters Olive Trees of Noah）打廣告，這一片垂直分布的樹林據說逃過大洪水，而被鴿子帶回方舟的，正是這片樹林的細枝。希臘克里特島有一家橄欖樹博物館，建在一棵宣稱來自古代青銅器時代的巨大橄欖樹旁。二○○四年，為了舉辦雅典奧運，奧運籌辦單位請求得到那欉橄欖的插條。他們打算把樹枝做成馬拉松冠軍的頭冠，以重現經典傳統。當克里特島另一頭「後到的學人精」村子宣稱他們有真正最老的橄欖時，奧運籌辦單位採用雙方樹木的枝條，平息了爭議。[14]

雖然自古人們敬仰橄欖的長壽，但是把南義大利人口中的百年橄欖（*ulivi secolari*）商業化，卻是最近才出現的事。在二○○○年代初的房地產熱潮期間，老橄欖樹就像高大的棕櫚樹，成了可移動的商品。景觀設計師在西班牙、義大利和希臘的村莊，搜刮雕像般的橄欖樹，給貧苦的農民數萬歐元現金，換取生產高峰已過的果樹。橄欖樹乘著卡車、船和直升機，離開貧困的鄉間，來到波爾多的城堡和杜拜的度假村。

當地的保育人士為了因應這種情況，登錄了具紀念意義的橄欖樹，試圖阻止橄欖樹離鄉背井；他們把這種做法和盜獵象牙、打劫考古文物相比。從瓦倫西亞到巴塞隆納的西班牙沿海地區，保育人士得到歐盟支持，沿著昔日古羅馬道路——維亞奧古斯塔大道（Via Augusta）宣傳千年橄欖樹（olivos milenarios），鼓勵周邊的美食旅遊，促成一個販賣橄欖油的市場。有些中國消費者會購買老樹製作的抗老化妝品，也有加州人為了養生飲食，購買優質特級初榨橄欖油（EVOO）。

西班牙、義大利和希臘有數億棵橄欖樹，其中一小部分以千年的標準來看，稱得上長生。西班牙科學家沿著維亞奧古斯塔大道進行放射性碳定年，發現最老的橄欖樹超過六百歲，就跟客西馬尼園的橄欖樹樹齡相當。不過，調查僅限於地上的木質部分。橄欖樹的砧木或種原[6]可能更加古老。即使「僅僅」五百歲的樹，也算是小冰河期的倖存者，包括一七〇八年至一七〇九年的「凜冬」（the Great Winter）。那是充滿韌性的基因儲存庫。

慷慨的橄欖樹維繫了長期的地景和傳統經濟，本身的前景卻不明朗。二〇一三年，義大利靴跟上的普利亞（Puglia）大區，發現了一種侵入性的細菌性疾病，雖然人們竭盡所能防堵，現在仍傳遍歐洲大陸。一名義大利人的家族五百年來都以採收橄欖為生，他表示：「我們以為橄欖無法動搖，永生不死。現在，我們面對了自然的真相：沒有什麼是無法動搖的。」[15]新的氣候模式動搖了舊方法。雖然橄欖適應乾燥，但隨著夏季的熱度增強，野火肆虐，傳統橄欖樹林也失去經濟效益。全球暖化以及全球對於低成本種子油的競爭，可能進一步迫使橄欖油產業趨向由農業企業主導的集約、灌溉、平地栽培型態，也可能被迫移向阿爾卑斯山以北的地區。

那麼一來，地中海地區的人們可能會從岩礫山坡上移除那些古老乾癟的樹木，改為放牧山羊。橄欖也可能啟動自我保護機制，變回多刺的野橄欖，以灌木的形態繼續活得比人類年代更長久。

(6) 編註：指植物所有擁有的一切遺傳物質的總體。

# 中國的銀杏

是誰先注意到銀杏，又是哪個感官注意到它的呢？是聞到還是看見的？事情發生在很久很久以前的遠東亞洲，在長江以南的某個地方，並且很可能是秋天的事。在秋季，人類或許會聞到分解中的銀杏種皮，其氣味和腐肉類似；也可能是看見葉子——銀杏葉二裂，是非常鮮豔獨特的黃，有著無與倫比的同步掉落姿態。

過去千年間——大約是這種植物物種存在的十萬分之一時間——銀杏（*Ginkgo biloba*）從中國傳播到世界各地。更精準地說，是重新傳播。地質史上，許多銀杏門的植物在北半球各地欣欣向榮。這些銀杏門的植物在演化的全盛時期，是植物界最重要的創新者。它們能在冬天落葉，在低光照的季節休眠，依據狀況切換殘幹生長和枝條生長，在遭受破壞之後，從木質塊莖（儲存能量的根部）重新發芽。在早期地球上，高大植物比較少，沒有生長迅速的被子植物，銀杏門植物才能廣博，因此成為優勢物種。

達爾文說：「先是稀有，才會絕種。」不過，稀有的時間長短很不一定。[16]銀杏則是時間上的特例。銀杏門植物活過了好幾次大滅絕事件，活得比當初的種子傳播者還要久——可能是受到銀杏肉質種皮的甜腐香氣吸引的食腐動物——中生代漫長的盛世之後，銀杏門植物在新生代衰退，到了冰河時期，縮減到剩下一種。銀杏在北美洲絕跡，然後是歐洲，最後是日本，在更新世成為中國的山區難民。

全新世晚期，中國人開始發揮銀杏傳播者的功能。十一世紀的一段文字裡，一名宋朝詩人形容「銀杏」從高地送到低地的過程：「絳囊因入貢」，然後賢侯「因令江上根，結實夷門秋」；最後，移植的銀杏第一粒果實「金奩獻凝旒」。[17] 簡而言之，白果（即銀杏果）是以皇家前菜的角色進入中式料理。接下來的元朝，黃河流域的果樹栽培者以商業方式種植「白果」。又名「鴨腳樹」的銀杏，從中國傳播到韓國，又從韓國傳到了日本。

銀杏無法像真正的堅果樹一樣，扮演作物的角色，因為銀杏的種子微帶毒性。要是吃太多，這種珍饈就成了毒。銀杏種子的活性成分，吸引中國大夫的注意，以理論說明了銀杏與五行中「土」的關係，以及和人類臟腑的對應關係。一直到了西元十七世紀，銀杏種子才成為中藥的標準成分。醫師會開立白果粥給罹患肺疾的體虛病人。而銀杏葉並未用於類似的醫療使用。

在日本的江戶時代（1603–1868），銀杏的種子、枝條和葉子給了當地人新的聯想。日本藝術家帶頭美化了獨特的銀杏葉。二裂的葉形出現在徽記、陶器、和服、髮飾上，包括相撲力士的「大銀杏」髮髻。而日本的食譜書裡，銀杏是常見的蔬果食材，是在大餐前後所吃的小點心。從中醫觀點來看，白果能潤肺；日本人則覺得它能健胃。

此外，日本人認為，銀杏的特定枝條和乳腺有關。老銀杏有著垂掛的組織氣生根，在日文稱之為「乳」（チチ）。乳銀杏為生育或哺乳有困難的女性帶來撫慰。這並非偶然，因為那麼古老的銀杏通常生長在有神明守護的園子中。日本的佛寺住持和神社宮司，仿效中國和韓國的聖所，也會用銀杏美化景觀。

現代日本早期，銀杏的知識傳到了西方。一位隸屬荷蘭東印度公司的德國博物學家在長崎看到了銀杏，為銀杏取了難以發音的譯名。但「Ginkgo」這個字其實拼錯了，將銀杏的日文名稱羅馬化之後，應該寫成ginkio、ginkjo或ginkyo才對，但林奈採用了Ginkgo之後，錯誤就成了定局。這位瑞典分類學家並未取得銀杏的生殖器官，所以把銀杏放在附錄裡的「疑難植物」（Planta Obscura）單元。雖然日本當時採取鎖國政策，但歐洲和美國的採集者仍為富有的資助人取得了種子和插條，其中包括威瑪大公（Duke of Weimar）。威瑪大公的首席顧問歌德（Johann Wolfgang von Goethe）受到這種「東方樹木」啟發，寫了一首關於二裂銀杏葉的情詩：二合為一。[18]

園丁種下了銀杏，地質學家則在例如北歐等出乎意料的地方挖掘出銀杏葉化石。銀杏神祕、難以捉摸，超乎林奈和歌德的理解。達爾文提出演化樹理論之後，早期陸生植物的演化就令植物學家傷透腦筋。銀杏是從蕨類分支出來的嗎？那針葉樹是源於銀杏嗎？

一八九〇年代出現了關鍵的證據，東京大學植物學家平瀨作五郎觀察到雌、雄銀杏的微觀結合，游動精子是在液體中游向卵子。由於游動精子是植物源於水中的演化痕跡，它確保了銀杏的原始物種地位。十年後，古植物學家瑪麗．史托普斯（Marie Stopes）——她在後來成為推廣女性生育自主權的積極分子——造訪了東京，在銀杏短暫的受精期目睹了「一大盛事」。史托普斯花了三天在放大鏡下「尋找銀杏精子」。她在日誌上寫道：「看著它們游泳，再好玩不過了。它們螺旋的纖毛擺動得精力充沛。」[19]

在平瀨作五郎披露之後，科學家開始把銀杏說成蕨類和針葉樹之間「缺失的環節」或「連結的一環」，也是我們和恐龍時代的「活連結」。知名地質學家亞伯特．查爾斯．蘇厄德（Albert Charles Seward）把達爾文的「活化石」概念用於銀杏（*G. biloba*）。[20] 於是，「世上最老的樹種」或「現存最古老的屬」，成了銀杏的慣稱。最近發現的銀杏排卵器官化石——比葉子更能計算演化的改變——顯示銀杏的形態已經大約一億二千萬年沒改變了。

古老的屬之中，會有抗老化的化學物質嗎？施威寶（Schwabe）這家德國順勢療法公司，靠著這種一廂情願的關聯來賺錢。一九六〇年代，施威寶公司發展出兩種植物萃取物。其中一種用世界爺來宣傳；另一種幾乎是用銀杏葉做的。這種萃取物的專利登記為「EGb 761」，成為德國最常開立的草藥——宣傳它和歌德的關聯也有幫助——之後成為美國最暢銷的保健品。而EGb 761的功效仍然沒有定論。擁護者聲稱銀杏可以活到上千年，且銀杏用於製作中藥已有五千年的歷史，但這些說法皆未受到證實。

不過，中國園藝學家是為了銀杏的果實而種植銀杏，而不是葉子。其果實主要是食用，而不是藥用。生白果嘗起來有苦味，但烤過之後就變得美味。在中秋節逛市集的人，會吃白果當點心，很像歐洲人在耶誕市集吃栗子。在中國，銀杏葉萃取物是小眾產品，講究的消費者偏好德國版。

施威寶公司為了滿足「心智敏銳」藥丸的全球需求，在南卡羅萊納州經營一片人工林，那是第三紀以來最大的銀杏林。每年夏天，由機器採下數千萬棵銀杏的葉子；每五年會砍掉銀杏地上的枝幹。銀杏毫不得喘息。這些山麓的植物經歷劇烈的回春過程，形成亞高山矮盤灌叢的形態，巨大的根系支持葉片茂密的殘樁。彼得．戴．崔迪西（Peter Del Tredici）是施威寶公司的園藝顧問，他說：「實在殘忍。我們把這些樹的形態變成古老的灌木。這些植物活了三十五年，超出所有人預期。銀杏真的很驚人。」[21]

銀杏甚至在世界末日般的事件中倖存，也就是廣島原子彈爆炸。當時，廣島陷入火海，有數十名受傷的居民活過了最初的衝擊，跑到距離爆炸中心一千三百七十公尺距離的縮景園，在光禿的樹木間死去，包括一棵幾乎倒下的銀杏。結果，那棵銀杏戰勝了死亡，吐出新芽，長出第二層木材——一九四五年的樹輪有兩層。時至今日，歪斜的銀杏仍站在那裡，樹旁亮黃色的標誌上寫著「原爆之樹」。每年秋天，和平社運人士都會來到縮景園收集銀杏種子，並分送到世界各地。這棵「和平樹」的後代現在生長在田納西州的橡樹嶺（Oak Ridge），而美國軍方在廣島上方引爆的鈾，就是在那裡濃縮的。

銀杏在兩個尺度都長壽並非巧合。以演化年齡而言，是分支群；以生物樹齡而言，則是個體。恩斯特．亨利．威爾森（Ernest Henry Wilson）是傑出的東亞植物採集者，按他所說，銀杏有「一千零一招可以維持生存」。[22]在個體層次，銀杏會避免老化；這一點於近期在細胞與分子層次被證實了。銀杏的生存能力——長出完整大小的葉子，進行光合作用，產生有活力的精子和種子、抗微生物的化學物質——並不會隨著時間而減退。過了兩個世紀後，銀杏產生木質的速度才會稍稍下降，但不足以讓銀杏偏離永生的預設模式。這種生物是因外在壓力而死，而不是因為內部老化。另外，多虧了木質塊莖和氣生根——在中文世界認為它的模樣類似「鐘乳石」——即使遭受災難性的損傷也可以再生。東京的銀杏有如城市地標，在一九二三年的大火和一九四五年再度轟炸之後，都重新生長。不過，銀杏最長可以活多久，仍然無法定年。銀杏和橄欖一樣，樹幹會中空，因此科學家無法得到十個世紀或更久之前的樹輪和放射性碳樣本。儘管如此，銀杏能活上千年，尤其是受到庇護下，似乎也是合理推測。

二〇一〇年，日本最受尊崇、擁有傳奇過往的銀杏在一場暴風裡倒下。神奈川縣鎌倉市鶴岡八幡宮的宮司說：「好多人來訪、來電或寄電子郵件致哀。或許銀杏倒下，是為了提醒人們別把心思都放在物質主義和金錢上。」[23]神道教的照顧者在附近種下了插條。他們出於敬意和希望，把巨大的樹樁留在原地。這棵據稱已有八百歲的銀杏，果然從其儲藏根萌發了新芽。

十九世紀以來，植物獵人（主要是西方人）就在中國山區尋找最老、最野生的銀杏。對中國人而言，對「野生」沒什麼文化共鳴，也缺乏實際意義。海拔一千公尺以下所有土地上的森林，在古代就遭到砍伐殆盡。雖然實行密集農業，但經過遺傳檢定證實，高地的庇護所仍有少數古老的銀杏群落。殘存的群體之中，有一群銀杏生長在浙江省天目山的一座重要佛寺旁。不知這些樹是由僧侶種下的？還是有樹之後，僧侶隨之落地生根？

歷史上的某個時刻，銀杏從瀕臨滅絕變成馴養植物。威爾森甚至認為銀杏活下來，是佛教僧侶的功勞；這樣的臆測後來在通俗文學中成了理當如此的故事。比較確定的是，英國皇家植物園邱園前園長彼得·克蘭恩（Peter Crane）指出，銀杏是「好消息，是人們拯救的樹」。[24]證據就在南北半球溫帶地區城市的街道兩側。都市銀杏的風尚始於日本明治時期（1668–1912）。日本都市計畫者將歐洲創新的林蔭大道納入規畫中。

之後，美國人利用來自日本的材料，複製了同樣的風景。哈佛大學的專家查爾斯·史普瑞·薩金特（Charles Sprague Sargent）寫道，銀杏「早年樹形生硬，奇形怪狀，直到樹齡過百，才展現真正的個性」。薩金特評論道，東亞寺廟的銀杏需要五百年到一千年，才能大放異彩。他又寫道，美國人「為後代種植……選擇這種樹，是很安全的做法。」[25]這是一八九七年的事。三十年後，當成熟的雌株開始落下臭味種皮時，許多人修正了他們的看法。二十世紀末，美國行道樹管理單位重新種下銀杏，因為它能承受都市土壤和空氣汙染，而他們選擇只種植雄株。

稀少而瀕臨絕種的物種，除非能提供人類想要的東西，否則無法仰賴人類幫它們繼續生存。除了銀杏種子和 EGb 761，人們對銀杏還別有所求——銀杏賞心悅目。秋天，銀杏葉的金黃色比任何葉子都更迷人、更醒目。我真想說，銀杏是因為具有審美能力的視覺系動物，而預先適應了馴化。不過，考量到銀杏門比早期人族早出現了大約兩億年，所以這並不可能是物種間「美的演化」的實例，[26]而更像是銀杏屬的意外幸運，以及人屬（*Homo*）的奇蹟巧合。地球上現存最古老的木本植物屬，居然長出地質史上最可愛的葉子，也太巧了吧？

## 印度的菩提樹

葉形最特別的植物是銀杏，其次應該就是菩提樹了（*Ficus religiosa*，又稱畢缽羅樹、菩提榕）。手掌大小的菩提葉呈心形，葉尖延長像燕尾。菩提葉在風中輕輕顫動時，聽起來像鳥群起飛。明顯的長尾葉尖，出現在印度河流域文明的青銅器時代藝術中。

菩提樹的樹苗像許多榕屬（*Ficus*）的樹種，一開始是附生，非寄生地附著在其他植物上，生根於寄主植物陽光充足的樹冠，然後，氣生根往下長，尋找土壤。成功的話，就會抱著嶄新的活力對付寄主，包覆住寄主植物。在「纏勒植物」之中，菩提樹與眾不同，因為它不是讓寄主窒息，而是劈開寄主。它的樹根像緩慢移動的斧頭，垂直分開寄主的樹幹。

這個物種最初被賦與神聖性，可能多少和透過破壞來創造的能力有關。菩提樹不只能讓樹幹裂開，也能讓磚頭裂開。印度河流域的人靠著建造磚造建築，為菩提樹建立了新的棲位。目睹一棵莊嚴的樹木從聖所的屋頂或牆上展開其一生，想必會非常吉利。或是廟宇設在莊嚴的大樹附近。很可能這兩種情形兼具。

榕屬的每一個種，和一種獨特的授粉胡蜂都有互惠共生的關係。少了彼此，雙方都無法存續。至少有五千年的時間，智人這種哺乳類，和菩提榕小蜂（*Blastophaga quadraticeps*）這種昆蟲，一同成為菩提樹的演化同伴。人類為菩提樹延長壽命，菩提樹的回報是為人類生命賦予意義。人們不吃菩提樹的果實，也不利用其木材，因此這種「物質－心靈」的關係感覺更不可思議。雖然菩提葉和樹皮收錄在當代的阿育吠陀醫學中，但那樣的醫藥並不是菩提樹長久以來具有重要地位的原因。菩提樹和其他植物不同，是因奉獻，且為了滿足奉獻而馴化的。

《吠陀經》把菩提樹（梵文是ashvattha）和宇宙力量連結，包括分裂、毀滅敵人的力量。後來，《往世書》（*Purana*）時期的文字詳述了奉獻的做法和神聖的關聯。印度史詩加深了這樣的奉祀。印度史詩《摩訶婆羅多》（*Mahābhārata*）裡，黑天唱道：「在所有樹之中，我是那棵聖樹。」[27]

依據佛陀傳，釋迦牟尼正是在一棵菩提樹下涅槃，成為佛陀。這棵生命與死亡之樹，也是智慧之樹。佛教並沒有把菩提樹神格化，只是把菩提樹原本的神聖特質重新定向。釋尊在北印度既有的聖地伽耶（Gaya）開悟（證得菩提），並非偶然。他在這裡開啟了尊崇菩提樹的佛教作風，在開悟後的前七天，都目不轉睛地注視著一棵菩提樹。

佛教和菩提樹的早期傳播，主要歸功於阿育王，西元前三世紀的這位印度皇帝，建造了第一批頌揚佛法的紀念建築。據說阿育王原本反對佛教，後來才成為信徒；傳說，他起先命令士兵砍倒並分解菩提樹，把樹燒掉，結果菩提樹卻奇蹟似地長了回來。另一則傳說中，阿育王給菩提樹的賞賜太過鋪張，他最年輕的王妃以為「菩提」是情婦，便雇用女巫作法，讓阿育王的迷戀對象失去活力。阿育王看到飾滿珠寶的樹枯萎，悲痛不已，於是增加供品，當菩提樹復原時，阿育王大力頌揚。這位帝王為了保護菩提樹而建了一道牆，之後又建了許多道。

被稱為「菩提伽耶」（Bodh Gaya）的地點，成為南亞和中國佛教徒的朝聖勝地。依據傳說，幾百年間有多位打壓佛教的統治者砍倒神聖圍欄裡的菩提樹。

不論菩提樹是否遭到破壞，主幹想必死了很多次——榕屬的植物並不長命——但僧侶總是會在根上種下分株。這個物質與精神的複製過程，包含照顧者在樹下的土堆加入新土，而在西元第一千年間，最神聖的菩提樹愈種愈高。旁邊的寺廟建築是陡到不能再陡的塔，四面筆直，最後它與這棵具象徵性的樹木緊靠在一起。

印度教深入印度文化，但接下來的印度王朝成為穆斯林，菩提伽耶被孤立了，佛教徒幾乎消失在舞臺上。菩提樹仍然神聖，但不再獨一無二，因為印度教明確地崇拜菩提樹，把佛陀歸為毗濕奴（Vishnu）的第九個化身，或濕婆（Shiva）的一個英勇形象。英國考古學家「發現」阿育王寺的時候，是由一間濕婆寺院在看管菩提伽耶。

英國人在報告中寫到茂密的森林和菩提樹破敗的環境。一八七六年，一場颶風吹倒菩提樹之後，他們監督了種下樹苗的過程。英屬印度當局難以掩飾他們在哲學上重佛教而輕印度教，因為印度教的儀式主義近乎天主教。此外，他們的原意主義（originalist）、過分拘謹的考古學作風，偏好較老的菩提樹，而非比較新的印度神石。

英國主導大菩提寺的重建，在一八八〇年代完工，這與新宗教復興同時期，造成了意外的結果。大英帝國講英語的佛教徒，依循新教傳道會的例子，開始宣教。他們把佛法呈現成相當於基督教的世界宗教。他們自封的領袖阿納伽里卡．達磨波羅（Anagarika Dharmapala），在成為神智學家（theosophist）[7]見習一段時間之後，建立了大菩提學會（Mahabodhi Society，又譯摩訶菩提學會）。達磨波羅一心致力於讓佛教回到菩提伽耶。一九四九年，聊勝於無的勝利姍姍來遲，剛獨立的印度取得了對現場的控制，將之委派給印度教徒和佛教徒組成的委員會來管理。

英屬錫蘭（今斯里蘭卡）是達磨波羅的家鄉，正在上演極為相似的歷史。從歷史角度來看，「原版」的菩提樹有兩棵，一棵在印度的伽耶，另一棵在斯里蘭卡的阿努拉德普勒（*Anuradhapura*）。[28]應該說，是同一棵樹分處兩地。斯里蘭卡的菩提樹有更古老的聲譽，因為阿努拉德普勒和菩提伽耶不同，已經由佛教徒持續照管兩千年以上了。斯里蘭卡孕育了小乘佛教。小乘是佛教歷史最悠久的分支，大約在西元前三百年傳入，這也預示了傳說中佛陀曾多次造訪斯里蘭卡。

《大史》（*Mahāvaṃsa*）記載，小乘佛教與菩提一同生根，恰如其分。《大史》是西元五或六世紀的巴利文寺院文字，其故事既是史詩也是編年史，詳述了一位斯里蘭卡王如何要求他的盟友阿育王，把他出

(7) 編註：神智學是包含宗教哲學和神祕主義的新興宗教，其協會創立於一八七五年。

家受戒的女兒送到島上，建立一間寺院。除了相關禮物，阿育王的長女還帶來菩提樹的一根插條。這「插條」並不是切下的枝條，因為沒人會想、也沒人能拿刀對菩提樹動手；原來是菩提樹同意讓南邊的枝幹脫落，枝幹飄浮在空中，散發聖光，同時長出新根與枝幹。這株在金壺中再生的樹木，有隨從跟著，包括比丘尼和比丘，以及受特別訓練的樹藝師與保護者之家族。菩提樹經歷馬車與船的旅程，還有在海下繞道七天，造訪蛇人的國度，最後來到斯里蘭卡，而國王獻出所有的供品，甚至包括自己的君權。這棵樹在阿努拉德普勒落地生根，帶來雨水、地震、額外的奇蹟，以及額外的菩提樹讓人種在斯里蘭卡各地。

一千多年以來，阿努拉德普勒一直是王室所在地。這座首都因為灌溉溝渠、圓頂建造術和菩提樹而遠近馳名。儘管菩提伽耶有樹旁的一間寺院，阿努拉德普勒——以及斯里蘭卡各地的其他地點——則有許多樹寺，也就是在菩提樹周圍建造的四方無頂建築。由於《大史》的影響，一間著名佛寺旁的一棵特定菩提樹贏得了菩提樹「本尊」的地位。後來，斯里蘭卡國王因政治衝突和氣候變化而棄守阿努拉德普勒，但仍不定期派人馬回去，宣示王朝的主權，將供品堆在菩提樹上，像是補充的土壤、防止大象破壞的壁壘，而最壯觀的是從空中灌溉的特製幫浦。

即使如此，由於缺乏穩定龐大的人口，寺廟群仍然逐漸破敗，長滿神聖的菩提樹。葡萄牙人、荷蘭人和之後的英國占領者，來到達斯里蘭卡時，阿努拉德普勒成了迷倒歐洲人的「失落城市」。不過，那個地方稱不上被叢林覆蓋，只是遭人遺忘而已。殖民前斯里蘭卡的年表極為完整詳盡，但並未記錄古菩提樹之死。這樣的缺乏證據，可以解讀為古菩提樹「持續活著」，至少是「持續受到照顧」。看來一群核心的佛教信徒堅守在阿努拉德普勒，擔任心靈樹藝師。

總之，詹姆士・愛默生・坦南特（James Emerson Tennent）在一八四〇年代擔任錫蘭的殖民地輔政司司長，宣布「覺樹」（Bo-tree）是「世上最古老而有歷史意義的樹」。他把非洲、歐洲和美洲更古老樹木的科學計算，斥為臆測和推論，「而覺樹的年紀則是白紙黑字的紀錄」。[29]這使得客西馬尼的橄欖樹相形見絀。

五十年後，反殖民主義者借用了坦南特的話。僧伽羅佛教徒占了斯里蘭卡島民族宗教群體的大多數，對他們而言，「世上最老的歷史樹木」代表了他們對斯里蘭卡的國家權利主張。從市政層面來看，大菩提學會的錫蘭分會在阿努拉德普勒鼓吹空間區隔。英國人已經把那座古都變成新城，添上一些基督教教堂、一座印度教神廟和一座清真寺。一九四八年，斯里蘭卡獨立之後，僧伽羅人為主的政府實行了大菩提學會的雙城理想：佛教徒為自己復原舊城，分隔出一座世俗的新城。一九八二年，聯合國教科文組織將「阿努拉德普勒聖城」列為世界遺產，申明了這樣的空間區隔。

後殖民時代的斯里蘭卡領導階層，把菩提樹和起源故事給國家化——甚至在國旗加上菩提樹葉——進一步把少數的印度教塔米爾人和使用塔米爾語的穆斯林給邊緣化了。數十年的歧視政策，招致一個世代的內戰。印度教分離主義軍事團體泰米爾之虎（Tamil Tigers），一九八五年五月在阿努拉德普勒進行的一次恐怖攻擊中，有一整公車的槍手朝新城的轉運站開火，殺害了數十人。他們驅車到舊城，殺死了看到的所有比丘尼和比丘，破壞了寺院裡的一棵菩提樹。不過，菩提樹本尊逃過一劫。

二〇〇二年，菩提伽耶得到世界遺產的地位，造成更多元，或至少更國際化的結果。事隔幾個世紀，大菩提寺再度成為佛教參拜勝地，每年有大約兩百萬人參訪，應證了英國所稱，這是佛教版「麥加」或

「耶路撒冷」的說法。西藏流亡領袖達賴喇嘛拜訪菩提伽耶，引起國際對當地的關注。二〇一三年，恐怖分子對寺院發動爆炸攻擊，即使如此，也沒能讓宗教遊客止步太久。包括印度教民族主義者在內的印度領導人也鼓吹朝聖，視之為貧困地區的好生意。受認證的印度菩提樹苗，會拿來贈予亞洲其他國家，是廣受關注的政治禮物。在教派競爭下，一些佛教國家的捐贈者，在聖所牆外蔓延的村落建起寺廟和住所，建築愈發奢華。

最新的菩提樹本尊是在維多利亞女王成為印度女皇那一年新生，至今已長得高大威嚴。不論在哪裡，很少有樹木周圍那麼絡驛不絕，就連新冠肺炎封城期間也不例外。寺院管理者擔心菩提樹的健康，最近禁止在樹周圍出現電燈、蠟燭、焚香和牛奶供品；他們也在附近種植下一棵繼任者。最神聖之菩提樹的崇拜者，仍然會為樹根鍍金、冥想、祈禱、吟頌、繞行，追逐可能落下的任一片葉子。照理講，誰都不准摘菩提葉，不過，報紙報導過有人指控法師賣一整根枝條給泰國的百萬富翁。

印度教徒也會去那裡，但不會大批朝聖。樹木崇拜者在當代的印度仍然分散而在地化。在掛有花圈、裹著彩線的菩提樹下敬禮祈禱（puja），是村莊和城市中常有的行為。周圍居民可能擁抱、親吻充滿生命能量的樹——它是毗濕奴的化身——為樹按摩，祈求健康、財富、姻緣或子嗣。最常見的供品是水，也難怪在這個森林幾乎砍伐殆盡的國家，菩提樹卻無所不在。依據現存的《吠陀經》慣例，連根拔除或殺死菩提樹，即使它是長在建築上，也必定會招來厄運。

神聖的菩提樹也生長在一些偏遠的世俗地點，像是夏威夷檀香山的佛斯特植物園（Foster Botanical Garden），它就像是醜惡水泥都市中的綠洲。那裡是加拿大音樂家瓊妮·蜜雪兒（Joni Mitchell）關於在天堂鋪路的那首名曲*Big Yellow Taxi*裡，提到的「樹木博物館」。佛斯特植物園曾為瑪麗·佛斯特（Mary E. Foster）所有，這位不可思議的女子是夏威夷王室和白人商人的後代。她因自己的跨種族身分，對夏威夷的民族與宗教少數族群產生共鳴，尤其是日裔佛教徒。在丈夫過世後，瑪麗·佛斯特家財萬貫卻茫無目標，後來學習了神智學。一八九三年，她拜訪了阿納伽里卡·達磨波羅。達磨波羅當時從芝加哥的世界宗教議會返鄉，在檀香山暫時落腳。佛斯特希望達磨波羅在控制憤怒上給她一點建議。在汽船上的那次短暫會面，帶來永久的金援。要不是有瑪麗·佛斯特的財富，大菩提學會不可能繼續它的任務。二十年後，達磨波羅回到夏威夷去感謝他的「佛斯特養母」。[30]

這讓人不禁認為，佛斯特植物園的菩提樹是達磨波羅提供的。其實，有消息來源聲稱，達磨波羅贈予了阿努拉德普勒菩提樹的一段插條，使得那棵遊歷甚廣的樹又有了一場史詩般的旅程。這個故事美好得不真實。不過，最有可能的是，這棵樹早就已經在那裡了，由十九世紀建造植物園的德國移民從種子培育出來。他撰寫了第一本夏威夷植物教科書，並曾遊遍亞洲各地（包括錫蘭）收集植物。

檀香山「菩提樹」的真正來源還是其次，更重要的是這棵樹代表的意義：神聖菩提樹的全球化。佛教徒在東南亞刻意傳播這種植物，之後由熱中古代東方宗教史的西方園藝家散布到世界各地。不過，人們忘了菩提樹從前的演化夥伴——胡蜂。在這個千禧年之初，夏威夷的授粉者乘船或飛機而來。很快的，瑪麗·佛斯特的菩提樹首度開始結果了。歐胡島的人行道上開始冒出樹苗，使得水泥裂開、損毀。

## 非洲的猢猻木

人類和老樹之間最久遠的關係，當然發生在非洲。這座大陸上最長壽的樹木也長得最大。成熟的猢猻木，以其樹高來說長得非常寬，彷彿超自然之物。猢猻木在一年的大多時間裡都沒有葉子，這是一種節能策略，枝幹像懸空的樹根。傳說中，原本的猢猻木受到諸神、英雄或鬃狗懲罰，倒栽蔥地種在地上。

這種「倒著長的樹」又叫「大象樹」。非洲最大的巨型植物和巨型動物之間的關聯，不只是尺寸。猢猻木的粗硬樹皮不論顏色和質感，都像大象。植物學家提到，pachycaul（莖幹粗壯的植物）和pachyderm（厚皮的哺乳動物）這兩字同源。更重要的是，非洲象會吃猢猻木的樹皮。乾季時，長牙的公象會咬樹幹，撕下一道道樹皮，嚼食纖維豐富的戰利品。

其他種樹要是受了那樣的傷，必死無疑，但猢猻木卻能癒合，再生能力在自然界數一數二。猢猻木的木材中有著高比例的活細胞，而且水分含量高達八十%。不同於一般印象，猢猻木不像桶型仙人掌那樣儲水，而是用所有含水的組織把自己撐起來。猢猻木具有彈性，會在四季和生命不同階段之間膨脹和收縮。為了保護其海棉狀組織，需要特別的外層，就像是果皮一般。

老猢猻木從內部變得中空，形成寬大的空洞，其用處應有盡有。有一本充斥非洲俚語的小說特別令人難忘，書中提到，有個女人躲在樹裡，逃過遭奴役的命運。「你是可靠的猢猻木，是知己、家園、碉堡、水源、醫藥櫃、蜂蜜罐、我的庇護所、我的救星……你保護了我。我敬愛你。」[31] 猢猻木的實用空洞也給伊本・巴圖塔（Ibn Battuta）——十四世紀旅行經歷最豐富的人之一——留下了深刻印象。他在通往馬利（Mali）的路上，看到「古老又粗壯」的樹。「想不到我經過的樹裡居然有個男人，是個紡織工，在樹裡架起他的織布機，還真的在織布。」[32] 非洲人在撒哈拉沙漠東西兩側的馬利和蘇丹，引進了猢猻木，後來的世代借用這些巨木，形成儲水的水槽網路；但這些身為基礎建設的樹木，不久後也成為戰爭的目標。

如果人類是破壞者，該怎麼解釋早期人族和猢猻木共存超過一萬年呢？一段關係的長度，可以用經濟學詞彙表達成「有用」和「無用」之間的動態。猢猻木的吸水組織幾乎稱不上木頭，它當不了建材、柴火，也不適合製成木炭。此外，它肥大多汁的樹幹無法被砍斷。英國規畫者在他們失敗的東非花生計畫（East African Groundnut Scheme）期間發現，一棵樹可以讓一輛推土機無用武之地。猢猻木從不會長成那種農人會燒了以改作農地的茂密森林。反之，稀樹草原上兀立的巨木，啟發了牧民和農民在附近紮營、建立村落，並在附近種下未來的巨木。人類從久遠以前就承襲了猴子的使命，成為猢猻木的主要傳播者。

除了遮蔭、遮風避雨、儲藏，非洲猢猻木也提供食物、藥物和纖維。在其絲滑種莢中的種子，可以烤來吃，周圍是富含維生素的果肉，能生吃也能入菜——法語稱它為「猴麵包樹」，南非荷蘭語則稱它是「酒石樹」——其葉片可以烹煮，根可以嚼食。人們會拔下樹皮，拿來做成繩子並用來編織。如果剝皮時操作正確，樹木得以癒合，接下來幾年內就可以重複這個過程。這個資源結合了野生生物、作物和聖樹的各種特性，非洲撒哈拉以南各地的民族都發展出習俗，來管理這種資源的使用。例如，在馬利的多貢族（Dogon people），樹木守衛會戴著恐怖的面具，巡邏公共的猢猻木。

猢猻木的屬名*Adansonia*，是為了紀念法國博物學家米歇爾・亞當森（Michel Adanson）。亞當森在一七四九年到達塞內加爾，著手裝滿他巨大無比的採集箱。他在戈雷島（Gorée）第一次看到猢猻木，後來，他在達卡（Dakar）附近的另一座島上，觀察到一棵高大的樣本，樹上覆滿名字和日期的刻痕；打從十四世紀開始，就有歐洲遊客在樹皮上刻字，那是帝國的所有權宣言。這種重寫的痕跡，使亞當森思考著這些巨木的生命「想必延續了好幾千年，而且或許可以追溯到遙遠的大洪水時代」。亞當森稱猢猻木為「自然界最高大的植物造物」、「地球上最古老的活紀念物」。[33]

米歇爾・亞當森在著作《植物家族》（*Familles des plants*）裡，畫出理想化的生長曲線，讓人「對這些龐然大樹的壽命長度有個概念」。亞當森根據直徑和樹高，約略預估壯觀的非洲猢猻木可能有五千一百五十歲，稍微少於《聖經》年表中的地球年紀。亞當森沒有宣稱他的估算準確，但他推廣了新概念，也就是：博物學家只要有足夠的生長資料，就不必依賴不可靠的「傳統」來推定樹齡。[34]

說來諷刺，在塞內加爾遭人刻字的猢猻木旁，冒出了科學傳說。在誇張版的故事中，亞當森在古早的樹木塗鴉旁，於形成層切了一個切口。他測量切下的樹輪寬度，計算成熟猢猻木的年生長速度。另外，亞當森也觀察年輕猢猻木的生長速度。這位博物學家結合了這些資料和樹高、樹圍（當然完全是測量數值），得以可靠地估算樹齡，也就是前面說的五千一百五十歲。就這樣，這位天才的法國人提供了樹木極為長壽的證據。自從希臘、羅馬時代起，這個話題就引人猜測了。

醉心於精準度量的歐洲科學家，覺得這個杜撰故事很真實。後革命時期，法國字典和百科全書把猢猻木列為「千年樹」（*L'arbre de Mille Ans*）。十九世紀最受尊敬的博物學家洪堡德基於亞當森的概念，稱猢猻木為「我們星球最年長的居民之一」。美國植物學家亞薩・格雷（Asa Gray）雖然駁斥了亞當森的「發現」，但此發現卻在教科書中存活下來。格雷挖苦地觀察道，「錯誤言論的活力實在驚人」。查爾斯・萊爾（Charles Lyell）在開創性的《地質學原理》（*Principles of Geology*）裡仍在犯這個錯。[35]

達爾文在小獵犬號（*Beagle*）上讀了萊爾的著作。一八三二年一月，小獵犬號在維德角（Cape Verde）的聖地牙哥島（island São Tiago）首度靠岸。達爾文穿過港都普萊亞（Praia）附近的一座村莊時，第一次看到巨木，那是一棵猢猻木——他是由洪堡德得知這物種的。達爾文寫道：「這棵樹的樹皮上標記了惡名，就跟肯辛頓花園裡的樹一樣，覆滿了名字縮寫和日期。」達爾文帶著測量工具回到現場。他不認為有植物能存活超過六千年，雖然這棵樹「讓看到的人覺得它活過世界存在以來的不少時間」。[36]不過，達爾文指出，那棵樹生長的河谷受侵蝕的時間，想必更漫長。一八三二年，猢猻木還存在於《聖經》和地質時代的分野。

今日，無法確定猢猻木屬（*Adansonia*）是否在西元十五世紀前，自然出現在維德角。在葡萄牙人把群島變成人口走私樞鈕之前，那裡都無人居住。不論猢猻木是否為人類引入的，都將群島標記為非洲的空間了。就像戈雷島，在聖地牙哥島的奴隸等待越洋、離鄉背井時，應該會視這些樹為家鄉的殘跡。亞當森觀察到，塞內加爾的沃洛夫人（Wolof）會在他們的脖子上掛著裝菸草的小袋，袋中有第二個口袋則裝著猢猻木種子和其他珍寶。在中央航道（Middle Passage）[(8)]，奴隸可能戴著那樣的小袋，奴隸販子

(8) 編註：非洲奴隸被迫穿越大西洋到達新大陸的航行。

則可能儲存含有果肉的果莢，當作抗壞血病的食物。離鄉背井的非洲人在大西洋另一頭的加勒比海，種下生長緩慢的猢猻木，那些樹存活至今，成為文化韌性的里程碑。

猢猻木在印度洋沿岸及沿海地區傳播的起源始於更早以前，也延續得更久。史上記載的猢猻木屬樹木有的高達六百歲，見於尚吉巴（Zanzibar）、阿曼到伊朗、印度和印尼。猢猻木先是跟隨商人的活動而傳播，後來則隨著阿拉伯、葡萄牙、荷蘭、法國和英國的奴隸販子移動。在現代印度，許多猢猻木和穆斯林聖徒的聖祠同時出現。有些聖祠的樹木是由西迪人（Siddi）照料，這個民族是東非班圖語使用者的後裔。有些猢猻木已經被印度教化了。印度樹齡最高的一棵猢猻木，位在阿拉哈巴德（Allahabad）外的恆河旁，是古老的朝聖地。這棵猢猻木顯得格格不入，有人會把它跟菩提樹混淆。

阿拉伯商人也把非洲猢猻木帶到馬達加斯加。港都馬哈贊加（Mahajanga）的一個圓環中央，長了一棵壯觀的猢猻木，離海灘不過咫尺。那棵樹種在那裡，有點像猢猻木在此重聚；島上長了六種不同的猢猻木。原始的猢猻木種莢，可能比馬達加斯加獨木舟和阿拉伯小型商船早了很久很久，就已經越過印度洋。人類並不是唯一會長距離傳播的生物。遷移性生物和海流也能帶來奇蹟，由西澳洲那一種離群的猢猻木就可以知道這件事了；從遺傳學來看，那可能是最古老的猢猻木樹種。

關於非洲猢猻木極度長壽的證據，直到最近才超越了亞當森的猜想。猢猻木的樹圍特別大，而且形態特殊，一向不大適合用樹輪來定年。如果能取得內部組織，使用放射性碳定年法的效果會更好。一九六〇年代同時發生了兩件事，因而得到確切的證據，證實了猢猻木能存活上千年：放射性碳定年法的校正，以及贊比西河（Zambeizi River）上建造了卡里巴水壩（Kariba Dam），這個巨型計畫需要大量砍伐巨型植物。

近期，一位羅馬尼亞化學教授得到經費，用於研究裸子植物的壽命上限。這個計畫得以順利進行，是由於納米比亞的一棵十分知名的猢猻木「古特邦」（Grootboom）倒了，因此他能取得古老的內部木材。這場調查似乎是某種預兆，或是受到詛咒；因為無論這位教授在南部非洲的何處尋找最老的猢猻木，就會找到倒下的巨木——妙的是，他是兼職的超自然現象專家——二〇一八年，這位教授在聲名卓著的一份學術刊物上報告，十四棵已知的千年猢猻木之中，有十棵在二十一世紀倒下或死亡，包括南非和波札那的代表性樣本。離群樣本在突然死亡之前，活了大約兩千五百年，是古老橄欖樹的四倍。

這個具象徵性且數量不大的樣本，登上世界各地的氣候危機頭條新聞。主要調查者表示：「說來悲傷，在我們短暫的一生中，得以參與那樣的經驗。」共同作者稱這場集體死亡為「礦坑中的金絲雀」。[37] 有些植物學家質疑這個研究的一些面向，不過沒人質疑研究的要點：南部非洲會愈來愈熱、愈來愈乾，讓猢猻木的棲地因此縮減。

早在全球媒體關注之前，辛巴威就有猢猻木衰落的傳言。一些人表示，樹幹上神祕的「黑煤灰」，是過去和現在的惡行激怒神靈的結果。一個支持政府的黑人民族主義（Black nationalist）媒體指出，「詛咒」始自一八五五年，據說當時英國探險家大衛・李文斯頓（David Livingstone）在維多利亞瀑布附近的幾棵大猢猻木上，刻下了自己的名字——維多利亞瀑布也是他厚顏無恥命名的——這些遭到褻瀆的樹裡，有東加民族的祖靈。不過，按照微生物學家的說法，那種難看的真菌是特有種，本身並不會致命，可能代表著乾旱或超限利用等壓力。此外，辛巴威背信忘義的樹皮盜採者違反風俗，破壞了猢猻木。

非洲猢猻木似乎注定受到進一步馴化，在達卡之類的城市得到行道樹的地位。計畫即將實行，結合了實驗室科學和原住民智慧，培育出優質的栽培品種來繁殖，作為藥物原料和林木。這是「藉利用來保育」的好例子。猢猻木歷時數十年才會性成熟，所以這項研究在之後才會有成果。而食品工業則發現猢猻木的果肉，把它當成另一種「超級食物」添加物，提供給全球北方（Global North）講究的果昔消費者。採收種莢一事，外包給村中婦女處理，為貧窮的當地人帶來收入，不過此市場恐怕無法永續經營。

自從生態學家研究猢猻木僅僅一個世紀以來，他們就注意到缺乏幼樹的情況，而成熟的樹木群之間有百年的落差。這是生長緩慢而長壽的樹木的典型特性。不過，為什麼呢？新增樹苗需要一連幾年同時滿足一些大氣和土壤狀況，而這種情況實在太少發生了。隨著人類和牲畜的活動範圍擴大，而且工業化國家已經不可逆地改變了地球的氣候，誰知道非洲何時會再度出現理想的時序？

以前，猢猻木需要人為協助，才能拓展到原本的棲地之外；現在是需要人為照顧，猢猻木才得以生存。二十世紀的非洲促成了兩個出色的植樹非政府組織。一個是理查．聖巴比貝克（Richard St. Barbe Baker）領導的「植樹人協會」（Men of Trees），另一個則是旺加里．馬塔伊（Wangari Maathai）領導的「綠帶運動」（Green Belt Movement）。其中，馬塔伊的基督女性主義原住民環保主義似乎有辦法做得更長久。馬塔伊了解管理土地、女性賦權和改革政府這些不同領域的交互影響性。這位諾貝爾獲獎者曾說過：「你必須滋養，必須灌溉，必須持續去做，直到它生根，能自己照顧自己。」[38]

她說的既是樹，又遠遠不止於樹。

# 附註

1. 此為羅賓・拉塞爾・瓊斯（Robin Russell-Jones）在二〇一七年出版之書籍的書名。
2. *The Pinetum Britannicum*, vol. 3 (Edinburgh, 1884), 282.
3. Alphonse de Lamartine, *A Pilgrimage to the Holy Land*, vol. 2 (Philadelphia, 1835), 157.
4. Richard F. Burton and Charles F. Tyrwhitt Drake, *Unexplored Syria*, vol. 1 (London, 1872), 99–107.
5. "The Cedar of Lebanon," *Sharpe's London Magazine* 1, no. 26 (April 25, 1846): 409–410.
6. Theophrastus, *Enquiry into Plants* 4.13.5.
7. Sophocles, *Oedipus at Colonus* 694–705.
8. Herodotus, *Histories* 8.55.
9. John 18:1.
10. "Excerpted Letters of Charles J. Langdon, 'Through the Holy Land,'" *Mark Twain Journal* 47, nos. 1/2 (Spring/Fall 2009): 72–83, quote on 79.
11. Josephus, *The Jewish War* 6.1.1.
12. "Olive Trees of Gethsemane among Oldest in World," *Reuters,* October 19, 2012.
13. *The Olive Tree in the Holy Land* (dir. Albert Knechtel, 2012). The tree is called al-Badawi.
14. "Olive Branch Ends Olympian Battle of Ancient Trees," *Telegraph*, August 28, 2004.

15. Alejandra Borunda, "Inside the Race to Save Italy's Olive Trees," *National Geographic*, August 10, 2018.
16. Darwin, *On the Origin of Species* (London, 1859), 319.
17. Joseph Needham, Christian Daniels, and Nicholas K. Menzies, *Science and Civilisation in China*, vol. 6, pt. 3 (Cambridge, 1996), 581.
18. "Gingo biloba," in *West*-östlicher *Divan* (Stuttgart, 1819), 125. Goethe dropped the *k*.
19. Marie C. Stopes, *A Journal from Japan* (London, 1910), 218.
20. A. C. Seward, *Links with the Past in the Plant World* (Cambridge, 1911), 121–133.
21. Interviewed by author, Boston, April 18, 2008.
22. Ernest Henry Wilson, *The Romance of Our Trees* (Garden City, NY, 1920), 61.
23. "An Easter Story from Japan," *Economist*, March 31, 2010.
24. Peter R. Crane, *Ginkgo: The Tree That Time Forgot* (New Haven, 2013), 15.
25. Charles S. Sargent, "Notes on Cultivated Conifers," *Garden and Forest* 10 (October 6, 1897): 391–392.
26. Title of a 2017 book by Richard O. Prum.
27. *Bhagavad Gita* 10.26.
28. 十九世紀作家會區分印度的「菩提樹」(或稱「摩訶菩提」),和錫蘭的「覺樹」;今日,覺樹通常採用三重尊稱:「闍耶室利摩訶菩提樹」。
29. James Emerson Tennent, *Ceylon: An Account of the Island*, 3rd ed., vol. 2 (London, 1859), 613.

30. 他在一九三一年聽到她死訊的日記中用這個詞，參見 Sangharakshita, *Anagarika Dharmapala: A Biographical Sketch and Other* Maha Bodhi *Writings* (Ledbury, 2013), 77.

31. Wilma Stockenström, *The Expedition to the Baobab Tree*, trans. J. M. Coetzee (Cape Town, 2008), 34.

32. Ibn Battuta, *Travels in Asia and Africa, 1325–1354*, trans. H. A. R. Gibb (London, 1929), 322.

33. "A Description of the *Baobab*," *Gentleman's Magazine* 33 (1763): 500–503.

34. Michel Adanson, *Familles des plantes* (Paris, 1763), ccxv–ccxxiii.

35. Humboldt, *Personal Narrative of Travels to the Equinoctial Regions of the New Continent during the Years 1799–1804*, trans. Helen Maria Williams, vol. 1 (London, 1814), 143; Gray, "Botany of the Southern States," *American Journal of Science and Arts* 20 (November 1855): 131–134; Lyell, *Principles of Geology*, vol. 3 (London, 1833), 99.

36. Quoted in P. N. Pearson and C. J. Nicholas, "'Marks of Extreme Violence': Charles Darwin's Geological Observations at St Jago (São Tiago), Cape Verde Islands," in *Four Centuries of Geological Travel: The Search for Knowledge on Foot, Bicycle, Sledge and Camel*, ed. Patrick N. Wyse Jackson (London, 2007), 239–253.

37. "Trees That Have Lived for Millennia Are Suddenly Dying," *Atlantic*, June 11, 2018; "Last March of the 'Wooden Elephants,'" *New York Times*, June 12, 2018.

38. "This Much I Know," *Guardian*, June 8, 2008.

Chapter 2

# Memento Mori

# 生命
# 終有盡頭

最早持續接受科學調查壽命的植物是歐洲紅豆杉，這種樹木在歐洲大多地方都已經被砍伐殆盡。不過，在不列顛群島上，由於其天生的再生能力，加上恰好位在教堂墓地，因此有數以千計的歐洲紅豆杉樣本活到高齡。

這些聖化的樹木在地方層級有宗教意義，到了十八、十九世紀，又在國家層級有了文學和科學的意義。致命又長命的紅豆杉，成為英國早期最有詩意的植物。隨著花園公墓和都市火葬場興起、聖公會衰微，教堂墓地中的紅豆杉逐漸失去文化共鳴。

二十世紀末，愛樹人重拾維多利亞時代人士的努力，為英國的古老植物編目、定年。今日，在都市主義與世俗主義的背景下，「上帝之土地」（God's acre）的古老紅豆杉既出名又為世人淡忘，既受保護又岌岌可危。

## 死亡之樹——歐洲紅豆杉

歐洲紅豆杉（*Taxus baccata*，又稱紅豆杉或英國紅豆杉）可能是現存最古老的歐洲大陸原生樹種。歐洲紅豆杉生長在高加索山脈到不列顛群島，以及一些多山的北非島嶼環境中。依據分子鐘定年，紅豆杉所屬的紅豆杉科大約是在白堊紀滅絕事件前後演化出來的。換句話說，紅豆杉存在的時間和哺乳類動物時代一樣長。紅豆杉在海洋氣候表現得很好，在第三紀北半球溫和潮溼的時候欣欣向榮。

隨著第四紀到來，極端氣候振盪讓歐洲次大陸或乾燥，或冰封，或融化，或再度冰封。歐洲曾是針葉樹多樣性的熱點，卻一次又一次地逐漸失去大量針葉樹。歐洲的紅豆杉在超低溫冰凍期間，退回到地中海的庇護所。在每次間冰期，紅豆杉都面臨了來自速生被子植物（尤其是山毛櫸）更嚴酷的競爭。歐洲紅豆杉要花幾十年才會達到性成熟，而且其繁殖需要雄雌株與鳥類幫忙傳播種子。在全新世，目前的（可能是最後的）間冰期期間，地中海低地已經太炎熱又太乾燥，不適合紅豆杉生長了。紅豆杉耐蔭、堅忍的優勢，在和煦、穩定的氣候比較有意義。

灌木狀的紅豆杉在根系建立之後，活得幾乎比任何其他植物還要長，或者死得更緩慢。不得已的時候，紅豆杉可能減緩或停止生長，或區段生長。受到重創後，紅豆杉可以從根部或從樹幹上的萌櫱重生，甚至從樹墩重生。紅豆杉就算粗枝掉落了，也能長出垂直的頂枝。最驚人的是，在「壓條」的過程中，其枝幹會向下生根，並向上長出新芽。所以，一棵老樹就能構成一小片樹林。中空的樹甚至可以從內部壓條，用新的枝幹填補空缺，和從前的外殼融合。一棵樹藉著壓條、融合和空洞，在幾個世紀間長成不同的樣貌。除了粗大或空洞，存在已久的紅豆杉並沒有典型的形態。每棵紅豆杉的外觀都不同，有著不同的怪異氣息。紅豆杉甚至能變性，從雄株變成雌株，或從雌株變成雄株。其他長壽植物都沒有那麼多重返年輕的手段，也沒有哪個受歲月摧殘的生物能那麼年輕。

人類與紅豆杉之關係的最早證據，既古老、功利主義又致命。舊石器時代的「克拉克頓之矛」（Clacton Spear）是已知最古老的木造物品，於一九一一年在英國艾塞克斯郡的濱海克拉克頓（Clacton-on-Sea）出土，可以追溯到大約四十萬年前。當時是間冰期，海德堡人（*Homo heidelbergensis*）和尼安德塔人（*Homo neanderthalensis*）漫步在未來阿爾比恩（Albion，大不列顛島古稱）的海岸。接著，智人在全新世取代了其他早期人族。歐洲藝術最早的大作——洞穴壁畫，暗示了紅豆杉被製成獵人手裡拿的武器。考古學家在德國北部到丹麥的沼澤，挖掘出數以百計的新石器時代紅豆杉箭桿與弓。被稱為奧茨（Ötzi）的古代人，在中南歐的提羅爾（Tyrole）木乃伊化，在冰裡待了五千年，身上就帶著一根紅豆杉弓木。

從古代到中世紀，歐洲製弓師偏愛紅豆杉，因為它的木材質地細緻，既有韌性又能引張。最好的弓所選用的弓木，包含兩種木材：奶油色的邊材薄而能彎曲，蜂蜜色的心材厚而耐用。靠著這樣的裝置，長弓手可以讓紅豆杉產生很大的位能而不斷裂，將動能傳到箭矢上。

在家畜擁有經濟價值後，歐洲人有了在意紅豆杉的另一個理由——紅豆杉有毒。這植物幾乎任何部位——唯一的例外是假種皮——都能毒害反芻動物、馬匹及人類。汰癌勝（Taxol）這種以紅豆杉樹皮製成的藥，證實了它也能毒害人類的癌症。紅豆杉的肉質假種皮，會在秋天變成鮮紅色。雖然紅豆杉是針葉樹，但沒有毬果。顏色暗淡的樹葉，也是紅豆杉樹上最化學的部分，偶爾會出現在古希臘和羅馬的文獻與病理報告中，作為一種自殺手段。在《馬克白》（*Macbeth*）裡，第三名女巫在大鍋裡加入這些成分：「褻瀆的猶太人的肝、山羊的膽和紅豆杉木片。」[1]

有關紅豆杉的民俗，在現代化之前的歐洲各地發展，發展最完整的是在英吉利海峽外的地區。紅豆杉在英國的文化豐富度，反映了後冰期地景中針葉樹貧乏的情形。只有兩種森林針葉樹原生於不列顛群島，常綠樹也沒有比較多（包括錦熟黃楊、冬青和杜松）。歐洲赤松限於偏遠的北方，紅豆杉則分布廣泛，唯一的例外是東方泥濘的低地。在針葉樹於現代早期引入英國之前，紅豆杉是唯一全年為英國人遮風避雨的本地樹種。海伯尼亞（Hibernia，愛爾蘭的古拉丁文名）和阿爾比恩的所有殖民者——包括凱爾特人、羅馬人、斯堪的那維亞人、撒克遜人和諾曼人——都使用紅豆杉製作工具並賦予其意義。

當代英國很少出現非人工栽培的紅豆杉。如果土壤的白堊含量太高，不適合耕作，歐洲紅豆杉可能長出模樣怪異的純林，成為下層植被的冠層。在偏僻而陡峭得人類無法使用的懸崖上，零星的紅豆杉可以永遠生存在那裡。紅豆杉更常出現在公園和花園，被栽植為樹籬。紅豆杉生長得茂密而形態靈活，可以塑造成任何形狀。最驚人的是，教堂墓地殘破的墓碑間，幾個世紀前種下的紅豆杉，成為教區景觀的元素之一，存活了下來。這種愛爾蘭與英國傳統，也見於法國和西班牙的邊緣地區——包括布列塔尼和諾曼地；加利西亞（Galicia）和阿斯圖里亞斯（Asturias）——這樣的分布暗示甚至證實了凱爾特文化的影響。

教堂墓地中的紅豆杉和聖井一樣，代表著異教信仰和基督教之間的歷史妥協。教會攻擊聖樹的行動——以破壞圖騰者的聖徒行傳為代表，像是貝內文托的聖巴巴圖斯（Saint Barbatus of Benevento）、聖博義（Saint Boniface）和查理曼——一直不曾完成。西元五世紀到七世紀間，教會領袖在多次教會會議中重申，向樹木和石頭祈禱、發誓、奉獻，仍然是非法、偶像崇拜、狂熱而愚蠢的行為。五百年後，盎格魯－撒克遜英格蘭的傳教士表達了同樣的不滿。由於杜絕這些行為的過程太過漫長，結果主事者讓步了，准許人們前往那些重新獻給聖徒的地方朝聖。

凱爾特基督教[(1)]的信徒早在英格蘭皈依基督教之前，就已經在愛爾蘭和威爾斯照料紅豆杉。威爾斯的傑拉德（Gerald of Wales，拉丁文名為Giraldus Cambrensis）是早期的見證人，這位主教遊歷豐富，曾經去過巴黎和羅馬。一一八七年，他在愛爾蘭目睹了自己前所未見的古老紅豆杉。根據傑拉德的說法，「古代」的「聖人」在墓地和其他神聖的地方種下紅豆杉，這是修道院院長一路遵行下來的愛爾蘭習俗。[2]中世紀威爾斯的法律保護了那樣的樹。砍倒「聖徒紅豆杉」的罰款是一鎊，而砍倒其他普通紅豆杉，則只罰十五便士。[3]有些罪犯甚至付出了更高的代價。傑拉德在報告中指出，不久前諾曼人入侵愛爾蘭期間，亨利二世的弓箭手對都柏林附近教堂墓地的紅豆杉施以「最無禮而駭人聽聞的暴力」。上帝因為他們的罪過而降下瘟疫，重創了國王的弓箭手。[4]

在英格蘭，諾曼人的統治開啟了建造教堂的風光年代，包括了城市大教堂，以及更多數量的村莊教堂墓地。聖化的圈地通常包括一棟教區牧師的住所、一座禮拜堂、一座十字架、一棵紅豆杉；最重要的是，還有土裡的基督教先人遺骸。直到中世紀盛期，英格蘭人才讓逝世者集中在教堂墓地，並開始稱之為「上帝之土地」(取自於德文的Gottesacker一詞)。埋葬的熱門地點是禮拜堂陽光充足的南側，靠近教堂墓地的主要入口，在最主要的紅豆杉下。

英國新教堂墓地的樹木有些神聖，受到習俗和法律保護，但並非不可侵犯。一三〇七年的一道皇家法規，間接提及教區牧師和村民為紅豆杉發生的爭論，註明了種下樹木通常是為了幫禮拜堂阻擋強風。愛德華一世澄清，這些紅豆杉屬於教會，表示管理紅豆杉是由教會法規範。但國王仍禁止神職人員移除那些樹，除非是修整禮拜堂時有必要。[5]

教會在教區教堂墓地裡守護數以千計的紅豆杉，王室則從歐洲大陸的森林進口數百萬根弓木。諾曼人偏好長弓，他們在哈斯丁之役（Battle of Hastings）中，從一段距離外射中最後一位盎格魯－撒克遜國王的眼睛；隨後的金雀花王朝延續了這種致命的熱情。英格蘭征服了威爾斯，得到威爾斯的弓箭手長才，率領勢如破竹的新軍力——一個個軍隊的大批長弓殺手；這些人的身體因為反覆扭轉脊椎和拉伸手臂的壓力而變形。從十三世紀到十六世紀，直到都鐸王朝末期，王室強迫男性國民擁有弓箭、練習箭術。英國詩人愛德蒙．史賓賽（Edmund Spenser）在其詩意的樹木圖錄中稱讚道：「紅豆杉順從意志而彎曲。」[6]

在百年戰爭的邦際大屠殺之後，英格蘭重拾玫瑰戰爭兩敗俱傷的衝突。每打一場仗，他們都需要更多莎士比亞筆下的「死兩次的紅豆杉」供給。[7]軍火的來源是西班牙庇里牛斯山脈到波蘭的喀爾巴阡山脈的中海拔森林，歐洲紅豆杉（*T. baccata*）在那裡長成了下層植物。一四七二年，愛德華四世察覺「這個國家的弓木嚴重不足」之後，向威尼斯與其他港口中曾為英格蘭供應紅豆杉的船隻，強徵了特別關稅：每噸商品，應繳納四根弓木。[8]

英國索取戰爭之樹的情況，促成了早期的森林資本主義和森林保育。早在「稀有種」成為保育生物學家語彙的幾百年前，歐洲就把稀有或物種層級匱乏的概念用於紅豆杉身上，這是一種戰略儲備的有限供應。一四二三年，波蘭的國王和國會通過一系列土地法，其中一條是把紅豆杉重新分類為土地所有人的獨家資源，重新定義了未經授權砍伐紅豆杉就是盜採。[9]相鄰的神聖羅馬帝國，王室授予私營公司有

(1) 編註：中世紀早期於凱爾特世界傳播的基督教。

限的紅豆杉付費砍伐特權。船隻載著兩公尺長的弓木，順流漂下維斯瓦河（Vistula）、奧得河（Oder）、易北河（Elbe）和萊茵河，往倫敦而去。然而，控制市場之舉並無法預防耗竭或浪費。十六世紀初，巴伐利亞、提羅爾和奧地利人就在爭論，既然上層樹木受到了連帶破壞，是否要禁止或進一步管制獨占。一五四五年，第一本英文箭術書《愛弓之人》（*Toxophilus*）問市時，英格蘭已經讓中歐的紅豆杉短缺了，從此，中歐的紅豆杉再也沒能脫離稀有的狀態。

《愛弓之人》被獻給亨利八世。亨利八世是弓箭愛好者，強制他的子民學習這種老派的技術。不過，國王卻由伯明罕工廠為他自己的士兵提供武裝。不久之後，長弓之國發展出了最早的槍枝文化。惡名昭彰的亨利國王也開創了英國宗教改革。解散修道院（許多種有紅豆杉），是與羅馬決裂所造成的地景後果。為了鼓勵國家自給自足，都鐸王室鼓勵海軍擴展，並從歐洲和北美引入外來種的針葉樹。十七世紀初，不列顛森林的枯竭狀態已經眾所周知了：「萬萬歲的傢伙，去天邊取木頭。」[10]眼光遠大的莊園主人開始種樹。

那些不信奉國教者（dissenters），是英國新教徒中最激烈的抗議者，他們進一步重塑了地景。特別是，清教徒進行了廣泛的宗教破壞。他們推倒十字架，破壞象徵性的格拉斯頓柏立荊棘樹（Glastonbury Thorn）[(2)]，但沒碰教堂墓地的紅豆杉，雖然教區居民會用紅豆杉當作棕櫚主日（Palm Sunday）的棕櫚葉；那些不信奉國教者，通常把這類儀式視為天主教之舉。或許，樹根纏繞著祖先的骨骸，能讓人在褻瀆它之前三思，但更可能是英國紅豆杉與異教或神聖的關聯，已經微弱到不值得成為破壞偶像的目標。相較之下，布列塔尼的天主教主教雷恩（Rennes），將紅豆杉這種普遍的傳統視為異教行為，並牴觸了反宗教改革（Counter-Reformation），便下令連根移除教區的所有紅豆杉，引起了區域性的爭議。[11]

英國斷斷續續的六百年內戰歷史，在英格蘭內戰達到巔峰。戰後，園藝名家兼日記作者約翰・伊夫林研究了「木材供應」這個安全問題。國力等同海軍軍力，而海軍軍力取決於樹木力。一六六四年，伊夫林在劃時代的論文《林木誌》（*Sylva*）中主張，在英國植樹造林時，要種植有用的「外來種」。這本書是最早得到皇家學會正式認可的書，接續了他對燃燒煤炭造成都市空氣汙染的抨擊。伊夫林的選樹偏好是基於地緣政治、醫藥、情感——以及說來有些諷刺的背景，因為他繼承的財富源自火藥。這位愛樹人對原生的針葉樹情有獨鍾。他寫道：「自從我們不再用弓，繁殖紅豆杉……同樣很克制，但對它的忽視令人遺憾。」[12]他讚揚紅豆杉適於木作——是「永久的」車軸材料——而且有樹蔭、多年蒼翠，又可用作樹籬。由於紅豆杉可塑性高，很適合做樹雕。英國的皇家園丁借鑑法式風格，把這種陰鬱的樹扭曲成花俏的孔雀和耶穌的生平場景。

在《林木誌》討論奇特生長的另一個段落中，伊夫林提供了一小串英國教堂墓地的「怪物」清單。[13]接下來的兩個世紀中，紳士學者將會忙於關注這些生長緩慢的珍奇之物。英國完成了有機經濟到礦物經濟的革命性轉型，領導世界進入使用石化燃料的未來。在此同時，英國人和古老植物發展出了新關係。諾曼時代的紅豆杉及其凱爾特基督教的前輩，經歷了諾曼征服（Norman Conquest）[(3)]之後所有充滿紅豆杉的戰爭，以及整段暗淡的小冰河期，仍然繼續存活、死去、復甦、增粗。英國以煤炭為能源，進入國

(2) 審訂註：學名為*Crataegus monogyna*，薔薇科，是一種單籽山楂。

(3) 編註：一〇六六年法國諾曼第公爵「威廉」對英格蘭的入侵及征服。

內和平的帝國階段之際，擁有世界上最多的歐洲紅豆杉老齡林，它們不是林木，而是聖化的栽培。

在英國人開始自視為現代的同時，也在熟悉的墓地發現了新東西：樹木古物。

## 教堂墓地的植物學

戴恩斯・巴林頓（Daines Barrington）是訴訟律師兼學士，有錢也有時間投身於嗜好——博物學。巴林頓是皇家學會會員，於一七六七年推出了「博物學家日誌」（Naturalist's Journal），這是一種有既定格式的紀錄本，有行有列，每週一頁，便於每日記錄天氣和其他現象。每日觀察是現代科學的基礎，只要耐心累積資料，就可能揭露自然的法則。

巴林頓在解讀資料時，不只是博學，更充滿熱誠。對於英國原生樹木的問題，巴林頓採取的觀點是，紅豆杉來自「外國」。「確實，每片教堂墓地都證明了這種樹是在幾個世紀之前引入英格蘭的；很奇妙的是，這個稀鬆平常的做法盛行這麼久，我們居然不知道是從何時開始，或是為什麼。」[14]

十八世紀，歐洲博學家臆測了英國紅豆杉的起源和樹齡。起先，調查結合了兩種科學方法：以培根法（Baconian）[(4)]尋找罕見、奇特而龐大的生命形態；並以林奈式法則在生物系統中研究物種特徵。以紅豆杉而言，這兩種觀察法都需要精準的測量，尤其是樹圍。

最早記錄紅豆杉的偉大植物學家，是奧古斯丁・彼拉姆斯・德堪多（Augustin Pyramus de Candolle,

1778–1841）。他在日內瓦創立了日內瓦植物園，也是日內瓦大學博物學的第一把交椅。不幸的是，德堪多一直沒完成他的畢生之作：根據植物物種間關係的自然系統分類學——他創造了「分類學」（taxonomy）這個詞。德堪多的研究在林奈的陰影下努力進行，後者成功地完成了以性形態學為基礎的人為系統——米歇爾．亞當森是數千年猢猻木的擁護者，也是另一位有意取代林奈分類系統的法文植物學家——德堪多不常離開日內瓦，但透過廣泛的通信網路，在腦中遊歷世界。

一八三一年，德堪多發表了一篇關於樹木壽命的論文，這篇文字至今仍顯得新穎。這位植物學家提出的論點是：樹木這類植物同時具有兩種特質，既是個體，也是整體。樹木不會因年老而死，而是最終臣服於意外，所以有些樹活到驚人的高壽，也是合情合理。科學家應該致力於尋找那樣的樹，加以定年。人類會保存古老的檔案和錢幣，也應該保護古樹，不只是為了當作證據，還有情感因素。科學家只要能判定現存最老樹木的樹齡，或許能判斷「地球最後一次鉅變」的時間。[15]

德堪多是樹輪學的先驅，堅持不只要計算年樹輪的數目，還必須測量。德堪多用紙張和鉛筆標示樹輪之間的分界。「這些紙片集合起來，有點像是裁縫店裡的紙樣」，讓德堪多能夠以十年為單位，列表顯示各種不同樹木的平均樹圍增加量。對於某些樹木，他擁有比其他樹種更多的紀錄資料。但紅豆杉太稀少了。他依據歐洲大陸的三個樣本，懷疑歐洲紅豆杉的長壽潛力驚人，甚至超過橄欖和黎巴嫩雪松，僅次於非洲猢猻木。

(4) 編註：由英國哲學家培根（Francis Bacon）在十七世紀提出。培根法強調透過觀察和實驗來收集數據，然後對數據進行分析和歸納，從而得出一般性的結論。是科學方法的重要基礎。

德堪多透過閱讀，得知四棵極為高大的英國紅豆杉，包括薩里郡克羅赫斯特（Crowhurst）一棵空心的樣本——樹洞大到可以容納禮拜會眾，還裝了扇門——它接替薩塞克斯郡哈德姆（Hardham）一棵同樣龐大的紅豆杉之後成為珍奇之物。德堪多無法前往英國，於是請求同事越過英吉利海峽，核對樹圍的測量結果，並且取得部分的樹幹，讓他們分析樹輪。沒有人能找出所有具紀念價值的樹，因為「人類的生命太短暫了」。

在英國，德堪多獲得約翰·韓斯洛（John Henslow, 1796–1861）的支持。這名劍橋教師是達爾文最喜愛的老師，正是他把達爾文推薦給小獵犬號的船長，他還把劍橋大學的文藝復興藥草園變成現代的植物園。韓斯洛教授的另一個身分是牧師，能取得教區紀錄，他發現了某些教堂墓地紅豆杉種下的確切日期，因此能改進德堪多的樹圍樹齡公式。韓斯洛認為，老紅豆杉的樹齡估算應該減少三分之一。[16]

約翰·艾道斯·包曼（John Eddowes Bowman, 1785–1841）進一步改良了德堪多的系統。包曼是曼徹斯特銀行家，提早退休後，投入了地質學與植物學研究。包曼的姓氏顯示他的祖先和紅豆杉有淵源。他把墓地樹木視為資料來源，主張需要統一的樹圍測量系統，排除樹瘤和其他贅生物。包曼採用德堪多的建議，設法得到允許（也可能沒有），除去兩棵龐大樣本粗枝上的一些木片。包曼使用的工具是框鋸和特製的骨鋸或環鋸（類似之後樹輪學者用的生長錐）。包曼靠著他的「手術」成果，記錄了紅豆杉極為不規則的生長性。同一年分的樹輪在不同樹木之間可能有寬有窄，就連同一棵樹的不同側也是。包曼根據他的「實驗」做出結論，認為年輕紅豆杉生長得比原本假定的更快，老紅豆杉則長得比假定的更慢。換句話說，包曼認為年輕紅豆杉的樹齡被德堪多高估了，老紅豆杉則被低估。包曼發表於一八三七年的文章，之後長達數十年都是紅豆杉壽命研究的權威。[17]

喬治時代和後續維多利亞時代的學者對紅豆杉進行了第二次調查，這次的重點著重在當地歷史，或以當時的說法，稱為古文物研究（antiquarianism）。這學術研究的時機可以從不同版本的《名言俗諺》（*Popular Antiquities*）來判斷，這本參考書是在「粗野風俗」研究專業化為民俗學之前所編纂的。一七二五年由亨利・波恩（Henry Bourne）所編的原版中，完全沒有提到紅豆杉；一七七七年由約翰・布蘭德（John Brand）籌畫的註釋版也沒有。一八一三年，經過大英博物館亨利・艾利斯（Henry Ellis）擴充的版本中，收錄了紅豆杉傳說的冗長章節，內容主要源自文學。

墓園派的詩預見——其實是引發——了這種對古老樹木的關注與研究。十八世紀上半葉，以有紅豆杉的教堂墓地為背景的哀悼抒情詩——尤其是悼詞——大為流行。教區牧師在葬禮上朗讀自己寫的悼詞。隨著福音派的復興，這種情感力量多少軟化了喀爾文主義的精神，使得多愁善感進入了英國文化。對於死亡的綠意情感，取代了樹木與死亡手段（弓、箭、毒）的關聯。喬叟（Geoffrey Chaucer）稱為「射手紅豆杉」的這種植物，在劇作家德萊頓（John Dryden）的筆下，成了「哀悼者紅豆杉」。[18]

有兩首詩奠定了這樣的基調：羅伯特・布萊爾（Robert Blair）的〈墳墓〉（The Grave, 1743），以及湯瑪斯・格雷（Thomas Gray）的〈墓園哀歌〉（Elegy Written in a Country Churchyard, 1751）。一個世紀之後，丁尼生（Alfred Tennyson）的《悼念集》（*In Memoriam*）標誌了常綠憂鬱的巔峰。在當時，「老紅豆杉」（Old Yew）這個簡稱喚起了一系列黑夜思緒和陰鬱的形象，其中有些因為格雷而永垂不朽。以文化現象而言，他的輓歌從未被超越，是英國史上最常被引用、最多人背誦的詩，成了超級經典。在詩裡，

「小村莊的粗野祖先」睡在「許多坍塌土丘」間的「紅豆杉樹蔭」下。

十九世紀末之前，英國的詩與歷史、植物學和地質學之間——以及業餘和專業間的分界一直不明確。維多利亞時代的中產階級（至少男性那一半）投入在其他國家僅有菁英獨有的學術追求。雖然公民植物學家被倫敦的林奈學院（Linnaean Society）排除在外，卻能搶先在任何地區學會和當地的博物學俱樂部之前讀到論文。石化燃料經濟、大量識字的中產階級和都市居住著大多數人口，這些英國史無前例的現代化景況，讓人能進行絕佳的鄉村自然研究。圖書館和起居室裡充斥著鄉間的敘述性研究。

例如，一八三三年的《博物學雜誌》（*Magazine of Natural History*）登載了一篇教堂墓地植物學的文章。作者是沃里克郡的一名神職人員，他在形容肯特一棵教堂墓地紅豆杉時，使用了拜倫提到羅馬競技場的詞彙：「破敗完美中的高尚毀壞」。這個「植物廢墟是有趣的遺跡」——「噢！要是你能說話就好了！」牧師兼博物學家按照科學的做法，把測量捲尺圍在樹幹上；相較之下，當時的男孩子會破壞老樹，只為了「現代破壞行為的精神而單純地搗蛋取樂」。一名博物學家在離題的冗長註腳中，用老掉牙的疑問為他的作品收尾：「是紅豆杉種到教堂邊，還是教堂蓋到紅豆杉旁？」[19]

維多利亞時代的人對此有各種各樣的答案，並將這些過剩的看法稱為「理論」。他們舉出異教徒、基督徒、凱爾特人和羅馬人－不列顛人可能促成英國的紅豆杉傳統。也許，教堂墓地的紅豆杉所標記的，是古代泉水或古墳的位置，或聖人展現奇蹟之地，或隱居修道士的斗室所在。或許基督徒種下這些樹，是為了保護精神不受女巫影響，或保持衛生不受屍體影響。或許教堂墓地是弓箭手的軍備儲藏處。也可能這一切始於棕櫚主日遊行時缺少了棕櫚葉。

關於歐洲紅豆杉的壽命和教堂墓地中紅豆杉起源的兩條研究線索，於福廷格爾（Fortingall）交會了，這是位於珀斯郡里昂峽谷（Glen Lyon）的一座蘇格蘭小村莊。福廷格爾村一棵比較北邊的紅豆杉，被巴林頓放上了學術地圖。他在二十年間測量這棵樹兩次，這期間紅豆杉從擁有五十二英尺（約十六公尺）周長的巨大樹幹，衰退成二叉狀的樹洞隧道。到了十九世紀，這棵樹的空洞已經大到送葬隊伍可以通過了。裂開的樹幹成了空殼，然後裂得更開，一棵樹化為好幾棵，像是雨後草地上由蕈菇組成的仙女環。同時，它仍然長出細枝。博學的旅行者引用德堪多的研究，證實那是歐洲「最老的樹」或「最老的植物遺跡」或「最古老的生物」，也是蘇格蘭最偉大的古物。難以避免地，當地人開始偷摘枝條賣給遊客。教區為了遏阻紀念品獵人和縱火狂，立起鐵欄杆，之後更圍起石牆。

接著，福廷格爾出現了競爭對手。教區牧師長受到詩人、古物收藏家和博物學者影響，開始聲稱他們教堂墓地中的紅豆杉是英國最老的，或《末日審判書》（*Domesday Book*）[(5)]裡唯一列出的樹，或是亙古以來的遺跡。福廷格爾的教區牧師也加入了這場比賽。他利用維多利亞女王在世紀中曾去蘇格蘭高地度假的事，寫下詩作〈女王駕臨〉（Queen's Visit），指出羅馬帝國的猶太行省巡撫本丟．彼拉多（Pontius Pilate）誕生於福廷格爾。儘管這則羅馬帝國時期蘇格蘭的當地傳說證據很薄弱，卻將這棵永恆的紅豆杉和曾戰勝死亡的基督連結起來，擁有其他紅豆杉無法超越的象徵意義。[20]

福廷格爾過去的地位，可以用醫藥法理學教授羅伯特．克里斯提森（Robert Christison）爵士的課外

(5) 編註：為諾曼征服英格蘭期間，由征服者威廉下令於一〇八六年進行的大規模土地及資產調查的紀錄。

活動來衡量。克里斯提森是砷中毒的鑑識專家，也是愛丁堡大學女性教育的堅定反對者。一八七九年，蘇格蘭學術界的這位巨擘發表了一場分成三個部分的講座，主題是「精確量測樹木」。這位八十多歲的毒物學家不久前靠著古柯葉的幫助，攀登了蘇格蘭高地一座三千英尺（約九百一十五公尺）的山，他提出了植物壽命的文獻綜述，接著分析了他親自收集的教堂墓地紅豆杉生長新數據。克里斯提森充滿英雄老學究風格的演講，以重新計算這棵古老的蘇格蘭紅豆杉樹齡作結：三千年以上，相當於不久前報導的加州巨木的年齡。[21]

除了樹木古物，英國人也開始重新評估建築古蹟，尤其是哥德式建築。熙篤會（Cistercian）修道院在解散、遭打劫幾個世紀之後，經歷了文化和實體的翻新。一七六七年，一名富有的花園與廢墟行家買下了北約克郡的噴泉修道院（Fountains Abbey），重建成英國旅遊的必看景點，作為歐洲壯遊的國內替代方案。旅客受到墓園詩人的影響，以嶄新的目光看待修道院的樹木。噴泉修道院應該是原本修士的庇護所，那排高大的紅豆杉後來被稱為「七姊妹」。

這些宛如花園似的姊妹樹還有野生的對照組——「四兄弟」並肩站在昆布利亞郡波羅谷（Borrowdale）的山邊。這個別名來自浪漫主義詩人華茲渥斯（William Wordsworth），他是湖區（Lake District）觀光的一大支持者。[22]幾乎就在華茲渥斯有生之年，英格蘭多山的西北部從令人反感變得迷人了。在華茲渥斯浪漫的眼中，附近教堂墓地中的紅豆杉雖然是當地人的驕傲，但這些未被封聖的紅豆杉更值得一提——這裡是天然的聖殿。隨著詩人的聲名大噪，他命名的紅豆杉本身也成為華茲渥斯迷的勝地。

歐洲人在那麼短暫的時間內，賦予歐洲紅豆杉那麼多新的意義，是現代化的徵兆。說來諷刺，歐洲紅豆杉變得對英國科學與文學很重要的同時，英國人也建立了新的地景和現代傳統，使得紅豆杉變得過時。

## 樹木園之國誕生

隨著大都市愈來愈密集而煙霧瀰漫，鄉間則變得更加松樹成林。英國是林木最稀少的西方國家，卻發生了前所未有的造林行動，只是這跟約翰．伊夫林想像的不同。現代英國進口殖民地和斯堪的那維亞所生產的木材，來建造海軍船艦，同時開採本國的煤炭——等於地下森林的地質木材——供工業工廠使用。農民搬進城市，變成無產階級，商人則搬去鄉間，成了莊園主人。圈地運動把公有地變成了籬笆圍起的莊園，排除了普通農民傳統上進行的林地林業。不同於現代法國或德國，英國沒有訓練國家林務員。當地主需要樹木方面的協助時，會去找私人的景觀園藝師。

在此過程中，受過教育的英國人接納了新的一種私人－公共教學空間——樹木園。其原型位於巴黎，法國革命者把皇家花園（Jardin du Roi）改建成巴黎植物園。樹木園的壯觀程度延續自皇家花園；而其廣博的收藏，則是參考自藥草園（*hortus medicus*）。認真的樹木收集者，把他們的樣本依地理或林奈系統分類來分群。

英國最重要的樹木園是英國皇家植物園邱園（Royal Botanic Gardens, Kew），結合了公共教育和帝國科學。約瑟夫·班克斯爵士（Sir Joseph Banks），不僅參與了庫克船長的奮進號首航，也是喬治三世的顧問與皇家學會會長。皇家植物園得利於「植物發現者」分布廣泛的網路，加上班克斯爵士的贊助，在威廉·胡克與約瑟夫·胡克（William and Joseph Hook）父子相繼擔任館長的經營下，集合了世上最大的植物標本館和活體植物收藏。隨著林奈的論文在一七八三年被購買到倫敦，英國首都成為十九世紀經濟植物學與植物分類的中心。

在紳士貴族和新興富裕階級擁有的鄉村莊園裡，景觀園藝師使用來自黎巴嫩、美國加州、智利和紐西蘭的針葉樹打造了樹木園。由於英國氣候對「外來植物很友好」，所以成為了「前所未有的樹木栽培實驗」。[23] 樹木鑑賞家靠著他們從奴隸和苦力、棉花、茶葉及煙煤所獲取的財富，競相爭奪最多的樹種、最好的樣本和藝術學會頒給的年度植樹獎牌。對於針葉樹收藏，他們使用了一個做作的新詞——「松樹園」（pinetums）。松樹園無關經濟生產，是科學珍奇和美學消費的所在。

從萬能布朗（Capability Brown）開始，英國的中產階層景觀園藝師因為用綠色植物妝點國家而成為英雄人物。這些人物中，最喜愛紅豆杉的是威廉·巴倫（William Barron）。他提倡「英國冬日庭園」——永不落葉的針葉樹景觀。他稱歐洲紅豆杉為西方世界最美麗的常綠植物，尤其當時苗圃種有金黃與斑斕的紅豆杉，還有「愛爾蘭紅豆杉」栽培品種，樹型粗壯筆直，適合當樹籬。多虧了巴倫，植物雕塑雖然被詩人亞歷山大·波普（Alexander Pope）嗤之以鼻，卻在十九世紀中葉再度風行。巴倫在德比郡的艾法斯頓鎮（Elvaston）一處修道院遺址，蓋了一座哥德復興式城堡，將數百棵紅豆杉修整成圓椎狀，這條樹雕的隧道蜿蜒在來自巴塔哥尼亞（Patagonia）的智利南洋杉周圍。巴倫的專長是使用訂製的有輪機具移植老紅豆杉，為私人客戶的莊園增添哥德風情。

此外，也有受到約翰．勞登（John Loudon）大力倡導的公共松樹園。勞登所推出的《不列顛樹木與灌木樹木園》（*Arboretum et fruticetum Britannicum*, 1838）本身就是一座花園，但這本附有插圖、超大開本且足足八冊的規格，卻也成為他個人的財務災難。書中包括了技術描述、實用建議以及能耐受英國氣候的所有樹木和灌木的創新插圖。要不是他的妻子珍．勞登（Jane Loudon）身兼文書助手，這本參考書絕對無法成書。珍之前曾自己撰寫過多冊的書籍，例如：《木乃伊！二十二世紀的故事》（*The Mummy! A Tale of the Twenty-Second Century*），是關於復活之活古物的推理小說。

對勞登而言，樹木園是現代文明關鍵的指標與保存者，亦是英國版的埃及金字塔以及其中的木乃伊。戶外的樹木博物館既是教育場所，也是沉思之處。依據勞登所言，新的工業勞工階層需要接觸植物景觀，才能增進知識、品味、禮儀和道德。勞登一向閒不下來，他透過自己的期刊《園丁雜誌》（*Gardener's Magazine*）和多本工具書來傳播理念。

他的哲學出現的時機很恰好。當時，園藝家正在推廣新的綠色空間，公共衛生改革者主張用花園墓地取代都市的教堂墓地。這種景觀變遷代表了一場社會革命。

大約一千年來，幾乎所有英國人的最終歸處都是教堂墓地。紅豆杉在那裡象徵著不可避免的死亡，以及所有人共同的未來。在威爾斯和英格蘭，「沉睡於紅豆杉樹下」的意義無人不知。葬禮時，會有少許的聖化樹木碎片伴著遺體，降到樹根深度。莎士比亞的一個角色如此想像他的結局：「我的白色裹屍布，插著紅豆杉。」[24] 依據普通法，所有人不論身分階級或是否上教堂，都有權在他們的教區墓地舉行葬禮。在這神聖的空間裡，當地的社群橫跨了漫長時間性而存在。正如湯瑪斯・哈代（Thomas Hardy）在韻詩中表達的：「此紅豆杉部分／乃我祖父相識之人。」[25]

有鑑於活紅豆杉和屍體之間的密切關聯，英國人自然會好奇彼此的交互影響。一六六〇年代，一名醫師懷疑人們種植紅豆杉最初的目的是用植物來消毒：這種有毒樹木受到「有毒蒸氣」吸引，會透過樹根吸收腐敗屍體散發的「噁心油質氣體」。[26]有害的東西就這麼變得有益了。羅伯特・布萊爾著名的輓歌中，紅豆杉是「陰鬱孤僻的植物！愛住在／頭骨、棺木、墓誌銘、蟲子間。」[27]

十九世紀初的倫敦，教堂墓地的腐敗成了社會厭棄之物。遠郊墓園的一位代表性擁護者，把都市墓地描寫成「腐爛敗壞而無遮蔽的藏骨室」[28]。瘴氣既不道德又致病。依據批評者的說法，倫敦過載的教堂墓地吸引了墮落的人，像是盜屍體者、盜墓人、屍體堆肥者和戀屍癖。狄更斯（Charles Dickens）在衛生危機中，寫下了《荒涼山莊》(*Bleak House*, 1852–1853)。在喪葬場景中，狄更斯堆砌著恐怖的形容詞，描述那個褻瀆的地方：傳播疾病、駭人聽聞、有害、糟糕、野蠻、惡臭、有毒、下流。一名角色問：「這令人厭惡的地方，可是聖地？」[29]

透過推行衛生觀念，英國人解決了對移居者和陌生人摩肩擦踵地活著及死去的焦慮。最重要的改革者愛德溫・查德威克（Edwin Chadwick）提出一個抗菌的格言：「所有氣味都是疾病。」[30]他不把死者屍體視為宗教事務，而是會腐敗的物質。最後提供解決辦法的不是神職人員，而是衛生專家。一八四八年至一八四九年爆發的一場霍亂，加速了都市計畫者興起。一八五〇年代，國會通過的一系列法律，裁定了倫敦從此容不下死者。去聖化的墓地將成為公園、遊樂場與商場。

倫敦之所以可以關閉教堂墓地，是由於這座城市在一八三二年與一八四一年之間得到了一塊墓園綠帶：「宏偉七墓園」（Magnificent Seven）。這些死者的花園城市向活著的人承諾了健康與喜樂。墓園滿足了教堂墓地缺乏的一切，既是市民的、都會的空間，是商業且不屬於任何教派的機構，也是旅遊景點。新的紀念性景點鼓勵遊客個別思索死亡，而不是集體進行這件事。巴黎這座城市激烈地推翻了舊政權，發明了現代墓園：拉雪茲神父公墓（Père Lachaise），這座紀念公園中滿是名人和追星者。大不列顛擁有更多工業城市，很快就取代法國，成為墓園重鎮。格拉斯哥、紐卡索、里茲、曼徹斯特、利物浦和伯明罕，都得到了遠郊的墓地。

有些墓園，尤其是阿布尼墓園（Abney Park），明確設計成樹木園，樹上標示著植物分類資訊，以教育民眾。墓園設計者採取了勞登的建議，在蜿蜒的小徑兩旁等距種下紅豆杉，修剪得整整齊齊。他們又種了柏木來陪襯紅豆杉；柏木屬（*Cupressus*）的植物，是地中海地區的葬禮樹。柏木和紅豆杉——「北方柏木」的結合，強化了現代墓園和古代墓地系出同源的歷史主張。相較於落葉樹和花卉，勞登偏好正經、素淨、宜人的常綠樹。不過，勞登贊成用垂柳裝飾個別墳墓，因為這種花俏的外來觀賞植物象徵著悲慟。

衛生學家和園藝家努力改革英國的喪葬方式，並在不信奉國教的英國基督徒之中找到盟友，他們希望花園墓地成長，能加速英國國教的政教分離。在此同時，某些清教徒提出異議，他們希望審判日時能在祖先身旁醒來，所以鼓吹支持葬在聖公會教堂墓園的公民權利。在充滿爭議而漫長的討論後，一八八〇年的一個國會修正案，區分了宗教和最終的安置地。從前，教堂墓地保留為教區居民所用，此後那裡就只是另一座普通墓園。

即使在權威教堂，喪葬習俗也隨著時代而變遷。紀念碑更永久而令人感傷，有著傳記性的資訊，而不只是「在此安息」(Hic jacet)、「勿忘人終將一死」(Memento mori)，或「生死一瞬」(Ut hora, sic vita)。達爾文和艾瑪的長女十歲死於腥紅熱時，兩人訂製了一塊墓碑，碑上刻著感人的文字：親愛的好孩子。

達爾文家住在肯特的唐鎮（Downe），聖瑪麗教堂就在達爾文家所在的那條路上，而達爾文在聖瑪麗教堂壯觀的空心紅豆杉下，又埋葬了兩個孩子。達爾文曾考慮過當教區牧師，因為已婚的鄉村生活——再加上一次環球航行——很適合他的工作習慣。一八八一年，這位大英帝國最偉大的博物學家在快要過世之前，寄了一封信給皇家植物園的朋友約瑟夫·胡克。他寫道：「我對自己很喪氣，覺得我在這裡無所事事，悲慘至極，無法片刻忘卻我的不適。我在這個年紀已經無心無力再開始耗時多年的調查，但我只喜歡做那種事；我沒什麼事可做。所以我得期待唐鎮的墓地是世上最美好的地方。」[31]

當死亡終於解放了達爾文的病痛時，國家移走了他的遺體。達爾文不再屬於唐鎮的聖瑪麗教堂，而是倫敦的西敏寺。他的遺體至今仍安歇在不沾土地的富麗堂皇中，身旁是君主與英雄，不受植物的根和蠕蟲侵擾。達爾文的妻子盡心盡力為丈夫創造工作環境並加以維護，卻沒有得到同樣的待遇。艾瑪的墳墓在教區的家人之間，由樹木環繞，是另一座「紅豆杉拱頂下的床榻」。[32]

達爾文在唐鎮的四十年間，聖公會成為英國的少數教派，而城市人成了多數。考慮到住在（還有死在）印度和非洲的英國人，還有自治殖民地的英裔公民，鄉村英國紅豆杉旁葬禮的詩意形象，到了愛德華時代（1901–1910）已經過時，那時火葬甚至還不常見——火葬直到一八八五年才合法。駭人聽聞的第一次世界大戰進一步擾亂了葬禮儀式。衝突之後緊接著的餘波中，大英帝國戰爭公墓委員會（Imperial War Graves Commission）忙著埋葬及追悼數十萬名喪生地遠離家園與禮拜處的軍人。

教堂墓地的空心紅豆杉仍在原地，只是超越了時間——不光是城鎮居民生與死的社會時間，更是悠長的地質時間。英國人建立花園墓地和樹木園，既加速了歐洲針葉樹在冰期期後的回歸過程，也靠著引入非歐洲的針葉樹，重新引導演化方向。雖然當時不列顛群島的紅豆杉數量達到上次間冰期以來的巔峰，不過除了少數著名的古老紅豆杉外，其他老紅豆杉不再引人注目。

## 古老紅豆杉的歷史

二十世紀的英國人有別於維多利亞時代的人，對古老紅豆杉的意義，或教堂墓地中的紅豆杉是否古老，並沒有共識。在那數十年間，特定的英國紅豆杉得到了如同夏櫟的歷史重要性，成為見證了王室歷史的樹木。與此同時，透過一系列的地理詞典，具象徵性的紅豆杉愈變愈年輕，愈變愈年輕，最後再度回到古老的地位。

一八九七年出現了最早的所謂地名詞典。作者約翰．洛威（John Lowe）是熱中園藝的園丁，也是林奈學會會員，即將成為皇家御醫，同時是諾福克郡魚類的准教授——大英帝國將那種紳士學者視為溫室花朵來培育。不過，洛威的工作若少了妻子的幫助，就無法井井有條。獻詞「獻給我的妻子」揭露得少、遮掩得多，畢竟在約翰．洛威過世後多年，收件者是洛威太太的研究信件仍然不斷寄來，內容是要討論計畫再版的事。[33]這對研究夫妻仰賴的是牧師聯絡網。當地牧師接到請求時，會協助測量樹圍，提供對教堂墓地和牧師住所的描述及歷史資訊。

洛威夫婦藉著他們的通信網，編纂了紅豆杉地點的註解清單。在幾個世紀的評註之後，這是首度有人認真地試圖為這些珍稀的常見植物編目——地形測量局（Ordnance Survey）是現代英國的重要計畫，雖然標定了所有的教堂墓地，不過很少辨識個別的樹木——約翰．洛威稱他編入索引的紅豆杉為「值得注意」，而不是古老。洛威認為，源於德堪多的樹齡定年公式有些「非常謬誤」，有些則「完全謬誤」。紅豆杉的歷史意義無需多做渲染。紅豆杉和櫟樹一樣，「讓英格蘭達到目前的卓越地位。」[34]

櫟樹和紅豆杉在小說家華特．史考特（Walter Scott）的配對，是「英姿煥發的櫟樹和若有所思的紅豆杉」——在英國人的記憶中有不同的功能。[35]在從前的皇家森林中，現代英國人把古櫟樹個體化，並變成遺產所在地。他們想像特定的樹見證了導致光榮革命（Glorious Revolution）的事件——那是君主立憲的起源。有歷史意義的櫟樹代表著王權與對王權的限制。作為其歷史化的一部分，樹木得到個人化的名字，像是國會櫟樹、華勒斯櫟樹（Wallace's Oak）、宗教改革櫟樹（Oak of Reformation）、伊莉莎白女王櫟樹和皇家櫟樹（Royal Oak）等。那類傳說中的樹——以及莎士比亞的桑椹和牛頓的蘋果——對英國清教徒的意義，類似於從前聖化紅豆杉對愛爾蘭天主教徒的意義。他們讓地景充滿尊貴的意義。

對現代的一些英國人而言，昔日的櫟樹也與古代神祕祭司有所關聯。德魯伊狂熱（Druidomania）影響了十八世紀和十九世紀初的英國，當時的古物收藏家把巨石陣想成神殿。一系列的臆測演變成了既定的故事——德魯伊敬重櫟樹，而這種敬意可以追溯到《妥拉》中提到的幔利櫟樹。德魯伊信仰是原始的一神論，也是猶太教與基督教的先驅，是族長們的原始宗教，他們是存在於亞當與亞伯拉罕之間的長壽人物。純粹的父系宗教守護者遷移到高盧，然後是不列顛，帶著櫟木的傳統，在神聖樹林中建造巨石陣，之後他們的宗教墮落為偶像崇拜，而櫟樹消失無蹤。

一八二七年，時值德魯伊狂熱的尾聲——之後被《聖經》學者和地質學理論扼殺——一名作者把紅豆杉加到德魯伊聖物之中。在一本毫無根據的偽學術書籍《凱爾特德魯伊》（*Celtic Druids*）裡，一名約克郡的治安官詳盡闡述了原先的德魯伊曾經是古印度安人的觀點，而地中海東部是他們流離失所歷史的中間點。他指出，愛爾蘭文的 *iubhar*（紅豆杉）聽起來有點像希伯來文的 *YHWH*（耶和華），並非意外。「世上現存最長壽的樹」，其實是神之樹。[36]

十九世紀中葉，薩里郡的一片紅豆杉——英國為數不多的此類微棲地之一——得到了德魯伊的光環。這片紅豆杉位在諾伯里公園（Norbury Park），是有著公共步道的鄉村莊園，吸引了散步者，他們漫步在煙霧繚繞的山坡上，想像著祭司的樹圈，沉思著時間與歷史。住在薩里郡的小說家喬治．梅瑞狄斯（George Meredith）在「德魯伊樹林」散步時受到啟發，寫了一首開頭、結尾如下的詩：「走進魔法森林啊，大膽之人。」[37]這片「樹林」最終變得非常熱門，以至於薩里郡買下它並作為公園用地。

相較之下，聖化的紅豆杉並沒有吸引德魯伊或不列顛君王的傳說，除了這一個例外。位於泰晤士河畔安克威克（Ankerwycke）一座從前的本篤會小修道院附近，有一棵非常粗大並有著深溝縫的紅豆杉，經過威廉・湯瑪斯・費茲傑羅（William Thomas Fitzgerald）重新想像；此人是「微不足道的詩人……筆下攻擊拿破崙（Buonaparte）的詩比任何人還要多」。[38]在費茲傑羅的愛國詩中，這棵紅豆杉成為判亂的男爵們簽署《大憲章》（Magna Carta）前召開集會的地方，也是亨利八世後來「追求命運多舛的姑娘」安・波琳（Anne Boleyn）之處。[39]在被賦予歷史意義之後，這棵有詩意的植物在旅遊指南裡獲得一席之地，儘管沒有獲得「國王紅豆杉」或「波琳紅豆杉」這樣的名字。

從十九世紀開始，英國人開始靠著地名來分辨紅豆杉，通常是相關的村莊名稱，像是阿許布里特紅豆杉、巴克蘭紅豆杉、克羅赫斯特紅豆杉。紅豆杉（yew）這個詞除了物種名稱之外，也可視為英國的遺產「長弓」的轉喻。亞瑟・柯南・道爾（Arthur Conan Doyle）的一本小說裡，弓箭手唱道：「自由人一般／愛老紅豆杉／與紅豆杉生長之地。」[40]但是作為歷史事件發生現場的個別植物，普通紅豆杉的見證力遠不如稀有的櫟樹。

那些紅豆杉見證的是教區與日常。思索歷史時間中的紅豆杉，等於想像日、週、月與年的循環，這些循環組成了一代又一代教區居民從受洗到埋葬的普通人生。當地人聚集在這棵樹下，演出神祕劇和歲末的慶典；牧師在此為大齋期修剪「棕櫚葉」，裝飾紅綠相間的飾品迎接待降節；孩子們把又甜又黏的「鼻涕漿果」當成點心，小心地吐出種子。

一九一二年，倫敦教師華特・強森（Walter Johnson）發表了繼《名言俗諺》之後的第一篇紅豆杉風俗研究。強森受到德國學術界影響，從新的觀點看待古文物研究：「史前」是指古老的過去，「民間記憶」是指古老過去在今日的共鳴。強森在《英國考古學的冷僻領域》（*Byways in British Archaeology*）中，總結了維多利亞時代紅豆杉壽命的學術成就，稱之為「浮濫」。雖然強森主要的興趣在於信仰和傳統，例如驅趕惡魔、阻擋女巫，但他忍不住補充了這方面的知識。強森主張，象徵與地標讓人可以觸及種族的「潛在」、「無意識」或「潛意識」集體記憶。強森向詹姆斯・喬治・弗雷澤的《金枝》致意，以他的「本能感覺」作結，認為現代英國人對教堂墓地中紅豆杉的敬意，來自「極為久遠之前的習俗」。[41]

在不列顛群島，基督教時代之前的神聖紅豆杉，最強烈的象徵見於地名與詩歌中，而這些象徵來自愛爾蘭，而非英格蘭。早期愛爾蘭手稿中提及「*bile*」這種神聖樹木。這種樹是君王登基之處，既要求盟友尊重，也會引來敵人的褻瀆。*bile*可能是梣樹、櫟樹或紅豆杉。有關紅豆杉在凱爾特文化中特別勝出的證據很薄弱，也沒有證據證明紅豆杉的毒枝幹下曾舉行過德魯伊的儀式。約翰・洛威直接否決了紅豆杉與德魯伊的關聯，華特・強森則語帶保留。

紅豆杉那種隱晦、異端的可能性，令瑪麗・史托普斯印象深刻；她曾是古植物學家，後來轉行為性學家。一九二二年，這位喜歡製造話題的積極分子把《給全人類的新福音》（*A New Gospel to All Peoples*）送給了聖公會的主教；這本書是依上帝之語寫下宣揚共同高潮與非生育性交的福音。史托普斯在序言中，解釋了她一天獨自在「山丘上老紅豆杉林的涼爽樹蔭下」，得到了一字不差的啟示。[42]

在大英帝國的晚暮時期，不論在林子外或教堂墓地裡，紅豆杉也無疑代表著帝國保守的價值觀。二戰期間，獨立學者沃恩・考尼希（Vaughan Cornish）——他的父親和兄弟都是教區牧師——編整了新的地名詞典。在其研究生涯，考尼希關注的重點從地形學轉換成地景美學，成為英國國家公園的主要倡議者之一。在此之前，他已是著名的帝國地理學和「種族理論」專家。一九二五年，考尼希主張維持白人在世界上的比例，是「有益於世界福祉的優生學運動」。[43] 這種倫理上的當務之急，需要每個已婚白人女性至少生四個孩子。但考尼希本人沒有小孩，也沒有穩定工作，靠著工程師妻子艾倫養家。

他在薄薄的著作《教堂墓地紅豆杉與永生》（*Churchyard Yew and Immortality*, 1946）中，於英格蘭、威爾斯和諾曼地的鄉間，尋找存在主義的美麗。對他來說，樹幹的粗細和樹齡並不如美學重要。他有興趣的是超越時間的價值，而不是可量測的年紀。考尼希把紅豆杉視為基督教的理想象徵，激賞地指出，英國殖民者已經把這個傳統移植到塔斯馬尼亞島（Tasmania）了。在英國家鄉，教堂墓地的樹代表著中世紀地景的地形遺跡。考尼希透過寄送問卷給聖公會主教，列出了比約翰．洛威更多的歷史遺址，大約有五百個。

在兩次世界大戰前後的期間，植物學家為那些不在教堂的紅豆杉賦予了超越定年的新意義。在德堪多之後的樹輪科學，於半乾燥的北美洲西部找到了歸屬，那裡的長壽針葉樹很少因為腐朽而空心。亞瑟．坦斯利（Arthur Tansley）等英國科學家，研究領域從紅豆杉樹木學轉為紅豆杉生態學，在德國和波蘭研究者的成果基礎下，更進一步地探索。坦斯利和他的期刊《新植物學者》（*New Phytologist*），代表著後維多利亞時代的植物學專業化。坦斯利研究的不是個別的花草樹木，而是植物生物地理學和植物群落。他珍視西薩塞克斯郡金利谷（Kingley Vale）的紅豆杉天然林，並引起自然保育推廣學會（Society for the Promotion of Nature Reserves）創辦人查爾斯．羅斯柴爾德（Charles Rothschild）對那裡的關注。透過坦斯利的生態倡議，一九五二年，英國政府利用《國家公園及郊區通行法案》（National Parks and Access to the Countryside Act）賦予的新權力，把這片微棲地設為具特殊科學價值地點（Site of Special Scientific

Interest）予以保護。

在這段戰後時期，環境主義萌芽，一本關於紅豆杉的新參考書問世。作者是八十八歲的真菌學家，也是前博物學策展人，他對於用樹圍計算樹齡的方法，比約翰・洛威還要不屑。作者說，長壽的紅豆杉可能年僅四百歲，很少有紅豆杉活到一千歲以上。他觀察到教區牧師會用空心的紅豆杉當作儲物棚，存放煤炭、焦炭、柴油或工具，或是修剪下的枝葉、雜草和垃圾。[44]

一個世代之後，紅豆杉再次出現在英國人的意識中，這些紅豆杉再次變得古老且神聖，只不過這次的方式不太一樣。新異教徒和現代德魯伊擁護一種神祕的反現代主義，對他們而言，紅豆杉和櫟樹是同等重要的象徵。關鍵的紅豆杉復興者艾倫・梅瑞迪斯（Allen Meredith），是一個神祕而難以捉摸的人物。梅瑞迪斯是皇家綠衣步兵團（Royal Green Jackets）的老兵，在一九七〇年代到一九八〇年代間，跟隨自己夢境的指引，騎車遊遍鄉間，為紅豆杉發聲。在實際層面上，梅瑞迪斯希望製作沃恩・考尼希地名詞典的權威更新版。他運用直覺、超自然能力和靈視「研究」，補足他在教堂墓地和檔案室的調查。

對梅瑞迪斯而言，歐洲紅豆杉不只是歐亞的針葉樹，也是地球上極為重要的物種，是猶太－基督宗教宇宙論裡的生命之樹，也是北歐神話裡的世界樹（Yggradsil）。他聲稱福廷格爾紅豆杉有五千歲，這個最古老的樣本既是場所精神（*genius loci*），也是世界軸心（*axis mundi*）。梅瑞迪斯的混種神祕主義效法了古物學家威廉・斯圖凱利（William Stukeley）、人類學及民俗學家詹姆斯・喬治・弗雷澤、宗教史學家米爾恰・伊利亞德（Mircea Eliade）、心理學家卡爾・榮格（Carl Jung）、亞瑟王傳說、綠人形象、盧恩符石和《聖經》。他假設了不列顛群島在世界宗教中扮演崇高的角色。他相信，德魯伊帶著紅豆杉橫越英吉利海峽，以保護這個物種。英國注定成為世上最神聖樹木的庇護所。這些植物由古代守護者種下，現在則守護著現代英國人。

梅瑞迪斯雖然衣冠不整、離群索居，卻有宣教的天賦。他以「樹木歷史學家」的形象出現在日報、雜誌和公共電視上。這位自學成才的專家警告，英國人的千年紅豆杉正嚴重瀕危。他宣稱，二次世界大戰時還有一千棵古老的紅豆杉，但已消失一半了，而此說法並無事實根據。當建設公司計畫在安克威克紅豆杉附近籌備建案時，梅瑞迪斯說服記者和社運人士，《大憲章》可能就是在那棵樹下簽署的。最後，德魯伊和威卡教徒（Wiccans）開始前往安克威克，在薩溫節（Samhain）和五朔節（Beltane）期間，奉獻絲帶、水晶和寶石。

這類對於紅豆杉壽命的非主流評論，也開始蔓延至主流圈子。梅瑞迪斯的盟友包括了艾倫・米切爾（Alan Mitchell），他是英國首屈一指的樹木學家。在電視時代更重要的是，梅瑞迪斯得到了勞勃・哈迪（Robert Hardy）和大衛・貝拉米（David Bellamy）的支持。哈迪是受人尊重的長弓歷史學家，也是受歡迎的演員——他後來在《哈利波特》系列電影裡扮演魔法部長，康尼留斯・夫子（Cornelius Fudge）。貝拉米是一位電視自然學家，經常在英國廣播公司（BBC）的節目中露臉。貝拉米和《鄉村生活》（*Country Living*）雜誌合作，在一九八八年發起一場紅豆杉運動。貝拉米大致遵循德堪多的精神，請讀者來信提供他們量測的樹圍數據，他的回報則是寄出由哈迪和坎特伯里大主教共同簽署的證書，上面標明計算出來的樹齡。貝拉米預估的樹齡，就跟他的個性一樣浮誇。他以詞藻華麗的聲明魅惑讀者，克羅赫斯特紅豆杉可能有四千歲，而福廷格爾紅豆杉則有九千歲。

貝拉米並未止步於此。一九九二年，舉辦地球高峰會當年，貝拉米透過他的慈善機構——環境保護基金會（Conservation Foundation），在安克威克紅豆杉召開了「綠色大憲章」（Green Magna Carta）。一九九六年，貝拉米發起了「千禧年之樹」（Trees for the Millennium）運動；這場栽植紅豆杉的運動是由聖公會贊助的。隨著千禧年愈來愈接近，環境保護基金會從「古老紅豆杉」上取得了數千枝插條來培育，經過教會祈福之後，附上樹齡認證，分送給教區。據說這些插條與耶穌時代有著活生生的連結。

唯一的問題，也是很古老的問題：這一切會不會完美得不像真的？

## 紅豆杉是時間之樹

最新、最好的地名詞典稱作「古紅豆杉團體」（Ancient Yew Group），這是個建立在谷歌地圖上的互動網站。儘管名字叫團體，但維護網站的工作僅由一位低調的志願者提姆．希爾斯（Tim Hills）負責。

提姆是位數學老師，興趣卻是當音樂家，他也沒想到自己會成為英國的紅豆杉地理專家。在提姆五十歲之前，樹木對他沒有特別的意義。不過，由於提姆的孩子即將成年，他便和妻子蓋伊開始尋找新嗜好。他們加入布里斯托博物學家學會（Bristol Naturalists Society），遇到了一名會員想要編纂薩默塞特郡和格洛斯特郡紅豆杉的總清單。提姆被勾起好奇心，讀了《聖紅豆杉》（*The Sacred Yew*），書中編匯了艾倫．梅瑞迪斯的研究。

提姆想到英國在他這一生中失去了半數的古老紅豆杉，感到震驚，立刻開車到一座薩默塞特教堂的墓地，開始測量、拍照。他在那裡巧遇了一名八十多歲的老人，老人想知道提姆為何對教區的地標感興趣。提姆滔滔不絕地談起千年紅豆杉時，這位年長的教區居民提出了最簡單也最困難的問題：「你怎麼知道呢？」他還質疑千年是否應該作為樹木古老的標準。提姆回憶道：「那段談話對我有著深遠的影響，我決定要變得跟他一樣有質疑精神和懷疑態度。」

提姆在五十五歲時辭去了教職，全心投入紅豆杉研究，他對於追隨「英國國定課程」（National Curriculum for England）的課堂已經感到灰心。提姆靠著妻子當醫師的收入，把對樹木的嗜好轉變成全職的志業。接下來十五年間，提姆造訪了地形測量局地圖上標示的兩千多座教堂墓地。他獨立作業，只有英國廣播公司第三台這個古典音樂電台為伴。

提姆改持懷疑論，在那個時代是正確的行為。紅豆杉的定年，在一八三〇年代停滯了一個半世紀，直到一九九〇年代才有了改進，當時有新的放射性碳定年和樹輪資料，終於能改進樹圍與樹齡的公式。最近的科學評估顯示，總計約兩千棵的教堂墓地紅豆杉，大多不到一千歲，最高上限是兩千歲，引用一名調查者的話，它們仍然「老得誇張」。[45] 古紅豆杉團體依據可能的壽命，把老紅豆杉分為三類：值得關注（三百歲以上）、老（五百歲以上）、古老（八百歲以上）。

教堂墓地成為提姆的第二辦公室，對於抗拒基督教的人而言，這個結果雖然古怪，卻也適得其所。提姆的父親是慈善組織救世軍的少校，無償銷售「人壽保險」，而提姆在很小的年紀就得幫忙挨家挨戶收取微薄的款項。提姆身穿救世軍制服——紅色高領毛衣，胸前有著「血與火」的紋章。直到今日，提姆仍認為宗教荒謬，但他尊重信徒，即使新異教徒也一樣。

「胡說八道」是提姆的愛用詞，這是他老愛仇視且試圖糾正之事。起先，他在網站上架設了一個評論論壇，但很快就引來沉溺幻想者、偽薩滿和對亞瑟王與聖殿騎士團有奇怪解讀的瘋子，只好關閉論壇。雖然提姆知道，網站會存在得比他更長久，但他擔心未來的網站管理員或許不會有時間、資源或意願，來維持他的高標準。數位資料短暫得令他心驚。

我在二〇一七年拜訪了提姆位在布里斯托市的家，提姆提起兩個個人的里程碑：他的七十歲生日，以及他與紅豆杉相遇二十週年。他提到，七十多歲是許多人跨不過的門檻。他抱怨自己在彈吉他的時候，手指會發僵。他想趁還能彈奏的時候，錄下自己彈奏海托爾・維拉－羅伯斯（Heitor Villa-Lobos）作品的樂聲。提姆開玩笑說：「我很快就需要輔具了。就像教堂墓地的樹一樣。」他提前選好葬禮上的音樂：美國作曲家查爾斯・艾維夫斯（Charles Ives）的〈未解答的問題〉（Unanswered Question）。

提姆播著英國廣播公司第三台，載我去威爾斯，經過耗竭的煤礦場，來到一間被封閉的教堂，一旁陰森而未修剪的紅豆杉上，長滿了常春藤。提姆望著空盪盪的教堂墓地，向我提出他未解的問題：「古樹本身有任何價值嗎？如果沒有人造訪，古樹真的存在嗎？」村民和他們的記憶已經離開這個地方。少了生者，不死的紅豆杉和人類亡者都置身孤立無援的邊緣。

威爾斯是古老歐洲紅豆杉樣本的核心地區。這裡的紅豆杉，大約有九十五％生長在教堂墓地或從前的禮拜處；相較之下，相鄰的英格蘭只有五十五％。接下來的數十年、數世紀間，由於法律差異，這兩地的紅豆杉族群可能會經歷不同的歷史。在英格蘭，聖公會的教堂墓地屬於個別教區，而不是英國教會；在威爾斯，威爾斯教會的資產部門負責管理老教堂墓地，早在限制工業化的很久之前，就開始流失教區居民了。確實，自十九世紀起，新教徒（尤其是衛理公會）就成了威爾斯的信仰主流，現在緊追在後的是「無宗教人士」，也就是聲稱沒有宗教信仰的人。威爾斯衰微的教會最近關閉了數百間冗餘的資產，把能賣的都賣掉了。另外還有數百間面臨關閉。

那麼，教堂墓地再利用之後，私人地主要拿「他們的」紅豆杉怎麼辦呢？他們能創造一種新的鄉村生活，讓去聖化的樹木重新神聖化嗎？封閉墓園的百年法律等待期，將在二十二世紀初截止，屆時將會有完整的答案。提姆對我說：「那是關鍵時刻。」在那之後，老骨頭將無法再保護老樹。老紅豆杉不同於歷史遺跡或建築，英國法律並沒有將其「列名」保護，不過，地方的規畫當局可以頒布個別的「樹木保護令」。

對於可能失去教堂墓地的紅豆杉，提姆倒是很豁達。雖然他樂於見到國會通過法律，保護英國的古老植物，但他也接受地景會隨著價值觀而改變。他只希望英國人在了解情況的基礎下，慎重而有意識地選擇繼續或中止這種地景傳統。「我們真的想在這一代結束我們與紅豆杉的關係嗎？」提姆問道，又說：「如果是的話，那就這樣吧。」

在英國鄉村地區，支撐著現代村落生活的有三種機構：郵局、酒吧和教堂。戰後時期，許多村子先是失去其中一種，然後是兩種，最後可能失去了一切。今日，超過八十%的英國人居住在城市，而這個數字很可能會繼續提高。目前，聖公會教堂墓地和管弦樂廳一樣，都是供年長白人公民聚集的空間。在脫歐的冗長談判過程中，英國前首相梅伊（Theresa May）經常出席週日禮拜，媒體攝影師捕捉到她在柏克郡頌寧鎮（Sonning）進入聖安德魯教堂之前，大步經過一棵紅豆杉的鏡頭。那座富裕的村莊位在泰晤士河畔，就在倫敦上游。那是一幅完美的過時保守主義畫面。英國保守黨既無法復甦聖公會的鄉村生活，也無法振興大英帝國。

至少在網路上，教區樹木還擁有世界遺產的光環。幾乎所有英國教堂墓地的紅豆杉，都能在雲端上取得地理座標的資料。不過實際上，這些樹木大多缺乏告示牌，也乏人問津。在倫敦開車半日的距離內，就有數十棵世界級的老樹，而那些投票支持「留歐」的國際化倫敦都市人，更有可能認識舊金山郊外的繆爾紅木森林（Muir Woods）。在伍斯特郡或威爾特郡如果想看紅豆杉，必須沿著無標示的道路駕駛——既狹窄又蜿蜒，樹籬夾道，樹冠蔽天——前往衛星導航無法辨識的目的地。

有一些紅豆杉變成「名樹」，主要是位在福廷格爾、克羅赫斯特和安克威克的紅豆杉。二〇〇二年，為慶祝伊莉莎白女王登基金禧紀念，一個名為「樹木委員會」（Tree Council）的慈善機構，將這三棵樹列入「五十棵最偉大的英國樹木」（50 Great British Trees）名單中。在銀幕上多次扮演女王的茱蒂・丹契（Judi Dench）夫人，二〇一七年為了她的英國廣播公司紀錄片《愛樹成癡》（*My Passion for Trees*）而走訪克羅赫斯特。這位銀幕傳奇面對鏡頭，開心地承認她的抱樹習慣，而且談論了異教徒和德魯伊。

對於世俗化的都市英國人而言，德高望重的紅豆杉可能在奇幻作品裡比地理上更栩栩如生。依據J・K・羅琳的《哈利波特》官方網站，紅豆杉魔杖威力強大但極為稀有。當紅豆杉魔杖和主人埋在一起時，會長成一棵樹，守護著墳墓。那樣的魔杖擁有生死的力量，只願意讓英雄和反派使用。紅豆杉魔杖選擇了哈利未來的妻子金妮，也選擇了他的死敵。佛地魔拿的是毒魔杖，而紅豆杉生長在黑魔王起死回生的墓地。

英國人利用紅豆杉的方式，可能有些令人反感——從長弓手、樹木雕塑師到女巫與巫師——這種了不起的植物，怎麼會吸引那麼多有問題的支持者呢？艾倫．梅瑞迪斯或許是個極端案例。在《聖紅豆杉》問世的隔年，梅瑞迪斯因為性侵未成年而入獄。在他以「樹木史學家」的身分找到觀眾的那些年裡，他在蘇格蘭一間為軍人子女設立的寄宿學校擔任舍監。梅瑞迪斯會帶他最愛的九歲到十二歲男孩去林子裡散步，參觀教堂墓地。

梅瑞迪斯在離開大眾目光很久之後，於二〇一二年再度出現，推出共同寫作的一本書和異想天開的聲明：威爾斯迪芬那哥（Defynnog）的一棵教堂墓地紅豆杉，是歐洲真正最老的樹，高齡五千年。[46] 那棵「神木」有一根古怪的分枝，有著黃色的粗樹枝（spray），這種遺傳變異被解讀為《埃涅阿斯紀》（*Aeneid*）裡描述的金枝神祕回歸。當媒體公開了梅瑞迪斯預估的樹齡時，古紅豆杉團體質疑這個數字，希望避免福廷格爾的後果。在福廷格爾，遊客看到「歐洲——可能是全世界——最古老生物」的標示後，時常攀折細枝來當作紀念品。就像所有遺產地點，關注不足和關注過多之間有一條微妙的界線。

雖然遭到愛樹人破壞，福廷格爾紅豆杉卻將近三百年都逃過一死，而且可能繼續無限期地活下去。那座建來保護紅豆杉的牆，現在限制了紅豆杉的生長。二〇一五年，敏銳的遊客發現樹冠上出現了紅色假種皮。這棵古老雄樹的一根枝條變成雌性了。即使是我們熟悉的紅豆杉，也可能千變萬化，超乎人類的想像。

紅豆杉變幻莫測的能力，對於保育生物學家而言非常有用。愛丁堡皇家植物園最近用遺傳多樣性高的紅豆杉樹籬，取代了原本的冬青；紅豆杉樹籬是由數百棵標著牌子的樣本組成，每棵都是色調些微不同的深綠，是從分布於各地的紅豆杉收集而來的。蘇格蘭首都的這座超級樹籬，是國際針葉樹保育計畫（International Conifer Conservation Programme）的一部分，是一個小型的活體檔案庫，集合了龐大的基因型。福廷格爾的紅豆杉生長在這裡，和亞特拉斯山脈（Atlas Mountains）的稀有品種交纏在一起。或許沒有其他植物可以這麼有效率地進行遺傳「備份」。保育樹籬的管理者在關注未來的同時，也向英國的園藝歷史——樹雕和松樹園——致意。

而在西薩塞克斯，數以千計小心清潔、密封的紅豆杉種子，躺在千禧年種子銀行（Millennium Seed Bank）乾燥寒冷的儲藏室。這個低溫保存的地下堡壘，是世界上第一座優先保存非作物種子的種子庫，被譽為世上最重要的生物多樣性熱點。其建築是設計來維持五百年的，是目標的一半長。種子庫坐落在威克赫斯特（Wakehurst）的一座莊園裡，莊園所有人和管理者都是英國皇家植物園。威克赫斯特宅邸建於伊莉莎白時期，不過花園則是新舊風格交雜。蘇鐵在十九世紀引入，聳立在十四世紀種下的一棵紅豆杉之上。在花園之外，莊園的石頭小徑上，不確定樹齡的紅豆杉吞噬了砂岩石壁，彎彎曲曲的樹根像極了泥土做的。

幾個世紀以來，一批為數不多但令人印象深刻的英語形容詞，都是拿來形容紅豆杉的：黑暗的、陰沉的、令人沮喪的、有毒的、致命的、陰森森的、莊嚴的、憂鬱的。牛津英語字典把「悲傷的象徵」列為一個主要解釋。不過紅豆杉身為死亡之樹和生命之樹，象徵的不只這樣，還有綜觀時間性。

恕我借用詩人艾略特（T. S. Eliot）的話，紅豆杉的一刻和玫瑰的一刻，時間長度並不相等。[47] 紅豆杉的時間比較緩慢、比較長，也比較古怪。即使以估算的最低樹齡來看，教堂墓地紅豆杉也橫越了歷史轉折點，包括黑死病之前和之後、宗教改革、奴隸貿易、帝國、煤炭時代。不論這種地景傳統為何會開始，或者是怎麼開始的，都對紅豆杉有利，因為英國分布普遍的教堂墓地紅豆杉，會與孤立的紅豆杉天然林異株授粉，有益於基因流動。人為輔助的長壽，代表更長的時間多樣性，進而增強了物種層級的適應性。不論有沒有上帝，不列顛群島的人們都有理由照顧「上帝之土地」，「直到風從紅豆杉搖曳出千聲呢喃」。[48]

那些提到紅豆杉的英文散文，無法與詩歌的意境相比：「一只活物／永遠長得太慢不及衰敗；身形外表壯觀無與倫比／無法毀壞」。[49]不論如何，維多利亞時代博物學出版物的業餘文字中，確實有些珍貴的智慧乍現。我最喜愛的是利奧波德・哈特利・葛林頓（Leopold Hartley Grindon）的作品，這位曼徹斯特出納員的副業是教授植物學。葛林頓在一本講述植物的書中，把紅豆杉比喻成鯨魚和蝙蝠——牠們是中介生物，成為概念上的橋梁。而紅豆杉連結了更長的時間性。葛林頓寫道：「我們常聽到『鐵路時間』、『恆星時間』，」他指的是燃燒碳的引擎和燃燒氫氣的星星。「紅豆杉幫我們接納『樹木時間』的概念有多壯闊。」[50]

樹木時間的現代研究始於歐洲紅豆杉，而且很快就不止於此。雖然歐洲紅豆杉這個物種不符合樹輪學的數據要求，卻仍是長期思考的理想選擇。人們向來不需要樹木學家告知，就知道紅豆杉可以活到非常老。現代之前的歐洲各地，相關諺語列出了各種生物相對的壽命潛力；在愛爾蘭，這些一個比一個長壽的動物清單，最後竟然以植物收尾：「紅豆杉壽命是鮭魚的三輩子長／紅豆杉的三輩子壽命長，就是世界由始到終那麼久。」[51]

諺語中所使用的樹木時間，可以被改寫以適應當前這個不完美的現在，一個正在毀滅中的地球。對全新世來說，從開始到結束的年間，是神聖紅豆杉的六輩子。整個新生代，只是紅豆杉的一輩子。

## 附註

1. *Macbeth* 4.1.26–27.
2. Thomas Wright, ed., *The Historical Works of Giraldus Cambrensis* (London, 1863), 125, 371.
3. A. W. Wade-Evans, ed., *Welsh Medieval Law* (Oxford, 1909), 248.
4. *Giraldus Cambrensis*, 109.
5. Archibald John Stephens, *The Statutes Relating to the Ecclesiastical and Eleemosynary Institutions of England, Wales, Ireland, India, and the Colonies*, vol. 1 (London, 1845), 31–32.
6. *The Faerie Queene* 1.1.9.
7. *Richard II* 3.2.117.
8. *Statutes at Large from the First Year of King Edward the Fourth to the End of the Reign of Queen Elizabeth*, vol. 2 (London, 1770), 30.

9. *Statut Warcki* (1423), sec. 25.
10. John Norden, *The Surveyor's Dialogue* (London, 1607), 213.
11. H. Bourde de la Rogerie, "Le Parlement de Bretagne, l'évêque de Rennes et les ifs plantés dans les cimetières, 1636–1637," *Bulletin et mémoires de la Société archéologique du Département d'Ille-et-Vilaine* 56 (1930): 99–108.
12. Evelyn, *Sylva*, 2nd ed. (London, 1670), 26.8–11. Evelyn's anti-coal pamphlet was *Fumifugium* (1661).
13. *Sylva*, 33.14.
14. "A Letter to Dr. William Watson, F.R.S. from the Hon. Daines Barrington, F.R.S. on the Trees which are supposed to be indigenous in Great Britain," *Philosophical Transactions* 59 (1769): 23–38.
15. Augustin Pyramus de Candolle, "Notice sur Longévité des Arbres, et les Moyens de la Constater," *Bibliothèque universelle* 47 (Mai 1831): 49–73; translated as "On the Longevity of Trees and the Means of Ascertaining It," *Edinburgh New Philosophical Journal* 15, no. 30 (October 1833): 330–348.
16. J. S. Henslow, *Principles of Descriptive and Physiological Botany* (London, 1835), 242–248.
17. J. E. Bowman, "On the Longevity of the Yew," *Magazine of Natural History* n.s. 1 (1837): 28–35.
18. *Parliament of Fowls*, line 180; *Palamon and Arcite*, line 961.
19. W. T. Bree, "Some Account of an Aged Yew Tree in Buckland Churchyard, Near Dover," *Magazine of Natural History* 6 (1833): 47–51.

20. Samuel Fergusson, *The Queen's Visit, and Other Poems* (Edinburgh, 1869).

21. Robert Christison, "The Exact Measurement of Trees (Part 3)—the Yew Tree," *Transactions and Proceedings of the Botanical Society* 13 (1879): 410–435.

22. "Yew-Trees," in *The Poetical Works of William Wordsworth*, vol. 2 (London, 1827), 53–54.

23. Henry John Elwes and Augustine Henry, *The Trees of Great Britain & Ireland*, vol. 1 (Edinburgh, 1906), vii–viii.

24. *Twelfth Night* 2.4.54.

25. "Transformations," in *The Poetical Works of Thomas Hardy*, vol. 1 (London, 1919), 443.

26. Robert Turner, *Botanologia: The Brittish Physician; or, the Nature and Vertues of English Plants* (London, 1687), 362–363.

27. "The Grave," in *The Poetical Works of Robert Blair* (London, 1802), 3.

28. George Collison, *Cemetery Interment* (London, 1840), 135.

29. Dickens, *Bleak House* (London, 1853), 106–107, 160.

30. 大都會汙水糞便專責委員會證據紀錄，一八四六年六月二十六日，《議事紀錄》10（倫敦，一八四六），651。

31. Francis Darwin and A. C. Seward, eds., *More Letters of Charles Darwin*, vol. 2 (New York, 1903), 433.

32. 這個說法來自「哀歌」，出自《湯瑪斯．哈代詩集》（*Poetical Works of Thomas Hardy*），443。

33. John Lowe Papers, Archives, Royal Botanic Gardens, Kew.

34. John Lowe, *The Yew-Trees of Great Britain and Ireland* (London, 1897), 35, 46, 2.
35. Walter Scott, *Rokeby* (Edinburgh, 1813), 118.
36. Godfrey Higgins, *Celtic Druids* (London, 1827), 25.
37. "Woods of Westermain," in George Meredith, *Poems and Lyrics of the Joy of Earth* (London, 1883), 1–27.
38. *Cobbett's Weekly Political Register* 14, no. 25 (December 17, 1808): 933.
39. J. B. Burke, *Historic Lands of England* (London, 1848), 132–133.
40. A. Conan Doyle, *White Company*, vol. 3 (London, 1891), 113.
41. Walter Johnson, *Byways in British Archaeology* (Cambridge, 1912), 360–407.
42. Marie Carmichael Stopes, *A New Gospel to All Peoples* (London, 1922), 6.
43. Vaughan Cornish, "The Geographical Aspect of Eugenics," *Public Health Journal* 16, no. 7 (July 1925): 317–319.
44. E. W. Swanton, *The Yew Trees of England* (London, 1958).
45. Toby Hindson, Andy Moir, and Peter Thomas, "Estimating the Ages of Yews— Challenging Constant Annual Increment as a Suitable Model," *Quarterly Journal of Forestry* 113, no. 3 (July 2019): 184–188; Moir quoted in Tim Pilgrim, "Scientists Poke a Hole in the Age of Trees," Phys.org, August 14, 2019.
46. Janis Fry with Allen Meredith, *The God Tree* (Taunton, 2012).
47. Eliot, "Little Gidding," lines 232–233.

48. Eliot, "Ash Wednesday," penultimate line.

49. Wordsworth, "Yew-Trees."

50. Leo H. Grindon, *The Trees of Old England* (London, 1870), 128.

51. Eleanor Hull, "The Hawk of Achill or the Legend of the Oldest Animals," *Folklore* 43, no. 4 (December 1932): 376–409

Chapter 3

# Monuments of Nature

# 自然
# 紀念物

自從西班牙人征服美洲——這整個過程以占領加那利群島為起始——關於植物壽命的科學討論納入了更多種類的樹木。當中最壯觀的是墨西哥落羽松，這種樹種有著泛原住民的重要性。其中一個碩大無朋的樣本——圖勒之樹（*El Árbol del Tule*）最後被封為「最老的生物」，這個頭銜繼承自加那利群島的一棵龍血樹。普魯士博物學家亞歷山大．馮．洪堡德在拉丁美洲闖出名號，對他而言，新世界的地標樹木是「自然紀念物」。

在德國本土，林務員和保育學者採用了洪堡德的理念，並將其制度化為小規模的自然保護理念。一些德國人對此極度關心。在第二次世界大戰的毀壞前後，工業化國家和政府間組織編纂了包括自然紀念物在內的保護區系統。

就像所有遺產一樣，樹木遺產也受到政治影響。不論獨裁專政或民主政治，國家保育和地方照護之間的相互作用，對人民、對樹木都帶來了不同的結果，從長壽到完全死亡都有。墨西哥保育人士對此最清楚不過了。

## 洪堡德與龍血樹

《宇宙》（*Cosmos*）這部無所不包的鉅作，是亞歷山大．馮．洪堡德男爵廣受讚揚的生涯巔峰，他在書中提到，由於童年時期受到的啟發，使他成為遊歷全球的博物學家兼哲學家。其中最重要的啟發是柏林植物園一座古老塔樓裡一棵巨大的龍血樹。洪堡德寫道，那棵龍血樹和溫室中的棕櫚樹，「把無可扼抑地渴望遠遊的第一粒種子深植在我的心中」。[1]

對歐洲人而言，「龍血樹」（德文為*Drachenbaum*）是指一種壯觀的多肉植物，外觀像枝狀的蘆筍，是加那利群島、維德角、馬德拉和摩洛哥外亞特拉斯山脈（Anti-Atlas Mountains）一些偏僻地點的特有植物。一三〇〇年代對加那利群島、亞速爾群島（Azores）和維德角的重新發現，促使歐洲人「島嶼狂熱」發作，他們記起關於天佑之島（the Blessed）、世界極西之地的赫斯珀里得斯諸島（Hesperides）、亞特蘭提斯和其他失落世界的古老故事。

伊比利亞半島的卡斯提爾王國（Crown of Castile）藉著征服之名義，把加那利群島據為己有；他們打敗並奴役關契斯人（Guanches），這些人在幾個世紀前從北非遷徙到這些島嶼上。卡斯提爾士兵擊垮了最後的反抗者；就在那同一個十年，哥倫布（Christopher Columbus）在西印度群島大肆劫掠。這位海洋上將（Admiral of the Ocean Sea）的四次航程都曾在加那利群島停留，那裡是最初的「新世界」。哥倫布選擇用來描述當地原住民泰諾族（Taínos）的詞彙：「赤裸」、「不信奉神」，與對關契斯人的描述相似，反之亦然。在大西洋兩岸，西班牙殖民者和他們的附屬物——槍枝、馬匹、糖和疾病——把原住民的家鄉變成了災厄之島。

對於伊比利半島以外的歐洲人而言，加那利群島長達好幾個世紀都具有半神話的地位，而龍血樹也加入了中世紀晚期藝術的符號學中。在繪畫、雕刻和掛毯上，這種充滿異國風情的植物代表著伊甸園、埃及，或東方。其獨特的倒放形狀——海綿狀的單一樹幹上是不斷分岔的枝型燭臺——出現在波希

（Hieronymus Bosch）與杜勒（Albrecht Dürer）的畫作中。以符號而言，龍血樹相當於植物版的獨角獸或獅鷲，只不過它確實存在。它的種子和插條被收藏在珍奇櫃中。里斯本和馬德里的皇家園丁，設法讓龍血樹適應環境，可惜小冰河期把他們的努力一筆勾消。

這種植物的名字，以及一部分的名聲，來自其組織流出的「乳汁」或「汁液」；它是英國和歐洲以「龍血」之名，在藥局高價販售的紅色樹脂之一。龍血樹除了是稀有又珍貴的活體藥材，還可作為戰爭物資，也有保護生命的價值。其纖維狀的樹幹可以製成盾牌，易於卡住敵方的刀劍；不過，卡斯提爾王國控制了這種資源。

西班牙人用刀劍大砲入侵加那利群島一個世紀之後，開始撰寫他們征服新世界的歷史，分享了耶羅島（El Hierro）一棵失落之樹的描述——據說這裡是原住民的聖地，會神奇地噴出泉水。更有根據的記述是，編年史家聲稱在主島特內里費島有棵巨大的龍血樹，曾是加那利人的集會場所。依據後續的民間傳說，奧羅塔瓦村（Orotava）的那棵龍血樹被異教徒和之後的天主教徒當作祭壇，並且當成界標，劃分從關契斯人那裡搶來的土地。

不論這些細節的真相如何，這個地標的存在都早於征服行動，也在動亂中存活下來，最後以「奧羅塔瓦龍血樹」(El Drago de la Orotava）而聞名。在一個全球化的世界裡，奧羅塔瓦龍血樹成了世俗的世界軸心。一七七六年，繪測員把它當作海圖上建立加那利群島準確位置的一個三角測量基點。這棵樹在十八世紀屬於一個旺族，但他們並未提取龍血——把這株植物當作花園奇珍的價值更高。隨著特內里費島變成度假勝地，奧羅塔瓦龍血樹和泰德火山（El Teide）一同變成了島上不可錯過的景點。遊客在奧羅塔瓦爬上梯子，來到位在這棵多肉植物健壯枝幹間的觀景平臺。

由於地理位置與歷史關係，人們把加那利群島想像成地中海或熱帶非洲，甚至美洲。洪堡德在一七九九年造訪加那利群島時，所帶的皇家護照上蓋有西班牙卡洛斯四世御璽，可以通行無阻。洪堡德寫信回家給外交官兄長，說起他「發現我終於踏上非洲土地，欣喜若狂」，周圍是棕櫚樹和「上千歲的生物」。他真情流露地說：「想到要離開這個地方，我幾乎要流下淚來，然而我根本還沒離開歐洲。」[2]

洪堡德拿著氣壓計，衝向空氣稀薄的火山山頂，但在此之前，他先帶著捲尺去奧羅塔瓦村，量出驚人龍血樹的周長是四十五尺（他使用巴黎尺，而非英尺或普魯士尺，一尺為三二・四八四公分）。他指出，巨大的樹木總是能激起人們的感情，但直到最近，人們才開始特地量測樹木的尺寸並判斷樹齡。這位偉大的博物學家在缺乏充分數據的狀況下，就提出斬釘截鐵的主張：「樹齡和巨大程度相關」，而之後教科書的作者將之採納為事實。[3]

洪堡德是大膽思考、魯莽推斷的天才。《個人敘事》（*Personal Narrative*）是記錄洪堡德前往美洲遊歷五年過程的暢銷遊記，他在書中信心滿滿地把特內里費島的龍血樹和塞內加爾的猢猻木並列為「我們星球上最老的居民」。[4]整體而言，洪堡德表示他確信地球上有著和羅馬、希臘、埃及一樣古老的樹木。洪堡德推測，甚至有樹木見證過最近的地質鉅變，也就是從一個地質時代到下一個地質時代的災難性過渡期。

在洪堡德以當代經典敘事搭配插圖的地圖冊中，於最後的插圖裡收錄了被想像力過度渲染的奧羅塔瓦村地標。[5]雖然版畫呈現的是科學插圖，但其視覺語言卻源於更古老的宗教圖像。那是首度大量印行的巨無霸多肉植物風景畫，掀起了轟動。洪堡德鞏固了那棵樹身為現代歐洲早期最知名樹木的地位。遠落其後的是義大利埃特納火山（Mount Etna）附近，更加高大的「百馬栗」(*Il Castagno dei Cento Cavalli*)，那裡是十九世紀壯遊的一站，有相關的傳說，也是誇張的樹齡估算對象。一七四五年，在一項最早的行政保護行動中，西西里的皇家總督簽署了這棵獨特自然奇景紀念物的保育令。[6]

雖然奧羅塔瓦龍血樹在一八一九年的一場颶風中失去了一半的樹冠，卻仍然在人們的想像中保有神奇的地位，迷倒了達爾文，讓他充滿對田野科學的「熾烈熱誠」。一八三一年，達爾文抄下了洪堡德對特內里費島的描述，朗讀給親友聽。他在劍橋寫信給姊姊，描述自己的那種「熱帶的光芒」。「我在早晨去溫室看棕櫚樹，回家讀洪堡德；我滿腔熱情，幾乎坐不住。」他滔滔不絕地寫道：「我將坐立難安，直到見到特內里費島的山峰與高大的龍血樹。」達爾文對其他人提起他的「加那利熱情」和「加那利計畫」。他對在劍橋的導師說：「什麼也無法阻止我們目睹那棵巨大的龍血樹。」[7]

其實達爾文從未踏上那座島，雖然他隔年去了僅一步之遙的地方。當時，小獵犬號準備下錨，西班牙政府官員卻乘著小船過來，下令小獵犬號必須隔離十二天，以預防霍亂。於是，斐茲洛伊（Fitzroy）船長立刻把船開走。達爾文從甲板上眺望著他夢寐以求的目標，想著自己有多沮喪。他在日記裡塗寫道：「悲哀呀悲哀。」[8]幾天後，小獵犬號在維德角靠岸，給了他安慰。這位年輕的博物學家對火山和猢猻木驚歎不已——猢猻木是他因洪堡德而認識的另一種亞熱帶巨型植物。

龍血樹和猢猻木一樣，不只激發研究，也引來錯誤的訊息。洪堡德在一八五九年過世時，旅遊作家們謊稱這位博學家預估奧羅塔瓦村的樣本樹齡高達四千、六千，甚至一萬歲。一八六八年，這棵「活古物」在一場暴風中倒下時，外國評論者嚴詞批評西班牙沒設支架，但其實當初的照片中顯然有支架。一名義大利園藝學家描述這棵「歷史紀念物」之死，證實了「西國人民和政府對植物與自然之美相關的任何事物，普遍不放在心上」。[9]

現今，「紀念碑／物」（monument）這個詞通常讓人想到足以界定一地特色，並且具有明確紀念意義的宏偉建築。在歐洲語言中，這個詞有著更廣義、更細緻的意義。紀念物可以是過去的任何東西，像羊皮紙或錢幣一樣，供現代人追憶。

從前這個詞的用法很寬鬆，在洪堡德的《個人敘事》之中可見一斑。這位博物學家提到，語言是民族最早的紀念物，並且假設當人造紀念物不存在時，語言學是能讓學者推論古代的遷徙的途徑。洪堡德在另一篇文章中，把奧爾梅克（Olmecs）、托爾特克（Toltecs）、薩波特克（Zapotecs）和阿茲特克（Aztecs）的文物稱為紀念物，不過他稱之為「野蠻」或「半野蠻」紀念物，意思是那些文物能證實那些種族存在，因此有歷史價值，卻沒有美學價值。相較之下，洪堡德認為希臘遺跡是藝術和歷史的紀念物。

洪堡德曾經造訪墨西哥的前西班牙時代神廟和花園，相較於對墨西哥的尊重，他表達了對委內瑞拉特別失望。洪堡德說，自然的壯麗在這裡沒有因為古物紀念物而增色。洪堡德利用氣壓計量測加拉加斯市（Caracas）的海岸山脈頂峰，判斷那裡的高度不及伊比利半島和特內里費島的最高點時，當地的東道主表達了自己的失望。洪堡德輕蔑地回應：「在一個藝術紀念物匱乏的地方，我們怎麼能責備人們將民族情感依附在自然景觀上呢？」[10]

洪堡德是個複雜的人，他反對帝國主義，卻又動用外交關係，在新西班牙各地遊歷，用帝國的觀點檢視地景，為了全球的科學而取得地方知識。[11]同時，他為地方特色和生態賦予意義，啟發了拉丁美洲和歐洲的國族情感。比方說，洪堡德對紀念物最歷久不衰的言論，與委內瑞拉的一棵樹有關，而且之後影響了國際保育法的發展。

十九世紀初，洪堡德到委內瑞拉的加拉加斯市西方大約六十英里（約九十七公里）的馬拉凱市（Maracay），至附近的莊園拜訪一些當地要人。洪堡德從殖民地首府沿著幹道旅行，經過甘蔗園，在圭雷河（*Río Güere*）河谷遇到——他傲慢地寫道「發現了」——一棵樹，看起來像「墓塚」或「雨傘」或「植物屋頂」。洪堡德喜歡量測一切，他計算了這棵極粗大又對稱的雨豆樹（*Samanea saman* [Jacq.] Merr.）的直徑和周長——雨豆樹是豆科植物的成員。洪堡德說，自從征服者來到之後，這棵雨豆樹就一直是這個樣子。他說，圭雷的雨豆樹和奧羅塔瓦龍血樹一樣古老。洪堡德報告，村民（尤其原住民）十分敬重這棵雨豆樹，而且有個農民曾經試圖取下一根樹枝而受罰。為了補充當地資訊，洪堡德提出一個放諸四海皆準的判斷：在缺乏藝術紀念物的國家，人們會保護自然紀念物，若有人破壞，會受到嚴厲的懲罰。[12]

雖然「自然紀念物」這個詞歸功於洪堡德，但它早於洪堡德一、兩代人就已存在。這個詞進入了十八世紀法國學者的語彙中，這些學者所探究的學問，正是後來所謂的地質學。早期地質學家生動地把化石比作錢幣和文件檔案——它們都是歷史證據，可以解讀、闡釋、拼湊出有時間順序的故事——也就是地理歷史。知名博物學家布豐伯爵（Comte de Buffon）甚至為自然紀念物提出一個框架基準：土壤中的亞化石（又稱準化石）骨骼，地表岩層、地下層岩石中的化石等等。[13]以其一貫的風格，洪堡德男爵借用了這種地質概念，將之應用在植物學，並據為己有。

十九世紀的植物學家奧古斯丁・彼拉姆斯・德堪多，提出了對樹木紀念物的市政保護政策，為洪堡德的做法加上了實質內容。德堪多寫道：「老樹是另一種錢幣。」活古物應該由博物學家辨別，然後納入公共信託。德堪多主張，樹木壽命的科學問題需要「趁還有時間」的時候解決。人口成長和工業化，威脅著摧毀老樹，即使在世界遙遠的盡頭也不例外。更糟的是，「宗教觀點改變，以及有些雖迷信卻值得尊敬的想法也衰微了，通常會削弱一些樹木一直以來受到的敬意」。博物學家應該確立老樹的尺寸和樹齡，填補這些精神空缺。這是完美的洪堡德式做法：透過儀器測量，尊崇自然。[14]

在洪堡德致力撰寫《宇宙》的晚年期間，其活動範圍逐漸縮減到柏林和波茨坦市（Potsdam），在霍亨索倫（Hohenzollern）王朝的森林、花園、棕櫚溫室和林蔭大道間。洪堡德以特權出身的優勢地位，提出了歐洲文明最美好的其中一個成果，就是能夠引進及栽培外來植物的能力，以及研究博物學和地景藝術，與遠方的大自然產生情感連結。

在洪堡德過世前，一連串的訪客千里迢迢地造訪普魯士高地；洪堡德的國際名聲堪比歌德和拿破崙。一八五八年，匈牙利貴族兼攝影師帕爾・洛斯提（Pál Rosti）來到布蘭登堡省（Brandenburg），致贈了一份美洲風景相冊，這是有史以來委內瑞拉和墨西哥最早的照片，為他跟隨洪堡德的足跡前往拍攝的作品。洛斯提在獻詞之後，翻開相冊，展示了圭雷的雨豆樹。按照洛斯提的說法，感到吃驚的洪堡德說了類似這樣的話：瞧瞧我，我將不久人世，而這棵樹看起來和六十年前完全相同！[15]

幸好白髮蒼蒼的洪堡德沒看到以蛋白印相法（albumen print）印製的千年龍血樹（*drago milenario*）

照片。奧羅塔瓦村攀折文物的隱密宗教習慣，打擊了以科學為基礎的保育工作。一八五八年，一本關於特內里費島望遠鏡調查的書裡，一名天文學家加進了磚牆圍繞的一棵中空花園植物遺跡的立體照片，由於英國的醫療旅遊遊客砍下植物的一部分，加速了那棵植物的分解。這位科學家冒著冒犯人的風險，懷疑地問道：有什麼證據證明這根「蘆筍莖」是世上最老的樹？甚至是一棵樹？龍血樹和棕櫚樹一樣是單子葉植物，不會產生「木材」(1)，也沒有樹輪可供計算。[16]

在這裡，就像現代許多古老樹木一樣，科學尷尬地類似於信仰。這位天文學家精明地寫道：「偉大的洪堡德在他不朽的《個人敘事》中，一字一句理所當然都有分量，所以那些單純的言詞幾乎不論到哪裡都被視為事實。」[17]

## 水領主——落羽松

一八〇三年，洪堡德男爵一連七個月都待在墨西哥谷，從當地的學者、圖書館、前西班牙時代文物和火山地景吸取知識。他經常造訪查普爾提佩克（Chapultepec），這座森林遍布的山丘位在首都西邊，他在那裡看到兩棵高大美麗的柏木，可以追溯到阿茲特克帝國時期。

那兩棵樹是墨西哥落羽松，名列美洲最高大的針葉樹。在水源充足處，墨西哥落羽松高大得驚人。墨西哥落羽松喜愛生長在河流和沼澤邊緣，以及看似乾燥卻有地下水的高地。對墨西哥原住民而言，墨西哥落羽松象徵著泉水賦予的生命力。查普爾提佩克多孔的火山含水層，曾經湧出泉水。這座神聖的山丘擁有洞穴、泉水和高聳樹木的強大組合，托爾特克菁英以及他們的阿茲特克繼承者，都曾利用這裡進行儀式。傳統納瓦特爾語（Nahuatl）屬於猶他－阿茲特克語系，其中「柏木」是「王室」的同意詞。今日，納瓦特爾語的落羽松——*ahuehuetl*，通常譯成「水之老者」（*viejo del agua*），不過「水領主」比較接近原意。

數個世紀以來，墨西哥谷的優勢與劣勢都是水——不是太過就是不及。墨西哥人選擇把首都特諾奇提特蘭（Tenochtitlán）建在湖中的一座島上之後，想方設法用輸水道把淡水從查普爾提佩克輸送過去。湖畔的阿科爾瓦人（Acolhua people）已經化敵為友，有著自己的壯觀首都特斯科科（Texcoco）和神聖山丘。阿科爾瓦的詩人國王涅薩瓦科優（Nezahualcóyotl），在神聖山丘上蓋了一座植物園，兩側種了落羽松。為了強化王朝對稱與地形上的二元性，涅薩瓦科優替查普爾提佩克的墨西哥表親，於特斯科科湖的對岸設計了相稱的度假勝地。一排排整齊的落羽松在這裡沿著水壩、蓄水池和水道而立。阿茲特克王蒙特蘇馬二世（Moctezuma II）做了更多改進。平民不能進入林蔭覆蓋的樂園，但他們從特諾奇提特蘭仰賴的空中花園（*chinampas*），認識了落羽松。墨西哥農民把淤泥堆在淺湖中，並在角落以落羽松固定，造出了島嶼般的土地。

過了一個世紀，阿茲特克工程學蓬勃發展之後，西班牙征服者埃爾南·科爾特斯（Hernán Cortés）

(1) 審訂註：單子葉植物的維管束和一般木本的被子植物不同，缺乏形成層而沒有次級生長（secondary growth），因此莖無法產生逐漸增厚的木材，也無法計算樹輪。

來到墨西哥谷，目睹了帝國輝煌的神廟和樹木。一五二〇年，征服特諾奇提特蘭的前一年，一次始於破壞輸水道的圍城行動，這位征服者和其本地盟友將近敗北。科爾特斯勉強擺脫了蒙特蘇馬二世的大軍，晚上停下來計算他損失的兵力。之後，編年史家稱這一刻為「悲痛夜」(La Noche Triste)。據說科爾特斯在一棵落羽松下哭泣——西班牙人稱那棵樹為sabino，原意是杜松。十九世紀，墨西哥獨立後，悲痛夜之樹（*El Árbol de la Noche Triste*）成為樹木民族主義的一個地標。

隨後的後征服時代，查普爾提佩克的落羽松——這棵特諾奇提特蘭命脈的守護者，仍然是阿茲特克的轉喻。十七世紀初，有一名皈依基督教的納瓦編年史作家，回憶起墨西哥谷一棵龐大的落羽松是在耶穌誕生後六十一年種下的，依據祖傳的計算，活過了一千零八年之後才倒下。基督徒領袖砍倒了更多落羽松。方濟會修士以粗暴的狂熱，把查普爾提佩克一棵巍然的落羽松變成了高大的十字架，供墨西哥城第一座本土禮拜堂使用。依據西班牙編年史學家的說法，當地印第安人特別尊敬這座十字架，相信它是來自「神化之物」。[18]新西班牙的殖民者對水領主卻沒有那種敬意。一六一五年，淘金客拆毀了阿茲特克的神聖山丘，砍倒落羽松，讓花園變成荒地。[19]

特諾奇提特蘭淪陷之後，查普爾提佩克在名義上仍然屬於王室，是西班牙總督的狩獵與娛樂場所。十八世紀，西班牙人在山頂建起城堡。墨西哥共和國在一八一〇年至一八二一年贏得自由之後，那座城堡成了軍事學校。結果，這座軍校勝不過墨西哥北方姊妹共和國的軍國主義。一八四七年，美國海軍陸戰隊猛攻查普爾提佩克，成為他們「勇敢無懼、充滿榮耀」的代表性戰役（Halls of Montezuma）。一群墨西哥軍校生拒絕聽從命令從山丘撤退，其中的五人英勇但毫無意義地喪生了。喪權辱國持續在查普爾提佩克發生；在隨後法國干預之後，新上任的皇帝馬克西米利安一世（Maximilian I）住進了城堡。馬克西米利安一世短暫的在位期間，與妻子——比利時的卡洛塔（Carlota）——雇用了奧地利園丁，用外來植物裝飾從前的阿茲特克花園。

一八六七年，墨西哥恢復共和之後，墨西哥民族主義者把墨西哥落羽松和前哥倫布時期的廢墟，重新想像成共和國的遺產。說來諷刺，一八七二年，在擊敗法軍的五月五日節（Cinco de Mayo）十週年紀念中，「悲痛夜之樹」起火燃燒。墨西哥谷在那一晚瞬間陷入哀傷，人們看著地標像枝狀吊燈似地燃燒。多虧了消防員，落羽松活了下來尚存一息，但失去了大部分的樹冠。報紙把火災歸咎於蓄意破壞，把損壞描述為野蠻和褻瀆。

一八七〇年代及一八八〇年代，樹木民族主義者熱心關注於首都其他出色的墨西哥落羽松，那是查普爾提佩克之森的驕傲。這棵樹原本稱為「蒙特蘇馬之樹」（*El Árbol de Moctezuma*）或「哨兵」（*El Centinela*），後來稱為「中士」（*El Sargento*），是多樹幹的奇景。蘇格蘭裔的美國名流芳妮・卡德隆（Fanny Calderón）和西班牙駐墨西哥使節結婚，那棵樹「崇高莊嚴和德魯伊般的外表」果然令她驚歎。[20]這棵樹成為浪漫主義繪畫的主題，而那裡則成為每年紀念軍校生捨身對抗美國入侵者的地方。在這棵紀念性的落羽松旁，墨西哥豎立起樹木般的方尖碑，獻給這群「少年英雄」（*Los Niños Héroes*）烈士，將墨西哥軍校生賦予了阿茲特克貴族的象徵性地位。

獨裁者波費里奧・迪亞斯（Porfirio Díaz）於其長期統治期間，住在查普爾提佩克的總統官邸。迪亞斯為墨西哥帶來「秩序和進步」，也同時帶來威權主義、裙帶關係與政治迫害。墨西哥城官員在徵收阿茲特克遺產，歡慶現代麥士蒂索人（mestizo）[2]認同的同時，卻也通過政策，削弱原住民社群的力量。城市居民在迪亞斯統治時代（1876–1911），過得比鄉村農民更好。墨西哥城成為歐風首都，路線電車行駛在林蔭大道上，通往溫泉勝地。迪亞斯的工程師在首都周圍挖出數千座自流井，同時放乾了殘餘的特斯科科湖。在那奢侈的片刻間，墨西哥谷似乎擺脫了歷史悠久的水資源問題。在查普爾提佩克的第二段黃金年代，富裕的城市居民在落羽松的樹蔭裡游泳、乘涼。這棵現代化之前就存在的昔日之樹，已成現代的未來之樹。

豐富的水資源導致了浪費，到了一九〇〇年，曾經壯觀的森林顯得憔悴了。隨著水位下降，泉水枯竭，著名的「蒙特蘇馬浴池」（Moctezuma's Bath）乾涸了。溼度降低使得落羽松上的松蘿掉落，然後落羽松也開始落下枝條。昆蟲和病原體趁機侵害脆弱的樹木。枯枝病期間，迪亞斯的一名科學家（científicos，他如此稱呼他在歐洲受教育的顧問）重新設計並擴建了查普爾提佩克之森。[21]林務員大規模種植來自塔斯馬尼亞島的耐旱尤加利樹（桉樹），取代原生的落羽松。一九一〇年，慶祝建國百年時，這片恢復綠意的山丘上，蓋了一座現代化動物園，成為了超越中央公園的名勝。墨西哥落羽松在一九二一年得到「國樹」的尊稱，然而，這個國家公園不再是國樹最理想的棲地了。

如果想要看到狀態絕佳的落羽松，墨西哥人會去圖勒的聖瑪麗亞（Santa María del Tule），這是瓦哈卡州首府瓦哈卡德華雷斯市（*Oaxaca de Juárez*）附近的一座薩波特克村莊。「*tule*」這個西班牙詞源於納瓦特爾語，是指原生的莎草，是另一種也喜愛潮溼的植物。在當地莎草遍布的泉水中，長了一棵異乎尋常的樹，周長大到不可思議。不論在哪個樹木測量方式（其實有不少方式），圖勒之樹的樹圍在有紀錄的樹木中都一馬當先。

關於圖勒之樹最早的西班牙文描述，可以追溯到一五九〇年，顯示印第安人聚集在巨木旁，「慶祝、跳舞，行迷信之事」。[22]當時，新西班牙的統治者強迫人們離開墨西哥谷，去礦坑工作——他們來自米斯特克族（Mixtec）、米赫族（Mixe）和其他原住民族群。即使受到奴役、傳染病蔓延，加上基督教化，這棵樹下的原住民舞蹈仍延續到十九世紀初，之後也重新開始，成為當地人和遊客的年度慶典。殖民時代教堂的大門正對落羽松，朝著落羽松敞開。

遊記就像縮時攝影，描繪了動態的生物因為非凡的棲地，驚人地生長、再生長。一個窟窿在十七世紀可以容納一群馬背上的騎士，在十八世紀成了樹洞，只能靠繩索進入，為夜行性野生動物遮風蔽雨。十九世紀中葉的數十年間，飽和的樹幹湧出泉水。美國最早派往墨西哥的外交使節，向美國哲學學會（American Philosophical Society）報告那棵樹的周長時，費城一些半信半疑的學者要求重新測量（也得到了結果）。[23]一八四四年，著名的美國植物學家亞薩．格雷懇求「下一位造訪這棵最古老活紀念物的睿智旅行者」切下一段橫截面，以揭露這棵樹在近幾個世紀的生長情況。[24]結果遊客只是在海棉狀的樹皮上刻下名字，或是在木片上寫了詩意的字句插進樹皮裡。樹中巨人（*El Gigánte de los Árboles*）復原得如此迅速，沒幾年就吞沒了這些刻痕。十九世紀末的遊客覺得自己能在一塊無法辨認的銘牌上，辨識出洪堡德之名的字母。直到今日，這位男爵在一八〇三年測量過圖勒之樹的假傳說，仍然難以動搖。

---

(2) 編註：指歐洲人與美洲原住民的混血者。

至少以下這件事是真的：一連串洪堡德般的人物在阿爾班山（Monte Albán）和米特拉城（Mitla）的站點之間——或打劫途中——經過圖勒的聖瑪麗亞。其中一人是法國考古學家戴世黑．夏赫內（Désiré Charnay），他在一八五九年首度拍攝了那棵落羽松的照片。依據夏赫內的助手、法國紀念碑權威尤金．伊曼紐．維奧萊．勒．杜克（Eugène Emmanuel Viollet-le-Duc）所言，聖瑪麗亞村民保護照料他們的有機地標，管制遊客、禁止攀折枝幹，天天灑掃樹基。[25]夏赫內透過重新拍攝馬雅廢墟樹木，以及計算樹輪的技術，後來主張喬木植物每年可以有不只一次的生長期，因為「熱帶國家的大自然從不休息」。[26]這樣的洞見可能使聰明的遊客重新思考圖勒之樹的樹齡，不過，圖勒之樹相較於特內里費島的龍血樹，壓倒性地龐大而驚人，因此容易產生極端估算。

價格低廉的平板印刷和新流行的攝影技術，都有助於樹木在美洲的地位。一八六三年，一名德國林務員出版了一本關於巨型植物的參考書，書末附上了一張洪堡德式的資訊比較圖表，展示了世界各地的著名樹木，包括奧羅塔瓦龍血樹、圖勒之樹和加州的「猛瑪樹」（Mammoth Tree），並且與歐洲知名的穹頂、尖塔、高塔和方尖碑並列比較。[27]讓墨西哥樹木民族主義者很滿意的是，迪亞斯時代的百科全書把圖勒之樹列為世上最老的生物，美國加州的世界爺是唯一的重要競爭者。

一九〇三年，在真實性存疑的洪堡德造訪百年紀念時，聖路易市一位知名的植物病理學家赫曼．馮．施萊克（Hermann von Schrenk）前往了瓦哈卡。假定自己是亞薩．格雷召喚的科學英雄角色，他打算「讓老圖勒透露它的年齡祕密」。施萊克引介給聖瑪麗亞鎮長的身分是美國植物產業局（Bureau of Plant Industry）代表，一開始得到禮貌的歡迎。但當這位北方佬宣布他需要樹芯樣本並拿出螺旋鑽的時候，鎮長伸手阻止並抗議道，圖勒之樹很神聖，當地人會以生命保護圖勒之樹。施萊克回憶道，「單純的墨西哥人站在科學和神聖之間」，並選擇捍衛神聖。[28]這位病理學家並沒有因為無法取得樹輪數據而氣餒，他粗略估算出樹齡介於四千年到六千年之間。

將近二十年後的墨西哥革命之後，一位擁有更好社會資歷的專家——瓦哈卡德華雷斯市立植物園園長——下修了樹齡，預估為一千五百年到兩千年。他擔憂地觀察到教堂各處的新湧泉井。園長和當地人談話時，聽到關於樹中巨人的「民間傳說」：是羽蛇神（Quetzalcoatl）或是古代薩波特克先知種下了這棵落羽松。[29]

一名瓦哈卡詩人從聖瑪麗亞的原住民長者那裡收集那樣的「寓言」，在一九二〇年代加以改寫。他的神話詩選集結合了傳統主義和現代主義，洪堡德和樹精（hamadryad），並提及諾貝爾獎得主莫里斯·梅特林克（Maurice Maeterlinck）和羅賓德拉納特·泰戈爾（Rabindranath Tagore）。他在序中描述那座村莊的年度節慶：朝聖者在樹旁起舞，得到細枝作為禮物——儘管那並不是樹中巨人的細枝。那棵植物神聖不可侵犯，任何毀壞者都會遭逮捕並懲以社區勞動。[30]

這位詩人發表作品的那年，一名烏克蘭移民澤利格·施納杜爾（Zelig Schñadower）到達墨西哥的港都維拉克魯茲市（Veracruz）。施納杜爾不會說西班牙語，只會意第緒語（Yiddish）(3)，他的全部積蓄都在口袋裡。他用最後幾披索，買了往返瓦哈卡的火車票，那是全墨西哥他唯一有點認識的地方。施納杜

(3) 是一種屬於日耳曼語族的語言，主要由歐洲的阿什肯納茲猶太人所使用。融合了德語、希伯來語、阿拉伯語等多種語言元素，形成獨特的語言特色。

爾讀三年級的時候，他的俄國老師教授了一節洪堡德式地理學，其中包括世界上的自然奇觀。當老師描述圖勒之樹的時候，這棵樹在施納杜爾心中留下無法抹滅的影像。在歷經一段從歐洲邊緣到墨西哥的不可思議旅程之後，施納杜爾看到了那棵樹。幾十年後，施納杜爾以垂老之齡待在墨西哥城，回憶道：「突然間，它出現在我眼前，彷彿正等著我，彷彿經過好幾個世紀的滋養，它龐大的葉脈正期待著這個神奇時刻的到來，而我終於來到這裡，實現了我的童年夢想。」這名猶太流亡者衝動地向現場所有的村民和遊客大喊。「要多少人才能圍住這棵巨木？」他用拼湊的西班牙語，組織起一個充滿驚奇的圓圈。

「我們總共連接起五十七雙手。」施納杜爾說：「當我們所有人站在那裡，手牽著手，我被一股成就感和情感給淹沒，我為自己達成的事情感到無比滿足。」[31]

## 保護家鄉的森林

如果柏林的龍血樹曾經激勵了洪堡德及其追隨者，前往拉丁美洲見識自然紀念物，那麼洪堡德的影響浪潮又傳回了家鄉，歐洲人開始為具有紀念性的樹木，制定了新的保護措施。十九世紀末，隨著一個又一個的樹木地標誕生，人們在可行範圍下，設法調解工業資本主義和自然保育、民族主義與地方主義。有機紀念物的認定與照顧，是國家現代性的表現，也是對民族想像共同體的投射。

尤其是現代德國關心「德國森林」的未來，這種地方概念是在新教改革運動之後形成，在德意志帝國於一八七一年統一的前後數十年間，與民族主義融合。正如同森林在很久很久以前，幫助日耳曼部族擊退羅馬人，德國的森林在拿破崙入侵期間，也成為重要的護盾。十九世紀的學者、詩人、畫家與作曲家，也發明了日耳曼異教徒和原始林之間有著格外深遠的關係，並將這種概念以森林心態（*Waldgesinnung*或*Waldbewußtsein*）的形式，傳承給了德意志民族（*Volk*）。

在德國人與法國人把原始林浪漫化之前，開創了人工林，這是科學與經濟學的領域。造林是早期現代歐洲對木材供應與永續心懷焦慮的產物。永續的德文是*Nachhaltigkeit*，這個詞出現的時間遠早於英文。不論短缺是否急迫或嚴重，「科學林務員」都成功地——但也帶有爭議地——犧牲其他使用者，以爭取其管轄權，甚至在經濟由燒木炭變成燒煤之後也一樣。新森林是國家專家的領域，而不是王室商人，尤其不是農民牧人與樵夫的地盤。在德國，國家訓練的林務員時常為有土地的貴族（*Junkers*）工作，他們保育私人森林來當作貴族狩獵的保留地。因此，一九〇〇年時，德國所擁有的森林比一八〇〇年時還要多。

筆直的小徑穿過筆直的樹木間，而林業技師沿著那些小徑，以軍隊般的紀律調查他們的庫存。他們用樹齡群把樹木分類，以便在永續生產輪伐的理想時機伐採成熟的樹木——通常是生長快速、非原生的松樹和冷杉——他們的人工林是生產木材的「高大森林」，而非矮化作為薪炭柴的「低矮森林」。造林學家處理的不是個別的樹，而是可取代的「普通樹木」，可以按幾何學計算出其未來的生產力。

林業技師最愛的一種工具是生長錐，之後成為樹輪學者的工具。這種T型的優雅裝置能取出粗細如同鉛筆的樹芯樣本，其上逐圈記錄每年的生長狀況，又不會嚴重傷及樹木。一名瑞典製造商占據了美國市場，因此美國林務員所知的這種裝置稱為「瑞典生長錐」，雖然它是由一名出身於德國德勒斯登市

（Dresden）的人改良了設計。

同齡級的針葉樹林和較老的落葉混合林勉強共存。管理員和技師監管無產階級的「盜木賊」，並且與現代同胞打了一場文化「森林戰爭」——回歸自然的中產階級，相信松樹人工林是單一栽培、沒靈魂的商業地景，與自然為敵，而不是形成永續的合作關係。

在法國，這樣的衝突在楓丹白露（Fontainebleau）上演，那裡曾是首都南方的皇家森林，現在可以搭火車到達。法國詩人夏爾·波特萊爾（Charles Baudelaire）或許嘲笑「聖化植物」的崇拜，但他的許多巴黎朋友愛上了這片歷史悠久的森林，反對林務員的計畫，因為他們打算用針葉樹取代櫟樹。[32]風景畫家兼社運人士西奧多·盧梭（Théodore Rousseau）為了古櫟樹向拿破崙三世請願：這些「自然紀念物」，這些「過去時代的古老紀念品」，值得安享天年。[33]一位知名的藝評家在與盧梭談論文學時，主張後革命時期的國家既然比櫟樹更長久，就有責任照料這些長命的生物。[34]一八六一年，法國政府——由皇帝親自決定——將混合林的核心地帶規畫為「藝術保留區」。

在萊因河對岸，相較於較去中心化的德國，透過保護「非凡的樹」——相對於「一般的樹」——多少化解了森林學和森林心態之間的衝突。在林業技師把木材按樹齡群來區隔時，也在地籍地圖上標注了出色的樣本，在其周圍圍起石頭，那些是在合理化過程中需要保存的遺跡。「非凡的樣本」這種植物類別源於現代早期，意思是適合珍奇櫃的奇形怪狀生長模樣。[35]德國統一時，「非凡的樣本」包括了最大、最老、最有歷史的樹，它們與國王、路德（Martin Luther）或歌德有關，而且最好位在溫泉和步道附近。

現代德國人就跟他們的法國對手一樣，以櫟樹優先，那是日耳曼和高盧異教徒的圖騰。然後，新的古物類別，「千年櫟」登場了。莫札特《魔笛》（*The Magic Flute*）歌劇劇名中的樂器，正是由千年櫟的心材製成。許多城鎮居民寄望於長遠的未來，為了慶祝德意志帝國誕生，種下了櫟樹苗，希望和國家一同興旺。把非凡的櫟樹編目的做法，從林業部門轉換到家鄉俱樂部（Heimat clubs），他們出版了地區的樹木導覽指南「樹木書」（*Baumbücher*）。

十九世紀晚期的德國，「家鄉／地方主義」（Heimat）是喚起美好回憶卻有些模糊的字眼，指的是個人的故鄉，或是在國家之下的地方，一個具有精神歸屬感的地方。喜愛家鄉的人擔心失去它——他們擔憂工業化進程中的物質主義、都市主義，以及和自然疏離的情況。現代生活威脅著將讓所有人流離失所，就連從未遷徙的人也一樣。各種政治光譜的德國人都在尋求另一種現代性，包括順勢療法的那種「生命改造」。有時候，由於地方主義的喪失而導致的渴望，會造成對異國風情的追求，例如在林子裡扮裝演出的「印第安劇」。

至於右派陣營，秉持德意志民族意識的地方主義捍衛者，贊同禁止破壞地景。強而有力的新創詞「保護家鄉」（Heimatschutz）源於德勒斯登市的作曲家兼音樂學家恩斯特・魯道夫（Ernst Rudorff）。一八八〇年代起，魯道夫與一些歷史和古物收藏家俱樂部，就要求依循法國和英國的先例，立法登記歷史與史前建築。魯道夫希望以德國的方式，在建築紀念物之外，增補自然之物，包括古老樹木。

登記的法律先例來自地質保護。德國的多個王國、大公國和公國中，早期的現代統治者藉著法令，保護了驚人的洞穴和奇特的岩石。然後，一八六〇年代，瑞士實施了第一個自然保護的系統計畫。瑞士博物學會率先把冰川漂礫（glacial erratic）編目——它們是不久前剛命名的「冰河期」（*Eiszeit*，此為德文名稱）紀念物——並且加以保護，免於遭受碎石開採的破壞。在市級和州級的所有土地上，地方政府禁止開採及利用冰川漂礫。但若想在私人土地上保護那樣的巨石，就得買下土地，所以該學會開始募款以達成這目標。

二十世紀最初那十年，工業資本主義達到危機點，中歐小規模的自然保護成了大規模的事業。雨果．康文茲（Hugo Conwentz）是將地方事務國家化的一個關鍵人物，他是植物學家出身的官僚。康文茲在一八五五年生於但澤市（Danzig），是一個飽受反覆無常及精神疾病的門諾派家庭中，穩定且認真的一員，他的母親甚至強迫性地編織襪子。大學時，康文茲對紅豆杉產生了終生的興趣。紅豆杉是那個地區最長壽的樹，是原始「德國森林」的遺跡。之後，康文茲成為但澤市的西普魯士博物館（West Prussian Provincial Museum）館長，那是在德國統一後到第一次世界大戰之前，在德國開幕的數百間家鄉博物館之一。康文茲不懈地倡導拓展，在數十年間進行了數千次學校參訪。

康文茲關切歐洲紅豆杉，認為歐洲紅豆杉是「即將岌岌可危的物種」，這樣的擔憂促使他從教育界轉向政府部門工作。對康文茲而言，「非凡」主要不是美學或文化類別，而是科學類別。除了威嚴的櫟樹，有些罕見的植物群落提供了從前氣候的線索，反而更吸引康文茲。他正確地推測，例如荒原和泥炭沼等微棲地，可能具有超乎尋常的生態重要性。康文茲主張，瀕危的生物群落，不論是否美觀或有遊憩價值，都值得受到保護。

在康文茲寫下第一本西普魯士林木綜合報告——即最早的「樹木書」——之後，中央的文化部指派康文茲製作全帝國的地質與生物特異事物名冊。康文茲的備忘錄出版於一九〇四年，成為技術經典。[36]

康文茲復興了洪堡德的詞彙，將「自然紀念物」（法語：*la monument de la nature*，德語：*Naturdenkmal*）賦予了法規上的意義，向公務員宣揚這種最理想的措施。兩年後，康文茲主掌了世界上第一間致力於保護區的國家機構：普魯士自然紀念物保護局（office for the Care of Natural Monuments）。[37] 雖然康文茲在柏林的影響力有限，但在第一次世界大戰的前幾年，「國際保育」變成政策的一個領域時，他在保育人士之間享有國際聲譽。歐洲密集型的自然紀念物受到讚賞，成為相對於遼闊的美國國家公園（例如黃石公園）的另一個選擇。美國陸軍遊騎兵在美國國家公園執行國家控制，排擠了原本的原住民使用者，並剝奪了未來由當地人管理的可能性。

愛好自然或自然保護，孰先孰後？這是很嚴肅的問題，而康文茲很確定答案是什麼。他認為持續的照顧來自地方參與，而不是企業或國家。康文茲並沒有指責資本主義造成德國生態破壞；相反地，康文茲批評德國教育者沒能培養人民足夠的地方依戀。康文茲的職位並不實際保護任何事物。那個職位未獲授權也沒有經費可取得土地，更不用說管理。該職位的重點是透過公民科學來收集資訊。康文茲和他的手下寄出數千份問卷給地方的專家，然後將收集的回函數據整理後，把資訊轉發給博物館和學校。他們認為，這個登記了保護對象的集中化資料庫，能鼓勵分散式的保護實踐。

康文茲希望德國移民在西普魯士——即遭瓜分的波蘭——找到家鄉的歸屬感，一廂情願地想像波蘭民族可以本著戀地情結（topophilia）(4)，與他們交好。他的態度雖然還不到民族主義的程度，卻很像許多殖民計畫所標榜的「文明使命」。康文茲毫無內疚地將波蘭社區中的樹木貼上普魯士遺產的標籤，並將以前的「蜂窩松樹」——一種德國林務員禁止的波蘭土地利用傳統——訂為紀念物。康文茲對於歸屬感的盲點表現在一個狡詐的建議中。他指出，林務員為了在天主教地區保護古紅豆杉或其他非凡的樹，可以在樹幹釘上十字架或聖像即可。[38]

從深層次來看，非凡樹木和神聖樹木從根柢就交纏難分。洪堡德男爵早於康文茲一個世紀，解讀了原住民和麥士蒂索人敬重紀念性樹木的習俗，視之為文明發展遲緩的證明。洪堡德刻畫的委內瑞拉人，符合十九世紀德國的學術研究，這些研究或多或少地將「宗教」發明為一個獨立的研究領域。教授把樹木崇拜（Baumkult）視為宗教演變中最原始、泛靈論的一環。不過，按照康文茲和文化部長規範的法規，對樹木紀念物（Baumdenkmal）——被國家神聖化的——的保護，表現出文明的進步。

這種保護的理念本質上是保守的。自然紀念物代表了一種資產階級對工業發展的補償心態，而不是對其激進的反抗。極端的地方主義支持者，使用雙關語「conwentzionellen」，諷刺了康文茲的傳統做法（*konventionellen*）。一位知名的地方主義作家對於保護自然紀念物嗤之以鼻，視之為棘手之物（*Pritzelkram*）。[39]這慣用語的侮辱很難翻譯，其意思類似「矯揉造作的植物研究」或「不足輕重」，像是在羅馬發生火災時拉小提琴，或在鐵達尼號沉沒時重新排放甲板上的椅子。

在專業領域上，康文茲的名聲在德國之外的地方如日中天。這位植物學家經常受邀在鄰近國家演講，在各方都找到盟友。他在英國和劍橋大學出版社合作，修訂及翻譯他的報告，並且發現亞瑟·坦斯利是識貨的聽眾。坦斯利也是紅豆杉狂熱者，更是《生態學期刊》（*Journal of Ecology*）的創刊編輯。植物地理學家和生態學家擁抱「紀念物指定」，視之為有文化共鳴的法定工具，能保護稀有種、殘存族群與原始區域。他們想用緩衝帶保護微棲地，就像歷史保存主義者極力堅持登記建築的周圍要留有保護區域一樣。坦斯利給了康文茲一個舞臺，分享普魯士的論點：保護自然就是保護家鄉；保護自然紀念物就像支持科學，是所有國家的責任。[40]

在第一次世界大戰摧毀一切之前，強權的敵對狀態有利於康文茲的目標。法國和德國分別成立了國家層級的機構：法國風景與美學保護協會（La Société pour la protection des paysages et de l'esthétique de la France, 1901），以及鄉土保護聯盟（Bund Heimatschutz, 1904）。策略性地，康文茲把自然保護定義為遺產保護——這是德意志帝國尚落後於法國的法律領域。

法國自大革命以來，就強調保護建築紀念物。革命者和之後的法國公社，汙損並破壞了許多文物；國家的因應之道是主張國家有權分類、保存王室與教會紀念物，這些紀念物被重新想像為人民的財產。類似於德國林務員在森林現代化的同時登錄古樹的做法；法國的計畫者在大規模城市改造的同時，建立了建築的保護區。這種由上而下的努力，促成了法國在一八八七年推出開創性的《歷史與藝術價值紀念物與藝術品保護法》，這是登記遺址和設立保護區的藍圖。

關於紀念物最精細複雜的聲明——雖然一開始並非最有影響力——來自歐洲首屈一指的多元文化帝國。阿洛伊斯・黎格爾（Alois Riegl）是維也納的藝術史學家、律師和博物館策展人。奧地利政府指派黎格爾起草關於歷史保護的法案。黎格爾在一九〇三年的理論性序言〈現代的紀念物崇拜〉（The Modern

(4) 編註：由享譽國際的人文地理大師段義孚所提出的概念，出自同名著作，指人們對特定地點的深厚感情聯繫，通常涉及文化、歷史及美學因素。戀地情結強調人類對自然或人造環境的愛戀，並探究這種情感如何影響個人的行為和社會的價值觀。

Cult of Monuments）中指出，國家透過保護紀念物，可以激發類似教會從前提供的那種社會凝聚力。[41]紀念物（*Denkmalkult*）的「宗教」超越了地方主義，超越了民族主義，到達超然之境。

黎格爾確立紀念物有多重的意義：來自過去的有意義「紀念價值」、受過教育的人能辨認的主觀「歷史價值」，以及所有人都能理解的「歲月價值」。其中，黎格爾認為最現代、最具視覺化、最直接且最帶情感共鳴的，是歲月價值。因為任何事物都可能老去，任何地景特徵——包括本地風格的、意外產生的和有機的——都能成為時間的指標，因此擁有紀念價值。

現代性追求新穎的狀態下，歲月的價值在於「成為」與「逝去」的光環。從對時間性的思索中，人們獲得了智慧與敬意——這是一種倫理教育。黎格爾以近乎宗教的用語來說明「腐朽的救贖力量」，認為「時間的流逝」本身就是「精神的表現」。他期盼一個充滿利他主義的未來時代，社會保護所有具時間價值的事物，而不只是最稀有或最古老的事物。黎格爾認為法律登記的樹齡應該是六十歲，而不是一個世紀或一千歲。照顧一棟建築相當於敬重一棵樹，都是讓它在不受干預中緩緩老去。黎格爾想像著一個世俗的神聖景觀，受到長期的無常循環而被永久地眷顧。

簡而言之，當二十世紀到來時，紀念性涵蓋了很多意義，而且不是所有的意義都相容。瑞士巴塞爾（Basel）的保羅．沙拉辛（Paul Sarasin）——他是世界自然基金會（World Wildlife Fund, WWF）和國際自然保育聯盟（International Union for Conservation of Nature, IUCN）的知性啟蒙——曾把非洲的大型動物與非洲原住民稱為「自然紀念物」，需要保護性干預。一九〇六年，法國政府把具有明顯法國藝術特色的自然紀念物編纂入法。美國在一九〇六年的《文物法》（Antiquities Act）中對「國家紀念物」的定義，則是結合了考古與地質學。在國際上，普魯士的小規模自然保護區的原始生態系統模式影響力最大，成為荷蘭、瑞典、義大利、俄國，和更令人驚訝的日本的參考。

三好學（Manabu Miyoshi）是在萊比錫受教育的植物學家。一九一一年，三好學協助成立了（日本）「史蹟名勝天然紀念物保存協會」（Society for the Preservation of Historic Sites, Places of Scenic Beauty, and Natural Monuments）。一般來說，這個協會的理事是前武士或武士的後代。保育人士占了上風，因為明治政府一心想加入工業國家的帝國聯盟。該協會倡導一部國家保存法，該法於一九一九年通過，改編自歐洲，尤其是普魯士的先例。三好學附和康文茲的想法，寫道：「未瀕危的，不視為自然紀念物。」[42]到了二戰之際，日本列出了將近八百項紀念物，多於歐洲之外的任何地方，其中古樹占了相當大的比例。

另一個出乎意料的保育國家是波蘭，因為波蘭共和國遭到三方瓜分，在官方上並不存在。相較於德國（普魯士）和俄國占領區，奧地利占領區的波蘭人更有自由當個波蘭人。在克拉科夫市（Cracow）和利維夫市（Lviv）的大學裡，植物學家和古植物學家致力於編目、登記自然紀念物——他們借用了康文茲的這個術語，他們也對康文茲這位同行抱著敬意。加利西亞地區的一名主要知識分子認為「家鄉／地方主義」這種概念非常有效，因此巧妙地把這無法翻譯的概念翻譯成波蘭語。[43]有點像德國和「德國森林」，波蘭人歡慶他們和原始「立陶宛森林」的深刻關聯；這又是另一個現代的象徵。一八三四年，愛國流亡者亞當．密茨凱維奇（Adam Mickiewicz）在民族史詩《塔德伍施先生》（*Pan Tadeusz*）中，頌揚遭受俄國斧頭毀滅的森林為「我們的紀念物」。[44]

一戰期間，德軍駛進了前波蘭－立陶宛的皇家森林，比亞沃維耶扎（Białowieża）。林業發達的德國人濫伐老齡林，無差別地砍樹以取得戰爭物資。要不是康文茲在一九一六年前往東部前線，說服軍方官員放過森林的核心區域，破壞的情況可能更嚴重。簽訂停戰協議之後，隨著波蘭共和國重建，波蘭自然保育人士把普魯士的自然紀念物去殖民化，把「德國」紅豆杉變成「波蘭」的祖產。值得稱許的是，康文茲還與華沙與格但斯克（Gdańsk，即但澤）的同行進行合作。康文茲在一九二二年過世，他關於紅豆杉的鉅作尚未完工。

《威瑪憲法》（Weimar Constitution, 1919）象徵著過去的一切與曾經的可能性，標誌著康文茲派保育的巔峰。在教育與學校的章節中，民主德國的憲章申明，自然紀念物享有國家的保護與照顧。不過，官方並未授權柏林執行這項規定，保護的工作仍然是受過教育之公民的責任。

「地方主義」的精髓——一個由地方居民保護當地景觀的國家——似乎更有利於生態區域主義，勝過極端民族主義。[45]在德國，普魯士中心主義轉變成生態法西斯主義，並非不可避免。不過，自然的國有化，總是會產生容易引燃政治煙硝的材料。委內瑞拉也有這種情形，就發生在洪堡德自然紀念物象徵上的發源處。

那棵雨豆樹有時被歐洲人稱為「洪堡德之樹」（El Árbol de Humboldt），但在後殖民時代的委內瑞拉，因為那棵樹跟該時期另一名更偉大的人物——解放者西蒙．玻利瓦（Simón Bolívar）產生聯繫，而變得有象徵性。民族主義詩人安德烈斯．貝約（Andrés Bello）在一八二三年的史詩中，把這位解放者和圭雷的雨豆樹相比[46]——貝約和密茨凱維奇一樣，都是在巴黎寫下這些詩。在前往加拉加斯市的途中會經過那棵知名的樹，所以委內瑞拉人不難想像西蒙．玻利瓦在他「令人敬仰的征途」中，曾經在這棵樹下安放他的行軍床，草擬攻擊計畫，並且在濃密的樹冠下向他的軍隊宣布。一八五一年，當地政府為了紀念玻利瓦，保存了這個自然紀念物原型。

委內瑞拉獨立之後，努力地實現共和政體。而解放者本人在民主和獨裁之間擺盪。玻利瓦死後一個世紀，委內瑞拉成為胡安·比森特·戈麥斯（Juan Vicente Gómez）及其黨羽統治的石油國家。這位強人自稱「委內瑞拉之父」，把委內瑞拉人民比作孩子，把他的父愛比作雨豆樹——樹冠為所有人遮蔭。

戈麥斯更進一步把自己塑造成雨豆樹保護者的角色；雨豆樹正是代表西蒙·玻利瓦和祖國的植物。戈麥斯聲稱，他年輕時就夢想在解放者為國受苦的雨豆樹下致意。戈麥斯第一次造訪時，看到文物獵人用砍刀留下的刀痕，深感沮喪。[47]一九二六年，戈麥斯以終身總統的身分安排了一場儀式，表現他的關切。刺刀柵欄和國旗色加農砲，環繞著這個以水泥加固過的樹；還有一條拱道穿入圍欄，其中玻利瓦的半身像和刻有樹木十四行詩的大理石碑，迎接愛國的朝聖者。為了展現委內瑞拉是現代國家，這位煽動者把那棵雨豆樹指定為國家紀念物。

要是當時有德國人留意到這種專制的樹木保育，或許就能警覺到民族主義戀地情結的黑暗潛力。

## 歌德櫟樹之死與戰後保護區

威瑪共和末期，許多德國保育人士雖然原本忠於更古老的地方主義傳統，卻仍然加入國家社會主義德國工人黨（以下簡稱納粹黨）。華特・舍尼興（Walther Schoenichen）繼承了雨果・康文茲在柏林的館長職位，正是與惡魔交易的典型例子。舍尼興在一九三二年入黨，促使康文茲的國際主義被扭曲成血與土的反猶太主義。

在納粹統治下，已經和古老過去連結的「德國森林」，成為德國永恆未來的象徵。一九三五年，納粹黨通過一條新的自然保護法，賦予國家徵收自然紀念物的權力，世界各地的保育人士都為之喝采。隔年，希特勒歡迎各國到柏林參加奧林匹克運動會，金牌得主們會得到櫟樹苗的盆栽。納粹在格呂內華德（Grunewald）當地一片遭到毀林的區域中，建起了奧林匹克體育場，這座石造的體育館預計屹立千年。規畫者保留了一棵櫟樹，並在櫟樹旁建起門塔，當作輔助地標。

早在入侵波蘭之前，納粹黨已經破壞了遠比他們保護的自然更多的自然環境。他們為了自給自足而抽乾沼澤；為了戰爭物資而把樹林夷為平地。最令人不安的法西斯「森林保育」事件發生在埃特斯堡（Ettersberg），威瑪市就在那座山的山腳。這裡曾是歌德最愛留連的地方。歌德年輕的時候，會和詩人好友席勒（Johann Christoph Friedrich von Schiller）在一間小屋裡消磨時光，一起喝酒、編寫森林喜劇。一八二七年，《浮士德》的第二部即將完工，年事已高的歌德最後一次來到這片高地。用完早餐的松雞和飲盡用他的金杯盛裝的葡萄酒後，這位天才俯瞰世界的壯麗，他說，他感到自己如自然本然的一般自由。[48]

圖林根（Thuringia）地區的調查者在一七九七年繪測了森林，為非凡的樹木建檔，包括一棵古早的櫟樹。[49] 這棵櫟樹受到公爵的林務員保護，一百四十年後依然存在；當時納粹黨衛軍占據了這片土地，當作早期的集中營。不同於他們後來在波蘭占領區建立的死亡工廠，帝國境內的營地是奴隸勞動機構，反抗者和不順從者因為過勞、飢餓、疾病、虐待與忽略而死。在威瑪的當地菁英為了保護其城市的傳統名聲，要求營地選擇「埃特斯堡」之外的名字。骷髏總隊指揮官提出了「胡克瓦爾迪」（*Hochwald*，喬林之意），而希姆萊（Heinrich Himmler）[(5)]選了「布痕瓦爾德」（*Buchenwald*，山毛櫸林之意）。最早的囚犯都是德國的知識階層，在槍口的威脅下，清除了營地周遭的所有樹木。唯一的例外是那棵櫟樹。依據當時的傳說——至今仍不清楚是始於守衛還是囚犯——歌德正是在這棵樹下，寫下他的第二首〈流浪者的夜歌〉。傷害「偉大櫟樹」者，不論是誰，都要挨二十五下鞭子。[50]

納粹黨衛軍建築師的設計圖中，只把那棵樹標示為粗櫟（*Dicke Eiche*）。一九三九年春天，當許多駭人的故事開始從布痕瓦爾德流傳出來之際，猶太裔奧地利僑民約瑟夫・羅特（Joseph Roth）在巴黎灰心而死的幾天前，寫下一篇初稿，諷刺了拯救那棵有歷史意義的櫟樹的自然保育法。[51]其實，保存那棵櫟樹並不需要任何特別的帝國法制。十九世紀晚期那種照顧樹木紀念物的衝動，已經被德國人內化了。一九四二年，國家地圖繪製師更新了圖林根的公共地圖，他們標記出那棵大櫟樹，但大櫟樹周圍的營地卻略去不提。[52]

洗衣房旁邊的那棵樹，成為一片漆黑中唯一的綠色東西；在持續有人死去之處的最古老生物，變成許多囚犯眼中的珍寶；他們稱之為「歌德櫟樹」（Goethe Oak）。他們對待歌德櫟樹有如兄弟，稱之為「布痕瓦爾德最早的犯人」。歌德櫟樹讓小說家恩斯特・維謝（Ernst Wiechert）想起德國文化中失落的美德。

(5) 編註：納粹黨中的重要人物，是黨衛隊最高指揮官，也是納粹大屠殺的主要策畫者之一。

維謝從樹木基部朝特定的角度看去，可以瞥見下方自由的山谷。[53]歌德的傳說在那裡不斷增加。在這根粗枝下，這位詩人曾經與密友夏洛特・馮・施泰因（Charlotte von Stein）並肩而坐。在樹冠蔭下，他完成《浮士德》中的〈女巫之夜〉（Walpurgisnacht）。

熟記歌德的人，不只有德國囚犯。華沙當地人埃德蒙・波拉克（Edmund Polak）翻譯了〈流浪者的夜歌〉，試圖在「惡山」上保有他的人性。戰後，他回憶起一名波蘭教授在營地裡召開一個文學俱樂部，講述歌德生平。來自東歐的囚犯講述他們自己的傳說與預言。他們說，納粹把犯人掛在歌德櫟樹上之後，樹就開始枯萎了。唯有這棵受詛咒的紀念物倒下，帝國才會滅亡。每年春天，波蘭囚犯數著樹葉，感到那麼一絲希望。一九四四年八月，波拉克寫道，一葉仍存。[54]

納粹黨衛軍大概不曾用櫟樹做絞架，不過他們確實會用樹來施予酷刑。他們慣常突發奇想，把囚犯帶到鐵絲網與砲塔外，把他們綁在山毛櫸上，腳幾乎搆不著地，然後丟在那裡幾個小時。死亡森林裡的哭嚎伴著鳥鳴傳進營地。火葬場附近，以水泥固定的樹幹成為「吊樹頭」，方便公然凌虐。納粹黨衛軍在審問室，會在牆上進行額外的「吊樹頭」。士官長馬丁・索莫（Martin Sommer）因此贏得了「布痕瓦爾德的劊子手」的綽號。

一九四四年八月二十四日，美國飛機以附近的軍備工廠為目標時，偏離的燒夷彈[6]落在營地，引燃了光禿的櫟樹。一位匿名的波蘭人——但幾乎可確定是微生物學家路德維克・弗萊克（Ludwik Fleck）——記得囚犯的反應是暗自欣喜。他描繪了反抗的場景：雖然他和其他人都有水桶，但他們不肯提水去救燃燒的樹木。弗萊克在那不久前才從奧斯威辛（Auschwitz）被調到布痕瓦爾德，協助製造傷寒疫苗。他從這段博士後受奴役的時期倖存，並回到利維夫市尋找妻兒。對弗萊克而言，那棵被撒旦保護的討厭櫟樹完全不值得挽救。歌德故去；希姆萊毀了他。[55]

弗萊克的寓言式觀點其實並非普遍存在。在納粹黨衛軍拉倒焦黑的櫟樹之後，囚犯爭相收集木頭殘骸。尼可·波爾斯（Nico Pols）用香菸換了一片木片，他從山上死亡行軍（death march）(7)下來，回到荷蘭故鄉的路上，都把它抓在手裡。[56]德國藝術家布魯諾·阿皮茨（Bruno Apitz）取得歌德櫟樹最大的一塊碎片，並將它藏在病理學辦公室。阿皮茨冒著生命危險，祕密地刻了一張溫柔的木製死亡面具，那是反森林之受害者的集體紀念物。[57]

解放埃特斯堡的蘇聯軍隊，利用那座山頂來折磨並處決納粹黨和其他敵人。一九五〇年代中期，東德政府在官方紀念布痕瓦爾德集中營的時候，無視紅軍的戰爭罪行，而是把重點放在反共納粹黨衛軍的腐化。德意志民主共和國（German Democratic Republic，即東德）的指南寫道，對囚犯來說，歌德櫟樹宛如人道的紀念碑，而納粹對這棵櫟樹的虔誠，則像是殺人狂撫摸一隻狗。[58]

在西德和奧地利，「小家鄉」的概念在帝國的廢墟與和平時期的驅逐之間倖存下來，甚至蓬勃發展。離鄉背井的人們上戲院，尋求在家鄉電影（*Heimatfilme*）中逃避現實。至於前納粹自然保育官舍尼興，則隱退當了教授，寫了一本和樹木有關的書。[59]不過，國際背景下的「家鄉」之意覆水難收，這個詞彙不再和地方性運動光譜有關，而是令人想到種族滅絕的「生存空間」（Lebensraum）。北大西洋公約組織

---

(6) 編註：內裝膠狀汽油或其他易燃液體的炸彈。
(7) 編註：針對俘虜的強迫行軍，通常包含嚴苛的體力勞動和虐待等。

（NATO）中，沒有人提及德國對第一次國際保育運動的貢獻。總是急於聲稱自身獨特性的美國白人，開始相信了自己靠著「荒野」公園系統，發明了現代自然保育——於一八六四劃定的優勝美地谷（Yosemite Valley）和附近的「世界爺樹林」。他們如此堅持地講述這個開脫罪責的故事——省略了對原住民的暴力驅逐——以至於它聽起來像是真的。

一九四〇年代晚期，保育行動再度在城市被炸毀的陰影下展開時，北大西洋公約組織的菁英們制定了既有世界觀又具新殖民主義的「一個世界」議程。世界銀行（World Bank）、國際貨幣基金（IMF）和聯合國糧食與農業組織（UNESCO），組成了一個強大的戰後秩序軸心；而世界自然基金會、國際自然保育聯盟和聯合國教科文組織，組成了另一個比較弱的軸心。一九四八年，國際自然保育聯盟在聯合國教科文組織的總幹事朱利安·赫胥黎（Julian Huxley）的支持下，成立於法國的楓丹白露。[60]今日，國際自然保育聯盟是非政府組織（NGO）和政府單位的混合體，最知名的是受威脅物種的「紅色名錄」，當中也包括加那利群島的龍血樹。國際自然保育聯盟也收集資料、訂定棲地保育的方針。一九七八年起，國際自然保育聯盟公布了保護區的標準類別，包括第三類，也就是「自然紀念物」。

國際自然保育聯盟的第三類，略過了鄰近地區尺度的「普魯士自然紀念物」，而是以美國國家紀念物為範本；而美國國家紀念物就像美國的一切一樣，超級大。歐洲國家也逐漸把他們的自然保育模式標準化及美國化。統一的德國在二〇一〇年更新的《邦聯保育法案》（Federal Conservation Act）中，加上一個尷尬的新詞：國家自然紀念物（Nationales Naturmonument），這個第三類的名稱排除了大部分舊有的自然紀念物，現在客觀地定義為五公頃以下的保護區。這個官僚措施依循的是文化轉型。戰後德國人認真看待他們可恥的過去，把紀念場所（*Gedenkstätte*，尤其是大屠殺紀念地）和歷史建築（*Denkmale*）區分開來，導致生態紀念物在概念上無家可歸。全球通用的英文「保護區管理」（protected area management）一目了然又實用，逐漸取代了富含情感的複合詞：「自然紀念物保護」（*Naturdenkmalpflege*）。[61]

與此同時，那股曾經投入自然紀念物的文化能量，改投入聯合國教科文組織的《世界文化遺產暨自然遺產保護公約》（Convention Concerning the Protection of the World Cultural and Natural Heritage）；更廣為人知的稱呼是「世界遺產計畫」。這個公約自從一九七五年以來就如火如荼地進行，以簽署國數量而論，成為有史以來最成功的條約。其共通的理念是，這些由不具政治色彩的專家依據學術規範加以評估而精心選出的地點，具有值得認可的「傑出普世價值」。起初，聯合國教科文組織採用的是歐洲中心的遺產概念，包括了城堡、大教堂和古鎮。隨著非西方和後殖民國家努力爭取列入名單，堅持國際社群應該尊重他們自己評估的遺產。基於互惠政治，所有國家的地點都有權上榜。諷刺的是，由「世界公民」開始的計畫，最後卻助長了民族主義和狹隘的利益，包括一些為促進觀光卻損害遺址的功利性努力。

康文茲及其官僚同仁相信，受過良好教育的當地人會保護國家遺產，而赫胥黎及其技術官僚繼任者則認為，以科學為根據的非政府組織會保護全球遺產。在全球範圍內，戰後的國際主義者設法尋求發展和保育的平衡。一九九二年，哥倫布登陸五百年後，聯合國教科文組織和國際自然保育聯盟似乎在里約熱內盧的地球高峰會上取得成功。《生物多樣性公約》最後成為了一百六十八國簽署的聯合國協定（只是美國參議院並未正式批准），促成策略性計畫，包括二〇二〇年的一些目標。簽署者承諾，將藉著保護區的系統，保護地球上至少十七％的陸地面積（不包括南極大陸）。

這個世界已經快達成那個目標，至少書面上是這樣。然而，全球治理其實無法保證地方的保護工作。二〇一八年，《科學》（*Science*）期刊發表了一篇衛星影像分析，指出所謂的「保護區」土地中，整整三分之一（六百萬平方公里）受到強烈的人類壓力。[62] 此外，許多保護區經歷了「保護區降級、縮減和除名」（PADDD）而失去了保護狀態。

保育生物學家，尤其是愛德華·威爾森（Edward O. Wilson）警告，有鑑於氣候變遷的複合效應，十七％的保育面積不足以預防嚴重的生物多樣性流失。威爾森呼籲應該進行「半個地球」的保育。一半的一半（二十五％）看似可行卻是四不像，因為並非所有保護區的土地都具有相同價值。公約簽署國通常從簡單處著手，也就是人口密度低、經濟價值低的地區，而不是以生物多樣性特別重要的地區優先，因為總面積是比較容易達成的量化目標。

島嶼般的庇護所，其生態價值可能和表面積不成比例。比方在英國，已有幾世紀歷史的樹籬是野生動物——包括無脊椎動物——的棲身處與廊道。從一九五〇年代到柴契爾時代（1975–1990），追求集約化與效率的農民，清除了直線距離幾十萬英里難以維護的樹籬。他們無意間創造了缺乏生機、沒有鳥鳴的荒涼地景。十九世紀的地方主義倡議者，例如恩斯特·魯道夫，擁護樹籬為文化紀念物；從生態的立場來看，他們維護傳統的渴望出於錯誤的理由，但在結果上是好的。

小型的樹木保護區就像樹籬，依賴著自告奮勇的照顧者，而不是公園巡林員或國家林務員。有些世上最稀有的樹木棲地，存在於神聖化的非國有土地上。在英國，聖公會教堂墓地的「上帝之土地」——

加總起來是很大一片紅豆杉蔭蔽的半自然棲地——為各種生物提供庇護。同樣的，北衣索比亞的教堂森林（受到修士和神父保護）和印度西高止山脈（Western Ghats）的神聖樹林（受部族村民保護），是不受正式管理的關鍵棲地。直到二〇〇〇年代早期，國際自然保育聯盟才終於提出「神聖自然場所」的指導方針，認可了既有宗教與原住民靈性的重要性。

無論是否受到認可，神聖土地都可能成為世俗主義的一部分。有個例子是「漢巴赫森林」（Hambacher Forst）。這片森林緊鄰德國最大的褐煤露天礦場，位在科隆市附近的萊茵蘭（Rhineland）。二〇一二年起，歐盟各地的氣候運動者占領了這座落葉混合林微棲地；這裡其實屬於電力公司所有。他們反覆喊著「保留漢巴赫」，而煤炭也必須留在地底下。雖然這片林地明顯瀕危，卻不是原始林。護樹者蹲踞樹上，向記者說起這個樹木群落已經有一萬二千年未受染指，而煤炭業的支持者對這個想法嗤之以鼻。

平心而論，漢巴赫森林可能誕生於全新世（約一萬兩千年前）的觀念，其認真程度並不輸給不朽的洪堡德過去所提出的「特內里費島龍血樹可能追溯到地球最後一次鉅變」的觀念。對十九世紀的洪堡德信徒而言，任何個別測量的精確度，都不如測量與發掘的整體實踐和相對應用那麼重要。漢巴赫這座反法西斯的「德國森林」，延續了洪堡德有感染力的精神，是一個不具血與土的民族主義的生態愛國主義之地。在納粹挪用「保護家鄉」的傳統僅僅兩個世代之後，綠黨就把這個概念重新奪了回來。二〇二〇年，德國國會通過全國逐步停用煤炭的國家政策。在漢巴赫森林，公民博物學家不顧州警的阻撓，在當地發現一些罕見、非凡甚至具有宇宙意義的事物。在此，這群保護地球的社運人士，透過衡量國家和普通老樹及老樹樹根下更加古老紀念物——未經開採的褐煤層——的關係，重新定義了這片土地的意義。

## 墨西哥的國樹

透過樹木去追溯，我們會發現墨西哥的自然保育歷史，與德國、日本、美國和其他十九世紀工業化國家的不同。一八九七年迪亞斯統治時期通過的紀念物法規，只適用於考古遺址。墨西哥革命後，重建的政府在該國法律中增加了對「藝術紀念物」和「自然風景區」的保護——顯示出法國的影響力經久不衰。不過，墨西哥略過普魯士風格的自然紀念物，在總統拉薩洛．卡德納斯（Lázaro Cárdenas）任內的大蕭條時代，他結合了土地改革和自然保護，直接成立了國家公園。美國模式是從原住民手中強占自然奇觀，以及遊客管理；瑞士模式是由科學家管理的嚴格自然保護區。相較之下，墨西哥的原型國家公園更具民主性。墨西哥希望在首都外的高地森林，協助鄉村農民永續地居住、工作，照顧國家的樹木。

二戰之後，隨著墨西哥成為一黨獨大的石油國家，原本藉著社會正義帶來永續的承諾煙消雲散。在墨西哥城，一九五〇年代的都市生態學家體認到，一座工業化城市從鄉間腹地引來成千上萬的貧窮移民，是多麼棘手的挑戰。首都是湖床上未經規畫的巨型都會，經歷過洪水與沙塵暴，未淨化的汙水成河，還有日益嚴重的霧霾。從前湖岸點綴著方格狀排列的阿茲特克時代落羽松，但它們已乾枯死去，成了普通的柴火。

卡德納斯執政時期將總統官邸「查普爾提佩克宮」改為國家博物館，而在其下方的查普爾提佩克之森，此時也經歷了艱難的時刻。都市貧民砍下乾枯的落羽松製成木炭，無家可歸的遊民住在殘存的巨樹樹洞裡。二十世紀中期的一場乾旱更是讓情況雪上加霜。一九六〇年代，成年的落羽松數量掉到只剩數百棵，其中最具代表性的「中士」沒能活下來。但這還不是最糟的。一九八〇年代，酸雨、侵蝕、垃圾泛濫與鼠患重創了「墨西哥城之肺」。

一九六〇年代，墨西哥西北部塔古巴區（Tacuba）的市政官員，盡其所能維持「悲痛夜之樹」的生命。他們替這棵樹安裝了鋼索固定、施肥和灌溉。但一九八〇年代，這棵紀念物仍然因為蓄意破壞者縱火而早逝。這個象徵著西班牙征服以及原住民反抗的地標，在遭到破壞之後，宛如轟出炮彈之後立起的焦黑大炮。縱火犯還不肯放過它，隔年又帶著汽油回來。而在洛杉磯的美國另一端，西班牙文大報為這則消息哀悼：「許許多多的作家已經為這棵老樹寫了數千頁，而老樹現在正為人類的殘暴而哭泣。」[63]

在遙遠的圖勒的聖瑪麗亞，樹中巨人也經歷了自己的危機時刻。馬路工人讓泛美公路（Pan-American Highway）[(8)]穿過村落，幾乎就在教堂墓地旁，蓋過並壓實了這棵墨西哥落羽松外圍的表土。更糟的是，隨著經濟現代化傳到瓦哈卡的中央谷地（Central Valleys）時，含水層水位下降。新工廠的耗水量比舊農場更多。一九五〇年，樹中巨人即將渴死。該地區一位既是歷史愛好者也是設備製造商副總裁的當地居民，為這棵樹裝設了特製的灌溉系統，解決了棘手問題。[64]

一九八〇年代，聖瑪麗亞出現了一小條工業走廊，其中包括距離圖勒之樹沒幾條街的工廠。這棵巨木的健康再度惡化，調查人員發現當地人默默把灌溉系統改道，而這起事件使得瓦哈卡德華雷斯市受教育的社運人士和小鎮的國家象徵管理者之間產生了不信任。以這座城市為基地的組織「我的樹木朋友」

(8) 編註：貫穿南北美洲大陸的公路系統。

（*Mi Amigo el Árbol*），主張應該將這棵樹列入世界遺產，並且由非政府組織或聯邦政府進行保護區管理。

一九八七年，這項提議進入聯合國教科文組織的「瓦哈卡殖民時期中心」的項目中。遊客隨著世界遺產而至，促進了地方經濟，卻也加劇了水資源短缺與社會不公的情況。乾季裡，外國遊客在旅館享受淋浴，而一般城鎮居民則只能仰賴瓶裝水或後院水槽儲存的雨水。瓦哈卡舊城區的樹冠——在聯合國的名錄中未被提及——因缺水而受損。於是，愛樹的瓦哈卡州當地人自發性地採取了類似一世紀前的中歐的行動：人們為樹木編目、列清單，設置告示牌，出版樹木書。[65]二〇〇〇年代，州長辦公室正式宣布把這些樹登錄為「高貴樹木」（*Árboles Notables*），認可了這些努力。這個紀念性的樹木保護計畫，已成為墨西哥聯邦其他州的榜樣。瓦哈卡州的全州名錄顯示，圖勒之樹的特別之處只是特別高大而已。瓦哈卡州中部的山谷和山區，幾乎所有村莊的教堂、中央廣場或墓園旁邊都有落羽松。

現今，幾乎是瓦哈卡一部分的圖勒的聖瑪麗亞，仍負責這一紀念物的日常管理，但時不時有人指控財政及樹木管理上的不當。一九九〇年代，泛美公路改道，照顧者便藉此擴大這個區域，增設花床和噴水池。每年有高達五十萬的遊客來訪。十月第二個星期一來到此地的遊客非常幸運，那天會撤掉內側的柵欄，讓他們擁抱世上最巨大的生物之一。孩子們唱著〈生日快樂歌〉（*Las Mañanitas*），祝福者留下鮮花和焚香，當地神父展示聖母像，原住民舞者表演舞蹈。附近的小販兜售整根玉米、炸蚱蜢和棒棒糖。

當代造訪圖勒之樹的人之中，墨西哥人多過外國人；不過，在瓦哈卡州，「墨西哥人」未必等於麥士蒂索人。圖勒之樹對於薩波特克、米斯特克和米赫等社群仍然具有神聖意義。這棵世界知名的樹已經成為泛部族的象徵，甚至是泛美洲原住民的象徵。二〇一六年，一名秘魯社運人士在一名薩滿的協助下，和圖勒之樹共結連理。這位社運人士先前也曾在拉丁美洲其他國家和樹「結婚」，藉此呼籲大家注意非法砍伐和侵占原住民土地的議題。[66]

不過，並非所有墨西哥落羽松都像圖勒之樹那麼幸運。墨西哥落羽松大多生長在河畔，而不是在教堂土地上。濱水森林（bosques de galería）受到合法或非法引水威脅的情況，愈來愈嚴重。依據墨西哥憲法，所有河道都由國家管理，不過環境執法力很薄弱。墨西哥是半乾燥國家，原本就已經有水資源危機，而由於全球暖化，未來將面臨更嚴重的乾旱。二〇〇〇年代出現了來自過去的警告，樹輪學者首度編纂墨西哥氣候史的編年紀錄——他們利用生長椎，從墨西哥谷外一道峽谷裡生長的千年落羽松取得數據。數據顯示，前西班牙時代有過幾場大乾旱，包括托爾特克王國衰微期間的一次，加上西班牙征服初期數十年間的持續乾旱。未來的大乾旱加上人類消耗地表水與地下水，可能危及古老落羽松，甚至威脅到國家的穩定。為了處理國樹瀕危的狀況，科學家和環保人士在二〇一七年於維拉克魯茲市舉辦了第一次全國的落羽松研討會，之後並在瓦哈卡和墨西哥城召開後續會議。

其中一名協辦人是魯道夫·阿爾弗雷多·赫南德茲·利亞（Rodolfo Alfredo Hernández Rea），他是瓦哈卡科技大學的林業技師。照顧落羽松成了他的人生志業。他帶著內斂的熱情，謹慎地談論此事。二〇一八年三月，我在墨西哥城除役的火車站和他碰面，那裡最近改建成兒童博物館了。相鄰的社區原本是另一座村落，落在世界遺產的區域外。遊客不會蜂湧去那裡。赫南德茲帶我走到月臺盡頭，他的一名學生在那裡拿水管對圍籬內的落羽松樹幹澆水。

這棵調車場的樹有一種特殊的氛圍，有著歲月價值。除此之外，它看起來跟圖勒之樹恰恰相反：默默無名，和洪堡德沒關係，不算高大，已經乾枯又有損傷。開口笑的樹洞裡塞了一半的水泥，任蝙蝠通行。上個世紀，這棵樹經歷了三場火災，一次起於閃電，另一次是節慶煙火，還有一次是鐵路火花所引起。赫南德茲指出樹上高處有著粗粗的鐵釘，那是調車場滑輪系統的遺跡。然後他要我看向牆外，位在道路對面的馬爾克薩多的聖瑪麗亞（Santa María del Marquesado）村落教堂。西班牙殖民者建造這棟建築時，阿托亞克河（Río Atoyac）長著這三棵巨大的落羽松。依據赫南德茲的說法，原住民曾在這三棵落羽松交雜的枝條下慶祝樹之舞（*la danza del arbol*）。

這三棵樹之中唯一的倖存者，很可能比圖勒之樹還要老。美國植物學家赫曼．馮．施萊克給了一條線索。施萊克在一九三三年回到瓦哈卡，距離他最初的洪堡德之旅已經是三十年前的事了。這次，這個美國佬收到了一份安慰禮：州政府允許他用生長錐對調車場的樹取樣；他鑽出了千年的樹心。施萊克仍然像洪堡德一樣思考，他推斷圖勒之樹比這棵樹粗了好幾倍，所以樹齡也是好幾倍。[67] 一九三七年，瓦哈卡的植物學家卡西亞諾．康札蒂（Cassiano Conzatti）在圖勒的聖瑪麗亞得到准許，鋸下一根枝條來分析樹輪。幾年後，康札蒂把這個樣本展示給美國樹輪學者艾德蒙．舒爾曼，而這位專家之後將證明，樹木的極端樹齡與樹木大小之間，相關性並不強。舒爾曼同意康札蒂的看法：圖勒之樹的樹齡被人高估了。[68]

施萊克的樹齡樣本並未在瓦哈卡德華雷斯市引起太多關注。這棵千年老樹只是一棵普通的樹，近在眼前，人們在樹旁匆忙而過。很少人注意到千年樹枯萎了，尤其是二〇〇四年鐵路私有化，不再停靠瓦哈卡。事情出現轉機，是因為一名當地藝術家兼社運人士，把那棵落羽松收錄在瓦哈卡象徵樹木的旅遊地圖中，之後出版成旅遊指南。[69]行道樹熱中者開始猜測，這棵落羽松可能是阿茲特克先民或薩波特克先知種下的。

二〇一三年，市政府徵收調車場後，赫南德茲就志願成為那棵樹的照顧者。他稱之為「水邊的阿公」（*Ahuelito*）。赫南德茲對我說，那棵樹是雙親裡窮的那個；圖勒之樹是富有的那個。他希望瓦哈卡人學會平等地愛那兩棵樹。截至二〇一八年，那棵落羽松仍然顯得有些破損，不過樹葉重拾了綠意，樹皮恢復海棉般的彈性。為了維持最佳的健康狀況，那棵樹每天需要五百公升的水，超過了許多墨西哥家庭一個月的用水量。保護個別樹木的行為，看起來像是「第一世界」[(9)]或「不知疾苦」的環境主義，但赫南德茲不以為然。「沒有樹就沒有水，不管是樹要用的水，還是人要用的水。」他說。

赫南德茲和那座城市「最古老生物」的關係，可以追溯到幾十年前。當時，赫南德茲得到學士學位但前途茫茫，在一九九五年搬到了瓦哈卡德華雷斯市；那是墨西哥披索危機後經濟嚴重衰退的一年。沒有工作的赫南德茲在城市中漫步，尋找引人注意的樹和綠地。他在調車場看到半毀的落羽松，腦中開啟了通往童年的門。

在他九、十歲的時候，母親看著電視上的新聞。螢幕上，「悲痛夜之樹」正在悶燒。他母親沮喪地說：「他們把樹燒了。那些無知的人燒了國樹。」男孩不懂得落羽松的意思，不認得這個字，但他看懂了母親

(9) 編註：冷戰期間被廣泛用來劃分全世界各國的名詞，第一世界指的是北美、西歐、日本等經濟發達、政治穩定的資本主義國家。第二世界指的是以蘇聯為首的社會主義陣營國家，例如中國、東歐等。而第三世界指的是剩餘的其他國家，多為政治、經濟狀況皆不穩定的發展中國家。

慘白的臉。不知怎麼的，男孩忘了這一刻，即使錄取林業學校之後也沒想起來。但在瓦哈卡的樹下，記憶如潮水般湧回來。

赫南德茲講述這個故事時，淚水盈眶。我站在他身邊，內心深處感覺到我理智上知道的事：在現代世界裡，古樹存在於各種媒體及各種尺度中。尤其是洪堡德造訪龍血樹以來，巨型植物和古老植物就成為全球想像中的固定角色。透過小規模保護那類自然紀念物，儘管成效不一，但現代人試圖彌補大規模破壞自然的行為。作為一種全球現象，現代的樹木紀念物崇拜，可以被認為是跨文化的地質時間思想基礎。不過，任何具紀念性的樹木在國家法律保護之下，都是超級在地性之物，體現了不同隸屬尺度之間的張力，這些尺度包括了一個人的地方家鄉、一個人的國家或祖國，還有所有人的家園——地球這艘太空船。看得出來，委內瑞拉雨豆樹啟發了世界主義的洪堡德，之後也啟發了民粹主義的委內瑞拉前總統查維茲（Hugo Chávez）。

墨西哥的遺產看起來和德國遺產不同，但仍適用同樣的問題：國家自然遺產是由誰來定義？照顧國家自然的最終責任在誰的身上？赫南德茲比誰都要清楚，落羽松減少是全國性的普遍問題。由於經濟動盪、政治腐敗和販毒集團暴力，他無法寄望墨西哥城能解決。赫南德茲以地方優先，收集數據、標記地點、教育兒童，並頒發獎項給照顧者和保育員，令人聯想到康文茲。赫南德茲將第一個獎項頒給了「我的樹木朋友」的創辦人。[70]

赫南德茲為其他知名而有象徵性的落羽松列出了一份清單，包括不久前聖帕布羅圭拉（San Pablo Güilá）的薩波特克村莊中央一棵恢復健康的落羽松。來自北部山區米赫族朝聖者，每年都會前來參與獻給那棵樹的四旬齋彌撒，而教區居民曾經在從一池泉水中冒出的樹根上，畫上瓜達露佩聖母像（Virgin of Guadalupe）。赫南德茲當然提到了洪堡德。他跟我說起查爾瑪（*Chalma*），當地是墨西哥最熱門的天主教朝聖地之一，其中包括參拜一棵位於泉水池邊的落羽松。第一次前往查爾瑪的朝聖者會在樹前沐浴、起舞；準媽媽會向落羽松獻上供品，而成功生產的女子會在樹前留下乾燥的臍帶，以示感激。

最後，赫南德茲跟我說了一件超越事實或虛假的事情：一九六八年十月，查普爾提佩克之森的落羽松，這些墨西哥文化的守護者，在一夕之間死去。他說，這就是信念。這是上帝設法改變人類的方式。

很久之後，我得知這個熱門的故事源自一本具爭議性的「歷史小說」，主題是於一九六八年的墨西哥城，在奧運之前發生的學生抗議和國家暴力鎮壓事件。小說中，數百名抗議者之死並沒被視為殘暴的行為，而且是人與樹的一場集體犧牲。查普爾提佩克之森的一百棵落羽松跟隨「中士」死去時，四百名少年英雄在特拉特洛爾科（Tlatelolco）廣場放棄自己的生命。最後的阿茲特克樹木領主的儀式性消逝，象徵著「國家重生」的新時代與新意識來臨了。[71]

新墨西哥國（*la nueva mexicanidad*）這個語彙，距離國際自然保育聯盟的白皮書很遙遠，情感比較豐富，也比較容易引起煙硝。樹木民族主義——和保護家園一樣——或許無法向上拓展成全球環境管理。但赫南德茲話中的道理無庸置疑：「如果不能藉著落羽松建立墨西哥的環境意識，那還能用什麼？」赫南德茲把手放在廢棄軌道旁平凡無奇的自然紀念物上，眼中眨著淚光，聲音沙啞：「我和學生談過這棵樹；我有大概五百個學生，他們會再跟親友談論這棵樹。這會逐漸傳出去。樹不急。我們也不急。」

## 附註

1. Humboldt, *Cosmos: Sketch of a Physical Description of the Universe*, trans. Edward Sabine, vol. 2 (London, 1848 [1847]), 92.
2. J. Löwenberg, Robert Avé-Lallemant, and Alfred Wilhelm Dove, *Life of Alexander von Humboldt Compiled in Commemoration of the Centenary of His Birth*, ed. C. Bruhns, trans. Jane Lassell and Caroline Lassell, vol. 1 (London, 1873), 260–262.
3. Humboldt, *Views of Nature*, ed. Stephen T. Jackson and Laura Dassow Walls, trans. by Mark W. Person (Chicago, 2014 [1808]), 190–195.
4. Humboldt, *Personal Narrative of Travels to the Equinoctial Regions of the New Continent, During the Years 1799–1804*, trans. Helen Maria Williams, vol. 1 (London, 1814), 143.
5. "Le Dragonnier de l'Orotava," in *Vues de cordillères et monumens de peuples indigenes de l'Amérique* (Paris, 1810), pl. 69.
6. *Nuove Effemeridi Siciliane: Studi storici, letterari, bibliografici in appendice alla biblioteca storica e letteraria di Sicilia*, ser. 3, vol. 5, comps. V. Di Giovanni et al. (Palermo, 1877), 140–146.
7. Frederick Burkhardt and Sydney Smith, eds., *The Correspondence of Charles Darwin*, vol. 1 (Cambridge, 1985), 121–127.

8. R. D. Keynes, ed., *Charles Darwin's* Beagle *Diary* (Cambridge, 1988), 19.
9. E. O. Fenzi, "Destruction of the Famous Dragon Tree of Teneriffe," *Gardeners' Chronicle*, January 11, 1868, 30.
10. *Personal Narrative of Travels to the Equinoctial Regions of the New Continent*, vol. 3 (London, 1818), 524.
11. Here I borrow the title phrase from Mary Louise Pratt, *Imperial Eyes: Travel Writing and Transculturation* (London, 1992).
12. *Personal Narrative of Travels to the Equinoctial Regions of the New Continent*, vol. 4 (London, 1819), 113–117. Humboldt used the spelling "zamang del Guayre."
13. Georges Louis Leclerc, Comte de Buffon, *Natural History, General and Particular*, trans. William Smellie, vol. 9 (London, 1785), 273–276.
14. Augustin Pyramus de Candolle, "On the Longevity of Trees and the Means of Ascertaining It," *Edinburgh New Philosophical Journal* 15, no. 30 (October 1833 [1831]):330–348.
15. Pál Rosti, *Uti Emlékezetek Amerikából* (Pest, 1861), 70–72.
16. C. Piazzi Smyth, *Teneriffe, an Astronomer's Experiment: or, Specialities of a Residence above the Clouds* (London, 1858), 418–427.
17. C. Piazzi Smyth, *Report on the Teneriffe Astronomical Experiment of 1856, Addressed to the Lords Commissioners of the Admiralty* (London, 1858), 566–567.
18. Juan de Torquemada, *Monarquía indiana* (Sevilla, 1615), quoted in William B. Taylor, *Theater of a Thousand*

*Wonders: A History of Miraculous Images and Shrines in New Spain* (Cambridge, 2016), 52.

19. Details from James Lockhart, Susan Schroeder, and Doris Namala, eds. and trans., *Annals of His Time: Don Domingo de San Antón Muñón Chimalpahin Quauhtlehuanitzin* (Stanford, 2006), 119, 303.

20. Frances Calderón de la Barca, *Life in Mexico* (London, 1843), 57.

21. 建議者是荷西・伊夫・利曼圖・馬爾克斯（José Yves Limantour y Márquez）。

22. Joseph de Acosta, *Historia natural y moral de las Indias*, vol. 1 (Madrid, 1894 [1590]), 408.

23. Murphy D. Smith, “Of Philadelphia Philosophers and a Mexican Tree,” *Manuscripts* 42, no. 4 (Fall 1990): 287–292.

24. Asa Gray, “The Longevity of Trees,” in *Scientific Papers of Asa Gray*, vol. 2, ed. Charles Sprague Sargent (Boston, 1889 [1844]), 116.

25. Désiré Charnay and M. Viollet-le-Duc, *Cités et ruines Américaines* (Paris, 1863), 256–258.

26. Désiré Charnay, *The Ancient Cities of the New World: Being Travels and Explorations in Mexico and Central America from 1857–1882*, trans. J. Gonino and Helen S. Conant (London, 1887 [1885]), 259–261.

27. Eduard Mielck, *Die Riesen der Pflanzenwelt* (Leipzig, 1863), 122–123.

28. “The Oldest Living Thing on This Planet,” *St. Louis Post-Dispatch Sunday Magazine*, August 13, 1922.

29. Cassiano Conzatti, *Monografía del* árbol *de Santa María del Tule* (México, 1921).

30. Lino Ramón Campos Ortega, *Boceto histórico sobre el ahuehuete de “El Tule”* (Oaxaca de Juárez, 1927). Campos Ortega borrowed source material from local historian Manuel Martínez Gracida.

31. Translated quotes from *Un beso a esta tierra* (dir. Daniel Goldberg Lerner, 1995).

32. Rosemary Lloyd, ed. and trans., *Selected Letters of Charles Baudelaire: The Conquest of Solitude* (Chicago, 1986), 59.

33. Quoted in Greg M. Thomas, *Art and Ecology in Nineteenth-Century France: The Landscapes of Théodore Rousseau* (Princeton, 2000), 217.

34. Théophile Thoré, "Par monts et par bois," pt. 1, *Le Constitutionnel* 531 (November 27, 1847): 1–2.

35. 德國形容詞*merkwürdige*是指怪異，不過在傳統英文中相當於「非凡」。

36. H. Conwentz, *Die Gefährdung der Naturdenkmäler und Vorschläge zu ihrer Erhaltung* (Berlin, 1904).

37. 德文為：*Staatliche Stelle für Naturdenkmalp ege in Preußen*。

38. Quoted in Friedemann Schmoll, *Erinnerung an die Natur: Die Geschichte des Naturschutzes im deutschen Kaiserreich* (Frankfurt, 2004), 93.

39. Hermann Löns, "Der Naturschutz und die Naturschutzphrase: Ein noch unbekannter Kampfruf von Hermann Löns," *Der Waldfreund* 5, no. 1 (February 1929): 3–13.

40. H. Conwentz, "On National and International Protection of Nature," *Journal of Ecology* 2, no. 2 (June 1914): 109–122.

41. Alois Riegl, *Der moderne Denkmalkultus: Sein Wesen und seine Entstehung* (Wien, 1903). A portion of this work was first translated into English by Kurt W. Forster as "The Modern Cult of Monuments," *Opposition* 25

(1982): 20–51.

42. Mariko Shinoda, "Scientists as Preservationists: Natural Monuments in Japan, 1906–1931," *Historia Scientiarum* 8, no. 2 (1998): 141–155, quote on 143.

43. 揚・蓋伯特・帕利科斯基（Jan Gwalbert Pawlikowski）創的新詞是*swojszczyzna*。除了帕利科斯基，波蘭自然保護的關鍵人物，包括瑪麗安・拉奇博斯基（Marian Raciborski）和瓦迪斯瓦夫・薩法爾（Władysław Szafer）。

44. Mickiewicz, *Pan Tadeusz* 4.36.

45. 我在此借用了切莉亞・阿普蓋特（Celia Applegate）的用詞，出自：*A Nation of Provincials: The German Idea of Heimat* (Berkeley, 1990).

46. "Alocución a la Poesía (Fragmento de un poema inédito, titulado 'America,')" *La Biblioteca Americana*, vol. 2 (London, 1823), 12.

47. Fernando González, *Mi compadre* (Barcelona, 1934), 164.

48. Goethe, *Conversations with Eckermann*, trans. anon. (New York, 1901 [1836– 1848]), 233–234.

49. *Charte des Fürstenthums Weimar* (1797) reprinted in Barbara Aehnlich und Eckhard Meineke, eds., *Namen und Kulturlandschaften* (Leipzig, 2015), 268.

50. Paul Martin Neurath, *The Society of Terror: Inside the Dachau and Buchenwald Concentration Camps* (Boulder, 2005 [1951]), 120.

51. “Die Eiche Goethes in Buchenwald,” box 2, folder 20, Joseph Roth Papers, Leo Baeck Institute, New York City.

52. *Topographische Karte: Meßtischblatt 4933: Neumark in Thüringen* (Berlin, 1942).

53. Ernst Wiechert, *Forest of the Dead*, trans. Ursula Stechow (London, 1947), 78–79.

54. Edmund Polak, *Morituri* (Warszawa, 1968), 150–155; and idem, *Dziennik buchenwaldski* (Warszawa, 1983), 267–268.

55. “O dębie Goethego w obozie buchenwaldzkim,” in *Ludwik Fleck: tradycje, inspiracje, interpretacje*, ed. Bożena Płonka-Syroka et al. (Wrocław, 2015), 189–191.

56. G. G. M. Pols-Harmsen, ed., *Een zondagskind in Buchenwald: Nico Pols, overleven om het te vertellen* (Zutphen, 2005), 72–74.

57. “Kunst im Widerstand: Gespräch mit Bruno Apitz,” *Neue Deutsche Literatur* 24, no. 11 (November 1976): 18–26.

58. *Nationale Gedenkstätte Buchenwald auf dem Ettersberg bei Weimar* (Reichenbach, 1956), quoted in Volkhard Knigge et al., eds., *Versteinertes Gedenken: Das Buchenwalder Mahnmal von 1958*, vol. 1 (Spröda, 1988), 88.

59. Walther Schoenichen, *Unter den Bäumen einer alten Reichsstadt: Baumbuch der Stadt Goslar, ein Beitrag zur Pflege und Gestaltung des deutschen Heimatbildes* (Hanover, 1952).

60. 原本稱為國際自然保護聯盟（IUPN），P是「保護」，為自然保育（*Naturschutz*）的遺寶。

61. 容易混淆的是，美國國家公園管理局從一九六〇年代以來，就執行「國家自然地標」的自願登記。國家自然地標相當於普魯士的自然紀念物，只是少了共鳴。

62. Kendall R. Jones et al., “One-Third of Global Protected Land Is under Intense Human Pressure,” *Science* 360 (May 18, 2018): 788–791.
63. “Atentado historico en Mexico: Manos criminales incendiaron el Árbol de la Noche Triste,” *La Opinion*, September 11, 1981, 8.
64. 這位組織者是璜・I・布斯坦曼特（Juan I. Bustamante）。
65. 傑米・拉倫比・門多薩（Jaime Larumbe Mendoza）編纂了當地高貴樹木的目錄，這計畫和一個國家層級的計畫重疊：墨西哥歷史性高貴樹木概述（Fernando Vargas Márquez,Compendio de árboles históricos y notables de México; México, 1996）。在瓦哈卡，樹木登記的高潮是*Nuestras raíces: Catálogo de* Árboles *Notables y Emblemáticos del Estado de Oaxaca* (Oaxaca de Juárez, 2020).
66. 該社運人士是理查・托雷斯（Richard Torres）。
67. “Big Tree of Tule Re-examined,” *Science News-Letter* 24, no. 639 (July 8, 1933), 21.
68. Edmund Schulman, “Dendrochronology in Mexico, I,” *Tree-Ring Bulletin* 10, no. 3 (1944): 18–24.
69. 這位藝術家是法蘭西斯可・維拉斯蒂吉（Francisco Verástegui）。
70. 創辦人是喬治・奧古斯汀・維拉斯可（Jorge Augusto Velasco）。
71. Antonio Velasco Piña, *Regina: 2 de octubre no se olvida* (México, 1987).

Chapter 4

# Pacific Fires

# 環太平洋的森林之火

在廣泛的植物族群中，很少出現既高大又古老的植物，不過，環太平洋地區是例外。至少從前是這樣。在智利、美國加州、紐西蘭和日本帝國，現代人見識了古老針葉樹的參天樹冠，但人們縱使為此讚歎，仍然把樹燒毀或砍伐。

漫長的十九世紀，焚燒和砍伐的情況隨著殖民主義、資本主義和電動工具而呈指數增長。移居者理所當然地砍光森林；木材公司也不落其後。人們太晚才開始體認到樹木年齡的重要，已經來不及阻止大規模的破壞。

二十世紀，林務員和環保運動家針對殘存的高大古老針葉樹林提出了新主張，原住民則提出祖傳權利的聲明。把殘餘老齡林視為遺跡，劃分為私人、公有或部族公園的做法，是泛太平洋地區的殖民主義遺產。

## 紐西蘭的貝殼杉

大約在三億八千五百萬年前的古生代，動物剛從海洋裡爬上陸地，而巨型植物組成的原始森林——有著我們無法辨識的古怪植物形態——主宰著地貌。相較之下，在中生代，大型爬蟲類動物和我們熟悉的大型針葉樹廣泛地共存。白堊紀－第三紀滅絕事件之後，生物數量跟動物種類都大量滅絕，小型哺乳類和鳥類繼承了棲地，而針葉樹仍然可以長成最高大的模樣。到了新生代晚期，我們的物種開始創作藝術及說故事的時候，發生了神話詩意般的匯聚：大型哺乳類達到巔峰，而大型裸子植物如日落西山。整體來說，在人類的早期時代，巨型植物的處境好過巨型動物。對樹木的時間尺度來說，黃昏持續得更長。那些由太平洋調節氣候的偏遠島嶼和類似島嶼的棲地，成了少數的庇護所，針葉樹普遍稱王。

從植物的觀點來看，最完美的新生代森林位在西蘭大陸（Zealandia），這是幾乎沉沒於海底的微大陸的地質學名稱；西蘭大陸包括了大洋州的新喀里多尼亞（New Caledonia）和紐西蘭。當僅僅幾世紀前人類初次抵達時，除了最高的山岳，整個紐西蘭都被獨特的森林覆蓋。北島大約有八十五%的原生植物是特有種，其中包括了超級大陸岡瓦納大陸（Gondwana）分裂時遺留下的物種，以及後來越過塔斯曼海（Tasman Sea）散播的孑遺植物。種子和鳥類——以及鳥類糞便中的種子——乘著水或風成功來到西蘭大陸的邊緣地帶。但哺乳類動物沒成功抵達。除了幾種貼地而行的蝙蝠之外，北島與南島的植物和授粉者，在與哺乳類動物隔離的環境中欣欣向榮。巨鳥在巨大針葉樹的樹蔭下昂首闊步。

紐西蘭最高大、最長壽的特有種針葉樹是貝殼杉。[1]這一屬的植物過去也曾經出現在北半球和南美洲的巴塔哥尼亞。更新世時期，貝殼杉撤退到北島的北邊，冰河從未到達之處。這個物種在貧瘠的土壤長得很好，包括陡坡和低窪的沼澤。貝殼杉驚人的落葉量使得土壤更酸、更貧瘠，也賦予它額外的優勢。貝殼杉成群生根，也成群死去，它們的生命週期受到罕見的大規模干擾——例如氣旋和火山爆發——影響。貝殼杉對火的適應力較差。最近的幾千年裡，北島北部的氣候特徵是降雨豐沛，雷擊很少。在人類這種特別愛縱火的物種出現之前，全新世的貝殼杉發揮了最高的壽命潛力：一千五百年至兩千年。

千年的貝殼杉在形態上很像巨型龍血樹，只是更神奇。達爾文在一八三五年測量到一棵貝殼杉，其樹圍超過三十英尺（約九公尺），而他聽說過更大的數字。達爾文描述了這座對稱的森林：有一排排「高貴的樹」，樹幹平滑呈圓柱狀，毫不收尖地長到六十英尺（約十八公尺），甚至九十英尺（約二十七公尺）高，樹頂簇生著粗壯並向上伸展的枝幹。[2] 樹幹的紋理有如槌打過的金屬，滲出樹脂。薄薄的樹皮和橄欖般的葉子似乎都和這棵樹不成比例。

一八五〇年代，貝殼杉的源流由毛利語譯成英文，在奧特亞羅瓦（Aotearoa）——是現代原住民語中的紐西蘭——各地家喻戶曉。這個故事與鯨魚和貝殼杉有關，鯨魚和貝殼杉分別是海洋與陸地上最大的生物。鯨魚說，跟我來吧，不要被人類的渺小給騙了；他們會把你砍了做成獨木舟。貝殼杉不肯動，不過，它宿命地用原本的樹皮換了油質的鯨魚皮。[3]

大約十四世紀時，玻里尼西亞人大移民，最後成為毛利人。他們對北島土地所有權的聲索，源於他們的神話祖先毛伊（Māui）。毛伊用一只魚鉤勾起了這片土地。毛利人為了在森林覆蓋的島嶼上耕種甘薯，運用了毛伊的另一個禮物：火。刀耕火種是玻里尼西亞發展出的農業技術，而它在奧特亞羅瓦的影響相當顯著——奧特亞羅瓦的養分循環需要的不是幾年，而是幾十年。木炭層以及保存在南極冰層下相應的黑碳層，見證了這些帶來火的人。毛利人在地質時間的片刻間，燒掉了半個北島，讓低矮的東岸森林化為草叢、蕨類和灌木叢。在高地和比較潮溼的西海岸，混生的貝殼杉森林不曾被焚燒，但並非沒受到影響；毛利人很快就把恐鳥獵到絕種，而且引入了老鼠和狗。另一輪的玻里尼西亞刀耕火種，則發生在歐洲人引入美洲馬鈴薯之後。

如果荷蘭探險者阿貝爾・塔斯曼（Abel Tasman）為首的帝國主義者都避開「新澤蘭」（*Nova Zeelan-*

*dia*，紐西蘭的拉丁文名），貝殼杉至今可能仍屹立不搖。傳統上，毛利人重視這種樹，主要不是因為木材，而是因為樹脂——可用於紋身、製作火炬和藥物。他們把高大的紐西蘭貝殼杉比作偉大的首領，反之亦然；它們具有*mana*，也就是「精神威勢」。人們若要破壞富含精神威勢的樹木上的「精神禁忌」（*tapu*），必須要進行儀式，而且要有恰當的目的，像是製作獨木舟戰船。

貝殼杉在成長的前一百年長得高瘦通直，接著在漫長的成熟期，轉換成維持樹冠，只增長樹圍。一七七二年的一支法國探險隊發現這種「橄欖葉雪松」可以當作軍艦的桅杆材料。他們無視於「精神禁忌」，著手伐倒兩棵貝殼杉。當地的毛利人起而報復，殺死許多船員，重創這些夢想建立「南澳法屬殖民地」（France Australe）的侵略者。在美國獨立之後，大英帝國將目光移向南太平洋尋求海軍補給，於是發展出新形態的三角貿易：英國船隻在澳洲卸下罪犯，越過塔斯曼海去載貝殼杉桅杆，然後經由非洲南端的開普殖民地（Cape Colony）回航。

數十年來，英國王室依賴毛利工人取得這項資源。一名英國人在一次回憶中描述了從森林搬運一根八十英尺（約二十四公尺）長的桅杆到水邊的過程：數十個男人聽從領導者號令，猛力拉扯繩索，而領導者手持權杖站在樹幹上，樹幹被尊敬地飾以花朵和羽毛。領導者大喊，男人齊聲回應，孩子們跑在前面，在集材道上塗抹泥巴。[4]

毛利人控制著這些桅杆圓材，並希望得到回報，像是鐵製工具、釘子、子彈、滑膛槍和火藥。毛利人有著高度發展的戰爭文化，立刻明白英國武器的優勢。一開始的武器優勢，落在家園中有貝殼杉森林和可供船隻停泊的避風港的部族（*iwi*）手中。毛利戰士們配備來自伯明罕的前膛槍，開始解決舊時恩怨。

在毛利人內部的「火槍戰爭」中，英國的傳教士到來並且打算留下來。不同於來自美國南塔克特（Nantucket）的季節性捕鯨船，他們使用的是開拓和改良的語言，正如一八一九年薩姆爾・馬斯丹牧師（Reverend Samuel Marsden）所展示的那樣。在貝殼杉的樹蔭下，馬斯丹思索著自己「食人族環伺、完全就在世界盡頭」的處境。馬斯丹無懼而堅定，因為他「被派來為主在這片陰沉的荒野中鋪路，這片黑暗未開化的土地」。[5]

紐西蘭正式受殖民的時間相對比較晚，當時毛利人面對外國人及帕克哈人（*Pākehā*）[(1)]仍然有人數和軍事優勢。一八四〇年，維多利亞女王的代理人在島灣（Bay of Islands）簽署了《懷唐伊條約》（Treaty of Waitangi）。這份文件繞行紐西蘭一圈，有一半的部族簽署，有一半的部族拒絕。最重要的是，大部分簽署者都在毛利語條約畫押，那些版本的條約承諾讓他們治理村莊、土地和所有珍貴之物（*taonga katoa*）。作為回報，酋長讓王室有權購買土地。為了慶祝新殖民地的誕生，英國官員在俯望海灣的旗杆山（Maiki Hill）立起一枝貝殼杉旗杆，升起了英國國旗。

土地轉讓開始之後，雙語條約含意的爭議幾乎隨之而來。幾個象徵性的時刻顯示了更嚴重的衝突。一八四五年到一八四六年間，一名毛利抗爭者砍倒了山上的旗杆，並挑釁地弄倒了英國人接下來重新立起的三根杆子。[6]到了一八五〇年代後期，北島中部的部族試圖聯合反抗白人的統治。有些人支持「國王運動」（Kīngitanga）以及相當於維多利亞女王的主權權威。這類國王加冕的首次加冕儀式中，包括了《聖經》、貝殼杉旗杆和一張泛毛利旗幟。[7]

英國移居者進行的土地買賣，是缺乏了精神與祖先層面的法律交易。他們付錢抹去毛利人對「地產」

的所有權，而那是對「所有珍貴之物」的英語誤解。《懷唐伊條約》簽訂二十年後，毛利人成了雙重少數：人口數量上的少數，也是相對少數的地主。祖傳的森林成了調查的地籍，然後成為「荒地」——這是英國引入的法律類別，允許王室以四十英畝為單位，將可自由轉讓的土地授予給士兵和移居者。為了創造「南方英國」——相較於澳洲這個前罪犯流放地——英國王室為符合道德標準的移居者提供免費航程。

查爾斯與瑪麗・哈姆斯（Charles and Mary Hames）正符合條件。這對夫妻是裁縫與女裝裁縫，也是虔誠的衛理公會信徒，一八六四年到達奧克蘭之後，得到開帕拉港（Kaipara Harbour）一個名為亞伯特蘭（Albertland）的紙上城市四十一號土地的地契——而開帕拉港正是貝殼杉棲地的核心。瑪麗穿著裙箍、抱著嬰兒旅行，期待在這塊土地上建立家園。一家人徒步了一個月——該距離現在只要開車一個半小時就可抵達——灰心喪志地來到了四十一號土地。查爾斯在日記裡寫道：「在上帝的幫助下，我們有一天將在這裡看到我們離開的那片英格蘭綠野。首先是該怎麼弄掉這些大樹。我這輩子還沒砍過樹，也沒用過斧頭。」[8]

移居者和他們的毛利契約工人，用他們自己也不敢相信的速度，把「灌木叢」變成了只有零星針葉樹的英國鄉間仿製品。正如達爾文所預料的那樣，紐西蘭的生態系統因為來自歐亞大陸的草本植物，以及各式各樣的野生與馴養哺乳類動物入侵而一團混亂。人為火災更加劇了干擾。移居者很快就發現，貝殼杉富含樹脂，會燃燒得非常猛烈。一名一八六〇年代的煉獄目擊者寫道：「我總是想起乳香與沒藥

(1) 審訂註：*Pākehā*是對移民自歐洲的紐西蘭人的毛利語稱呼。

的氣味。」[9]五十年後，經歷過火焰與蹄子的騷動後，加州著名的偉大博物學家約翰・繆爾（John Muir）造訪了開帕拉港附近的「髒亂農場與乳品之鄉」。他在日記裡潦草地寫道：「沒有樹逃過一劫。」鋸木工稍微誇大地告訴繆爾，要殺死貝殼杉，「只要煙就夠了」。[10]這類鯨魚般的大樹應該用得上世界爺和北美紅杉的厚樹皮，這兩種樹都是繆爾熟知的耐火樹種。

一八七〇年代，紐西蘭進行過一場關於森林破壞及其對氣候和土壤之影響的政治辯論。令一些地方官員驚愕的是，盜伐者不顧毛利人是否同意，在政治鞭長莫及的北島建了非法鋸木廠。國會中見多識廣的成員，呼籲要依循中歐和英屬印度的模式，設立國有林。他們引用美國權威喬治・柏金斯・馬許（George Perkins Marsh）的《人與自然》（*Man and Nature*），警告侵蝕和沙漠化，抨擊野蠻的揮霍，體認到「對森林而言，盎格魯－撒克遜是世上最不該放任的人」。[11]但是，與其對立，強調「進步」與「成長」的多數派占了上風。他們接受了移居者認為「貝殼杉會絕種」的信念，並且假定一種粗糙的達爾文主義：原住民和原生植物基於「某種神祕的法則」而缺乏活力，不得不被取代。[12]

國會最後通過了《一八七四年森林法》，概述了在保留為森林的國有地上，輕度監管伐木的可能性。印度事務部向紐西蘭提出有關「森林問題」的建議，也就是派遣一名帝國林務員，在太平洋周邊地區巡視一年。但這個外部保育官由於缺乏法規、監督者、森林或營收，無法改變當地的想法和做法。[13]

紐西蘭不同於印度，是移居者的殖民地。一八七〇年代的移居潮中，包括了數百名來自現今加拿大的新斯科細亞（Nova Scotia）、新布倫瑞克（New Brunswick），以及斯堪的那維亞的新成員，而這些人有伐木和製材的經驗。王室賤賣了大片貝殼杉林，或廉價租賃伐採權。鋸木廠循著大起大落的模式開張，當地資源一耗盡就倒閉。沒人處罰揮霍的情事；王室只會對砍伐木材收取特許權使用費。伐木工專注於找沒枝條的大樹幹下手，並把覆滿附生植物的樹冠棄置為廢料，為未來的大火提供燃料。鋸木廠裡，高達五成的樹木殘骸化為鋸屑，注定遭到拋棄。即使從業者大肆浪費，分散化的產業仍然產生了超過內需的過剩供應。紐西蘭貝殼杉是極為耐久的高級木材，價格卻便宜得荒唐。一八八一年的人口普查顯示，奧克蘭省——位在北島北半邊，帕克哈人口約九萬九千人——大約有九成的房屋都是由老齡林的貝殼杉製成。

「無路北境」（roadless north）的貧困毛利人，被排除於他們曾握在手中的資源之外，轉而投入非正式經濟。他們收集卡比亞（*kāpia*），或稱貝殼杉樹膠。卡比亞既不是樹膠，也不是橡膠，而是一種樹脂，類似尚未成為化石的琥珀。這種天然松香被玻里尼西亞人當成藥物，歐洲人則為它發明了新用途。貝殼杉樹膠就像地中海的薰陸香（又稱乳香黃連木），被當作清漆，之後成為油布的一個成分。樹膠採收者會在伐木之前，抽取活樹木的新鮮「灌木樹膠」。而地下藏著更珍貴的寶藏。樹膠挖掘者使用鉤狀工具，從森林土壤中挖出亞化石樹脂「柯巴脂」（copal）；令人意外的是，海岸邊泥濘無樹的「樹膠地」，在過去的年代有貝殼杉生長於此，也能挖到柯巴脂。

「樹膠挖掘者」（gumdigger）這個詞帶著貶義，讓人想到社會邊緣人，包括南島淘金熱的中國老兵，以及之後一大群克羅埃西亞年輕男性（稱為「大麥町」〔Dalmatians〕或Dallies）[(2)]。英裔的農民在荒年和

(2) 編註：大麥町狗的原產地是克羅埃西亞。

淡季也會挖「田裡的樹膠」(field gum)。不過，住在貝殼杉木造房屋的移居者，批評這些住在帳篷裡的樹膠挖掘者是流浪漢、游手好閒者、酒鬼、外國人和擅自闖入者。他們的生活猶如迷失之地。辛勞的勞動反而被視為懶惰的證據。據說，挖膠事業還助長了玻里尼西亞女性的性放縱。

遙遠北方的毛利人則把挖掘樹膠視為維持半傳統生活方式的現代手段。他們可以像過去那樣保有流動性，以家庭為單位在祖先的土地上工作，這是他們所希望的。他們需要的工具不多——鏟子、矛、布袋，而且不用資本。毛利人無法利用銀行系統，因此挖掘柯巴脂是理性而有尊嚴的選擇。全球清漆與油布的貿易，在北島北部的部族歷史上最艱困的時期，維持了他們的生計。

窮人的非正式貿易，讓資本家賺飽了錢。帕克哈人商人從奧克蘭碼頭把生膠變成經清洗、刮削、分類、分級、標價及包裝的材料，在過程中的每個步驟都有得賺。一八七〇年代到一九一〇年代，在石化副產物摧毀了該市場之前，柯巴脂都是奧克蘭主要的出口產品之一。來自古老貝殼杉的樹脂贈禮，交換價值遠高過貝殼杉老齡林本身。叢林迅速絕跡，不是出於經濟必需，而是文化需求。英國移居者面對世上最稀有的森林，只能想像出一片牧場的財富。

一八八五年，剛好有足夠的國會代表擔心森林濫伐的副作用，因此通過了第一道《森林法》。這使得透過《原住民土地法》(Native Land Court)新取得的國有地上可以造國有林。整個奧克蘭省，只由保育長官——植物學家湯瑪斯・科克(Thomas Kirk)監督幾名巡林員。科克警告，貝殼杉森林是「植物界最壯觀的景象之一」，再過二、三十年就會耗竭。[14]他粗略預估——或許是一種道德計算——這些瀕危的巨木壽命可能高達四千年。科克的任期相較之下短得可憐。一八八八年，新當選的政府出於政治動機，關閉了他的辦公室，這是紐西蘭在長期蕭條期間推行的撙節措施之一。

屋漏偏逢連夜雨，乾旱伴隨著治理不彰，災難埋下了伏筆。一八八七年到一八八八年的灌木叢大火重創了科克的珍寶——普伊普伊國家森林（Puhipuhi State Forest）。大火延燒了幾個星期，吞噬了大約七千五百萬板呎（board foot）(3)的可販售木材。災後的慘況可說是「森林景色愛好者最悲傷的一幕」。[15]奧克蘭官員將大火的責任歸咎於當地人，當地人則把矛頭指向彼此——毛利刀耕火種者、毛利與帕克哈人的樹膠挖掘者，以及想靠著放火迫使政府釋出土地的準移居者。

第二次關閉國家林業，正值工業伐木的開端。一八八八年，貝殼杉木材公司（Kauri Timber Company）買斷了身陷危機的北島木材企業，並合併了其資產。這家墨爾本的集團現在壟斷了國有林之外的貝殼杉森林。為了滿足股東，公司全速趕工，還在鋸木工廠裝設電燈，日以繼夜把巨木變成建材，以供給墨爾本的住宅建設公司。當時的墨爾本正處於房地產泡沫時期，和洛杉磯的情況不相上下。該公司沒有支付任何出口稅，因為政府也懶得徵收。

一八九六年，毛利人口掉到谷底，紐西蘭在首都威靈頓舉辦了一場木材研討會，知名的澳洲林務員喬治·培林（George Perrin）是客座講者。培林和所有研討會參與者一樣，接受貝殼杉森林難以避免滅絕的情況。他把私有化和政府的無作為視為既成事實。解決「貝殼杉森林問題」的最佳辦法，是由貝殼杉木材公司進行理性清算，之後進行適當的帝國林業管理。培林期望以科學化方式栽培來自澳洲的速生

(3) 審訂註：一板呎相當於一塊長度一英尺，寬度一英尺，厚度一英寸的木材體積。

樹種尤加利樹。培林也懷抱希望，認為貝殼杉在當地的貧瘠土地上，或許仍有經濟前景。培林質疑科克的「高齡」理論，主張高大的老貝殼杉年代根本不比毛利人定居時期更久遠。在這個年輕的新殖民地，仍有空間讓原生植物生長，只是容不下緩慢的生長者。[16]

隨著如火如荼的十九世紀來到尾聲，紐西蘭最早期的帕克哈歷史學家之一，同時也是一位重要的國會議員，寫了一首詩〈森林的逝去〉（The Passing of the Forest）。他在詩中讚揚遭到掠奪、摘去冠冕的樹木王者。[17]他平庸的輓歌後來被封為殖民文學，說明了盎格魯殖民世界中普遍存在的一種情感：殖民者懊悔地沉緬於他們以暴力手段獲取的進步。會朗誦這首詩的那類人，通常會訂閱《紐西蘭畫刊雜誌》（*New Zealand Illustrated Magazine*）。一九〇一年，該雜誌刊出灌木叢中一個龐然樹樁的畫面，這些樹樁被用作中產階級拍攝肖像照的平臺——照片中的白人穿著白衣裙、黑西裝，帽上插著羽毛。旁邊的圖說是：廢黜貝殼杉之王。[18]

## 智利四鱗柏和加州紅杉

相隔超過五千英里（約八千公里）的開闊海域，紐西蘭貝殼杉南界的緯度與南美洲最長壽、最高大的裸子植物分布之北界差不多。這種柏木可以長到直徑十英尺（約三公尺），樹高一百五十英尺（約四十六公尺）。這種植物在西班牙稱為alerce。[19]

南美洲大陸的裸子植物稀少，亞馬遜地區幾乎沒有裸子植物存在，南智利成為岡瓦納古大陸裸子植物的孤島。特有種的柏木、羅漢松，和西半球唯一倖存的南洋杉科物種（貝殼杉也屬於這一科），在此處溫帶的隔離環境中生存，被阿塔卡馬（Atacama）沙漠、安地斯山脈和太平洋環繞。

更新世期間，包括了好幾次冰河期，智利四鱗柏都在巴塔哥尼亞屹立不搖。隨著冰川前進及海平面下降，智利四鱗柏屢次用緩慢動作朝山下移動。北美與歐洲的冰川鏟除了大面積的植物，巴塔哥尼亞的冰川則刻鑿出峽灣，並停留在峽灣裡。為了度過酷寒的千年，智利四鱗柏窩在安地斯山脈和海岸山系之間的凹地，而這個庇護所現在大半淹在水中。大約一萬五千年前，人類到達智利海灘時，智利四鱗柏還沒開始最新一次爬回安地斯山山坡的旅程。

現在碩果僅存的最古老智利四鱗柏老齡林，和貝殼杉完全相反，是在巨型植物絕跡、受人類改變的棲地萌芽。整個全新世，獵人和工具製造者都在使用智利四鱗柏。原住民採收者在砍伐或撿拾倒下的智利四鱗柏後，會去除富含纖維的樹皮，並使用硬材做的楔子，把這種質地緻密的軟木劈成幾乎一致的木塊。生產過程看似容易，卻意外地耐用。智利四鱗柏的心材含有樹脂，在雨水泛濫的地區可以防腐，成為製作獨木舟、器皿、建材的理想材料。原住民木工從沼澤裡拖出幾個世紀前的風倒木，外表看起來如新的一樣。

在超過適度使用量之後，智利四鱗柏在人類的時間尺度上無法再生。智利四鱗柏在成熟階段，幾乎生長得比任何植物都還要緩慢。在罕見的地方性干擾，例如火災、山崩、火山爆發之後，智利四鱗柏會一片片成群發芽。後哥倫布時期，尤其是十九世紀帶來了千年等級的干擾，不是區塊狀的，而是遍及整片地景。改變宛如地獄，造成了類似冰河時期的整體影響，只是缺少了庇護所。

十六世紀的征服者殺紅了眼，醉心於印加的銀礦，他們到達智利中南部的阿勞卡尼亞（Araucanía）時，發現一片人口稠密的土地。他們奴役原住民，把原住民輸出到秘魯礦場，並脅迫其他人在離家較近的地方淘金。馬普切人（Mapuches）起身反擊，贏得了西班牙士兵的恐懼和敬意，將他們和羅馬人相比。三百五十年斷斷續續的「阿勞科戰爭」（War of Arauco）期間，原住民團體發動了多次有組織的起義，把入侵者趕向北方，讓邊界保持在比奧比奧河（Río Biobío）。在拉科塔族（Lakotas）和阿帕契族（Apaches）在北美洲維持獨立的那些年裡，智利南部擅騎的馬普切人也是如此。[20]

在邊界之外，還有少許殖民地的前哨。西班牙人奪回瓦爾迪維亞區（Valdivia）並再次鞏固權力；那裡是帝國貿易與防禦的戰略地點。製材工從附近的溫帶雨林，把智利四鱗柏砍成木材，運到秘魯的利馬（Lima）。再往南方，卡斯特羅（Castro）這個省會城市位在大奇洛埃島（La Isla Grande de Chiloé，亦稱奇洛埃島）。殖民者在這個沿海智利四鱗柏帶的核心地區，發現了大到二十個人牽手才能圍起的柏木。在這裡，當地的馬普切人（有時稱作惠里契人〔Huilliches〕）上繳二．五公尺長的標準尺寸智利四鱗柏木板材。即使在廢止監護徵賦制（encomienda，勞動與稅捐）制度之後，這種小規模的貿易活動仍然持續進行。在春、夏季，奇洛埃島的馬普切人會用智利四鱗柏製的獨木舟越過內海，到安地斯山側劈開智利四鱗柏。這些板材最後會運往秘魯。

一八二一年智利獨立時，聖地牙哥（Santiago）堪稱世上對腹地控制最少的國家首都。聖地牙哥到奇洛埃島間的直線距離有七百英里（約一千一百二十六公里），其間是崎嶇的鄉間和武裝的原住民。在缺少國家貨幣的情況下，柏木板成了卡斯特羅的貨幣。一八三五年，小獵犬號在那裡靠岸的時候，英國船員無法支付補給品費用。達爾文驚訝地說：「想買一瓶酒的人，扛了一塊智利四鱗柏木板！」[21]

十九世紀下半葉，智利奪得南部土地，成為今日所知的智利。當時，他們花了兩倍的努力，以軍事「平定」馬普切人，加上拓居「荒地」。精英們靠著武力和詐欺，得到大片徵收的原住民土地所有權。他們想像這些森林覆蓋的莊園在未來成為小麥田和牛隻牧場。殖民公司承諾帶移居者到荒僻的地區，以得到國家發放的土地。

為了讓瓦爾迪維亞區和奇洛埃島現代化，殖民公司召募了幾千名德國人——他們是美洲最搶手的移居者。一八四八年，歐洲革命後的動盪局勢更有利於召募移居者。一八五二年的乾旱期間，為來自黑森（Hesse）和巴伐利亞的農人與工匠做準備，以加速巴塔哥尼亞的後印第安未來，支持者放火燒了揚基威湖（Lake Llanquihue）周圍的森林。大火連續燃燒了幾個月。隔年，城鎮的建造者慶祝蒙特港（Puerto Montt）啟用，這座內海新港的名字來自智利總統。

蒙特港和揚基威湖之間有一座沼澤森林，長度大約二十公里。龐然的智利四鱗柏從泥濘中升起，站立水中，彷彿北美洲南部的落羽松。一八六三年，一次強烈的反聖嬰乾旱影響了整個環太平洋地區，地方當局放火燒了這片暫時無沼澤的棲地，犯下大規模殺害老年植物的罪行。在艱困的環境裡，生長緩慢的植物長得更遲緩，而在這個排水不良、養分貧瘠的地區，樹齡幾千年的樹有幾百甚至幾千棵。大火燃燒得太猛烈，連土壤也改變了，導致那片土地不但樹木無法生長，也無法栽種作物。世紀相交的那些年間，當地人稱雜草叢生的樹樁區為「墓地」。製瓦匠挖採這些「墓碑」，只有少數路邊的樹樁因為感傷而被留著當廢墟。一名德國園丁在其中一個樹椿廢墟上設置了花壇。最大的樹椿廢墟可能出於諷刺，稱為總統椅（*La Silla del Presidente*），一群群德國居者者穿著西裝、洋裝，戴著花俏的帽子，在上面擺姿勢拍照。[22]

智利森林為了德國人而焚燒，有時是被德國人燒的，當智利發展出一套林業倫理，德裔智利人便一馬當先。關鍵人物是魯道夫·菲利比（Rodulfo Philippi）和費德里柯·亞伯特（Federico Albert），兩人皆來自柏林。

菲利比是前往智利的德國移居者主要組織者的兄弟，在一八五一年移居到瓦爾迪維亞區，然後搬到聖地牙哥市，並達到職涯巔峰。他成為智利大學（*La Universidad de Chile*）的動物學和植物學教授，以及國家自然史博物館（*El Museo Nacional de Historia Natural*）館長。菲利比的生涯規畫是為智利的特有生物多樣性編目。早在一八六六年，菲利比就理解到智利四鱗柏屬的壽命——智利四鱗柏屬（*Fitzroya*）是單種屬，由達爾文的朋友約瑟夫·胡克以小獵犬號的船長命名。這位教授把智利四鱗柏和一些標誌性的樹木相比較，包括猢猻木、落羽松和世界爺。菲利比由樹輪計算，得知智利四鱗柏可以活上兩千五百年，甚至更久。[23]

在首都，菲利比在其科學人脈之間提升相關意識，但他在南方地區沒有影響力。即使森林縱火的罪責在一八七四年被納入智利刑法，當地執法人員也對此行為視而不見。國家鼓勵的種種作為——反印第安暴行（anti-Indian）、殖民屯墾主義和建造鐵路——在南錐地區（Southern Cone）[4]產生了社會和生態的回饋循環。一種火讓另一種燒得更熱烈。

費德里柯·亞伯特比菲利比年輕了兩代，他成年的時代比較有利於改革。亞伯特在自然史博物館工作了十年後，把研究轉向森林問題（*el problema forestal*），即森林覆蓋、土壤侵蝕和經濟之間的關係，這是科學家之間的一個國際討論。一九〇三年，亞伯特宣告智利四鱗柏泰半「耗竭了」。[24] 他的思想超越了殖民屯墾主義正盛行的時代，希望政府官員在已分類的公有土地種植速生的藍桉和放射松，建造新的商業林。一九一〇年，聖地牙哥成立了森林部門，而亞伯特成為第一任主管。

「過熟」的樹木沒有造林價值，這是技術官僚的共識。阿根廷雇用美國地質工程師貝利·威利斯（Bailey Willis）研究橫貫巴塔哥尼亞的鐵路路線。威利斯宣稱：「安地斯山脈的森林太老了。」他又說：「人們很可能會問，這些森林的價值是什麼？何不任森林燒毀，變成放牧地？」像威利斯這樣的專家，被訓練成比莊園擁有者和農民有更宏大的想法和更長遠的視野，他也提供了自己的答案。看似「無價值」的森林能維護水源供應；水供應水力發電；而電又為國家產生財富。[25]

威利斯的團隊中，有一名史丹佛大學畢業的地質學家；而該大學的校徽上就有一棵北美紅杉。這名加州人稱智利四鱗柏為「安地斯山的紅杉」，因為這種特有種的柏木讓他想起家鄉。這兩種植物在緯度上的生物地理分布對應得非常完美。美洲南北緯四十度的地方都生長著最高大、最濃密的森林，北美洲的紅杉能長到直徑十五英尺（約四·五公尺）、樹高三百英尺（約九十一公尺）。

---

(4) 編註：指南美洲位於南回歸線以南的區域，一般指的是智利、阿根廷跟烏拉圭三國。

紅杉屬是柏科的另一個分支，在熱情奔放的新生代初期存在於北美洲西部各地，這也是哺乳類動物的時代。人類從白令陸橋（Beringia）往南方遷徙的時候，北美紅杉的分布範圍已經縮小到奧勒岡和加州沿海地區，包括洛杉磯盆地，劍齒虎就曾蹲踞在針葉樹上。北加州的雲霧帶成為最後的庇護所。不過，北美紅杉和美洲印第安人共處了一萬多年，一點也沒瀕危。歐洲人來的時候，北美紅杉在山地混合林和水邊純林的面積，大約有五十萬公頃。

對加州北海岸與其居民的征服，始於一場地震般的突擊。許多原住民群體深居在陡峭的山谷裡，甚至逃過了西班牙殖民主義的間接影響。這裡的原住民不需要跑遠去取得食物，因為太平洋鮭魚會逆流游向他們。流域決定了他們的年度循環和詞彙上的界線。克拉馬斯河（Klamath River）下游和平行的溪流「紅杉溪」（Redwood Creek）庇護了尤羅克人（Yuroks，他們自稱為Oohl，「人」之意）和那些紅杉中最高大的巨木。

尤羅克人用鹿角楔子，把倒下的紅杉變成木板，用來建造房舍。要製作汗蒸屋（sweat lodge）[(5)]或獨木舟這種具有儀式性的建築時，尤羅克人需要一棵活的紅杉，它們是神聖的存在。在砍倒紅杉之前，尤羅克人會安撫樹人。獨木舟製作者會在挖空的船體底部留下一小塊結節，象徵心臟，進一步向紅杉的人格性致意。這艘擁有心的獨木舟，讓尤羅克人能往來河與海洋，尤羅克槳手會對著獨木舟唱歌及說話。

一八四八年淘金熱開始時，尤羅克人約有兩、三千名，相較之下，整個加州領地大約有一萬名移居者。兩年後，加州大約有十五萬名原住民遭遇貪婪的入侵者更大的打擊。追求財富的法國人和英美人，坐船繞過合恩角而來。至少八千名智利人也感染上了淘金熱，航行到舊金山灣。不久後，整個加州已經無處可逃，二十年內，原住民人口銳減了八十%。

加州北海岸的原住民族面臨了大規模入侵，卻缺乏戰士團體、坐騎或槍枝；相較之下，毛利人有時間精通槍枝，而馬普切人有時間精進騎術。一八五〇年代和一八六〇年代，英美志願者發動了滅絕戰役。民兵帶著他們透過聯邦計畫取得的柯爾特和溫徹斯特步槍，在得到地方及州政府默許屠殺無辜者之後，還從國會得到補償。尤羅克人躲在山上和沿著上游逃亡，倖存於這場種族滅絕。

消滅了海岸的尤羅克、約維特（Wiyot）和托洛瓦（Tolowa）村落，等於預告了皆伐海岸森林。雖然遠離市場，需求不高，砍伐卻開始了。商人看著像桅杆一樣通直的三百英尺（約九十一公尺）高針葉樹，想像著未來的財富；這些針葉樹具有「全心材」，也就是沒有樹洞，沒有樹瘤，只有垂直紋理的心材。

小公司靠著美國處置土地時典型的常見詐欺，累積了大片徵收來的部族土地，這些土地原本是預留給農墾移居者的。多虧了機械的「集材機」和不可或缺的中國移民勞工——他們得到的回報卻是仇外的驅逐——為了向洪堡德致意而命名的洪堡郡成了肢解紅杉的中心。

當鋸木工和製材工著手處理巨大的原木，他們發現每根原木都有五到二十個世紀的樹輪。在美東地區，那樣的樹輪數量應該會引起驚歎。然而，內華達山脈上，跟這種樹有親戚關係的大樹，據估計活了三倍長的時間，瞬間變得全球知名；相較之下，紅杉的壽命似乎稱不上驚人。鋸木工拿著加長的橫割鋸，在樹樁戰利品上擺姿勢拍照，他們對於斬斷了古老紅杉的性命似乎毫無悔意。海岸的紅杉樹種廣泛分

(5) 編註：是許多北美原住民部族傳統上用於儀式、治療和淨化的建築物。通常是一個圓形的坑洞，用樹枝、泥土或石頭建造，並覆蓋上獸皮或布料。

布，不同於山區樹種的稀少。

從豐富到稀少的轉折，就像加州歷史上的一切一樣，都發生在極快的瞬間。一八五二年，一名德國遊客預測：「加州會擁有幾個世紀的原始林，甚至直到世界末日！」之後，他一樣斬釘截鐵地宣告：「紅人的末日從此成了覆水難收的定局。」[26] 不到三十年後，英裔加州人乾脆地接受，紅杉就跟「可憐的印第安人一樣，注定在文明面前倒下」。[27]

過度供應、資本不足和過度競爭的商業環境下，引發揮霍行為。所有的小公司避免為立木繳稅，砍樹都砍得很快；為了償債，砍得更快了。加州林業委員會（Board of Forestry）是一八八五年州立立法機構創立的宣導單位，預估每砍倒一棵紅杉，就會浪費七十%的木材。由於委員會缺乏監管權力，只能哀嘆一種資源一旦被視為「像大海一樣取之不盡」，就會「很快消逝」。[28]

多虧了企業合併，洪堡郡「砍了就跑」的掠奪式砍伐時代結束於世紀交替之際。不過，提高效率不代表減少砍伐。舊金山在一九〇六年的地震與大火後急需重建，伐木業迅速供應了建材。

像哈蒙德公司與帕爾科公司（Hammond and Palco）這類企業，隨著西北太平洋鐵路和巴拿馬運河啟用，眼光已看向比灣區更遠的市場。第一次世界大戰時他們的產量飆升，訂單來自於美國戰爭部。

就連主張企業責任的人，也想像著要把地景換成牧場、果園或人工林。他們把一級的紅杉視為只能賺一筆的作物。許多專家呼籲用非原生種的尤加利林帶，取代遭到變賣的老齡林。由國家進行永續管理本土資源，在法律上並不可行。負責保育森林的執行當局（一八九一年）和美國林務署（USFS；一九〇五年）來得太遲了。一九〇〇年，北美紅杉的所有海岸棲地，包括為尤羅克部族保留的克拉馬斯河保護區，全都私有化了。

因為土地徵收和贈予已經非常徹底，所以紅杉保育需要收購土地。一戰後，加州成為自然保護與工業慈善的先驅，「搶救紅杉聯盟」（Save-the-Redwoods League）創了先例。該聯盟類似擁護優生學的社交俱樂部，成員多為愛好大自然的共和黨員。創立者憂心美國「優秀」事物的未來，像是巨型動物、巨型植物和「原生血統」。他們絕非眼光短淺之人。這群組織起來保存「世上最古老樹木」的白人盎格魯－撒克遜清教徒（WASP），與恐龍收藏家有所重疊，他們誇大了紅杉是爬蟲類時代的遺物。

「搶救紅杉聯盟」募得了幾百萬——其中大部分來自洛克斐勒家族的捐款——用合理市價購買土地。該聯盟把重點放在一〇一號公路旁一塊特別高大的樹木地帶。這塊保留區被捐贈給加州，成為可開車通過的景點——遮擋了後方的工業砍伐作業——當中有些停車點，讓遊客可下車欣賞特定的樹林，這些樹林是為了紀念贊助人和英雄，包括洪堡郡的先驅們。該聯盟透過自己的網路，協助設立加州公園委員會，用公共和私人經費，取得了更多其他紅杉土地。

二十世紀時，很少加州人有餘裕開著敞篷車駛過「神木群大道」（Avenue of Giants），不過，在這個迅速都市化的州，所有人都得利於行銷為「永恆木」的樹脂產品。就像智利四鱗柏一樣，紅杉也能防腐，是基礎建設的理想材料，而前提是價格比混泥土低廉。威利斯．傑普森（Willis Jepson）是美國首席植物學家，他在一九二三年寫道，打造加州文明的時候，海岸紅杉「勝過其他所有天然資源」，包括黃金。[29]

若要理解這樣的評價，可以想像傑普森時代從洛杉磯到長灘的一日遊行程，就從鋪設紅杉內裝和地板的平房開始。出發之前，屋主使用了淋浴間、洗臉盆和馬桶，這些衛浴連接的自來水與下水道系統，是備有舌槽接合的紅杉木水管。然後，屋主搭上設了紅杉座位的有軌電車，電車跑過紅杉枕木上鋪設的軌道。這位海灘遊客滑步經過頂上裝了紅杉水槽的工廠，路過從信號山（Signal Hill）抽出石油的雜亂紅杉井架，最後到達棕櫚樹環繞的濱海地區，那裡鋪設了紅杉木棧道和紅杉碼頭，可以俯瞰港口——不久後將成為東太平洋最大港——海港就建在紅杉木樁上。

在原版的應許之地，最古老、長得最好的針葉樹是黎巴嫩雪松，原本只供法老、國王和皇帝的建築所用。而在美國這片新的應許之地，除了虛假的電影布景，沒有任何能和所羅門神廟相提並論的建築。不過，至少有一個世代的小資產階級洛杉磯人，能負擔得起自己的私人平房，門廊使用的是有「自然木材傑作」之稱的紅杉木。在陽光普照的南加州，這種加州夢歷久彌新的表現，是以被偷走的土地，以及於雲霧繚繞的北海岸生長兩千年的樹木為代價。

## 日本柳杉和臺灣紅檜

相較於加州以揮霍的實用主義來利用紅杉，日本傳統上會保留最好的特有木材樹種，即日本扁柏和柳杉——皆為長壽的柏科樹種——以供建造神社之類的特殊用途。

柳杉在新生代之初就廣布於北半球，但到了更新世，就像紅杉一樣撤退到沿海地區，即日本列島。柳杉在英文被稱為Japanese cedar（日本雪松），可以長到十分巨大，木材耐久，能輕鬆均勻地將之劈開，類似智利四鱗柏。柳杉的心材非常適合用於多雨地區的屋頂建材。早在日本工業革命之前，日本人就以工業規模來伐採並重新種植柳杉。今日，日本有許多柳杉棲地——山區的人工林、行道樹、神社樹林、都市中的公園——但沒有原始林。唯一算得上原始林的例外是屋久島，這座小島位在日本最南端的大島九州南方海域，屬於薩南群島，地形崎嶇，經常受到暴風雨侵襲。屋久島是日本雨量最多之地，每年從季風和颱風獲取高達四千公釐到一萬公釐的降雨量。屋久島最老的樹曾在強風中失去樹冠，而其高大的樹幹又再度長出樹冠。來自屋久島的柳杉稱為「屋久柳杉」，樹脂含量格外豐富，特別防水，因此很珍貴。

江戶時代（1603–1868），九州的一個氏族獨占了屋久柳杉的控制權。當地村民用木材支付稅金。他們就像智利的奇洛埃島人，用楔子把倒下的樹劈成木板，用木框背包將之扛下山。當地工作人員也會伐倒站立的柳杉大樹。九州菁英把著名的心材賣給本州菁英，後者想要用屋久柳杉來建造像飛鳥寺這樣的建築——飛鳥寺又稱方廣寺，是位於京都的佛教寺廟。

十六世紀末、十七世紀初，武士統治階層鞏固之後，日本各地有一波神社、城堡和城邑的建築潮，這些建築都是木造。為了維護這些木造基礎設施，以及主要神社以每十年為單位的例行性重建，皆促使人們長遠地思考森林資源。其他文明都不曾發展出如此豐富的木材文化；而且除了德國，也沒有其他早期現代國家能在林業上發展出比日本更強大的制度文化。

一八六八年明治維新之後，對屋久柳杉的管理權轉移到了東京這座剛剛重新命名的首都。帝國官員為偏遠的小島森林繪製地圖、劃立區域，加以管理，但並未認可屋久島居民收集燃料木材的傳統權力。隨之而來的是長達數十年的衝突。當哈佛大學樹木園的東亞植物收集家恩斯特·亨利·威爾森在一九一四年造訪「全日本最有趣、最了不起的森林」時，雙方關係才較為緩和並達成共識，由當地人控制低海拔的沿海地區；國家則管轄高地的內陸地區。[30]一九二〇年代，明治政府官員劃出一小片老齡林保護區，作為普魯士式的自然紀念區，但同時亦撥款興建了一條窄軌鐵路，以便集運大樹。

那些主導著為自然紀念區建立全國資料庫的大學植物學家，反對截然不同的集中化計畫：「神社合併計畫」。神道教國教化的結果很諷刺，國家關閉了日本各地成千上萬的村莊神社，遷走其中的神靈，將神社的樹林世俗化。國家和私人利益團體變賣過剩的神社樹木，讓博物學家深感不安，他們意識到人工林已經成了自然棲地。[31]同時，新合併的神社裡，社方把新的神聖樹林規畫為柳杉和扁柏人工林，也就是明治日本的松樹園。

人民愛好森林，帝國卻侵蝕森林，這樣的矛盾在二戰前只增不減。日本要如何在追求經濟現代化及裝備軍隊的同時，又能保有木文化呢？答案在海外。一九三〇年代，日本有三分之一的木材供應仰賴進口，主要來自帝國競爭對手美國。一般用途的木材，日本買家偏好華盛頓州的花棋松；而特殊用途的則是偏好美國紅檜，這樹種來自奧勒岡州，外觀和氣味都與日本扁柏相似。

日本也在殖民地尋找木材。就在歐洲爭奪非洲、美國控制菲律賓的同時，日本藉著對中國及俄羅斯的戰爭，占領了臺灣、滿州和韓國。日本在韓國種下樹木；在滿州國掠奪森林。相較之下，他們在臺灣策略性地伐採亞洲最高大的針葉樹，這種類似日本扁柏的樹種，不論是樹圍、樹高、樹齡，都超越了屋久柳杉的老齡林。

福爾摩沙之島——也就是臺灣——位在板塊碰撞帶，是世界上最年輕的造山運動之一。在南方古猿

（*Australopithecus*）演化成人屬的時期，島上最高的玉山高度就超越了富士山。從某種意義上來說，自創世以來，那裡就有人類了。

臺灣是南島語系的發源地，玻里尼西亞語，包括毛利語，就是源於臺灣。雖然相對接近亞洲大陸，還有漢族移民的歷史，福爾摩沙卻直到十七世紀，才成為中國的附庸——這是對於荷蘭從熱蘭遮城發布的競爭性聲明的回應。

一六八三年到一八九五年，中國皇朝憚精竭慮地把福爾摩沙收為己有。島嶼被一分為二：漢族占據的山麓生長著樟樹、竹子和茶樹，上方的高地雲霧繚繞，山頂白雪靄靄，是原住民的地盤。中國官員用石堆和溝渠標誌出「番界」，在那之外住著「生番」，那些人因為儀式化的戰鬥方式而受到敬畏。漢族移民一向禁止跨越界線。不過，一八七五年之後，大清帝國的政策大變，改成「開山撫番」。中國朝著針葉樹而去，卻還未到達，就失去了臺灣——甚至還不知道有那些針葉樹存在。

新的帝國強權日本，擁有資源、專業和動力，能為福爾摩沙的森林資源執行徹底的製圖調查。日本想讓「文明世界」見識，中國在哪裡失敗，日本就可以在哪裡成功。日本官員使用的語彙，讓人想起白人的包袱。他們信心滿滿地談論著要把山賊和黥面食人族變成殖民地臣民的計畫。總督說：「要征服臺灣，就要征服臺灣的森林。」[32]

在占領臺灣後的幾個月內，日本士兵的報告指出在海拔六千到九千英尺（一千八百到兩千七百公尺）的阿里山山區有森林巨木。[33] 雖然這片山區位在北迴歸線上，氣候卻類似加州的北海岸或智利的瓦爾迪維亞海岸。日本林務員欣喜地在這片多霧的高地發現一個扁柏族群和一種臺灣特有的新型「超級扁柏」，他們稱之為「紅檜」。[34]後續造訪阿里山的日本、德國和美國植物學家，將高大的福爾摩沙針葉樹和加州的針葉樹進行比較。依據恩斯特・亨利・威爾森的紀錄，當中已知最古老（已砍倒）的樹木大約有兩千七百個樹輪。威爾森驚歎道：「那片森林絕對是我看過最棒、樹木最高大的森林。」[35]就像屋久島，只是更厲害。帝國官員稱之為天賜的禮物。

一九〇二年，日本委託河合鈰太郎撰寫阿里山的發展計畫；河合為武士之子，是東京帝國大學林學科教授。[36]不久前，河合才剛完成在德國與奧地利多年的博士後研究後歸國。他親眼見識了阿里山之後，決定這個風景優美的仙境值得擁有媲美奧地利塞默靈（*Semmeringbahn*）的世界級山區鐵路；那座鐵路有著數十座橋梁與蜿蜒的隧道。這樣的一條鐵路不僅可以載著觀光客和登山客上山，還能運送完整的原木下山。然而，高額的預算令國會裹足不前，讓河合和其他鐵路支持者不得不尋求私人資金協助。最後，儘管引發爭議，日本政府還是為超出預算的計畫提供了資金援助。

河合為了鐵路所需的設備而前往美國。這位教授擁有全球性的視野和一口流利的英文，令美國行政部門欽佩不已。他的代表從西雅圖訂購了集材車和火車頭，從密爾瓦基（Milwaukee）訂購了製材設備，從布魯克林訂了集材機。河合雖然渴望美國的機器，卻反對砍了就跑的「美式浪費作風」。阿里山「遠遠超越」美國西海岸任何的森林，河合承諾要施行德國林業，亦即伐除過熟的扁柏和紅檜，用柳杉重新造林。美國的工業專家稱之為「長期經營」。[37]

一九一五年，奢侈鋪張的鐵路連接了嘉義的鋸木廠和阿里山山頂時，河合已經被邊緣化了。政客對管理者施壓，只要求營利，這令河合對這項計畫感到幻滅與失望。河合私下寫了首輓歌，悼念千年樹木被人砍下。一九三一年河合過世後，他的學生與同仁在森林中立起紀念碑，來自日本的花岡岩石塊上刻著銘文，頌揚帝國林業，以及河合把遊客帶到山區、教化番人所做的貢獻。附近還有一座國家紀念碑，紀念在建造鐵路時犧牲的日本工人。

阿里山老齡林的伐採，受益的不是大眾而是帝國，是東京而不是臺北。日治時期，林產豐富的臺灣反而需要進口木材。受到政府補助的阿里山木材出口，主要是供應給具象徵性的建造計畫，尤其是供奉已故天皇和皇后的明治神宮，以及供奉為國捐軀的軍人之靈的靖國神社。

兩根完整的紅檜樹幹支撐著明治神宮的大鳥居。一九二〇年，其中一根樹幹的薄橫切面送到東京的「時」展覽會（Time Exhibition）展出；這個政府贊助的活動，旨在鼓勵日本公民進一步內化現代計時的習慣。

筆直的東京鳥居，象徵性地對應著阿里山最大的紅檜。這棵傾斜的龐然巨木高度超過一百七十英尺（約五十二公尺），樹圍超過六十英尺（約十八公尺）。早在一九一二年，這棵紅檜就被圍起來保護。之後，一位神道教神官為樹舉行奉祀儀式，用注連繩（しめなわ，simenawa）環繞樹身。這種儀式性的稻桿繩扭成左旋，上面垂掛著紙製吊飾。身為「神木」（shinboku），樹身上棲著神靈。在這場現代與傳統的驚人相遇中，日本技師在這棵樹的樹根上，直接鋪設了阿里山鐵路的鐵軌。身穿制服的官員、士兵和學童曾聚在神木旁拍照；火車朝樹冠噴出煤煙。一塊告示牌上寫著，這棵樹預估高達三千歲。

阿里山上號稱最古老的樹被封為「神木」，掩蓋了實際上進行中的伐木作業，那些伐木作業的對象正是古樹——受德國訓練的林務員所稱「過熟」及「生長過度」的樹木。以整體面積來看，日本人並未在臺灣大規模地濫伐森林。他們不像紐西蘭人和智利人那樣，燒毀叢林來給農業移居者使用；他們也不像加州人那樣，浪費地經歷邊境資本主義的各個階段。日本將帝國的工業力量集中運用在處理國家占據的林地。

姑且不論經濟背景為何，對原住民的暴力伴隨著泛太平洋地區的大樹伐採作業。在臺灣，建設阿里山鐵路與軍事出征不良番——主要是泰雅族原住民——是同時進行，河合鉥太郎就曾預言，他們「不開化就得死」。[38] 在被遷至平地並強制接受教育之後，有些泰雅族男性為日本帝國軍隊作戰並陣亡。他們的英靈依據明治時期的傳統，安置在靖國神社，被其家鄉的木頭環繞著。

帝國軍方在一九二〇年開放阿里山觀光之後，伐木場習慣了東京來的貴客。直到太平洋戰爭爆發之前，伐木鐵路兼作觀光鐵路，一連串的文人、畫家、學者和官員蜿蜒而上阿里山。那裡也是前往玉山的基地營——玉山是日本帝國的「新高山」，比富士山還要高。一九三七年，日本設立了包含玉山和部分阿里山的國家公園，多少實現了河合的區域發展願景。

福爾摩沙的高地也吸引了外國菁英遊客，包括來自美國哈德遜河畔的莫爾登（Malden-on-Hudson）的普特尼・畢格羅（Poultney Bigelow），他是宛如愛德華時代通俗劇中的角色：他是德意志威廉二世一輩子的兒時好友，兩人一同在德國波茨坦市玩扮演牛仔和印第安人遊戲；他也是牛仔藝術家弗雷德列克・雷明頓（Frederic Remington）的獨木舟夥伴；同時是《白人的非洲》（*White Man's Africa*）的作者。畢格羅認為，阿里山是個傑出的殖民成就。他把臺灣和美國西部相比，讚美日本教化番人，而不是殺害他們。一九二一年，畢格羅受到他的日本東道主盛情款待，參與了伐木場神社的一場植樹儀式。畢格羅在日本櫻花樹和「雪松巨木」的樹樁之間，頌揚阿里山從「獵頭族的荒野，搖身變成現代文明的豐盛花園」，舉杯敬祝英日友誼的可能性。[39]

不過，接下來的未來令兩國震驚，也衝擊了兩國的森林。日本為了對美戰爭的資源，耗盡了國產的柳杉。美軍則還以顏色，讓東京浴火，而東京正是世上最大的木造城市。一九四五年春天，整個帝國的千年心材被燒成內裡斑駁的灰燼。美國空軍乘著他們的B-29，不只瞄準平民，也瞄準文化機構——B-29是在西雅圖工廠組裝，由數百萬板呎的老齡林冷杉組合而成。明治神社中央的日本扁柏建築，遭受到直接的燃燒彈攻擊。空襲警報和垂死的鄰居尖叫聲四起，機靈的居民逃到神社的松樹園，那裡是這場浩劫中的庇護所。

日本投降之後，臺灣的歷史再度鉅變。這座島嶼在中國內戰的最後階段，成了蔣介石流亡政府的所在。中華民國在國家建設階段，濫伐森林做得比遭人垢病的日本殖民者還要誇張。不過，在二十世紀末，漢人為主的臺灣重新審視了阿里山和古色古香的鐵路，並將其視為後殖民的遺產，吸引人們爭相前往，欣賞吉野櫻。架高的棧道通往殘餘的巨大檜木，現在成了次要的景點；人們已經忘記了一九七三年曾經轟動一時，一位文化大學教授聲稱發現的六千歲紅檜——「世上最老的樹」。這棵神木在一九五〇年代死去，但仍昂然而立到一九九八年（只是少了注連繩），那時臺灣當局才指定了一棵「新神木」。一個曾經的國家神道教地點就這麼漢化了。十年後，臺灣開始接待中華人民共和國的遊客，當地人抱怨粗魯的中國人在神木樹洞裡抽菸，毫不尊重臺灣（新一任的）最老生物。

紅檜其實面臨更嚴重的問題；國際自然保育聯盟在一九九八年就把紅檜列為瀕危，但紅檜其實已經中止砍伐了十年。最健康的老齡林樣本生長在崎嶇偏遠的地區，因此成為非法伐木工和樹瘤盜採者的目標——他們在臺灣被蔑稱為「山老鼠」——他們把樹瘤賣給木雕師，做成佛像和精油賣給觀光客。犯罪集團甚至引誘越南農業移工進行盜伐。

破壞者之外，也有保護者。二戰後回歸山區家鄉的幾個泰雅族群體，自一九八七年解嚴之後，開始把「神木」指定為景點並主張其使用權。例如，與臺北直線距離約三十五英里（約五十六公里）的司馬庫斯[6]，是臺灣最晚有電力（一九七九年）和柏油路（一九九五年）的社區之一。自從交通可及以來——儘管是蜿蜒的死路——司馬庫斯自我推銷為世外桃源，並整頓為集體社區吉布茲（Kibbutz）[7]般的地方。司馬庫斯開始為外國登山客提供住宿，並帶領他們去有著多幹巨木的樹林，據說樹齡高達兩千五百歲。這種用「媽媽樹」（Yaya Qparung）復興社區的概念來自祖靈，透過夢境傳給了頭目。老齡林的遺跡周圍是人工林，雖然生長在公有地，且鄰近雪霸國家公園，實際上卻是由司馬庫斯社區管理。

二十一世紀初，臺灣政府為回應都市環保人士，試圖居中安排高山紅檜扁柏的大規模保護區，同時提議和山村住民進行弱化的共同管理。許多泰雅群體擔心落得一無所有，於是提案觸礁；不過，在一則相關的法律案件中，臺灣高等法院申明了原住民使用權的原則。目前，以社區為基礎的生態旅遊幫助司馬庫斯維持生計，成為「上帝的部落」——一個基督教長老教會的原住民公社。司馬庫斯在一九五〇年代改信基督教，後續又增添帶有神道教色彩的樹木傳統，更顯露其「全球在地化」的特質。

日本屋久島也發生過類似不尋常的事。二戰後的恢復期間，日本重新開放柳杉林的伐木小鎮，並引入鏈鋸。一九六〇年代，屋久島的人口數創下新高，當時數百名公家伐木工皆伐了保護區外的老齡林。

十年後，隨著最好的樹木不復存在，日本關閉並拆除了伐木小鎮。東京方面受到來自環保人士的新壓力，恢復了屋久柳杉的禁伐令，將屋久島大部分地區轉變為生物與休閒保護區。為了刺激屋久島的後工業經濟，日本政府計畫性地把屋久島國家公園重塑為生態旅遊勝地。

這種從上而下的政府倡議，得利於二十世紀末日本兩股相互重疊的浪潮，一個來自西方，一個來自東方。來自西方的「精神世界」——在日文中等同「新時代」（New Age）——源於一九六〇年代的全球青年文化。山尾三省是早期的一位意見領袖，他共同創辦了「部族」（the Tribe）公社。蓋瑞·史耐德（Gary Snyder）是加州「垮掉的一代」（beatnik）[8]詩人，曾赴京都學禪，隨著和「部族」同住，並與其中一名成員結婚，中止了他在日本的學習。接著，山尾在東京建立了「哈比村」，然後在一九七七年回到屋久島的土地，與當地的老齡林運動人士結盟。和他在太平洋對岸的朋友史耐德一樣，山尾也撰寫了許多關於生物區域主義（bioregionalism）的文章和詩作。

第二波浪潮是一九九〇年代所謂的繩文熱潮，更有影響力，也更具反動性。在本州出現重大的考古發現之後，觀光推動者把曾經非主流的理論過度神化，也就是認為繩文時代（約西元前一萬年到西元前三百年）的古人即是日本人祖先。不同於過往認為日本人來自亞洲大陸的標準敘事，繩文支持者信奉的

(6) 編註：實際行車距離超過一百二十公里，行車時間超過六小時。

(7) 編註：始於二十世紀初期以色列建國前，由東歐的猶太人組織起的集體聚落，採共同開墾，共享所有財產，由社區平均分配生活費、房屋、教育、醫療等資源給所有居民。

(8) 編註：二戰後一九五〇年代於美國興起的一種文學運動。這個詞最早是由作家傑克·凱魯亞克（Jack Kerouac）提出，用來形容一群對社會現狀感到失望、追求自我解放和精神探索的年輕人。

是國家原住民性的另一種歷史——雖然官方在法律上不承認愛奴人和琉球人。在本州，文化遺產遊客造訪「繩文村」和各種繩文主題的祭典。

在遙遠的南方，屋久島內陸山區中，有個強大但不明確的遺產地點。屋久島最大棵的柳杉，也是日本最大的植物，在發現不久之後，於一九六七年起被稱為「繩文杉」。山尾寫了一首詩，敘述這「聖老人」是天界佛陀的化身。他經常步行至那棵樹，繞樹七圈，口中念佛，留下供品給樹木的神靈。山尾不贊同觀光活動，他強調要傾聽這棵樹的聲音，但隨著生物區域主義和民族主義的匯集，繩文杉成了原始「日本森林」的商品化符號。一九九〇年代，這棵象徵性的植物不但吸引了都會的環保人士，也吸引了文化民族主義者，他們認為神道教是本土的森林信仰。日本國語課本鼓勵兒童以詩意的方式反思這棵據說已有七千二百歲的生命——這數據若是真的，它將成為目前世界上最老的樹。[40]

一九九三年過後，造訪繩文杉的人數激增，當時日本提名屋久島為世界遺產，由聯合國教科文委員會通過。高速船和度假村開始迎合生態旅遊者。其中最有影響力的遊客是宮崎駿，他和吉卜力工作室的動畫師前往那裡，為《魔法公主》（一九九七年）這部充滿泛靈信仰的動畫進行取景研究。到了二〇〇〇年代，前往這棵最後的屋久柳杉巨木的一日健行，成為一種多元化的朝聖之旅。在旅遊旺季，會有一千名遊客擠在樹旁，即使已經架設觀景臺，他們仍留下垃圾、糞便及踩實的土壤。要不是步道主要依循舊有的伐木鐵路，對「現實的魔法森林」應該會產生更嚴重的衝擊。在屋久島，「森林浴」和「能量景點」的愛好者，如今行走在二十世紀的鐵軌之間，穿過長滿蘚苔的十六世紀樹樁，來到安裝了監視攝影機的古樹下。

## 加州和智利的林業與國家公園

屋久島的發展參考對象是加州；第一個因為擁有巨木而獲得世界遺產地位的保護區，紅木國家及州立公園（Redwood National and State Parks），一九八〇年由聯合國教科文組織列為世界遺產。在得到這個認可之前，沙加緬度市（Sacramento）和華盛頓已經為了地球最高樹木的價值，歷經二十年的政治衝突。

二十世紀前半葉，時不時有人提議為加州的紅木公園增加聯邦緩衝區域。大蕭條時期，許多伐木企業破產，美國林務署在紅杉家鄉發起了一個回購計畫。但因資金不足，無法大規模購買。一九四〇年代，退休的林務署首任署長吉福德・平肖（Gifford Pinchot）敦促國會買下加州西北部兩百萬英畝的土地；這項提議很大膽，但止步於眾議院委員會。

到了一九六〇年代，聯邦規畫者再次關注紅杉時，期望的結果已從人工林變成了休憩公園。在石油和天然氣礦區的土地使用費——透過《水土保育基金》（the Land and Water Conservation Fund, LWCF）輸送——可以運用在紅杉之前，幾個政黨必須針對邊界得到共識。技術上來說，國會必須通過「立法徵收」以強制地主販賣或交換土地。為了加快土地分類，國家地理學會（National Geographic Society）為美國國家公園署（NPS）進行了土地調查。作為回報，國家地理學會可以獨家宣告自己「發現」世界上最新的「最高樹木」，位在洪堡郡紅杉溪的「高大樹林」是尤羅克人的傳統領域，屬於阿克塔紅杉公司（Arcata Redwood Company）所有。

新崛起的塞拉俱樂部（Sierra Club，又譯山巒俱樂部）想要保存完整的紅杉溪集水區，不過這表示要與「三巨頭」為敵，三巨頭分別是阿克塔紅杉公司、辛普森木材公司（Simpson Timber）和喬治亞太平洋公司（Georgia-Pacific）。而元老級的「搶救紅杉聯盟」，則把重點放在諾特郡（Del Norte County）的米爾溪（Mill Creek），這是一家小公司擁有的小型集水區。塞拉俱樂部的領導階層吸引了更多注目，他們出版了《最後的紅杉》（*The Last Redwoods*）；發行了一部影片〈紅杉零時〉（Zero Hour in the Redwoods）；並在《紐約時報》（*New York Times*）刊載了跨頁廣告：「再不救紅杉就真的來不及了」）。[41]

一九六八年，詹森（Lyndon Baines Johnson）總統簽署法案，成立了紅木國家及州立公園，那是世界各地政治煙硝四起的一年。國會批准了九千二百萬美元的預算，但最終成本花了三倍以上的金額。美國最昂貴的公園既沒有遊客服務，也缺乏生態一致性。公園範圍內的流域都不曾受到完整保護。環保人士把紅杉溪的貧乏土地形容為「一條蟲」，是「虛有其表」的保留區，需要即刻擴大。他們再度以毀滅式的語言疾呼：「最後期限」將至，「快要沒時間」拯救「最後這片消失中」的森林。

一九六〇年代，木材公司接受了國家公園必然成立的趨勢，並扮演起防守方。然後到了一九七〇年代，他們抨擊環保人士是歇斯底里的脅迫者。他們主張，最高大、最古老的紅杉已經獲得了保護。擴張公園只會耗盡公帑，威脅私人企業，危及當地經濟。在國會舉行聽證會，並且針對議案辯論的時候，三巨頭公司加速了進行作業；環保人士稱之為「報復性砍伐」。等到國家立法機關批准額外徵收四萬八千英畝時，該地區高達五分之四的區域已經只剩下樹樁。

一九七八年，卡特（Jimmy Carter）總統簽署了法案，不偏向美國勞工聯合會和產業工會聯合會（AFL-CIO），而是站在環保人士這邊。一九七七年，洪堡郡的木材與鋸木廠工會（Lumber and Sawmill

Workers Union）有夠多的成員數量，足以在灣區組織大型示威活動，而且組了一個大貨車車隊到華盛頓特區。他們在國會大廈的階梯上反覆喊著：「救救我們的工作！」頭戴安全帽的示威者包括兩位知名的尤羅克人，米爾頓・馬克斯（Milton Marks）和老華特・勞拉（Walt Lara Sr）。雖然他們以砍紅杉為生，但在其部族社群中更以西北印第安人公墓保護協會（Northwest Indian Cemetery Protective Association）最早的兩位會長聞名；這個協會喚起世人注意國家與私人土地上脆弱的聖地。

美國國家公園管理局（NPS）為擴大的國家公園進行資源評估時，發現尤羅克村落的考古證據，和原住民焚燒的生態證據。國家公園管理局的經營目標，是讓森林恢復到「前歐洲殖民時期的自然狀態」，卻不願諮詢部族代表。國家公園的山坡不久前才遭到砍伐，巡林員成了實質的園丁，他們種下紅杉苗，希望它們在二十二世紀能夠成熟。

尤羅克部族從過去到現在都是加州人口最多的原住民團體，同時也設想得很長遠。在千禧年前後，部族採取了一系列協調措施以確保其長遠發展。部族設立了一套語言課程；頌揚傳統風格的紅杉獨木舟和紅杉木板屋；並成功游說，拆除了克拉馬斯河下游阻擋鮭魚迴遊的水壩。今日，該部族靠著「碳抵消」（carbon offsets）交易的利潤，加上慈善單位的協助，一點一點地買回了被奪走的土地。展望未來，部族政府希望監管克拉馬斯河口兩岸，並共同管理國家公園的部分地區，包括祖傳的村莊和聖地。

原住民管理的種子已經萌芽。二〇一九年，美國魚類及野生動物管理局（US Fish and Wildlife Service, FWS）宣布要與紅木國家公園和尤羅克部族合作，重新引入另一種神聖生物：加州神鷲（California condor）。一年之前，尤羅克人與在舊金山舉辦的聯合國全球氣候行動高峰會（Global Climate Action

Summit）協力合作，為泛原住民代表團主辦了一場有關天然林管理的活動。活動包括一場在尤羅克學術研究自然區域（Yurok Research Natural Area）的徒步導覽。該保護區是林務署所擁有的一個老齡林保護區，至少目前還是如此。畢竟沒有哪個社群比尤羅克人對紅杉的責任感更深刻、更長久，並將延續到未來的無數世代。

現在的北美海岸紅杉森林，只剩下一八四八年時的五%，而且全都受到保護。不過，紅杉生長的整體面積並沒有大幅減少。換句話說，次生林已成為絕對優勢。北海岸的丘陵和谷地遍布著紅杉林地，其上補植了從優良品種無性繁殖而來的容器苗。雖然在最後一片特級林地被砍伐、保育或嚴密管理之後，大型公司就退出那個區域，但仍有小規模的施業[9]持續進行。北美紅杉並沒有瀕危，多少是因為這種樹能從樹樁再生，而更主要是因為加州林務員從沒找到比這種本地樹種更適合北海岸的替代品。

智利與加州的狀況天差地遠，不過結果卻驚人地如出一轍。紅杉和智利四鱗柏之間的平行線，在二戰後的美國治世時期交會。到了二十世紀中期，中央谷地上絕大部分的智利四鱗柏樹林都被伐採殆盡，剩下智利四鱗柏和南方山毛櫸混生的兩個不連續的中海拔棲地。一處是位於沿海丘陵的溫帶雨林，另一處則是沒那麼多青苔的森林，位在安地斯山的山麓。

西雅圖的辛普森木材公司名列紅杉帝國的三大經營者，一九六〇年代初，該公司判斷，其剩餘的「原始林木」會在十年內耗盡。該公司靠著豐裕資金，著手尋找未受開發的森林。辛普森木材公司雇用了林材探勘員去尋找環太平洋地區最好的土地，最後來到洛斯拉戈斯地區（Los Lagos）的安地斯山側，那裡位在奇洛埃島的東北方，有著數萬公頃的智利四鱗柏老齡林，預計可供應十億板呎的商用木材。辛普森森木材公司徵得智利政府的應允，也得到美國進出口銀行的協助，監督了首度以工業規模砍伐「南方紅杉」的作業。該公司還為這次作業建造了一座美國風的公司小鎮：孔陶（Contao），對外交通靠的是簡易的飛機升降跑道。推土機和其他重型機具經由蒙特港送達。同時，該公司也雇用智利管理者，並送他們去加州的阿克塔市受訓。

辛普森木材公司開始製材之後，發現它們「是禍不是財」。由於老智利四鱗柏的樹心乾腐，於是十億板呎縮水成了七千五百萬板呎。該公司的總裁比爾・瑞德（Bill Reed）回顧這場慘敗，後悔他沒有投資在紐西蘭或臺灣。他承認，美國和智利過度熱中於展現英美工業的優人一等。瑞德說：「我們應該像阿勞卡尼亞的印第安人一樣建立（操作）」，他指的是他當地的員工。[42] 他認為手工工具和馱獸應該能產生更高的利潤。一輛美國產的履帶式車輛在洛斯拉戈斯地區故障時，要花上半年才能拿到更換的零件。

不到十年後，辛普森木材公司選擇止血停損，離開智利。這個決定因為薩爾瓦多・阿言德（Salvador Allende）的上臺而加速。阿言德的人民團結聯盟（Popular Unity）呼籲森林業國有化。阿言德是堅貞的社會主義者，希望重新分配土地給農民和印第安人，同時增加國有土地的產量。在該聯盟短暫當權的期間，國家林業部門提高了孔陶鎮的產量，並在奇洛埃島開始了新的智利四鱗柏施業。

一些環保人士不贊成這些措施。《智利的生存》（*Survival of Chile*）是智利環境主義的基礎文本。一九七〇年，拉斐爾・艾利莎第・麥克－克魯爾（Rafael Elizalde Mac-Clure）在修訂版中呼籲完全禁止

(9) 編註：指人類有計畫地經營管理森林的一系列活動，包括造林、利用、保育等。

砍伐智利四鱗柏。作者宣告，是時候該宣布智利四鱗柏為國家紀念物了。殺害倖存的智利四鱗柏，是傷害自然之罪。在麥克－克魯爾自焚前不久，寫了一首詩獻給智利四鱗柏，吟誦道：你的死亡是生命之死。[43]

一九七三年，在美國中情局支持的政變之後，智利被打回原型；原住民遭到削弱，天然林皆伐，進行非原始的商業林造林。皮諾契（Pinochet）政權藉著槍口來實行保育，以新規模執行德裔智利林務員的老計畫。到了一九八〇年代，智利中南部的放射松——分布範圍曾經僅限於加州蒙特利灣的快速生長樹種——覆蓋的土地，比紐西蘭北島之外的任何地方還要多。從社會和生態角度來看，智利的松樹種植園是死森林，圍著柵欄，防止農人和印第安人進入，還用飛機噴灑殺菌劑。

同時，軍事獨裁政權大張旗鼓保護智利特有的柏樹，宣布智利四鱗柏是「自然紀念物」。一九七六年的這則聲明明令禁止砍伐「植物界最長壽的物種之一」。[44]不過，仔細閱讀後，你會發現該聲明允許伐採死去的智利四鱗柏，甚至整片死去的智利四鱗柏森林，前提是伐木者提交政府批准的工作計畫。這個漏洞助長了非法焚燒，促成除害伐（salvage logging）的商業化。而對於曾經永續採伐的西洛斯拉戈斯地區的馬普切人（惠里契人）來說，這條法律則增加了他們的麻煩。[45]由於沒有適當的文件，他們傳統的板材製造經濟在技術上是違法的。

該聲明和阿根廷採取的類似法律措施，引起了國際社會的關注。美國根據一九七八年《瀕危物種法》（Endangered Species Act）修正案，把智利四鱗柏定義為受威脅物種，禁止進口智利四鱗柏產品。十年後，《瀕危野生動植物國際貿易公約》（CITES）把智利四鱗柏升格成禁止貿易物品等級，和象牙相提並論。

在世界自然基金會的金援下，智利的一個非政府組織開始監督非法焚燒與伐木。[46]

有關類似紅杉的樹木瀕危之報導，傳到加州，迷住了洪堡郡出身的里克・克萊恩（Rick Klein）。克萊恩隨著明尼蘇達州的一個公社，來到這個紅杉和大麻之鄉。他原本計畫繼續前往加拿大以躲避徵兵，卻在加州遇到了一名智利女繼承人，正在招募嬉皮聚到她的莊園裡。克萊恩沿著泛美公路搭便車南下，在南美洲的南錐地區遊蕩了幾年。皮諾契上臺後，克萊恩撤離智利，返回加州北海岸，成為一個自學有成的草根法律組織的創始成員；這個組織出乎意料地改變了加州的森林管理。[47]克萊恩對智利的熱愛從未消滅，於一九八七年開始安排旅行，向回歸土地（back-to-the-landers）運動的同伴介紹「安地斯山脈失落的森林」。他成立了一個新團體：「古森林國際」（Ancient Forest International），目標是買下「大教堂樹林」。克萊恩憑著傳教士般的膽識及魅力，獲得《紐約時報》的報導，並得到加州的巴塔哥尼亞公司（Patagonia, Inc.）創辦者伊方・修納（Yvon Chouinard）資助。

最重要的是，克萊恩改變了戶外用品品牌北面（The North Face）和服裝品牌Esprit的共同創辦人：道格拉斯・湯普金斯（Douglas Tompkins）。剛離婚並撤資的湯普金斯，正在尋求巴塔哥尼亞的隱居處；他年輕的時候，曾到過這個地區登山。他和修納在菲茨羅伊峰（Monte Fitz Roy）——即巴塔哥尼亞品牌標籤上描繪的山峰——上共同開闢了「加州路線」。在從消費資本主義中獲利後，湯普金斯開始拒絕這種體制。一九九〇年，湯普金斯為了彌補部分過失，創立了一個致力於「深層生態學」的基金會，這種哲學大受登山客和紅杉運動者歡迎。[48]同年，克萊恩陪伴湯普金斯和攝影師蓋倫・羅威爾（Galen Rowell）前往洛斯拉戈斯地區的荒野探險。加州三人組搭乘小型飛機抵達後，揹著背包徒步橫越新成立的阿萊爾安迪諾國家公園（*El Parque Nacional Alerce Andino*）。在常綠樹冠下，克萊恩鼓勵湯普金斯有更遠大的想法：既然他能夠擁有自己的私人公園，何必安於牧場？

加州那些自以為是的人，激怒了智利頂尖的智利四鱗柏權威，安東尼奧．勞拉（Antonio Lara）。勞拉是在美國求學的生態學教授，彙編了讓智利四鱗柏登上國際自然保育聯盟紅色名錄的資料。他原本是透過一般政治管道，來改革伐木規範和施業法，之後才轉向行動主義。勞拉說：「我決定自己得投入其中，否則就得坐視我的研究消失。這裡唯一的法則，是叢林法則。」[49] 對他和許多同胞來說，古森林國際組織帶有新殖民主義作秀的味道。不過，也有一些其他智利人欣賞克萊恩那種隨心所欲的風格，於是成立類似的運動團體。[50]

數十年來，專家一直期待那些證明「智利四鱗柏確實能活到三千歲以上」的證據能通過查核；一九九三年，他們的期待終於成真了。當時《科學》期刊發表了一篇文章，共同作者是安東尼奧．勞拉，探討樹輪紀錄的溫度訊號。勞拉周密地調查樹樁，發現已知最老的智利四鱗柏在一九七五年被鏈鋸鋸下，那是該種砍伐法仍合法的最後一年。伐木的人——幾乎可以確定是經濟弱勢的馬普切人——無從知道他殺死了一棵三千六百一十三歲的樹。這一追溯的數據在加州引起了轟動，當地的紅杉和世界爺在最長壽植物名單上的排名因此下降。

這時，湯普金斯已經賣掉了位於舊金山倫巴底街的房子，從此搬到巴塔哥尼亞。湯普金斯收購土地，讓他的「普馬林公園」（Pumalín Park）擴張到紅木國家公園的五倍以上，而且花費只有美國財政部和「搶救紅杉聯盟」的一小部分。關於湯普金斯占據荒野的傳言甚囂塵上，有人說那是核彈基地、猶太殖民地或祕密的金礦。湯普金斯身為智利最大的地主之一，激怒了教會、軍方和木材與水力開發者，尤其是加州開始批評智利的環境與經濟政策之後。

皮諾契執政時期與之後，智利在於芝加哥深造的經濟學家建議下，成了新自由主義的實驗室。政府盡可能把一切都私有化，向外國投資者和買家開放國家。

智利曾是世界上最孤立的國家之一，迅速轉型為魚類、葡萄酒、木材、紙漿和愈來愈多的銅的頭號出口國。水果生產方面，智利成了全球南方（Global South）的淘金州。美國經濟學家米爾頓・傅利曼（Milton Friedman）稱之為智利「奇蹟」；在那段期間，棲地破壞及棲地保護以相同的規律同時增加。在自由市場中，跨國企業與智利商業大亨可以追求掠奪性資源開發，整合大面積土地，就像服裝品牌Esprit的創立者可以依從他「生態地方主義」的理念，保護數十萬公頃的土地。

幾家非政府組織，包括大自然保護協會（Nature Conservancy）和世界自然基金會，已把資源導向瓦爾迪維亞區的海岸雨林，那是地球上的一大碳匯。「搶救紅杉聯盟」從舊金山促成了人員不足的阿萊爾科斯特羅國家公園（*El Parque Nacional Alerce Costero*）和紅木國家公園之間的姊妹公園結盟。這兩座溫帶森林雖然相隔數千公里，但都混合了殘存的林地、最近的伐木區和次生林，也都面臨盜採樹瘤的執法挑戰。美國國家公園管理局派遣巡林員到瓦爾迪維亞去諮詢；智利國家森林公司（CONAF）也同樣派人去洪堡郡。

在此同時，研究森林樹冠的跨國團隊在智利四鱗柏和紅杉之間建立了跨太平洋的聯繫。這種結合了攀樹和生態學的空中研究，在一九九〇年代和二〇〇〇年代由洪堡州立大學推廣開來。加州北海岸生物學家「發現」了新的世上最高樹木（樹高三百八十英尺，約一百一十六公尺）並為之命名，還爬到層層疊疊的上層樹幹頂，記錄下驚人的特有生態系，宛如空中的栽培箱。瓦爾迪維亞雨林充滿蕨類的樹冠也是類似的情況，科學家還發現了南猊（monito del monte，又稱智魯負鼠、小山猴）這種夜行性有袋動物的關鍵棲地；南猊是岡瓦納古大陸時期的孑遺生物。

地面上，洛斯拉戈斯地區的原住民領袖在二〇〇〇年代發起倡議，建立了名為「智利四鱗柏之地」（Mapu Lahual）的社群經營公園網路。沿海的惠里契人就像加州的尤羅克人那樣，希望在接待生態遊客的同時，還能繼續採收柏木板。然而，智利的原住民雖然在比例上占更多數，卻缺乏了毛利人和美國部族的憲法地位，因此沒辦法討回傳統領域。

大部分真正非法的智利四鱗柏伐採，發生在非原住民所有的私人土地上。由零星起訴的刑事案件可見，非法販運有時甚至受到智利國家森林公司的包庇。二〇〇五年，智利首席生物學家和前環保署署長亞德里安・霍夫曼（Adriana Hoffmann）表示：「腐敗嚴重，許多非常重要的人士涉入。對於拯救智利四鱗柏，總是說了不少，但什麼也沒做，因此我們正在逐漸失去一部分的祖產。」[51]

十年後，霍夫曼的朋友兼合作者湯普金斯，在一場皮划艇意外中因失溫過世。後續，湯普金斯的基金會——由他的第二任妻子，巴塔哥尼亞公司的前總裁管理——把普馬林公園託付給了智利國家森林公司。這份禮物被報導為全球史上最大的私有土地捐獻。相較於拯救紅杉的洛克斐勒家族，湯普金斯夫妻不算特別富有；不過，與智利四鱗柏之地的惠里契人相比較，他們是首屈一指的大亨。這座智利新國家公園的名字，是為了向一位美國人致意——其過世後被追授智利榮譽公民——其中包含所有現存智利四鱗柏四分之一到三分之一的土地。

湯普金斯自然保護組織（Tompkins Conservation）贊助了一個復育計畫：「智利四鱗柏三千」（Alerce 3000），其概念是這種生長最緩慢的大型植物，可能需要一千年才能從十九、二十世紀的破壞狀態中恢復。相較之下，洪堡郡的二代紅杉蓬勃發展，但這些速生的紅杉仍可能被時間淘汰。在接下來百年的尺度中，氣候還會如同往常嗎？夏季每日的清晨仍會有霧氣湧來，讓林木長到參天嗎？連結加州與智利的聖嬰－南方振盪現象，還會按照樹輪中記錄的循環出現嗎？

另一個有待商榷的問題是殖民者政治的延續。二〇一九年，普馬林・道格拉斯・湯普金斯公園（*El Parque Pumalín Douglas Tompkins*）成立那一年，城市的智利人走上街頭大規模遊行。他們抗議系統性的社會不公；自從智利建國以來，馬普切人就一直承受這樣的問題。越過某條界線之後，玉石俱焚，而十九世紀之火仍在悶燒。

## 紐西蘭的懷波瓦森林

不論從大小尺度來看，紐西蘭都仍是異數。在十九世紀摧毀高大老針葉樹的環太平洋沿岸國家中，只有紐西蘭沒在二十世紀建立致力於保育這些針葉樹的國家公園。「貝殼杉國家公園」的缺席，反映出帕克哈人的矛盾心態和毛利人的決心。

一九〇七年，紐西蘭脫離殖民狀態時，正是本地木材生產的高峰。新的紐西蘭自治領（Dominion）允許貝殼杉木材公司和其他私人利益團體直接向毛利人購買土地，同時繼續出租國有地供人皆伐。有了開往英國的冷凍船運之後，紐西蘭再次致力於草料與牲畜、肉類與乳製品為主的經濟。當時，自治領終於開始管制貝殼杉砍伐，並制定了造林計畫。一九一三年，皇家委員會對於土地分類做出了建議；而這是奧特亞羅瓦（紐西蘭）歷史上的重要分水嶺。為了取代曾經廣布且生物多樣性豐富的「天然林」，委員會為集約的「外來林」打下基礎，這種森林完全由放射松組成，它是「未來的偉大木材樹種」。依據紐西蘭本土專家的共識，貝殼杉花了千年才成熟，因此對林業毫無益處。來自太平洋另一側的這種針葉樹才有未來。[52]

土地分類中包括一個風景類別，委員建議要保護最後、最好、最高大又最古老的貝殼杉。他們把重點放在懷波瓦（Waipoua），這片崎嶇的地區位在赫基昂加港（Hokianga Harbour）南邊。他們設想了一座袖珍公園——一個「森林博物館」——由松樹人工林環繞，有巡林員巡邏，警戒著毛利「闖入者」和克羅埃西亞「樹膠賊」。

接著，第一次世界大戰爆發，林務署的成立因此延後。大戰期間，一名傑出的帝國林務員退休後重出江湖，搬到了紐西蘭，他試圖說服委員他們對貝殼杉的看法是錯的，但沒成功。大衛・哈欽斯（David Hutchins）是印度與開普殖民地的老兵，在法國受教育，他非常喜愛說教，會用押韻的記憶輔助來重申他的論點。哈欽斯稱，貝殼杉皆伐為無政府主義的浩劫、國家醜聞、盎格魯－撒克遜文明的汙點，但他這麼做沒招來什麼同盟。他把紐西蘭的專業知識和巫術相比，並思忖貝殼杉在南澳法屬殖民地應該長得更好。哈欽斯主張，戰爭是從頭來過的機會，前提是紐西蘭人能意識到貝殼杉長得比歐洲的林業樹種更快。在一個世紀內——不需要到一千年——紐西蘭就可由經過再培訓的退伍軍人來監督，實現從過熟貝殼杉林到全齡林的生態轉型。哈欽斯不再關注那些注定滅絕樹種的巨大孑遺，而是將其目光投向了標準尺寸的「未來貝殼杉」。[53]

哈欽斯死於一九二〇年，紐西蘭在同年設立了國家林務署。巡林員所佩戴的徽章上，就像欽斯的墓碑，有著雄偉的貝殼杉。說來諷刺，林務署的「永續森林」目標，為加速清空自然資源提供了一個依據。林務署視所有原生的針葉樹種生長過慢，不足以維持永續林業。放射松在紐西蘭長得比任何測量過的針葉樹都要快，所以貝殼杉是否生長得比法國的歐洲赤松更快，已變得不重要。放射松是加州的奇蹟之樹。到了一九三〇年，紐西蘭北島的松樹產量已經和貝殼杉相當。

林業管理的高度合理化進程中，自治領的都市中產階級的態度也逐漸改變。風景畫家現在把叢林浪漫化了；愛鳥的女性組成紐西蘭第一個自然保護俱樂部；接連有一連串的歷史學家、詩人和小說家，把移民文化描繪成掠奪而魯莽。在《一條紐西蘭河川的故事》（*The Story of a New Zealand River*, 1920）裡，珍・曼德爾（Jane Mander）述說了有文化氣質的女性和野心勃勃的伐木老闆間的不愉快婚姻。男方有著「大好前途」，他的目標是在最棒的叢林裡砍倒最高大的貝殼杉，其樹齡高達好幾千歲。他說：「除了加州之外，沒有其他樹比得上它。」當他的獵物倒到地上時，他宣告：「她倒下了！」他的妻子目睹了這場褻瀆行為，燃起了反抗婚姻的怒火。

帕克哈文化中的矛盾在一九三五年顯而易見，當時紐西蘭北島北部接待了格洛斯特公爵（Duke of

Gloucester），即當時的亨利王子（1900–1974）。亨利熱愛駕駛敞篷車，並用可攜式電影攝影機拍攝旅行影片。為了讓這位貴客開心，一棵樹圍二十英尺（約六公尺）、據稱樹齡一千年的巨大傘狀貝殼杉，在一聲令下後轟然倒地。亨利王子拍攝完殺樹事件之後，造訪了懷波瓦森林，並讚歎其壯麗風景。這裡不久前才開通了一條倍受爭議的道路，可以到達巨木森林。奧克蘭的保育人士擔心，這條觀光路線會成為伐木的途徑。

真要說的話，這條路實際上拯救了森林，因為紐西蘭現存最大的樹（周長五十英尺，約十五公尺）是在建造道路的過程中發現的。一九二〇年代至一九三〇年代，遊客稱路邊的這個景點為「大樹」、「大貝殼杉」、「艾利斯上尉」（以林務署長為名），最後命名為「塔尼馬夫塔」（Tanemahuta）。這個名字取自毛利神祇塔尼（Tāne），祂是森林與鳥類之神，但經常被誤譯為「森林之神」。不過，我們無法確定這名稱是否源於當地的毛利人。總之，這棵為了向玻里尼西亞神祇致意而命名的巨木，在新原住民生態民族主義中，吸引了帕克哈人。紐西蘭人開始稱塔尼馬夫塔為自治領最古老的生物，甚至比加州的世界爺更老。一九四〇年，紐西蘭建國百年紀念時，紀念郵票上出現了這棵巨木。

象徵性採用塔尼馬夫塔的時期，正值「紐西蘭大神話」的高潮。戰間期（interwar years）的學童，包括被迫說英語的毛利學童，都學過由白人偽人類學家收集的牽強附會故事，說的是西元九五〇年玻里尼西亞人庫佩（Kupe）發現了奧特亞羅瓦，之後是一三五〇年的「大艦隊」發現了它。

在懷波瓦地區，關於一片無用的古老森林裡有一棵無價老樹的矛盾訊息，導致了自治領第一次重大的環境爭議。二戰期間，林務署在懷波瓦的邊緣砍伐木材；戰後，林務署把貝殼杉定為返鄉士兵建造平房所需的基本建材。以奧克蘭大學動物學家威廉・羅伊・麥格雷戈（William Roy McGregor）為首的保育人士，在懷波瓦地區的周圍劃定了一道保護界線。他們認為「最後的處女地」貝殼杉森林，是相互依存而和諧的有機體。只要保持完好無損，就能永續再生。麥格雷戈想要透過建立一個不可侵犯的國家公園，來彌補英國移居者的魯莽之舉。他和哈欽斯不同，帕克哈人也支持他的生態道德主義。他寫道：「我們從自然的《聖經》撕下了一整章，手裡正抓著皺巴巴的最後一頁。如果我們棄之不顧，未來必將悔不當初。」[54]

林務署反駁了麥格雷戈的提議，認為殖民時代或許浪費，不過大自然也可能浪費。貝殼杉在施業林可以活得更久，因為人類會改良大自然。政府會藉著疏伐和除害伐來預防林火，而自然愛好者則會隔離並屯積那些腐敗及死亡的樹，使得森林在未來遇到乾旱時發生火災。植物博物館其實是樹木的墓園。懷波瓦森林即使自然存在了數千年，卻不一定能存續。科學林業才是真正的永續手段。[55]

這場衝突的結果兩面不討好。懷波瓦森林保護區（Waipoua Forest Sanctuary）設立於一九五二年，既不是經濟林，也不是國家公園。紐西蘭為了指導林務署管理保護區，任命了一個諮詢委員會，但其中沒有任何原住民代表，儘管北島北部仍然大多數是毛利人。羅羅亞人（Te Roroa）是當地部族的成員，他們抱怨了數十年，認為自治領在致力整合懷波瓦地區的過程中，脅迫土地買賣，卻沒有適當的補償。

二十世紀間，毛利人口恢復的同時，也積極投入政治行動和文化振興。比方說，懷卡托（Waikato）地區的特蓓雅・哈蘭吉（Te Puea Hērangi）——因為其家族和毛利國王運動有淵源，而被英語媒體稱為「特蓓雅公主」——夢想著建造一支新的大艦隊，她的組織工作結合了一九四〇年百年紀念儀式中獨木舟戰船（*waka taua*）的建造工程。毛利工匠獲得威靈頓官方的許可，並向塔尼神獻上供品之後，砍了三棵巨大的貝殼杉，並舉行了葬禮儀式。然後他們鋸開木材、挖空它，將之接合並雕刻、建造。他們神聖的工作用傳統方式進行，持續了三年。漆成紅色的獨木舟稱為*Ngātokimatawhaoruaafter*，是傳說中庫佩所搭乘的傳奇船隻，可以容納一百五十人及其精神威勢（*mana*）。一九五〇年代，為了「大艦隊」六百週年紀念日，他們還建造了較小的獨木舟。一九七四年，伊莉莎白二世女王觀看了這艘儀式用的獨木舟戰船第二次下水。在漫長的政治鬥爭之後，懷唐伊條約日（Waitangi Treaty Day）在那一年成了國定假日。之後每年的二月六日，愈來愈多獨木舟加入艦隊，成為現代毛利原住民的新傳統。

一九八〇年代工黨執政期間，草根行動最後對法律造成了結構性的改革。毛利語成為紐西蘭的第二官方語言。國會順應了數十年來的要求，允許部族依據毛利語版本的《懷唐伊條約》，尋求國家賠償。由國家支持的特別法庭，處理了數千件索賠的請求，國會也批准了許多和解協議。各部族既得到國家土地，也得到賠償損失的款項。一些特殊案例是，部族累積了足夠的資本來買回部分家園，這是讓祖先的火焰繼續燃燒（*ahikāroa*）的一種方式，這是毛利人身分認同中與土地緊密聯繫的核心隱喻。

與此同時，紐西蘭王國重新建構了自身領土，以及與本土和外來物種的關係。一九八七年，政府區分了保護用地與經濟用地，並且出售經濟用地。國家林業就此衰亡。當紐西蘭把「外來種森林」私有化——紐西蘭以鳥類聞名，卻成為鳥類沙漠——有些人工林是部族用賠償金買下的，有些則被外國企業收購。相比之下，擁有本土樹種的國有地成為自然保護區，由新成立的保育部（Department of Conservation）管理。紐西蘭只有大約四分之一的土地仍然是「天然林」，保育部致力於讓這些天然林更自然化。紐西蘭曾經是引入物種的模範殖民地，後來成為國際上減少外來哺乳動物和雜草侵害的領導者。至於貝殼杉，威靈頓官方讓砍伐貝殼杉幾乎完全非法，即使在私人土地的貝殼杉也不例外。

紐西蘭林務署的解散，提供了一個重新審視在懷波瓦設立國家公園想法的機會。北島北部的羅羅亞人，反對在懷唐伊特別法庭的結果出來之前，有任何土地狀態的變更。這個當地部族對英國王室和紐西蘭自治領積怨已久——在殖民時代，他們的森林和農地被剝削；在保護區時代，他們又被汙名化為擅自闖入的樹膠賊和縱火犯。一九九二年，當部族向法庭提出訴訟時，由一名長老唱頌祈禱詞開場，他祈求巨型植物和古老植物的權威：「塔尼馬夫塔，昂然挺立，像千古以來一樣挺立。」[56]

羅羅亞人和解協議在二〇〇八年受到國會批准，提供了正式道歉、九百萬紐幣的賠償和法律保障。紐西蘭認可了懷波瓦地區是羅羅亞人的有形與無形財富（*taonga*），並在保護區設置法定保護區（*te tārehu*，字面意思為「霧」）。國會並承認森林中的儀式地點為神聖且禁止進入的，並且認可了羅羅亞人為懷波瓦和其生命力（*mauri*）的守護者。然而，保護區的日常管理仍然由紐西蘭保育局負責。

和解之後，國家公園的擁護者再度推動設立，但產生了新的癥結點，因為羅羅亞人要求共同治理。該部族很像加州的尤羅克部族，是以文化遺產的概念來構思自然旅遊。他們希望訪客理解懷波瓦和赫基昂加港的關聯，那裡是他們傳奇的祖先庫佩啟航之處。為尋求經濟靈感，該部族將目光投向日本屋久島和島上的世界遺產「柳杉」。為了吸引日本遊客的注意力，羅羅亞人在二〇〇九年邀請屋久島町長到北島北部舉行簽署儀式，讓塔尼馬夫塔樹和繩文杉組成「古樹聯盟」。

世事難料，同樣在二〇〇九年，科學家發現了一種新型的森林病害，引起病害的是一種新的疫病菌

（*Phytophthora*，意為「植物毀滅者」）物種。這種病原體後來被命名為「貝殼杉梢枯病」，病原菌利用游走孢子，透過溼軟的泥土從一棵樹傳至另一棵樹，阻礙其樹液的流動，導致樹幹受損、樹冠褪色。野豬也加速了梢枯病傳播的速度和規模。儘管進行了大規模（且有爭議的）投毒，但從生態角度來看，紐西蘭的原生林仍然充斥著四足動物以及雙足動物。可悲的諷刺是，喜愛貝殼杉的人在無意間感染了樹，環保人士成了傳染媒介。

如今，塔尼馬夫塔的遊客要先通過鞋子消毒站，才能站上觀景臺。這棵巨木妝點著蕨類，霧氣繚繞，令許多紐西蘭人潸然淚下。這棵貝殼杉直到一九二〇年代才被發現且命名，現在已成為現代毛利人與後殖民帕克哈人的雙重文化歸屬象徵。相較於其他移民社會——儘管並非最高標準——帕克哈人集體嘗試彌補相關的種族歧視與掠奪性資源開採的問題。這可以在懷唐伊條約簽署地清楚看到，那是紐西蘭的重要遺址。毛利導遊在那裡被賦予了述說紐西蘭起源故事的角色。導覽內容還包括了音樂劇和舞蹈表演，在參觀行程的最後，導遊會反覆鼓勵遊客驅車前往北島北部的西海岸，去看看紐西蘭最古老的樹。

二〇一六年，貝殼杉梢枯病盛行期間，羅羅亞人發布了一份願景報告，提出了未來的「懷波瓦貝殼杉國家公園」的構想。報告中強調，森林的死亡是和解後的議題，有著社會與精神層面的影響，尤其是對塔尼馬夫塔的影響。這棵象徵性的樹木，有著自己強大的精神威勢；羅羅亞人透過擔任其守護者，也強化了自身的精神威勢。同樣的，它與繩文杉的兄弟樹情誼，帶來了「在國際間強化精神威勢的機會」。雖然羅羅亞人很希望被認可為紐西蘭最古老生物的共同管理者，卻也擔心著，如果被誤解為導致塔尼馬夫塔受到傷害的部族，將會嚴重損害其精神威勢。這結果會造成「嚴重的跨世代影響」。[57]

在這份報告的結論中，該部族引用加州的大樹追隨者約翰・繆爾的話：「當我們試圖單獨看任何東西本身，會發現那東西和宇宙中的其他一切都有所關聯。」[58]繆爾的言論是宇宙性的，不過他的洞見也適用於環太平洋地區的歷史，適用於貝殼杉、智利四鱗柏、紅杉、柳杉和日本扁柏。這些古老的巨大針葉樹族群隔離了數十萬年，卻在漫長的十九世紀因為殖民主義和石化燃料資本主義而逐漸被聯繫在一起。泛太平洋的視角顯示出多種力量同時作用，正在毀滅地球上的超級森林，最終也將形成匯聚的力量，支持且建立補償性的森林保護區。

這些保護區並不是時間停滯、變化緩慢的庇護所。那樣的島嶼已不復見，只存在於想像中。

## 附註

1. 這種植物的毛利語名稱也被翻譯為：courie, cowdi, cowdie, cowdy, cowri, cowrie, cowry, kaudi, kawdi, koudi, kouri, kowde, kowdie, kowri.
2. R. D. Keynes, ed., *Charles Darwin's* Beagle *Diary* (Cambridge, 1988), 391.
3. Richard Taylor, *Te Iki a Maui, or New Zealand and Its Inhabitants* (London, 1855), 136.
4. John Logan Campbell, *Poenamo: Sketches of the Early Days in New Zealand* (London, 1881), 79–82.
5. J. B. Marsden, ed., *Memoirs of the Life and Labors of the Rev. Samuel Marsden* (London, 1838), 136–137.

6. 反抗者是霍恩・赫克（Hōne Heke・恩加普希〔Ngāpuhi〕部族）。
7. 這位國王是波塔陶的偉羅偉羅（Pōtatau Te Wherowhero・懷卡托）。
8. Quotation and details from Florence Keene, *Under Northland Skies: Forty Women of Northland* (Whangarei, 1984), 69–74.
9. Ferdinand von Hochstetter, *New Zealand: Its Physical Geography, Geology and Natural History*, trans. Edward Sauter (Stuttgart, 1867), 149.
10. Entries for February 12–13, 1904, John Muir Journal no. 69 ("January–May 1904, World Tour, Part V"), Holt-Atherton Special Collections, University of the Pacific, Stockton, California.
11. *New Zealand Parliamentary Debates* 16 (Wellington, 1874), 360.
12. Ibid., 351.
13. 這位林務官是英契斯・坎貝爾・沃克（Inches Campbell-Walker），他是在總理尤勒斯・沃格爾（Julius Vogel）邀請下前往。
14. T. Kirk, "Report on Native Forests and the State of the Timber-Trade," *Appendix to the Journals of the House of Representatives*, 1886 Session I, C-3.
15. "Annual Report on Crown Lands Department," *Appendix to the Journals of the House of Representatives*, 1889 Session I, C-1.
16. George S. Perrin, "Report Upon the Conservation of New Zealand Forests," *Appendix to the Journals of the*

*House of Representatives of New Zealand*, 1897 Session II, C-8.

17. W. P. Reeves, *New Zealand and Other Poems* (London, 1898), 4–8. In its revised, canonized form, the poem bears this subtitle: “A Lament for the Children of Tāne.”

18. *New Zealand Illustrated Magazine* 4 (July 1901): 752.

19. 其他俗名有：智利柏木（alerce chileno）、巴塔哥尼亞柏（alerce patagónico, Patagonian cypress）、紅柏（red cypress）、紅雪松（red cedar）、安地斯山紅木（redwood of the Andes）、安地斯紅木（Andean redwood）、南美紅木（South American redwood）、南方紅木（redwood of the south）。*Alerce*通常（誤）英譯為「落葉松」（larch）。智利四鱗柏在馬普切語譯為laguán、lahuál、lahuán、lahuén。

20. 「馬普切」是智利南部馬普切語使用者的通稱，但在十九世紀前，這些人未必把自己視作一個群體。

21. Keynes, *Charles Darwin’s* Beagle *Diary*, 285.

22. C. Martin, “Pflanzengeographisches aus Llanquihue und Chiloé,” *Verhandlungen des Deutschen wissenschaftlichen Vereins zu Santiago de Chile* 3 (1893–1898): 507–522.

23. Rodulfo Amando Philippi, *Elementos de historia natural* (Santiago, 1866), 186.

24. Federico Albert, *Los bosques en el país* (Santiago, 1903), 45, 128.

25. Bailey Willis, *Northern Patagonia: Character and Resources*, vol. 1 (New York, 1914), 366–373.

26. “Reminiscences of Mendocino,” *Hutchings’ Illustrated California Magazine* 3 (October 1858): 146–160, 177–181, quotes on 154 and 157.

27. *History of Humboldt County, California, with Illustrations* (San Francisco, 1881), 140.

28. *First Biennial Report of the California State Board of Forestry* (Sacramento, 1886), 137–157.

29. Willis Linn Jepson, *The Trees of California*, 2nd ed. (Berkeley, 1923), 15–16.

30. Ernest Henry Wilson, *The Conifers and Taxads of Japan* (Cambridge, 1916), 67.

31. 文中的博物學家包括三好學和南方熊楠。

32. Kuang-Chi Hung, "When the Green Archipelago Encountered Formosa: The Making of Modern Forestry in Taiwan under Japan's Colonial Rule (1895–1945)," in *Environment and Society in the Japanese Islands: From Prehistory to the Present*, ed. Bruce L. Batten and Philip C. Brown (Corvallis, 2015), 174–193, quote on 174.

33. 阿里山的譯法有：Alishan, A-li-shan, Ari-san、Arisan, Arizan, Mt. Ari, Ari Mountain。

34. 又稱為薄皮仔、松梧、松羅、臺灣花柏、水古杉，其他英文譯法：red hinoki, red cypress, Taiwan cypress, Formosan cypress, Chinese cypress, Yunnan cypress, hongkuai, hong gui。

35. "Letter of E. H. Wilson," *Journal of the International Garden Club* 2, no. 2 (June 1918): 237–238; E. H. Wilson, "A Phytogeographical Sketch of the Ligneous Flora of Formosa," *Journal of the Arnold Arboretum* 2, no. 1 (July 1920): 25–41.

36. 我以歐洲的姓名順序（先名後姓），按他在德國發表的拼法，譯成Shitarō Kawai。

37. "Describes Million Dollar Forestry Project," *American Lumberman* (April 15, 1911): 48.

38. Ibid.

39. Poultney Bigelow, "Colonial Japan" [part five], *Japan* 11, no. 9 (June 1922): 11–14, based on a talk Bigelow gave in Taipei, as reported in *Yale Alumni Weekly*.

40. 「七千二百歲」這個數字來自一九六八年以大小做出的不可靠估算。按目前盛行的用法，「屋久柳杉」這個詞暗示了樹齡超過一千歲，而「繩文柳杉」則暗示超過三千歲。近期的樹林研究顯示，二千歲是柳杉壽命的實際極限。

41. 領袖是艾德加・偉伯恩（Edgar Wayburn）和大衛・布魯爾。

42. Elwood Maunder with Charles Buchwalter, *Four Generations of Management: The Simpson-Reed Story: An Interview with William G. Reed* (Santa Cruz, 1977), 85–86, 117–127.

43. Rafael Elizalde Mac-Clure, *La sobrevivencia de Chile: La conservación de sus recursos naturales renovables*, 2nd ed. (Santiago, 1970), esp. 308–311.

44. Ministerio de agricultura, "Declara monumento natural a la especie forestal alerce," Decreto 490, October 1, 1976.

45. 殖民時代，西班牙當局通常用「惠里契」（*Huilliche*，意為南方人）來指稱說馬普切語的「阿勞卡尼亞人」群體中，居住在托爾滕河（Río Toltén）和奇洛埃群島之間的地理子集合。當代智利政府則把自我認同為惠里契人的人，歸類為馬普切人。

46. 這個非政府組織是國家保護動植物委員會（Comité nacional pro defensa de la fauna y flora, CODEFF）。

47. 該組織是環境保護資訊中心（Environmental Protection Information Center, EPIC）。

48. 特別是阿恩・內斯（Arne Næss）、喬治・塞欣斯（George Sessions）和比爾・德瓦（Bill Devall）。

49. “Clear-Cut Disaster,” *Chicago Tribune*, December 12, 1994.

50. 尤其是智利四鱗柏基金會（La fundación lahuén）與智利森林捍衛者（Defensores del Bosque Chileno）。

51. “From Thousand-Year-Old Sentinel to Traffickers’ Booty,” *New York Times*, June 2, 2005.

52. See “Report of the Royal Commission on Forestry,” *Appendix to the Journals of the House of Representatives*, 1913 Session I, C-12; and the many additional reports of commissioner Leonard Cockayne.

53. D. E. Hutchins, *A Discussion of Australian Forestry* (Perth, 1916), 389–396; and idem, *New Zealand Forestry* (Wellington, 1919).

54. W. R. McGregor, *The Waipoua Forest: The Last Virgin Kauri Forest of New Zealand* (Auckland, 1948).

55. “Annual Report of the Director of Forestry for the Year Ended 31st March, 1948,” *Appendix to the Journals of the House of Representatives*, 1948 Session I, C-3.

56. Waitangi Tribunal, *The Te Roroa Report* (Wellington, 1992), 1–3.

57. Te Roroa Manawhenua Trust, “Effects Assessment, Waipoua Kauri National Park” (October 2016), accessed through teroroa.iwi.nz.

58. Muir, *My First Summer in the Sierra* (Boston, 1911), 211.

Chapter 5

# Circles and Lines

# 樹輪的
# 圓與線

最高大的老樹和最古老的大樹——地球上的超級植物——僅限於內華達山脈。世界爺自從一八五〇年代亮相以來，就成了古老與健康、瀕危與毀滅的二元象徵。美國人用原始而荒誕的方式，來開發、保護並構想這些「猛瑪樹」。活著的世界爺成了人們思索地質時代的心智對象，而被掏空的世界爺——有著樹輪的物質對象——則發揮歷史時間的意義。

在世界爺國家公園（Sequoia National Park）[1]邊界外的不遠處，遭砍伐的樹樁切片，被送到了圖森市（Tucson）的一間實驗室，幫助奠定了樹輪學，這是由安德魯．道格拉斯所創立的一門學科。與此同時，在曼哈頓和倫敦的科學博物館裡，種族主義的教育家及優生學家，在來自加州的世界爺橫切面上，刻下了文明的年表。

將同心圓的層次轉化為線性、漸進的敘事，已經成為二十世紀白人的一種習慣。從生態學角度來說，這些樹輪可以解釋為記錄不定期乾旱和火燒的編年史。森林管理者現在正拚命地設法將世界爺從前人抑制火燒的政策中拯救出來。這些改正過去、心懷未來的努力，都是為了應變當前超級乾旱和氣候變遷基線不斷變化的挑戰。

## 森林奇觀——世界爺

世界爺無與倫比，它的材積超群，樹齡幾乎也無可匹敵。自從現代文明衝擊到內華達山脈以來——

正值加州淘金熱以及美國種族滅絕征服期間——現代人把世界爺視為古文物。他們立刻把「大樹」看作德高望重的存在，不像智利的智利四鱗柏、紐西蘭的貝殼杉和西北加州的北美紅杉那樣慢半拍。不論當時或現在，人們的感官受到了三重的震驚：龐大的體積、悠長的樹齡加上稀有性。在全新世的棲地之中，世界爺（*Sequoiadendron giganteum*，又稱巨杉）目前只存在於內華達山脈，而且當地只有七十個不相連的族群。一群零星散布的成熟世界爺，肉桂色的樹幹上是一片翻騰的綠，上方籠罩著湛藍穹蒼，與幽暗的森林有天壤之別。約翰．繆爾在一陣泛神崇拜的狂喜中，寫道：「那一道道可觸及、垂手可得的陽光，是在哪裡落入凡塵的？」[1]

從來不曾有哪種植物那麼快地從沒沒無名變成世界知名。加州的邊疆地區成為國際交流的聚集場所，而在報紙上首度報導了卡拉維拉斯郡的「巨大雪松（即松柏）」的幾個月內，歐洲採集者紛紛動身前往這個植物學的「黃金國」。最早到達的是一名英國苗圃的員工。他把內華達山脈的樣本交給傑出的英國植物學家約翰．林德利（John Lindley）。林德利在一八五三年十二月給了這「植物巨怪」最早的學名：*Wellingtonia gigantea*。

林德利不曾涉足加州，但他對巨樹年齡的推測卻得到了無窮的附和：這些活了三千年的巨木，在參孫殺死非利士人、特洛伊王子帕里斯（Paris）帶著海倫逃走、埃涅阿斯（Aeneas）揹著父親安喀塞斯（Anchises）等事件發生的時候，還是樹苗。幾乎所有來自神話歷史過往的著名人物或關鍵事件，都可以

(1) 編註：常見譯名還有「紅杉國家公園」或「巨杉國家公園」。

拿來跟世界爺的壽命相比較；而美國盲目的愛國者反駁，世界爺應該叫 *Washingtonia californica*。在現代人接觸到世界爺的時間尺度後，立刻構建起心裡的年表，這是包括了從特洛伊、雅典到約克鎮與滑鐵盧的西方文明史故事。

在美國南北戰爭之前的時期，成年的歐裔美國人都熟知經典文學和《聖經》，並養成比較美國風景與歐洲遺跡的習慣。在此同時，他們也培養出對於新鮮玩意兒、通俗讀物和騙術的品味——是一種重感覺的青春流行文化。這兩種文化潮流在內華達山脈匯聚，產生了古怪而矛盾的結果。

許多人起初以為「猛瑪樹」是邊疆地區的騙局。加州移居者半開完笑地誇耀起一些荒誕的事物——餐盤大的碩大櫻桃、可以壓扁房屋的小南瓜，以及可以容納火車隧道的半英畝大樹樁。在最初的攝影年代，大眾想要看到實際證據，而企業家則使盡渾身解術滿足大家。如果他們無法讓世人來到卡拉維拉斯郡，那就把這些森林古物的新奇玩意兒帶去城裡。

他們的厚顏無恥，其實有例可循。一八二〇年代，美國人震驚地觀看著伊利湖「巨大黑胡桃樹」的遭遇；它先是被鑿成一家酒吧，然後被運到水牛城當雜貨店，然後又被移到羅徹斯特市（Rochester），在那裡，籌辦者透過剛完工的伊利運河把它運到曼哈頓。籌辦者很滿意這個「植物奇蹟」帶來的收入，陸續安排它在費城及倫敦展出。這個胡桃木客廳的地板上，裝飾著圓形地毯，可以容納三十名客人站在那裡，欣賞牆上掛的高雅藝術品。這個「森林之王」的外部樹幹上有著《詩篇》第一〇四篇中的這段話：「耶和華啊，你所造的何其多，都是你用智慧造成的；遍地滿了你的豐富。」[2]

在世界爺公開亮相的幾週後，一個超大的西方版本樹木沙龍在一八五三年七月起應運而生。據歐裔美國人所知，卡拉維拉斯郡的這片樹林是世界上獨一無二的。一對腦筋動得快的兄弟迅速提出占地申請，藉著這個法律程序，公民可以占取一百六十英畝的公有土地——在此例中，占有的就是未經美國政府承認的米瓦克（Miwok）土地——並在政府測繪之前，就以極低價格獲得所有權。這對兄弟立即將這棵「原始的大樹」賣給朋友威廉・漢福德（William Hanford）。漢福德想出了一個計畫，雇用當地礦工，在標記好再組裝的記號後，自底部垂直剝除了四十英尺（約十二公尺）長的海綿狀外皮。他們把這棵世界奇觀環剝[(2)]之後，用採礦鑽孔機處理，鑽了兩週才把那棵大樹推倒。

這棵世界爺的外殼被送上貨運馬車和蒸汽船運到舊金山。布希街的工人把樹皮重組起來，蓋成舒適的會客室，裡面鋪滿地毯，擺了一架鋼琴，座位足以容納「摩門教會長楊百翰（Brigham Young）的所有妻子和交際花羅拉・蒙帝斯（Lola Montes）的所有丈夫」。[3] 夫妻只要花三美元就可以參加正式舞會。為了確保讓顧客滿意，也防止冒名頂替，業主展示了伐倒木的徑斷面，其上有著數不清的細密樹輪。

在灣區停留一個月後，第一棵「猛瑪樹」乘著快艇繞過合恩角，在一八五四年初抵達曼哈頓。漢福德與馬戲團經紀人費尼爾司・泰勒・巴納姆（Phineas Taylor Barnum）協調，在紐約水晶宮展覽館展示那棵世界爺。那間展覽館在前一年曾舉辦過美國第一次的世界博覽會。漢福德不滿意巴納姆的條件，在百老匯租了自己的展覽空間，為他的三千歲古樹準備了廣告。但他的動作太慢了。「美國巨木」（*Gigantea americanum*）還來不及登場，巴納姆就開始銷售自己的「加州雪松」門票。漢福德既困惑又憤怒，想證

(2) 編註：剝去枝幹上的一圈樹皮。

明巴納姆是個騙子——事實上確實沒錯——但在這個看誰有信心的遊戲裡，巴納姆占了上風。這位經紀人的展品小得多，但看起來可信。相較之下，漢福德那間大得不可思議的樹廳卻顯得像是贗品。他的「植物巨怪」搞砸了。而且，樹皮在再度展出之前，就因為倉庫失火而化為灰燼了。[4]

與此同時，卡拉維拉斯樹林的主人把另一棵巨木——所謂的「森林之母」——賣給了邊境的叫賣商人。買家以專業手法搞破壞，搭建鷹架將外層樹皮剝除到一百一十六英尺（約三十五公尺）的高度，而且厚度達兩英尺（約六十公分）。樹皮上被做了標記以便重組，然後被運往曼哈頓，在翻修過的水晶宮裡找到了棲身處。這間玻璃圓頂的展覽空間在一八五五年的獨立紀念日開放，中央是那座植物奇觀。付費的民眾目瞪口呆：那東西看起來像是貨真價實的大樹，而不是又一間花俏的樹廳。中空的樹幹由內部鷹架支撐著。展出一年之後，業主們讓展覽品橫越大西洋，送到英國更大更好的水晶宮，那是維多利亞女王的王夫亞伯特親王（Prince Albert）的心血結晶。蘇鐵盆栽和八尊小人面獅身像在「世界爺」（*Wellingtonia*）下威嚴地佇立著，對面是阿布辛貝神殿（Abu Simbel）的拉美西斯二世（Ramses II）複製品。埃及和加州的古物在歡樂宮裡共享物理與精神上的空間，直到一八六六年，一場大火吞噬了維多利亞時代的這座珍奇展示廳。

並非所有人都贊同世界爺被作為展示品的餘興節目。世界爺的商業化促成了對國家保育巨型植物族群的最早呼籲。新英格蘭的道德評論者把樹屋解讀為被扭曲甚至變態的美國文化。淘金熱引誘男人離開家庭和社區，腐化了傳統價值。批評者認為，只有被黃金汙染、醉心錢財的男人，才會殘酷而不人道地毀壞植物；在異教徒的年代，那些植物可能被奉為神靈。

事實上，其中主要的一個粗俗人物想方設法成為模範北方佬。以法連・柯廷（Ephraim Cutting）在寫給麻州親人的長信中，自稱為「離家出走的兒子」和「不回家的叔叔」；他想要耍幽默，卻顯得可恥。他在名為墨菲斯（Murphys）的營地吩咐他兄弟，代他向父母問好。並請求家人再給他一年時間，「這個淘金生意，是有史以來最令人沮喪、最不確定、最像樂透的行業。」他懇求道，並拜託兄弟說服父母去拍張銀板攝影照片，卻在不久後接到母親於空盪盪的家中死去的悲傷消息。他寫道，至少讓我捐點金砂做大理石墓碑。對家庭的思念讓他「憂鬱到發狂」；他渴望波士頓的回憶。他要求兄弟寄來他衣箱裡的書時，小心箱裡的木屑，那是邦克山（Bunker Hill）紀念碑的遺跡。[5]

卡拉維拉斯樹林距離墨菲斯營地約步行一天的路程，那裡有著嶄新的商機。柯廷遇到原本大樹的所有人，他描述道：「他們看起來人很好，不過，把一萬到一萬二千美元全投在一棵樹的樹皮上，感覺是很瘋狂的投資。」但他愈想愈覺得沒那麼瘋狂。要是馬戲團經紀人巴納姆買下這棵數千歲的巨木——不誇張，這絕對是可以與侏儒演員拇指將軍湯姆（Tom Thumb）不相上下的無二之選——賣家就會大賺一筆回家。柯廷說服他的淘金夥伴，賣了他們的水權（water stock），不久就簽署文件，成為曼哈頓一棵剝皮世界爺的一半擁有者。結果這件事付之一炬，柯廷覺得自己如同一個被愚弄的傻瓜。然而，柯廷仍懷抱希望，認為他徒勞的追逐會結束，淘金終將得到報償，希望他會在感恩節前後回到新英格蘭，不再是離家的浪子。

可惜事與願違。柯廷進入木材業，在內華達山脈種植櫟樹，建造了一座花園。他和其他終身單身漢組成一個流亡者的社群：「我們吃喝玩樂，爭吵大鬧；納稅，然後變老。」他們待得夠久，看夠了波士頓人；因為在南北戰爭結束後的每個夏天，旅行團都會經過墨菲斯，前往參觀世界爺。與這些來度假的新英格蘭人交談時，柯廷覺得自己像個局外人。

這片觀光樹林大約有一百棵活生生的紀念碑——比原本少了兩棵。每棵巨木都得到一個名字，並附上可收集的立體影像卡片（stereographic card）[(3)]。私人經營者把「原始的大樹」倒下的樹幹，改造成保齡球道，又在樹樁上搭建了一座舞亭。園內的旅館裡，販售著由原本那棵大樹的樹皮所製成的針插，遊客還可以花更多錢買到木杯和燭臺。一段橫切面被切下來，並架起展示，這「令人驚歎的樹木年表」讓遊客深思其歲月流轉。[6] 一位知名的東岸記者隨同眾議院議長一同到西岸，慶祝著南北戰爭結束以及橫貫大陸的鐵路即將落成，他寫道：「它們（世界爺）與我們的現代文明同時發源。當伯利恆之星升起高掛，揭示著起源之時，它們剛剛萌芽；在這十九個世紀以來，它們的美麗和力量逐漸成熟；現在，它們佇立於此，展現出與它們同時存在的上帝那種威嚴與優雅。」[7]

在戰後前往卡拉維拉斯樹林的遊客，繼續乘坐驛馬車前往優勝美地谷，以及有世界爺的馬里波沙樹林（Mariposa Grove）。一八五七年，這片樹林在冰川峽谷南方大約二十英里（約三十二公里）處被「發現」。雖然私人利益集團買下了卡拉維拉斯樹林，但國會保護了馬里波沙樹林，成為一八六四年林肯簽署的《優勝美地土地贈與法案》（Yosemite Grant）的一部分。這標誌著全球史上首度有殖民國家保留土地，不允許私人占用，而是供民眾享受大自然之美；可惜在那之前，一名志願的州民兵燒掉了當地米瓦克人的幾座村子和食物儲藏處，以排除原住民的使用權。

按照現今的標準來看，馬里波沙樹林最早的州土地管理者，優勝美地委員會，並沒有做多少管理工作。一八八一年，優勝美地委員會允許一家驛馬車公司在樹林一棵巨木基部的火燒痕上打穿一條通道。結果，瓦沃納隧道樹（Wawona Tunnel Tree）成了世上最知名的植物之一，也是加州的一大景點。遊客付費通過樹幹，並購買由其心材製作的小刀等小紀念品。

一八八〇年代，隨著馬車道穿過國王河以南的內華達山脈，加州拓荒者注意到更廣闊的世界爺棲地和更高大的樹木。土地總局（General Land office）的一個前哨站成立之後，掀起一股短暫的土地搶購潮。為了保護以聯邦戰士救星尤利西斯．格蘭特（Ulysses S. Grant，後來成為美國總統）命名的一棵大樹，美國加州總測量員在無實權的情況下，仍收回周邊的土地。其餘的巨木都待價而沽。三家企業——兩家是資本主義企業，一家是社會主義企業——致力於鞏固他們對世界爺主要棲地的土地所有權。

卡威亞合作社聯合會（Kaweah Co-operative Commonwealth）領導人伯內特．哈斯凱爾（Burnette Haskell）寫道：「像加州一些地方那樣，競爭系統的無情破壞者不分青紅皂白地摧毀這些過去幾個世紀的守望者，無異於恣意破壞。」[8] 哈斯凱爾原本是無政府主義者，後來成為烏托邦社會主義者，致力於創造一種基於工時單位而非金銀的完美交易媒介。卡威亞的成員支付給對方時，用的是稱為「時間支票」的票據。為了表示對跨物種的尊重，這些社會主義者以馬克思的名字，命名了內華達山脈最大的一棵樹，它大概是花最久時間辛勤生長的一棵樹。

一八九〇年，這些社會主義者終於完成了他們的林道，而美國總統哈里森（Benjamin Harrison）簽

(3) 編註：由兩張角度略為不同的照片組成，需使用特殊鏡片觀看。

署了一道法案，創立了小型的格蘭特將軍國家公園（General Grant National Park）和大規模的世界爺國家公園，那裡是世界上最早的古老植物公共保留區，也是第一個單一物種保護區。這座大公園包圍了卡威亞合作社聯合會主張的土地所有權。嚴格說來，土地局從未授予卡威亞所有權，因此政府現在可以用非法採伐木材來傳喚他們。「世界爺森林」的新守護者——美國陸軍遊騎兵，清除了「闖入者」，並且將「馬克思樹」改名為「薛曼將軍樹」（General Sherman）。薛曼將軍是他們的最高統帥，也是對抗南方邦聯和尋求獨立的印第安人之戰爭英雄。

美國對世界爺的兩極反應——既要開發又要保護，既要崇拜又要貶低——一直持續到十九世紀末。世界爺國家公園成立不久之後，聯邦官員與一家受惠於土地詐欺的伐木公司簽約，挖空了格蘭特將軍國家公園外的一棵世界爺。這棵數千歲的植物變成了另一間會客廳，裝飾在一八九二年至一八九三年芝加哥博覽會中的美國政府大樓的圓形主廳。那是迄今規模最大的世界博覽會，紀念著哥倫布登陸四百週年。策展人將這棵犧牲的樹命名為「諾柏將軍樹」（General Noble），以紀念已故的內政部長及南北戰爭老兵約翰・諾柏（John Noble）——內政部即為公有地的權責機關。諾柏將軍樹在「白城」展覽結束後，被安置於華盛頓特區的國家廣場，成為史密森尼學會（Smithsonian Institution）[4]的工具房。

出售諾柏將軍樹的公司是國王河木材公司（Kings River Lumber Company），於一八八八年成立於舊金山。這家公司透過合法和非法手段，取得了已知最密集、最遼闊的一片世界爺林區——名為康佛斯盆地（Converse Basin）的山中盆地。該公司利用創業投資，建造了一座滑水道，長達五十四英里（約八十七公里），高低落差達四千二百英尺（約一千三百公尺）；這座巨大的滑水道坐落在陡峭峽谷壁邊緣的紅杉支架上，是遊樂園水上雲霄飛車的先驅。巨大的世界爺原木，只需要半天的時間就能從內華達山脈漂到中央谷地。這條滑水道需要不斷維修，雖是技術奇蹟，卻也是財務災難。

一八九五年，該公司改組失敗之後，失去耐性的債權人——主要是一家加拿大銀行——接管了公司，更名為「桑格木材公司」(Sanger Lumber)。新的經營者很清楚世界爺木材的質地比紅杉更脆弱，還是賭上了全面生產。工人把窄軌鐵路從滑水道頂部延伸到盆地中央，在那裡建了一座鋸木廠。在桑格木材公司短暫存在的那些年裡，把大約八千棵巨大的世界爺變成了葡萄藤支柱。

在康佛斯盆地的耆老巨木中，僅有一棵倖存。在這片遼闊樹林的最北端，有一片斜坡俯瞰國王峽谷的崎嶇入口，斜坡邊矗立著一棵巨大的植物，上面有火燒的痕跡和一個標記：「布爾」(Boole)，那是桑格木材公司一名工頭的姓。這棵樹的命名者，是一位在木材營地工作、來自佛雷斯諾郡的醫師，他說：「法蘭克・布爾（Frank Boole）是我所知最正直的人。」[9] 一九〇一年，布爾計畫砍伐「世界上最大的樹」的消息傳出時，柏克萊市的塞拉俱樂部和佛雷斯諾郡的報紙編輯大肆反對。這位工頭發表了一份簡短的保證聲明：「我認為這棵大樹會保護自己，我相信，砍了樹並不會給公司帶來任何利潤。」[10] 當時，他還沒有滑車可在山坡上伐木。在布爾的監督下，該公司的產量在一九〇三年到達巔頂，當年大約由七百名工人生產了一億九千一百萬板呎的木材。為了加快砍伐樹木的速度，桑格木材公司甚至動用了炸藥。沒想到，這家銀行控管的企業炸掉地球上最壯觀的樹林，卻沒賺到錢。數百棵炸毀的世

(4) 編註：是美國一系列博物館及研究機構的集合組織，國家廣場上的眾多博物館皆由其管理。

界爺甚至未曾被送進鋸木廠。

布爾樹名列迄今前十大測量過的大樹，最終因為公司破產而得救，但說故事的人比較喜歡簡單的傳說。以真相為基礎，產生了兩個版本的保存傳說，至今都仍在流傳。其一是布爾為了讓他的名字流傳下去，無恥地放過了這棵樹。另一個版本則是，這個工頭無私地放過了這棵樹，下令保護，為樹求情，而工人為了表彰他的仁慈，用他的名字為樹命名。

不過，桑格木材公司的一般工人，既沒有相關傳說，也沒有被歷史記錄下來。康佛斯盆地的訃告，讓我們一窺反烏托邦式的血腥場面：被鉤爪鉤住並拖行致死；在換車時喪生；被丟到緩慢移動的卡車輪下；被倒塌的木料堆壓死；被斷裂的沉沉鋼纜砸死；在解凍六根「凍結」的火藥棒時，被炸得灰飛煙滅。一九〇三年，一名臨時工在上工第一天就因為木材從卡車上滑落而死亡。他拒絕表明自己的身分，在痛苦中撐了幾個小時。他告訴營地的醫師：「用史密斯（木匠）這名字下葬沒什麼不好。」[11]

隔年，康佛斯盆地的命名來源——工程師C·P·康佛斯（C.P. Convers）——在口袋裡裝滿火車連結車鉤，涉水走進舊金山灣。幾週後，他的遺體被沖上岸。相較於內華達山脈的火藥男孩，康佛斯活得很久，享年八十七歲，足以花光從淘金熱賺到的一小筆財富。先前經歷過一次自殺未遂之後，這位佛雷斯諾郡的拓荒者若無其事地解釋，他「正在變老，並且妨礙到了所有人」。[12]

對於他的許多夥伴——讓淘金州浴血的那些白人男性——而言，極西之地並非安享晚年的所在。

# 世界爺是否瀕臨絕種？

美國加州發展的頭半個世紀，隨著人口從十萬增加到一百五十萬，那些讀到世界爺介紹的人，遠多過於親眼目睹的人，而且大部分的文字都出自於來來去去的旅人之筆。他們陳述了對植物巨怪的矛盾看法。信仰基督教的遊客，預期現存的世界爺可能目睹過福音化的地球，或者悲觀地認為它們可能在地球最後的大火中燃盡。而科學取向的遊客則提到世界爺的生物壽命和演化厄運。

「猛瑪」（Mammoth）這個詞，與北美洲原生的標誌性絕種生物猛瑪象有關，讓人想到龐大無比的體型和無垠的時間。美國建國初期，追求新奇的人可以到查爾斯．皮爾（Charles Peale）著名的費城博物館參觀「猛瑪室」，看到沙文主義的骨架，那是「古老奇觀，最大的陸生生物，世界第九大奇觀！」[13]到了淘金熱時期，猛瑪狂熱已經衰微；美國人準備迎接新的國家象徵——有生命的古老生物。他們把世界爺比作猛瑪象，發掘出一系列的概念，例如：美國之廣大與獨特性、《聖經》中的巨人時代、大洪水前的上古時代及全面滅絕。「森林長毛象」作為冰河時期物種的同源，似乎已預見了自己的滅絕。

十九世紀的地質學家和《聖經》專家，常常得出同樣的結論：古代地球曾經孕育巨大的生物，但大多已經滅絕。在這樣的背景下，猛瑪樹被視為時代錯置。許多遊客——包括美國思想家、作家愛默生（Ralph Waldo Emerson）——進入世界爺樹林時，都引用了《創世記》中寫到洪水前生命的經文：「那時地上有巨人。」[14]加州的州植物學家結合了舊宗教和新科學，把巨型哺乳類更新成巨型爬蟲類，把殿後的「後洪水之王」形容為「與石炭紀的巨大蜥蜴和其他怪獸同時存在」。[15]

當時，關於世界爺之時間性最重要的論文，出自植物學家亞薩・格雷之筆。格雷是達爾文在美國的主要捍衛者。一八七二年，格雷向美國科學促進會（AAAS）發表了主席演講。他剛剛去過加州，這是他的第一次遠西之旅，在那裡親眼見證了卡拉維拉斯和馬里波沙的「世界奇觀」植物，看得目瞪口呆，還跟約翰・繆爾一同享受了優勝美地的私人導覽。格雷搭火車返回，途中還在科羅拉多州停留，攀登一座以他為名的一萬四千英尺（約四千三百公尺）高峰，並利用他在普爾曼（Pullman）豪華列車上的時間，撰寫了演講稿〈世界爺及其歷史〉（Sequoia and Its History）。這位教授很克制，沒有發表關於世界爺尺寸和樹齡的陳腔濫調。他對世界爺的與世隔絕更感興趣；這種樹似乎自成一類（sui generis）。

格雷以問題形式提出了三個假設：一、這些樹真的像《聖經》裡的麥基洗德（Melchizedeks），沒有譜系，也注定沒有後代嗎？二、這些樹現在是否正登上舞臺——或者更確切地說，是在人類干預之前來到舞臺上——準備在未來扮演某種角色嗎？三、這些樹是遺跡，是在過去扮演重大角色，而現在近乎滅亡的一個物種中，碩果僅存的倖存者嗎？

格雷在公理會布道壇上演講——那是愛荷華州迪比克市（Dubuque）最接近會議中心的地方——讚揚達爾文的演化論讓人類能夠研究數百萬年來不斷變化的生命環境。格雷提出了世界爺能進一步證實達爾文對特殊創造論的反駁——創造論認為上帝創造的生物完全處於天時地利之中。格雷指出，當我們看到尤加利樹在加州如何旺盛生長，世界爺在英格蘭如何欣欣向榮，就必須拋下動物與植物原始適應其目前棲地的想法。

格雷認為，高貴的世界爺根本不是完美適應，而是已不再能適應，光是氣候稍微乾燥，就將「導致滅亡」。格雷的論點，建立在不久前發現的葉子、枝條和毬果化石。古植物學家在北半球各地挖掘出了標誌性的「美洲」針葉樹前身，這些地點包括了亞熱帶、溫帶、大陸和地中海地區（德州、蒙大拿州、西利西亞〔Silesia〕、托斯卡尼〔Tuscany〕），到亞北極地區（冰島、庫頁島），再到極地（埃爾斯米爾島〔Ellesmere Island〕、斯匹茲卑爾根島〔Spitsbergen〕）。這些化石分布廣泛，顯示了加州紅杉來自於較溫暖時期演化的「古老族系」。紅杉亞科的紀錄，可以追溯到白堊紀晚期，大約七千萬年前。直到第四紀的上新世（Pliocene）冰河時期開始，紅杉才從亞洲和歐洲絕跡。正如格雷所說，地球變遷拋下了世界爺。更具競爭力的新生命形態已經演化出來；史詩般的譜系已經走向死胡同。

這場關於演化論的經典演講，是格雷的著作《達爾文主義》（*Darwiniana*）的一部分，吸引了廣泛的受眾。[16] 格雷解釋道，生物學就像一條河流，而不是海洋。演化的能量曲折迂迴地流動不停；其流動並不會依據「進步」的直線前進。對於格雷來說，滅絕的過程比僵化不變的「創造」概念更有啟發性。在承認達爾文主義仍然令一些人反感之後，格雷證明了達爾文主義的正確性。宗教既然能在「地球固定不變的概念」中倖存下來，那麼也應該「能超越居住在地球上的物種固定不變的概念」。格雷呼應了虔誠基督徒查爾斯．萊爾在《地質學原理》中的看法：「現在物種的連續毀滅，必然是自然的規律恆定秩序的一部分。」[17] 格雷進一步闡述道，對「秩序」的信仰，是科學的基礎，與對「秩序制定者」的信仰——即宗教的基礎——密不可分。

繆爾關注並參與了這次討論，在一八七六年美國科學促進會的會議上宣讀了一篇論文。在這個關頭，這位蘇格蘭移民兼流浪博物學家，比任何人都更了解內華達山脈的地球生物學。繆爾認為，世界爺樹林的島狀分布，可能和冰川過去的位置有關。山麓上那些沒有世界爺生長的孔隙，通常對應到更新世冰河路徑。繆爾推斷，樹立在「高聳保護性山脊」上的世界爺，已經逃離了冰層。在目前的全新世中，世界爺以類似黎巴嫩山雪松的方式，讓種子落到新沉積的冰磧土，收回了內華達山脈南部的失土。而在山脈北部，世界爺的競爭力則屈居於糖松之下。

所以，根據繆爾所言，世界爺處於一段較長衰退期內的擴張時期。繆爾在現存樹林的邊界外都找不到倒下的世界爺，因此推斷棲地的規模在許多世紀以來都維持穩定。繆爾承認雖然細節不確定，但和諧的科學已經取代了無序的謎團——冰川史和生物史之間確實有關係。「內華達山脈所有現存的森林都很年輕」這個「偉大而根本的事實」令繆爾驚歎。

繆爾藉著長遠思考，坦率地處理了自一八五〇年代以來一直困擾著世界爺熱中者的問題：世界爺是否瀕臨絕種呢？繆爾寫道，沒有任何物種能夠永存，人類也不例外。世界爺確實比較接近時間深淵，「不過，從白堊紀開始的這個邊緣時期，也可能長達數萬年」。對於有人不負責地宣稱，缺乏樹苗就顯示內華達山脈的世界爺失去繁殖能力，繆爾對此提出了有條件的保證。他承認，在國王河以北，那些無後代、無同伴的元老似乎「注定迅速滅絕，只是垂死的殘餘，在所謂的生存鬥爭中被擊垮」。然而在南方，年輕的樹和老樹並肩欣欣向榮。除非遭到人類破壞，否則這種植物界的衰老長毛象後代至少應該能延續到西元一五〇〇〇年。[18]

繆爾和大多數歐裔美國觀察家都在努力思考，為何世界爺在物種層面稀有，但在族群層面卻有生命力。作者們一次又一次堅稱，這種厚皮大樹具有無與倫比的抗火能力、驚人的更新能力，並且對昆蟲、真菌和疾病完全免疫。探險家兼科學家克拉倫斯．金（Clarence King）聲稱，世界爺十分健康：「沒有任何退化的跡象。」[19] 其他人附和道，從來沒有人看過世界爺因年老而死亡。矛盾的是，世界爺似乎只會死於自己旺盛的生命力，「在壯年中期倒地而亡」。加州林業委員將這種因重力而倒塌的死亡是「外生植物（由外側生長）這個大類中唯一的自殺案例」。[20]

對於世界爺的健康說法，包含了一定程度的植物學真理，但最主要的背景是加州的宣傳活動和健康旅遊。在十九世紀的醫學公報和旅行指南中，受雇的專家和特權階級的病患，都保證加州宜人的氣候有延長壽命的功效。據說，這種無疾病的空氣有益於動物和植物組織，青春活力充滿整個州，導致低死亡率和高預期壽命的數據。傳聞倖存的加州原住民——沒遭到殺害的那些人——活到驚人的高齡，遠比其他美洲原住民多了數十年。一位參觀過卡拉維拉斯郡猛瑪樹林的東部遊客，也拜訪了「世上最年長的女性」，洛杉磯一位一百四十歲的麥士蒂索人。[21]

驗證任何古老生物確切年齡之困難度，眾所周知。如果要解析到「年」的尺度，只有木本植物（向外生長植物）才行得通。從外部來看，木材藉著增長形成層成長。隨著每個生長季逐漸停滯，形成層外側的細胞愈來愈小，直到不再分裂出細胞。緻密而細胞壁薄的「晚材」和下一季的「早材」之差的對比，形成了可見的「樹輪」。每一圈樹輪都標誌著生長停滯，但未必是一年過去了。溫帶樹木的樹輪因為定期受到冬季打斷，所以比熱帶樹木的樹輪更容易連貫辨識。十八世紀末，歐洲博物學家大多接受歐洲大陸的木本植物每年會產生一圈樹輪的概念。十九世紀，德國發明生長錐之後，形成層的增長就成為科學林業的衡量標準。

但美國當地人士仍然質疑不斷。美國第一任林務署長伯納德・菲爾諾（Bernhard Fernow）在一八八八年寫道：「討論世界爺的樹齡，引發出『所謂樹輪作為真實樹齡紀錄』的問題。」[22]這並非純理論性的爭論，而是涉及到產權。在美國東部，開拓者測量員通常會在「標誌樹」刻上「火焰記號」來標示邊界。多次或重疊的調查，可能會導致相衝突的所有權主張。當糾紛鬧上法庭時，就必須判斷哪次調查在先，也就是誰先刻下標記。把一棵標誌樹「切塊」——切下刻有火焰記號的樹幹區段——就能計算出測量員刻痕上的形成層數目，得知相對的時間。許多訴訟當事人認為這種科學證據是假的，而其中甚至有兩起案件一路上訴到最高法院。

世界爺太大了，無法切塊或用生長錐來測量。若想計算世界爺的樹輪，需要一個乾淨、完整的樹幹橫切面——簡而言之就是把樹給殺了——以及仔細且有耐心的觀察者。一八五九年，植物學家約翰・托瑞（John Torrey）首度可靠地計算了「原始的大樹」的樹輪，得到驚人的一千一百二十圈：「事實證明這棵樹的樹齡不但不到傳說的一半，還少了三世紀！」[23]托瑞並不失望，反而覺得世界爺的生長能力很神奇。幾年後，加州地質學家喬賽亞・德懷特・惠特尼（Josiah Dwight Whitney）做了後續的統計。他附和道：「這棵大樹並不像通俗作家總愛描寫的那麼超群奇特。」惠特尼預估「原始的大樹」已經活了一千三百年，「不如最高當局指定的一些英國紅豆杉那麼長壽。」[24]

即使經過托瑞和惠特尼的判定，世界爺的壽命在大眾的想像中仍然變長了。加州大學的一名教授在一八八六年抱怨道：「最令一般遊客錯亂的是世界爺的樹齡。」[25]他寫道，必須把那些關於三、四千年壽命的天馬行空說法，貶為荒謬與不可能的範疇。教授指責報紙「浮誇」，但事實上，錯誤訊息也來自可信來源。繆爾聲稱他數了四千個樹輪；加州科學院的一名成員則把上限提高到六千一百二十六年；而史丹佛大學首任校長、生物學家大衛・史塔・喬丹（David Starr Jordan）深信世界爺可以活到八千歲。

關於世界爺的壽命，最深思熟慮但不是最具影響力的主張，來自史丹佛大學植物學教授威廉・羅素・達德利（William Russel Dudley）。一九〇五年，達德利在加州向一群哥倫比亞大學校友發表演說，描述了他在康佛斯盆地的田野工作，他在那裡曾數過伐木樹樁的樹輪。達德利否定了世界爺樹圍和樹齡的關係，並駁斥了所有樹齡四千年或更高樹齡的報告。同時，達德利在一個樹樁上記錄到二千四百五十二個細小的樹輪，那是迄今世上最古老的（已死亡）生命。

達德利的演說內容在其英年早逝後以文字發表，他在演說中聚焦在一棵稍微年輕的樹木，與那棵樹在二千一百七十一年來的自我修復能力。這位植物學家提供了形成層癒合的分析，成為了一名「非人類史學家」，編纂了一部樹木生存的編年史。這棵樹在萌芽後，生命中的第一個重大事件發生在五百一十六歲，當時大火襲捲盆地，留下了火燒痕。接下來的一百零五年裡，這棵樹覆蓋了傷痕。之後，這棵無名世界爺經歷了一千一百九十六年不間斷地生長，然後又經歷了一次火災、又一次的傷口癒合期，如此循環，直到二千零六十八歲時遭遇了一場幾乎致命的大火。達德利推測道，如果美國政府保住康佛斯盆地，不讓土地私有化，這棵樹最新的傷痕將在西元二二五〇年左右癒合。

達德利總結道，如果我們保存了憲法和其他無價的羊皮紙，為什麼不也保存自然的見證者呢？世界爺在其樹輪中記錄了火燒、乾旱和降雨期。每一棵世界爺都應該被保護，有朝一日，這些無可取代的數據將「由老練的人讀取、記錄，並依據最準確的情報來解讀。」[26]

當時，達德利並不知道，黎明已經不遠了。遺憾的是，世界爺樹輪的早期解讀者，大多沒有他這般敏銳的洞見。

## 世界爺樹輪與樹輪學

二十世紀初，教育學者和樹輪學者持續把世界爺樹輪轉化成研究工具。同一片被破壞的棲地，既為科學博物館和研究實驗室提供了第一批樣本，也為馬戲團和遊樂場提供了最後的展示樣本，這並非偶然。一八九〇年，鐵路壟斷大亨柯利斯・亨廷頓（Collis P. Huntington）同意為他的曼哈頓同鄉、美國自然史博物館館長莫里斯・克查姆・傑薩普（Morris Ketchum Jesup）做個順水人情。傑薩普有一個個人的計畫：傑薩普美國木材收藏（Jesup Collection of American Woods），他想要收集所有美國本土樹種的木材樣本，而他希望的壓軸之作正是世界爺的橫切面。傑薩普曾是銀行家，雖然富有，但還不夠有錢到能買下一棵世界爺。為了得到「猛瑪樹」，他需要一位資本巨擘的強力支援。

隔年夏天，博物館派遣木材專家迪爾（S. D. Dill）前往舊金山，他在那裡得到了南太平洋鐵路辦公室的推薦信。迪爾隨後搭乘驛馬車前往康佛斯盆地。營地經理給迪爾看了一棵提前為博物館砍掉的好樹。但迪爾並不滿意，於是騎馬自行物色目標。他在格蘭特將軍國家公園邊界外找到了他的獵物。那棵樹上掛了一個名牌：「馬克・吐溫」（Mark Twain）。這棵與作家同名的大樹，在林地上聳立將近三百英尺

（約九十一公尺），開展的樹基周長將近九十英尺（約二十七公尺）。下半部全是樹幹，沒有分枝。雖然格蘭特將軍樹巍然而立，稍稍高大一點，但迪爾確信他找到更好的樣本：「這是我看過最漂亮的樹。」他差點就去得太遲了。迪爾寫道：「這片曾經宏偉的世界爺樹林，只剩這棵和其他幾棵樹了。」[27]

當馬克吐溫樹在十月轟然倒下的時候，工人大多遠遠旁觀，只有三個大膽的工人站在樹樁上。在如雷鳴般的衝擊過後，一群留著小鬍子的男人在戰利品上擺出勝利的姿態。為了拍照，他們帶來了具有男子氣慨又代表文明的裝備，像是步槍、斧頭、菸斗和懷錶。站在最高位置的人在膝上擱了一本破舊的書，那可能是馬克．吐溫的作品。這位「鍍金年代」[(5)]的代表作家，應該會很欣賞為了在博物館展示而毀掉一棵樹齡一千三百年老樹的荒謬壯舉。工人們將大部分樹幹炸成大塊，然後切成柱子、枕木和木瓦，但小心處理了下半部。他們使用超級鋸刀（將兩把橫切鋸焊接在一起）切下兩對四英尺（約一．二公尺）厚的橫切面。這兩組相連的橫切面直徑達十六英尺（約五公尺），無法裝進貨車，因此伐木工用鐵器把木片截成十二塊：一個中心的圓片和十一個相等的楔形，並標上編號以便組裝。

經過馬車、火車和輪船長途運輸——費用全部由亨廷頓買單——之後，第一組十二塊世界爺橫切面抵達了紐約市。博物館員工將這些木塊黏合，用木屑填補縫隙，再把橫切面拋光成光滑的表面。到了一八九二年底，前來參觀達爾文廳的遊客，可以瞻仰這塊二十四噸的橫切面；這塊木板側立展示著，等待傑薩普收藏計畫完工。報紙報導：「這棵龐然大物為了科學而被肢解，一部分橫越大陸被送去另一座城市。

(5) 編註：指的是一八七〇年至一九〇〇年，美國南北戰爭結束後到改革現代化之前的這段時間。

而當這棵大樹向上伸展之際，建造那座城市的種族甚至尚未存在。」[28]

第二組世界爺橫切片到了更遠的地方，它們繞過合恩角，橫越大西洋來到利物浦，然後是倫敦。自然史博物館的董事會成員多年來一直想要一棵世界爺，他們搭了傑薩普計畫的便車。一八九三年，第二塊橫切面在位於肯辛頓的維多利亞後期哥德式建築中初次亮相，引起轟動。長遠來看，馬克吐溫樹同時在曼哈頓中央公園西區和倫敦克倫威爾路（Cromwell Road）展示，使其成為世界上參觀人數最多的世界爺，甚至超越了之前也曾在這兩座城市展示的「森林之母」。

一九〇三年，一位評論者在談到曼哈頓這件科學展示品時寫道，砍倒一棵樹齡千年以上的樹，「幾乎像射殺百歲人瑞一樣無情；但有些時候，這種殘暴之舉可以饒恕」；一棵原本應該「命運平淡」的樹，卻成為「正式被任命的歷史教授」。在幾個月前舉行的「授職儀式」上，策展人直接將標記固定在樹輪上，顯示其經歷的各個歷史事件。博物館賦予了世界爺「語言能力」，於是世界爺開始了講述過去歷史的「每日講座」。這樣的展示前所未見。[29]

策展人努力為這個教學工具尋找相配的教學法。除了傳統的歷史年表之外，他們還在木頭釘上科學史年表，分為五個子單元：生物學、普通生物學、比較解剖學、古生物學和胚胎學。結果是一片混亂的混合物，使時間軸更加錯綜複雜。為了幫助參觀者理解展覽內容，自然史博物館製作了二十八頁的說明小冊。博物館館長稱讚這棵樹成為「強而有力的教育工具」，而單憑一塊橫切面本身，其教學價值就相當於馬戲團的巨人。[30]

多年後，英國的策展人借鑑這個概念時，選擇了更明確的教學方式。他們在肯辛頓的橫切面漆上一些詞語和日期，組成英格蘭、聯合公國和大英帝國簡潔的歷史，包含常見的重要事件和零星的低谷如：「倫敦大火」（一六六六年）、「南海泡沫事件」（South Sea Bubble）[6]

在年表的發展史上，其發明應該是在一六六六年和一七二〇年的那些災難之後。從中世紀的歐洲一直到近代早期，有過許多將時間視覺化的形式，像是用河流、樹木、動物、身體、手、輪子、鏈子或柱子來表現時間的結構性流逝。一七六五年，英國化學家約瑟夫・普里斯特利（Joseph Priestly）簡化了這一切並大受好評。普里斯特利發表了〈傳記圖表〉（A Chart of Biography），這是一種在視覺上創新的圖表，他使用時間軸上方的平行線，來表示從西元前一二〇〇年到西元一七五〇年間，兩千名男性生命的重疊狀況。普里斯特利簡潔又精確的布局設計，成為日後大多數年表的範本。

年表——世俗的、線性的且普遍適用的——是現代時間的理想體現。年表補足了個人主義、歷史主義和歷史進步的概念。全球同步的線性時間，成為西方現代性的先決條件。殖民主義者和資本家支持線性與一致性，試圖推翻循環宇宙論和太陽時間。國家授權的暴力，伴隨著時鐘制度和時區的建立。年表讓這些顛覆顯得井然有序，甚至顯得自然。當年表被強加在壯觀且有機的千年樹輪——例如世界爺的同心圓——上時，它成為現代性的終極自然化象徵。西方人花了這麼久的時間，才挪用自然的循環來對應歷史的進程，這來自三個先決條件：大眾接受用溫帶樹木的樹輪作為度標記；以機械砍伐並運輸環太平洋地區巨型植物的橫切面；以及博物館專業化。到了一九〇〇年，一切都準備就緒。

(6) 編註：英國在一七二〇年春天到秋天之間發生的經濟泡沫。

一位大學科學家發表了有關樹輪的專業演講，同時博物館館長也發表了針對一般民眾的演講，展現了與年表同步發展的趨勢。來自新英格蘭的傑出天文學家安德魯．道格拉斯，在索諾拉沙漠（Sonoran Desert）清澈而黑暗的天空下度過了他的職業生涯，成為亞利桑那大學的傑出人物。道格拉斯沒受過任何生物學訓練，卻創立了一個學科，將之命名為「樹輪學」，並在一九〇九年為《每月天氣回顧》（*Monthly Weather Review*）撰寫的一篇文章中，闡述了樹輪學的基本原理。

以下理想化地簡述道格拉斯的技術：你是個科學家，從森林裡一棵倒下的樹A-1鑽取樹芯樣本。你不知道這棵樹何時死亡。你將樣本的外端固定並打磨，以便更清楚地觀察，你辨別出一種獨特的多年分樹輪模式——比方說，三道窄樹輪，接著一道寬的，然後是一道極窄的。你現在的目標，是在附近地區相同樹種的較年輕和較年長樣本中，找到同樣的「樹木密碼」獨特序列。於是你回到野外，經過費力地轉動生長錐取樣，並使用放大鏡進行繁複的觀察及比較之後，在你檢測的第五十三棵樹的樣本內端，辨識出了相同的樹輪序列。你使用方格紙記錄A-1和A-53的樹輪寬度，畫出兩張圖「骨架圖」（skeleton plots）。接著重疊兩張圖相符合的序列，就能建立比任何單一樣本時間跨度更長的交叉定年紀錄。

接著，你重複這個過程，一次又一次地尋找新的序列，不斷地前後重疊，直到你遇到一棵活樹或一棵已知死亡日期的樹。有了這個時間錨點，就能為主年表中的所有樹輪判定絕對日期。你可能會有一個獨立的「浮動年表」，因為這些重疊的圖表可能長達數十年或數百年，而未有對應的實際年分，只能確定與相對年分的關係。只要你夠有耐性及好運氣，最終會找到一個可「填補空缺」的樣本，將先前編寫的年表連結到格里曆時間。[31]

樹輪科學在理論上很明確，實際執行上卻十分棘手。正如道格拉斯所發現的，樹輪科學並不適用於所有喬木植物。一個理想的樣本需符合四個要件：首先，那棵樹每年產生一圈生長輪。第二，樹木的生長主要由單一限制因素控制，最好是降水或溫度等氣候訊號。第三，生長輪的寬度和該因素呈相關性，表示生長輪可以當作代理資料。樹輪學者區分了「穩定型」和「敏感型」的樹輪。一棵生長在常年有水棲地的「幸運」樹木，通常傾向於穩定，其樹輪很規則，因此很難解讀訊號。相反地，生長於乾旱或壓力環境中的樹木，往往很敏感。針葉樹通常比被子植物更敏感，某些針葉樹種特別敏感，對豐年或荒年的狀況反應激烈。這些樹種還要符合第四個條件，就能滿足實驗室的需求，那就是樹木必須分布在夠寬廣的區域內——代表在這區域中，記錄在樹輪中的氣候訊號也同樣多樣——採樣才不會偏差。

道格拉斯從亞利桑那州的美國西部黃松開始著手。很偶然的是，這種針對特定地點與物種的方法，徹底革新了西南部考古學（Southwestern archaeology）[7]。道格拉斯用新墨西哥州查科峽谷（Chaco Canyon）村落遺址中的松木梁樣本，進行交叉定年，確定了遺址的建造時間。一九二九年十二月，《國家地理雜誌》大張旗鼓地宣布，道格拉斯發現的樣本能填補普韋布洛年表的空白：「健談的樹輪解開了西南地區的祕密。」道格拉斯教授在後續的說明中，把樹輪比作年度報告、年鑑、月曆和日記。雖然考古學讓道格拉斯聲名大噪，影響力提升，並且為他的實驗室提供了必要的經費，卻從未成為道格拉斯最

(7) 編註：考古學研究的一個專門領域，主要研究美國西南部地區（包括亞利桑那州、新墨西哥州、猶他州、科羅拉多州和德克薩斯州部分地區）的史前和歷史文化。

感興趣的領域。他發明樹輪學的初衷，是為了研究太陽黑子與其可能對氣候的影響。為了這項研究，道格拉斯需要比美國西部黃松所能提供的更長的年表，於是他轉而研究世界爺。

一九一五年，道格拉斯來到康佛斯盆地的第一天就遇上「好運」：一棵遭人炸毀的大樹。身為樹的驗屍官，道格拉斯精確地為這個他稱為「D-5」的龐然植物定年。道格拉斯在爆破區僅僅待了幾週，就得到一個兩千二百年的交叉定年年表。[32]

一九一八年他再次回到康佛斯盆地，希望能把年表增長到三千年。由於樹樁數量過多，他試圖根據周長來過濾選擇，結果卻察覺最粗的樹不見得最老。最後，他在「世界博覽會區」找到一群被砍伐的超級老樹，這個樹林為一八七六年的費城世博會及一八九三年的芝加哥世博會供應了樣本。道格拉斯從那些樹樁和不久前命名的「電影樹」採了樣本——這些樹樁上還裝飾著遊客的名片。而原本活了將近兩千五百年的電影樹，則是因為電影的拍攝遭到炸毀，並任其荒廢。道格拉斯在附近找到了他想要的樹樁，並在其上刻下識別碼「D-21」。那棵樹當時活了三千二百二十年，成為新任最老（已死亡的）的樹。

道格拉斯之所以來到康佛斯盆地，是聽取了艾茲瓦斯・杭亭頓（Ellsworth Huntington）的建議，並帶著他的推薦信。在戰間期，杭亭頓這位來自康乃狄克州的北方佬，成為美國最著名、最具影響力，也最有爭議的地理學家之一。他的職業生涯以「地理的歷史理論」（geographic theory of history）為中心，有時也簡稱為「杭亭頓理論」。杭亭頓與同時代的奧斯瓦爾德・史賓格勒（Oswald Spengler，著有《西方的沒落》〔*The Decline of the West*〕）一樣，在長時段（*longue durée*）中尋找人類歷史的根本動機和深層模式。

杭亭頓認為，氣候變遷和相應的社會變遷，是以「脈動方式」發生。一個溫和且看似穩定的氣候，可能突然轉變為長期乾旱，反之亦然。早在古希臘時代，思想家就假設有週期性的降雨期，氣候學家現在稱之為「多雨期」(pluvials)。亞里斯多德認為那樣的事件受到地理限制，杭亭頓則認為，如同噴射氣流振盪那樣的脈動，會同步影響地球，只是有著地區差異。杭亭頓預測，科學家只要解碼地球和宇宙的脈動，就能揭露「發展的脈動」，亦即種族演化及文明興衰背後的控制因素。理解了圓（地球的過去），就能理解線（人類的歷史）。

杭亭頓滿懷熱忱，陷入了目的論的陷阱：他先提出了自己的「遠大構想」，才去尋找證據。他前往土耳其、巴勒斯坦和美國西南部測量湖階，即那些乾涸古湖泊的浴缸環（bathtub ring）。然後，他在一九一一年、一九一二年，到內華達山脈「勘查大樹樁」。他寫道：「砍掉樹齡幾千年的樹木，拿來做柵欄柱和『蓋屋板』（shakes），好像很可惜，不過對我們目前的調查來說，卻是幸運的事。」[33]他和助手埋首於四百五十一個新鮮的木樁上工作，盡可能忽略螞蟻的叮咬騷擾，全力投入調查。

杭亭頓在《哈潑》（*Harper's*）雜誌和政府出版的國家公園管理局小冊中，寫下一如以往的煽情評語：這棵樹在《出埃及記》的時代是一棵堅韌的苗木，在馬拉松戰役時代成熟，在羅馬衰亡、黑暗時代來臨時屹立不搖。然後，這位地理學家加上了他的轉折：其他人只能在修辭上將加州植物和古物相比，他卻能用世界爺解釋古代歷史。杭亭頓寫道，「世界爺」的祕密為解決歷史上最深刻、影響最深遠的一個問題開了路。與英國歷史學家愛德華・吉朋（Edward Gibbon）相反，杭亭頓把氣候列為羅馬衰亡的首要因素，也把美索不達米亞的覆亡歸咎於乾旱。並用氣候解釋了黑死病、伊斯蘭教的擴張及蒙古入侵等諸多歷史事件。杭亭頓宣稱自己的樹輪理論經過「嚴格的數學測試」，還能「站得住腳」。[34]

令人驚訝的是，這位來自紐黑文（New Haven）的自負傢伙，從未用他的四百五十一棵樣本樹做交叉定年。儘管杭亭頓受到樹輪學啟發，卻不曾加以實踐。杭亭頓在卡內基科學研究所（Carnegie Institution）發表的一份報告中，周詳地解釋了他那可疑的方法。[35]首先，他以十年為單位測量樹輪寬度，通常在每個樹樁上做出多次橫切取樣。之後，杭亭頓把十年的數據拿來平均，繪製出一條複合曲線，據說這條波浪起伏的線，應該能闡明氣候週期。他用數學方法平滑處理曲線，以修正觀測誤差、樹樁形狀的不規則性，以及基部擴張對樹輪寬度的扭曲影響。修正幅度最大的部分集中於西元前時期的一小批樹木樣本，那是杭亭頓最感興趣的時期。為了支持圖表左端——即早期數據——的可信度，杭亭頓決定納入他在中亞收集的西元前氣候數據。他沒有檢驗世界爺是否可用來推斷遠方過去氣候的假設，反而直接把他的假設當作經證實的事實。

對於杭亭頓及其贊助者來說，了解過去的氣候，就能保護種族的未來。他們相信，不可控制的氣候週期塑造了文明和種族發展，而現在，白人有能力透過基於科學的治理方法，來維護最新的進步成果。杭亭頓並將政治與科學結合起來，在一九三〇年代擔任美國優生學會的財務主管和主席。早在一九二一年，杭亭頓就準備了一幅長達十五英尺（約四．五公尺）的氣候曲線圖，在第二屆國際優生學大會中展示，其主辦方是美國自然史博物館。

最初的馬克吐溫樹年表只維持了十年。一九一二年，策展人拆除了馬克吐溫樹的橫切面，將之移到林業大廳，作為延宕已久並顯得過時的傑薩普北美樹木收藏展盛大開幕的一部分展出。翻新的橫切面現在有著金漆的世紀標記，但除了「西元五五〇年開始生長」和「一八九一年遭砍伐」之外，沒有標記其他事件。為了符合已故贊助者傑薩普的希望，世界爺前方的解說牌僅提供了經濟植物學的資訊，而非歷史事件。

由於舉辦優生學大會，策展人抓住機會，改造了陳舊的林業大廳。新的展覽內容包括「五月花號後代瀕臨滅絕」、「美國的優生絕育」和「白人和黑人胎兒之間的差異」。博物館為了騰出空間給這些和其他教具——包括五十名「瘋狂罪犯」的大腦——遷走了所有樹木，僅保留下馬克吐溫樹。馬克吐溫樹坐落在出入口旁，重拾歷史教授的角色。策展人在杭亭頓圖表上的年代和相應的樹輪之間牽起白線，展示「三千年來的氣候變遷：透過食物供應、健康和遷徙，對天擇與種族融合的影響」。在瓶裝的大腦和胎兒石膏模型運走很久之後，杭亭頓的圖表仍然留在樹旁。直到一九四一年，美國向第三帝國（納粹德國）宣戰，那張圖表還一直保留在那裡。[36]

雖然和杭亭頓有些共通的政治觀點，但道格拉斯在公開演講時更加謹慎，在研究世界爺時更加嚴謹。道格拉斯把大約五十個徑向樣本（大形楔形切片）送到位在亞利桑那大學的實驗室，並在那裡將樣本切片以便進行固定及觀測。道格拉斯判定，杭亭頓速成的粗略計算，造成了數十年的誤差，在某些情況下甚至是幾百年的誤差。不過他圓滑地指出，他的朋友杭亭頓側重於假定的數百年週期，那樣的週期允許一定的誤差範圍。但道格拉斯沒有任何餘裕接受誤差，因為太陽黑子週期的時間尺度很短，僅僅十一年。這位天文學家第三次返回加州，試圖弄清楚一五八〇年這一層樹輪的異常情況，該層樹輪只有在某些樹木中出現。道格拉斯成功破解「可疑樹輪」之後，為了更精準地比較骨架圖，建造了帶有透鏡和鏡子的巧妙機器：「週期儀」(periodograph) 和「轉速計」(cycloscope)。

最終，道格拉斯還是未能找到太陽黑子影響世界爺生長的確切證據。反倒是他的機器顯示了一些動態的週期現象，它們會出現、消失，但卻無規律地重複。道格拉斯無法解釋這些模式。身為天文學家，道格拉斯喜愛行星繞行、月亮潮汐和日心軌道的可預測性。相較之下，地球的氣候是一團混亂。然而，道格拉斯仍然樂觀地認為，世界爺紀錄中「複雜」或「交織」的信號，有一天可以找到與北美西部其他地區樹種代理資料的關聯。[37]

這項研究的後續工作落到他指導的學生艾德蒙．舒爾曼手上。舒爾曼並非「五月花號後裔」，但他進一步記錄了加州的針葉樹，那些樹比世界爺敏感得多，而且更加古老。

## 樹輪上的年表修正史

傑薩普收藏是十九世紀末國民識字率提高時期，經濟植物學的產物。不過，傑薩普收藏未曾在曼哈頓重新展出，馬克吐溫樹倒是留了下來。一九二八年，策展人第三度翻新了世界爺橫切面，為的是讓樹輪訊息更易於閱讀。他們遵照英國模式，在橫切面上定出單一的歷史年表。被標記上去的事件相對較少，戰爭和外交被優先標記於科學及發明之前，這些事件平均分布在每個百年標記旁，對應著每百個樹輪。這種「以空間代表時間」的呈現方法，後來成為標準做法。許多其他城市的策展人，紛紛仿照曼哈頓的這個設計，用以展示樹木的橫切面。

美國國家公園管理局同樣推動了年表的標準化。世界爺國家公園一棵倒下的樹，衍生出二十多份樹輪年表。一九二三年開始，公園管理局應學校和博物館的申請，免費提供世界爺橫切面，申請單位只要支付運費即可。每片重達一．五噸的橫切面都會附上一份解說指引，包括一個年表清單，申請單位可以從中挑選出適合的事件標示於樹輪上。樹幹各部分的樹輪難免數量不同（約為一千五百加減二百個）；令策展人感到困擾的是，國家公園管理局無法確切說出哪一圈樹輪屬於哪一年，不過，博物館參觀者毫不知情。世界爺「時間組件」被送往奧斯陸和斯德哥爾摩，以及其他一些海外地點，但大多數是在美國境內巡迴，包括一些意想不到的地點，例如洛杉磯市中心菲格羅亞街南加州汽車俱樂部的停車場。此外，一九三一年，在維吉尼亞州濱海地區的殖民歷史公園（Colonial National Historical Park），為紀念約克鎮戰役一百五十週年——美國獨立戰爭最後一場重大戰役——設置了一座世界爺年表。

世界爺國家公園的負責人把最大一片橫切面留給亞利桑那大學，算是給道格拉斯做了一份人情。道格拉斯為了回報，在一九三五年前往世界爺國家公園，從薛曼將軍樹鑽取了一些淺層樣本，並罕見地發表了一段誇大其詞的言論：預估樹齡是三千五百加減五百歲。這位教授重新引燃了佛雷斯諾郡（格蘭特將軍樹所在）和圖拉爾郡（薛曼將軍樹所在）之間的長期競爭。一九三一年，六名技師組成的委員會與州商會合作，宣布了一項決議：薛曼將軍樹是世界上最大的生物；格蘭特將軍樹則是世界上最老的生物。

或許，道格拉斯意識到他對世界爺的漫長研究，其推廣價值要高過理論價值。圖森市的猛瑪生物展是當地兒童的最愛，展覽解釋了樹輪科學對西南部考古學而非天文學的意義。當地報紙滔滔不絕地讚美這大自然的羅塞塔石碑（Rosetta stone）[8]，預測樹輪學將成為本世紀最偉大的進展之一，甚至暗示國家領導人未來將尋求樹輪學者的意見以進行長期預測。道格拉斯頗為自豪地批准了一個博物館標記，將一九〇二年的世界爺生長輪標記在距離哥倫布和馬可波羅事件只有幾寸距離的位置，並註明：「道格拉斯博士開始研究樹輪。」[38]

相較於出版的圖示年表——其中有數百、數千則人名和日期——樹輪上的年表顯得極為簡化。策展人精心挑選了一些重要事件，這些事件通常有較高的記憶價值，但也反映出策展人個人的偏見。其中最具變數的是倒數第二個標記，策展人通常會選樣本死亡之前最後一個關鍵事件。若不是「道格拉斯博士」，就是「馬可尼無線電」（Marconi Wireless）或「世界大戰停戰」。

至於較早的標籤則多為重複的事件。我之所以會知道，是因為我執著地追蹤了加州的二十五個橫切面——當中大多是世界爺，少數是北美紅杉——它們是美國人在二十世紀上半葉設置的，其中包括一件送給法國的禮物。以下是年表標籤中最常出現的事件，按主題分類：

美國革命／獨立宣言：出現二十二次
哥倫布發現美洲：出現二十一次
清教徒／五月花號：出現十四次
哈斯丁戰役（Battle of Hastings）／諾曼征服／征服者威廉：出現十三次
大憲章：出現十二次

第一次十字軍東征／第二次十字軍東征／最後一次十字軍東征：出現十二次
查理曼加冕：出現十一次
南北戰爭開始／結束／林肯總統遇刺：出現十次
萊夫·艾瑞克森（Leif Erikson）／挪威人／維京人在美洲：出現十次
穆罕默德出生：出現十次
羅馬衰亡／掠奪／焚城／圍城／毀滅／分裂／占領／入侵：出現九次

這些年表都是白人至上的產物，包含了概化的宏大敘事。帝國的神授歷程從舊大陸向新大陸西移，從基督教羅馬到宗教改革的英國，再到兩度誕生的美利堅合眾國，「美國的自由帝國」被描繪為這條進步路途的終點，是文明發展的結論、基督教時代的最後階段。最早在自然史博物館展示時，一位評論者這麼總結了敘事：「發明天才迅速成長，思想愈來愈自由。」[39]在集體記憶中，著名的男性，主要是探險家和將軍，被視為進步的旗手。而維京人的突出表現，反映了優生學對「北歐人種」的推崇，以及斯堪的那維亞移民努力將自身與美國遺產聯繫起來的嘗試。至於穆罕默德的標記也是可以解釋的。信奉盎格魯－撒克遜新教的策展人可能會更偏好在西元零年——「耶穌基督誕生」——加上一個標記。事實上，

(8) 編註：羅塞塔石碑是解讀古埃及象形文字的關鍵，用以比喻某事物是解開謎團或理解複雜事物的關鍵。在這裡，指的是樹木年輪被視為解讀過去氣候和環境訊息的關鍵。

其中有些人的確逕自加入了耶穌誕生的標記。不過，誠實的策展人知道，博物館取得的世界爺橫切面並非與基督同時代，因此他們接受了穆罕默德先知作為一個亞伯拉罕諸教的替代性象徵。

這些移居者的年表完全忽略了加州殖民之前的歷史。偶爾會提及英國探險家法蘭西斯・德瑞克爵士（Sir Francis Drake）——相當於盎格魯－撒克遜加州的神話締造者萊夫・艾瑞克森——的登陸事蹟，以及西班牙傳教站的成立，不過，美國征服之前的淘金州卻被呈現為「無時間」的存在。線性時間中的固定點被賦予特權，不僅鞏固了這種敘事，更進一步抹除了原住民的歷史，這些歷史無法被簡單地還原為具體的、可追溯的日期或事件。在原住民之中，只有馬雅人和阿茲特克人有時會出現在樹輪年表上，因為他們是符合西方文明定義的曆法民族。

這些年表雖然充滿沙文主義及成功至上主義，卻免不了模稜兩可。所有為了教學而刻在樹輪上的王國和帝國，都完美地記錄了文明之無常。世界爺同時象徵著不朽與死亡，既有教育意義，又令人感到疏離。歷史學家愛德華・艾斯特林・康明思（Edward Estlin Cummings）在一九三五年寫給詩人艾茲拉・龐德（Ezra Pound）的一封信中，描述了曼哈頓自然史博物館的「奇蹟」，感嘆那裡沒有什麼是自然的，展出的盡是死去的動物標本和樹木切片。康明思在馬克吐溫樹前讀著年表標記，從「那棵樹的中心（誕生之時）到它的圓周（遭謀殺之日）。當然了，如果那棵樹沒遭受殺害（而且是被腰斬），就仍將是沉默而沒沒無名的璞玉。」[40]

第二次世界大戰期間，世界爺時間的象徵意義變得更加脆弱。一九四一年的凜冽隆冬，珍珠港事件發生僅兩週後，國王峽谷國家公園（Kings Canyon National Park）的負責人就在正式名稱為「國家耶誕樹」

的格蘭特將軍樹旁，發表了耶誕演說。按照慣例，數百名觀眾拿著保溫瓶、裹著毛毯，坐在折疊椅上觀看午間的節目，包括升旗與花圈敬獻儀式、銅管樂演奏和聲樂獨唱、愛國歌曲大合唱、耶誕頌歌、祈禱、詩歌朗誦，以及美國總統與加州州長的書面致辭，整場活動都透過廣播向全美播放。

在演講中，這位負責人嚴肅了起來，提到「一個動蕩的世界，人類似乎投入於旨在毀滅自己的鬥爭，一個揮之不去的陰影」。他指出，在這個災難時刻，當美國的敵人致力於消滅和平之君（Prince of Peace）[9]的所有理想時，高貴的世界爺提供了真正的啟發，是堅毅的典範。偉大的文明「從野蠻走向富裕、優雅和文化，最終卻遭到毀滅；而世界爺的樹幹只是增長了幾英尺」。這棵屹立不搖的樹是「造物者活生生的展現」，國家可以向它尋求耶誕節的啟示。負責人繼續說道，如果我們傾聽，這棵樹——來自上帝本尊的聲音——將告訴我們，人類的希望、對抗黑暗與奴役的希望，都寄託在美國人身上。然而他強調，結局並非事前注定。「如果你們失敗了，也許會由幾個世紀後的一代人，在一九四一年的樹輪標上標記，註記著：『美利堅合眾國在此滅亡，基督教文明隨之消殞。』」[41]

冷戰期間，就像美國的許多其他事物一樣，對於年表的勉強共識破裂了。在一九六五年的一部小說中，描寫了在巴黎的一名逃兵。主角參觀了巴黎植物園，看到巨大的世界爺橫切面，這是美國退伍軍團協會（American Legion）贈送的禮物。當主角看到「基督誕生」和「清教徒登陸」的年代標記之後，苦笑著建議更新：「一九六五年二月七日：山姆大叔轟炸了無助的小國。」他的朋友又補充了一句：「第三

(9) 編註：是基督教中的一個稱號，出自《舊約聖經・以賽亞書》，通常用來代指耶穌。

次世界大戰開始了。」[42]

二十世紀後期，大西洋兩岸的策展人對世界爺年表進行了調整，使其符合「政治正確」的要求，但還是以男性為中心。在倫敦自然史博物館，馬克吐溫樹被移到了主廳的一個平臺，以搭配其更新的標示內容。全球同步的視角取代了原本的單一國家發展軌跡，《大憲章》夾在加納帝國和蒙古王朝之間，而甘地則距離牛頓和莎士比亞不過幾英寸之遙。年表中刪除了「英格蘭王艾塞斯坦（Athelstan）大敗維京人」和「蘇格蘭班諾克本（Bannockburn）戰役」這些曾經令人難忘的事件，變得更具包容性，但也更加碎片化。

類似的修正主義也發生在繆爾森林國家紀念森林（Muir Woods National Monument），這是距離舊金山不遠的北美紅杉保護區。這裡的年表和兩塊馬克吐溫樹橫切面並列為世界上最多人參觀的橫切面之一。一九三一年最初展示時的標記，包括「哈斯丁戰役」、「大憲章」、「發現美洲」和「大樹遭伐倒」。在追求多元文化的一九八〇年代，阿茲特克人和阿納薩奇人（Anasazi）取代了英國國王和男爵，「樹木倒下」則取代了過於直白的「大樹遭伐倒」作為年表的終點。在二〇〇〇年代的進一步修訂中，哥倫布經歷了三階段的降級，從「發現新大陸」，變成「登陸新大陸」，到僅僅「航向新大陸」。

許多遊客對繆爾森林的橫切面印象深刻，因為它出現在希區考克（Alfred Hitchcock）一九五八年的經典電影《迷魂記》（*Vertigo*）中，這部電影正是圍繞著時間和時間困惑展開敘事。由金露華（Kim Novak）飾演的瑪德琳（Madeleine），在一個令人難忘的場景中，她一想到「樹木繼續活下去的同時，人們誕生、死去」，就焦躁不安。當鏡頭在橫切面的年表上水平移動時，她似乎進入一種恍惚的狀態。她戴著黑手套的手指，指向一七七六年的標示和樹幹邊緣之間的一個點。她用《歌劇魅影》（*The Phantom of the Opera*）女高音卡洛塔（Carlotta）幽靈般的聲音，同時對斯科蒂（Scottie）、這棵死去的樹和周圍活生生的森林說：「就在這邊的某個地方，我出生了……然後在那裡，我死了。這對你來說只是一個瞬間。你根本沒有注意到。」

《迷魂記》也影響了另一部法國經典電影，克里斯・馬克（Chris Marker）的實驗短片《堤》（*La jetée*, 1962）。馬克透過黑白靜物攝影和旁白，講述了一個世界末日的時間旅行故事。第三次世界大戰後，巴黎成了具有放射性的廢墟。一座地下掩體中，政府科學家強行將一名囚犯轉移到戰前世界去尋求援助。主角痛苦地涉足過去時，遇見了一位似曾相識的女人，兩人墜入愛河。某日，他們去了巴黎植物園，在世界爺橫切面前駐足。主角指向樹上年表之外的地方，說：「我來自那裡。」

整體而言，大樹年表的類型——一種把歷史思維教學永久化的物質嘗試——證實是不穩定的。在二十世紀，同一座國家公園裡同樣的展示，可能代表著偉大的國家及技術進步，也可能反映後殖民的遺憾和文明衰落，或是末日焦慮。現在，在美國極端黨派對立的「後真相」時期，不難想像用一道行政命令要求刪除樹輪上的多元文化修訂，或者恰恰相反：用一道機構指令要求改掉「五月花號」和「淘金熱」，刻上別的事件，像是第一批受奴役的非洲人抵達維吉尼亞（一六一九年），或是加州種族滅絕的開始（一八四六年）——加州州長已在二〇一九年為了種族滅絕一事公開道歉。

在遊客和相機的視野之外，世界爺的另一種線性時間紀錄變得更加穩定了。一九八〇年代和一九九〇年代，樹輪學者團隊——許多受雇於道格拉斯在圖森市成立的實驗室——回到康佛斯盆地和世界爺森林，用世界爺的角度講述火燒歷史，遲來地實現威廉・羅素・達德利以植物為中心的洞見。驚人的是，許多年老的世界爺竟然經歷了一百場以上的火燒而倖存。為了查出火燒發生的年分，科學家需要找到火燒疤痕與生長輪相交的確切位置。但僅使用生長錐，無法達成這個目的，所以他們使用鏈鋸處理那些被砍伐和倒下的樹，鋸下楔狀的木塊樣本，這樣的資料探勘可望無偏差地抽樣。最終的成果是世界上最精確的年度火燒分析年表。

科學家也從活著的世界爺外層樹輪取得樣本，這些資料可以和當地的天氣數據建立相關性。道格拉斯沒有嘗試過這種相關性，因為當時的氣象儀器數據只能追溯到一八九五年。到了一九八〇年代，氣象數據資料累積的時間已經夠長遠，讓研究人員得以推斷出重要的關係。在輕度或中度乾旱的年分，世界爺樹輪的敏感度比較低。但在當時紀錄中最嚴重的三個乾旱年分中（一九二四年、一九七六年、一九七七年），每個樣區的每棵世界爺都表現出高度敏感度。可見樹輪中有共通的訊號存在。

樹輪學者回顧了他們的樣本，試圖在跨越數個世紀的樹輪中尋找這種氣候特徵。他們計算出，加州中部平均每百年會發生四・五次嚴重乾旱。這些荒年的分布並不平均。比方說，西元六九九年到八二三年間，世界爺有十四年生長受限。相較之下，一八五〇年到一九五〇年——加利福尼亞成為美國一州的頭一個世紀——是過去兩千年乾旱頻率最低的一百年。換句話說，歐裔美國殖民者遇到了「不可思議的好運」。

圖森市的樹輪學者將研究範圍從加州擴大到北美西部，證實艾茲瓦斯・杭亭頓強調的轉型乾旱確有其事——儘管他們並不認同他的研究方法、分析或政治立場。戰後，杭亭頓的名聲一落千丈，地理學家認為他的成就是粗糙的、帶有種族歧視的環境決定論。至於二十世紀中葉的歷史學家，則是淡化了氣候突變作為因果關係因素的重要性。到了千禧年之際，氣候變遷以及對其引發的焦慮，促使人們重新評估這些觀點。

科學家使用了來自整個地區的世界爺和其他對環境敏感的針葉樹，組建了一個網格化的樹輪年表資料集。他們的網格化資料顯示，北美洲西部的過去發生過許多乾旱時期，比儀器有紀錄以來的任何時期都還要嚴重而漫長。西元八六〇年到一六〇〇年間，發生了七次超級乾旱，包括了止於一三〇〇年的三十年大旱，當時查科峽谷的社會和宗教生活已然崩壞。這個影響深遠且跨越世紀的乾旱階段，是由全球「中世紀氣候異常」（又稱中世紀溫暖期）對次大陸所造成的影響，其中，西元一五八〇年這個乾燥的年分尤為突出。許多樹木透過停止生長得以倖存，缺失的樹輪正是證據。

世界爺的乾旱與火燒年表，不等同於國家或文明的年表。「樹的故事」沒有情節或後設敘事，只是隨著時間變化的紀錄。乾旱樹輪和火燒痕，可以與基督教曆法或任何其他曆法系統對應，也可以完全不對應任何曆法。樹輪資料庫讓過去顯得陌生，雖然有助於長遠思考，卻削弱了對時間的感受。這些來自形成層的數據並不像世界爺橫切面那樣，讓人覺得是美國文化的一部分。其實，沒有任何文物能體現世界爺年表；世界爺年表是從大量樣本得到數據後，再用統計方法把資料平滑處理後再製成的圖示。透過樹輪學，世界爺以族群整體發聲，話語真誠。不過在這個過程中，世界爺個別的樹狀結構——作為獨立個體的特質——卻消失了。

相較之下，馬克吐溫樹本身夠能引起共鳴。在倫敦市中心，其橫切面展示在相襯的宏偉空間。我第一次前去致意時，無意中聽到一名小學生滿心敬畏，用悲傷的語氣問父母：「他們為什麼要砍掉這棵樹？」當我二〇一七年回來時，這個塗了清漆的木板上的年表又被修改了。尺度仍然是全球性的，但重點又回歸到科技領域。策展人現在在每一百圈樹輪處列出了全球人口數，從西元一〇〇〇年的三．四五億到西元一八〇〇年的十億。

曼哈頓有另一棵馬克吐溫樹陳列在陰暗而未曾翻修的廊道間。博物館的恐龍展廳通風良好，靠著氣候變遷否定論的主要贊助者大衛．科克（David Koch）的捐贈進行翻修。相較之下，北美森林廳宛如時間膠囊，讓人想起在那個年代，特權階級和有權勢的人認為，為了教育而砍伐千年古樹是應該的。

世界爺年表——以及猛瑪樹本身——的未來可能是虛擬的。對程式設計師來說，做出一棵觸控螢幕的世界爺來代表世界爺森林裡一棵三千歲的老樹，不是難事。圖形介面可以有三百個標籤，每個世紀一個，顯示全球平均的大氣碳含量。前兩百九十八個標籤重複（208 ppm）[10]，有其道理。然後，在一九〇〇年微幅增加到296 ppm。接著在二〇〇〇年，出現了異常而驚人的數字：370 ppm。

未來學習美國歷史的學生，可能藉著數字得知一段敘事：二八〇、二九六、三五〇、四〇〇、五〇〇，就像前人記憶哥倫布的船隻和航程一樣。回顧過去，煤炭革命賦予英國和美國不成比例的權力，其影響遠遠超過任何人，包括威靈頓和華盛頓。

## 美國大樹的死亡率

世界爺在美國歷史中的地位，經歷了兩個極端的擺盪：從供人娛樂的樹木會客廳到受保護的樹林，從贈予資本家的土地到為了大眾而收回的土地。國會和白宮分別設立世界爺國家公園（一八九〇年）和世界爺國家森林（Sequoia National Forest，一八九三年）之後，美國的保育人士慶幸自己永遠保護了最好的世界爺棲地。一些小規模的收購使得設立國家公園的努力更加完善。一九三五年，幽森的康佛斯盆地以每英畝十五美元的價格重歸聯邦所有。

不過，那些受拯救的樹木仍可能處在危險中。美國國家公園管理局成立於一九一六年，最初認為世界爺面臨兩大威脅：遊客和林火。國家公園管理局設法管理遊客，並且盡一切努力排除林火。但是從生態史學家和世界爺的角度來看，巡林員的優先順序是致命的錯誤。

幾十年來，遊客在樹林裡的行為一直很惡劣，他們剝掉樹皮，在樹幹釘上標牌，爬上脆弱的樹瘤擺姿勢拍照。最令人擔憂的是灰熊巨木（Grizzly Giant），這棵龐然怪樹的樹幹節瘤隆起超乎尋常，是「世上最古老生物」稱號的頭號角逐者。遊客在馬里波沙樹林中踩踏的那些腳步，使得灰熊巨木周圍的林下土地變得光禿硬化，國家公園管理局不得不立起圍籬，並委託植物病理學家進行研究。在一九二七年的報告中，樹木醫師警告，遊客「沒自覺的掠奪性行為」，會「逐漸殺死」樹木，樹木醫師並斷言灰熊巨木

(10) 編註：1 ppm 為一百萬分之一。

「不可能恢復」。[43] 麻州巨木（Massachusetts Tree）的倒下，似乎證實了這危言聳聽的結論；那是一八七○年代以來第一棵倒下的巨木。

一九三○年代，巡林員對他們眼中的危機做出了反應。他們在馬里波沙樹林設置了消防栓，暫停了樹林裡另一棵「穿越樹」的車輛通行，並將景觀道路改道，遠離灰熊巨木；這棵樹當時有三重鐵絲網保護。優勝美地國家公園（Yosemite National Park）的負責人是曾參加第一次世界大戰的老兵，深受在西部戰線經驗的影響。他用杜鵑花、美洲茶屬（ceanothus）之花和山茱萸，裝飾了他的「低調德式」柵欄。負責人在世界爺森林入口處立了一塊告示牌，勸誡遊客要培養謙遜之心，在這些恐龍時代就已存在的物種、耶穌在加利利（Galilee）海岸行走時就已矗立的樹木面前，思考自己的生命有限，讓自己的靈魂更加正直。

但令管理人員沮喪的是，馬里波沙樹林的巨木持續倒下。一九三四年，馬廄樹轟然倒地，隔年冬天，密西根樹和猶他樹也相繼倒下。第二棵以馬克・吐溫為名的世界爺——據說是內華達山脈最高的樹——在一九四三年倒下。經過另一番研究之後，國家公園管理局不再開放樹林露營，並且建了一堵石牆支撐瓦沃納隧道樹，並在樹幹周圍鋪上枝條，避免人們踩踏樹根。結果遊客卻把這些木頭搬走了。

國家公園管理局肩負的雙重使命——保存大自然，以供人們享有——必然產生矛盾。巡林員從來不阻止汽車穿越瓦沃納隧道樹，反而鼓勵這樣做。這樣的景點為優勝美地帶來無盡的正面關注，而國家公園管理局也不願疏遠那些愛開車的擁護者。在提供了數十載的享受之後，結構受損的瓦沃納隧道樹在一九六八年到一九六九年的聖嬰之冬頹然倒下，徒留人們記憶中的一個常見問題：可以開車穿過的樹在哪裡？

二〇〇三年，馬里波沙樹林又有兩棵高大的世界爺倒下，人們立刻將原因歸咎於旅遊業。一名巡林員評論道：「我們可能正用愛逼死那些樹。」[44]十年後，優勝美地國家公園的負責人稱這片樹林的狀況不堪，並在大規模整修期間關閉園區；整修的費用半數由慈善捐助者支付。工作人員拆除了環狀的柏油路，用小徑和木棧道取而代之。二〇一八年，馬里波沙樹林重新開放。每年有多達一百萬名遊客造訪，他們把汽車停在幾英里外的大停車場，改搭接駁車。下車後，他們走向已無生息的瓦沃納樹；這棵樹被重新命名為「倒下的隧道樹」(Fallen Tunnel Tree)。

世界爺國家公園的旅遊重點同樣集中在一片特大的樹林：世界爺森林。一九三〇年代，園方修建了一條柏油通道；在那之前，相較於馬里波沙樹林，這個世界爺族群少有人參觀。為了招攬關注，世界爺的負責人主持了命名儀式。一九二三年，華倫．哈定（Warren Harding）總統意外逝世，因此有了這樣的機會。負責人約翰．懷特（John White）把一棵世界爺包裹在巨幅的美國國旗中，這棵大樹被譽為世上第二大的樹，據稱已經生長了五千年。懷特寫道：「無論是法老還是皇帝，都不曾像我們第二十九任總統那般的普通美國公民，擁有經久不衰的紀念物。當金字塔坍塌成塵埃時，華倫哈定世界爺只會長得更高大雄偉。」[45]

到了一九五〇年，世界爺國家公園裡道路縱橫錯綜，停車場水洩不通；那是戰後成功的跡象。一棵壯年的世界爺朝小屋傾斜了十度，為了保護世界爺森林村的觀光客，管理人對那棵樹發出了死刑令。兩名承包商在六個小時內砍倒了這棵兩千二百二十二歲的樹。那位曾經施壓國家公園砍倒此樹的特許經營者看到這一幕，激動起來：「大家好像都壓低聲音說話，彷彿聚在即將辭世的好友床邊。」一九六七年，國家公園管理局授權移除了另一棵老齡的累贅，而這次是在員工的反對下進行。

在一九六〇年代和一九七〇年代，國家公園管理局的主流文化從美學管理轉變為生態管理。經過無止境的官僚規畫，世界爺森林在一九九七年到二〇〇五年間改頭換面。國家公園管理局遷走遊客村，拆除了其餘的建築物，修復道路和停車場，為熱門景點「薛曼將軍樹」設置了接駁巴士系統。矛盾的是，這樣的改變原意是鼓勵具冥想性的深度參訪，卻反而讓遊客縮短了停留時間。[46]

復育工作也包括世界爺生態的一個特點：火。這個因素從一八九〇年到一九七〇年間一直缺席。林火減少的情形，早在淘金熱時代就開始了，當時米瓦克人和派尤特人（Paiute）這兩群在內華達山脈相遇並混居的群體，遭到了暴力驅逐。原住民原本把火當成游牧生計經濟中的季節性工具。每年的小面積低強度火燒，改善了狩獵及採集條件，又不會破壞世界爺。其實，人為的焚燒能展開延遲性毬果（需火焰刺激其散播），創造空間增加光照，為土壤增添養分，促進樹苗更新。美國所有古老的世界爺，都萌芽於人們改變過的地景。

卡拉維拉斯和馬里波沙的許多早期遊客，流露出他們的種族歧視，推測經歷火舌的世界爺想必被任意當成火爐或是柴火使用，或是被惡意縱火。他們認為原住民熱中於破壞，並將世界爺分布範圍有限的原因歸咎為「印第安人有破壞傾向」的後果。[47]

二十世紀初，當聯邦林務員進入世界爺森林時，發現世界爺幼苗稀少，於是採取了抑制火災的策略。一名美國頂尖林務員在一九一一年寫道：「火與幼苗不能共存。因此，我們必須徹底完全排除火燒。」他把輕度焚燒的支持者斥為受誤導的「紅番野蠻方式」追隨者。[48]舊金山一位市政工程技師同樣把世界爺受威脅的狀態，歸咎於「印第安挖掘者林業系統」。[49]奧爾多・李奧帕德（Aldo Leopold）——後來寫了土地管理的權威之作《沙郡年紀》——則提出不同看法，把「派尤特林業」（Piute Forestry）拿來和林火預防做比較，就像普魯士人對「波蘭式管理」和德國林業的對比。[50]全面抑制林火在當時成為一種不容質疑的信條，一九二二年，美國國會撥款給世界爺國家公園購入消防設施時，規定所有經費都不得用於「預防性燃燒」，也就是後來所謂的策略燒除（prescribed burn）或控管燒除（controlled burn）。

說來諷刺，促進生育的政策反而增加了幼苗的死亡率。年輕的世界爺在營養豐富、陽光充足的土壤中生長得最好——但這種條件只會發生在中等強度的地表火之後。在新的無火政策下，耐蔭的白冷杉在競爭中擊敗了巨型世界爺。為了讓世界爺幼苗有機會生存，土地管理者在著名的樹林中疏伐了競爭者。這項稱為「景觀清理」的政策似乎還有額外的好處：減少林地累積的可燃物並改善景觀。管理者迫切需要新的世界爺生長，於是轉而採取園藝手段。大蕭條期間，世界爺國家公園平民保育團（CCC）的年輕人們，用當地苗圃的樹苗進行了數以千計的人工種植。

一九六〇年代，國家公園管理局開始質疑他們為了保護巨型動物和象徵性巨型植物明星所做的努力，是否弊大於利。一九六三年的「李奧帕德報告」以第一作者奧爾多・李奧帕德之子為名，為公園體系的生態管理吹響了號角。報告主張，過度保護的措施，已經將內華達山脈中公園般的森林變成了雜亂的灌木叢。報告呼籲恢復「白人第一次造訪時」就存在的生物族群。[51]

就在華盛頓特區的官員針對新的林火政策做最後修改時，一道閃電擊中了格蘭特將軍樹林中的加州樹樹頂。加州樹難以抵達，在其樹冠持續燃燒幾天後，負責人緊急聯絡了當時在蒙大拿州執行任務的首席林業人員查理·卡斯特羅（Charlie Castro）。卡斯特羅是少數幾位高空攀爬世界爺消防員中的一員，其成員都是當地的印第安人。卡斯特羅是米瓦克－派尤特人，出生於優勝美地谷，在淡季時以爵士鼓手的身分巡迴演出。卡斯特羅在胸口繞了一條繩子，腰帶上繫著一道繩索，無畏地爬上了距離燃燒世界爺通直樹幹不遠的高大冷杉。他爬到將近兩百英尺（約六十一公尺）的高度，然後固定了繩子，接著像蜘蛛人一樣盪向世界爺下層的樹冠。餘燼落在他的頭上，卡斯特羅繼續向上爬到了兩百五十英尺（約七十六公尺）的高度，然後在煙霧繚繞的樹冠中找到一個穩固的位置。他把繩索放給地面消防員，消防員接上一根高壓軟管。卡斯特羅拉起高壓軟管之後，在凍麻手指的寒冷和燒焦頭髮的高溫中，度過了幾個小時，以一己之力拯救了加州樹——也是國家耶誕樹——同時造就了一個傳奇。他自豪地回憶：「我就像第一個登上酋長岩的人。」[52]

一九六七年，卡斯特羅因為英勇救火而二度得獎。就在同一年，國家公園管理局開始反轉抑制火災的政策，指定聯合管理的世界爺與國王峽谷國家公園為重點實驗區之一。不久之後，該機構就在偏遠地區建立了一片「自然火燒區」，允許閃電引起的林火燃燒。在世界爺森林裡，巡林員開始年度的控管燒除法。他們在國家公園裡連續多年輕度焚燒，一次燒一小塊地。雖然經營者努力教育大眾，但這些低強度的林火仍然引發了爭議。遊客不喜歡看到標誌性的知名巨木——巡林員稱之為「君王樹」——受到破壞。國家公園管理局多年來收到「政府破壞」和「燒烤樹木」的抱怨，最後終於調整了林火管理計畫，盡可能保存君王樹的美感。

第二輪調整出於科學因素，而非政治因素。二〇〇〇年，內華達山脈的樹輪學者已經證明，反印第安時代的火災抑制政策下，樹輪沒有火燒疤痕——這種現象被稱為「護林熊效應」（Smokey Bear effects）[11]——在過去三千年中前所未見。對已經適應林火的世界爺而言，二十世紀前葉是一片空白，是一個沒有幼苗加入的失敗世代。科學家記錄了後冰河時期世界爺森林各式各樣的林火，有些零星、有些全面，強度有高有低。基於這些發現，火災生態學家提出了與其保護世界爺免於遭受任何干擾，不如促進一種能產生「鑲嵌式森林」的干擾機制。他們不再說要將樹林「復原」成「原始」或「原本」狀態，而是將目標修改為在過去的變動範圍內，維持一座有韌性的森林。

隨著世界爺幼苗的出現，然後慢慢長為幼樹，策略燒除的成效在世界爺森林中昭然若揭。但這個過程十分緩慢，每次燃燒都需要多年的計畫，然後等待適當的天氣狀況與政治局勢，因此，在二〇〇〇年的超級乾旱開始之前，國家公園管理局甚至無法完全對整座國家公園或所有主要世界爺森林進行初次策略燒除，導致歷史上的火災赤字尚未解除。繁文縟節令生態學家挫折不已，從長遠來看，他們認為未成熟的世界爺與最高大的年長世界爺一樣重要，後者用管理語言來說，就是「有特殊價值的樹」。依據國家公園管理局的分類，世界爺國家公園中大約有一百棵巨木被劃分為特殊，而包括格蘭特將軍樹和薛曼將軍樹在內的少數幾棵，則被指定為「具有文化意義」的樹木。

隨著時間流逝，這兩棵將軍樹反倒愈來愈年輕。一九九〇年代，美國地質調查局的森林生態學家奈

(11) 編註：護林熊是美國用來推廣預防野火概念的代表動物圖案。

特．史蒂芬森（Nate Stephenson）研究出一個改進版的數學公式，用以預估世界爺的樹齡。史蒂芬森在康佛斯盆地的數百截樹樁上，測試了他的公式，徹底反駁了過去「越大等於越老」的假設。結果顯示，國家耶誕樹終究不曾見識過伯利恆之星。根據史蒂芬森的估算，薛曼將軍樹只有兩千一百五十歲，而灰熊巨木的樹齡則令人驚訝地僅有一千七百九十歲。以文化角度來說，最古老的大樹無論在哪裡，都可能相對比較小棵，因此不醒目。遭到伐倒的世界爺中，已知最老的樹（三千二百六十六歲），其直徑還不到薛曼將軍樹的一半。史蒂芬森指出：「即使是最大棵的世界爺，頂多也只是中年樹，而且還像青少年一樣快速生長中。」[53]

史蒂芬森在大學畢業後，到世界爺國家公園擔任志工，待了一段不算短的時間，成為季節性的巡林員。由於他熱愛背包旅行，所以即使在獲得博士學位後，還是繼續這份夏天的工作。一九八八年，史蒂芬森迎來了職業生涯的重要轉機，當時美國太空總署（NASA）的詹姆斯．漢森（James Hansen）博士向國會證實氣候變遷的問題。聯邦政府的回應是實施美國全球變遷研究計畫（US Global Change Research Program）。史蒂芬森提交了在世界爺國家公園設置研究站的提案，獲得了一筆經費，首次在他視為自家的森林得到全職工作。

新千禧年的前二十年，加州幾乎接連乾旱，史蒂芬森成為研究世界爺的頭號專家。利用樹輪作為積雪和夏季土壤溼度的替代數據，科學家判定，這場持續二十多年的乾旱——發生在加州人口接近四千萬人之際——是內華達山脈自西元八〇〇年以來最乾燥的一段時間。他們認為，造成乾旱的大半原因是人為因素。[54]換句話說，溫室氣體的排放，把「正常」的乾旱變成「千年一度的大旱」；隨著環境條件逐漸脫離歷史基準，「正常性」是否還有意義，也需要重新審視。

由於氣候乾旱化的影響，史蒂芬森的研究轉向森林頂枯病。二〇一〇年代，內華達山脈有超過一億棵針葉樹立枯死亡，其中美國西部黃松的死亡率接近九十%。在同一段時期，世界爺的預估死亡率則低得不尋常，小於一%，證明了此物種的非凡韌性。然而，乾旱確實導致世界爺廣泛地出現葉片梢枯，這是從來不曾記錄到的情況。二〇一七年，當我拜訪史蒂芬森時，他向我展示了未來的預兆：世界爺的一根分枝上布滿小蠹蟲的食痕。他俏皮地說：「很漂亮，不是嗎？」二〇一四年創紀錄的乾旱顯示，世界爺並不像一直以來主張的那樣不會受害。當逆境夠嚴重的時候，即使超級植物也有弱點。

一五八〇年那樣的乾旱遲早會再度發生，到時候再加上500 ppm以上的溫室氣體，會是什麼情況？那已經超出了過去變動的已知範圍。樹輪紀錄不再是一個適用於無雪或少雪的內華達山脈的操作手冊。「這是檢傷分類、爭取時間以及分散風險的問題。」他小心地選擇用詞。史蒂芬森的研究站在小布希（George W. Bush）執政時期存活下來，也經歷過政權轉移給川普（Donald J. Trump）的過渡。在世界爺保護政策方面，史蒂芬森是務實主義者，他已經從自己對氣候變化的悲痛中找到出路。他說，國家公園管理局可以積極管理「大約一%到二%的世界爺森林」，「我們畢竟無法把整個國家公園當作一座公園來維護。」史蒂芬森要我想像一個場景：在未來更炎熱的乾旱中，巡林員可以給君王樹澆水（檢傷分類），普遍使用殺蟲劑（爭取時間），加快世界爺外遷（分散風險）。

世界爺在目前的主要棲地——內華達山脈南部的島狀山坡——中，已沒有地方可以垂直遷移，世界爺需要往北走。早在十九世紀晚期，已有許多作者預見了這一步。一九〇六年，南太平洋鐵路出版的生活風格雜誌《日落》（*Sunset*），建議設立與植樹節類似的「世界爺週」。《日落》雜誌表示，不需要把世界爺當成消失中物種的殘跡，並把它變成被柵欄環繞的老兵來展示。我們應該忘掉宿命論，像真正的美國人一樣樂觀思考：人類可以構想出一片更大的世界爺森林。[55]不久之後，美國林務署就在太浩湖（Lake Tahoe）附近開始了種植世界爺的實驗計畫。一個世紀後，歷史又回到原點，一家營利性質的木材公司，扮演了保育世界爺的領導角色。塞拉太平洋工業公司（Sierra Pacific Industries）是一間家族企業，也是內華達山脈北部最大的地主。這家企業開始使用苗圃栽培的樹木來建立活體基因庫。這些樹木是在國家公園管理局准許下，於世界爺國家公園收集毬果，並取得種子培育而成。塞拉太平洋工業公司的「定植」地點位在加州北部的多個海拔和緯度。

輔助遷移（assisted migration）是否只是一種感性上的選擇？史蒂芬森為了嚇我，對我說：「世界爺可能滅絕，而生態系幾乎不會注意到。」在生態學的專業術語中，世界爺既不是優勢物種，也不是關鍵或指標物種。世界爺的碳儲存總量少到可以忽略不計。成熟世界爺唯一能提供，而內華達山脈其他針葉樹無法提供的「生態系服務」，是為重新引入的兀鷲提供築巢棲地。但其實，這些珍稀植物還為現代人提供了時間性的慰藉。「遊客來這裡，是因為這些古老的大樹讓他們在一個充滿憂慮和危機的世界中找到立足點。」史蒂芬森繼續說：「世界爺為他們帶來平靜，給他們安慰——即使這是一種錯覺——讓他們知道有些事永遠不會改變。」但現在國家公園管理局無法讓一切都不改變了。「我們要如何向大眾轉達這一點？」他思忖著。「這對人們的心理會有什麼影響？人們會感到憤怒。」

在那個炎熱的九月天，我和史蒂芬森交談之時，國家公園南邊的兩片小樹林起火燃燒。三年後，二〇二〇年時，內華達山脈好幾度遭到太空中也看得見的特大火燒摧殘。加州人開始用新英格蘭各州的面積來比較「火燒複合區」的規模。根據某個碳計算器顯示，加州在二〇〇一年至二〇二〇年間減少的溫室氣體排放量，被同期釋放到大氣中估計達四．四億噸的加州森林碳所抵消。[56]更大規模的火燒得更熱、更高，所產生的火積雨雲讓人想起廣島核爆的蕈狀雲。由於過去抑制火災的政策，導致過量的燃料所產生的極端高溫，使得世界爺複合火燒（SQF Complex）垂直蔓延到樹冠上部，燒毀了數千棵健康的千年老樹。在初步估算出來時，專家表示震驚和錯愕。生長在自然棲地的大型世界爺，高達十四％可能在這單一事件中死亡。技術人員在現場落淚。世界爺國家公園的首席資源管理員說：「末日的惡果來得比我們想像的要早得多。那些樹林已經一百年沒有策略燒除，如果再不進行，就會在一場大火裡失去那些兩千年的君王。」[57]

時間不等人，大家害怕的一刻在隔年（二〇二一年）就到來了，閃電引起的KNP複合火燒，燒過了世界爺國家公園的核心地帶。消防員在撤離之前，於格蘭特將軍樹上安裝了灑水裝置，用鋁箔毯包住薛曼將軍樹——這些都是出於絕望與公共關係考量之舉。由於地形和過去的控管燒除，相對平坦的世界爺森林倖免於最嚴重的情況。在這個正面消息傳出後，加州立法機關立即通過了一項具有里程碑意義的法案，旨在效仿原住民的歷史經驗，鼓勵全州各地實行控管燒除。然而，隨後傳來了令人震驚的消息。國家公園一些坡度較陡且火燒防護不足的地區中，大火沿著樹冠蔓延，「摧毀」了整片古老的樹林。巡林員沮喪不已，他們預估得在高熱把延遲性毬果烤得過熟的地方，種下苗木。

若要在年表上標記的話，二〇二〇年到二〇二一年可以總結為：五分之一極度耐火物種的長者，在火焰中消逝了。

自從猛瑪樹廣為人知以來，美國白人就執著於猛瑪樹在國家時間中的消逝，反過來說，他們也執著於在一棵世界爺的生命期內，關注種族化國家的生與死。所有關於線性（西方進步）和永恆（永世長存的國家）的豪言壯語，仍無法掩蓋對週期性（文明興衰）的焦慮。要維持美國作為「未來之國」的地位，似乎需要不斷進行戰爭。兩棵「最古老」的世界爺以軍事將領命名，也表明了這個狀況——讓人想起和南北戰爭同時期的「印第安戰爭」——還有待觀察的是：大多數美國人能否改變國家的長期思維模式，在面對美國最具象徵性的巨型植物之死時，避免提及種族或末日論呢？畢竟積習難改。古老的世界爺目前活在美國時間裡；更準確地說，它們正「死於移居者的時間」。在美國世界爺的短暫歷史中，既有過跨物種時間性的謙卑時刻，也有不以為恥地展現的慣常時間觀。樹輪學早期的歷史充滿紛爭——與其說以植物為中心，更像是以歐洲為中心——顯示了移居者時間觀的力量與思想上的匱乏。在超越人類時間尺度且令人敬畏的物質性面前，那些觀察著仍然站立或被切割的世界爺的專家們，卻只執著於其上的細細白線。

事後來看，二〇〇一年五月是「美國世紀」[12]的最後一個春天，當時剛上任的總統小布希參觀了世界爺森林。白宮的演講稿撰稿人提前聯繫了史蒂芬森，確認了總統臨時講臺旁這棵大樹的預估樹齡。三軍統帥彷彿宣讀著年表，莊重說道：「五月花號抵達時，這棵世界爺已經在這裡了。《大憲章》蓋上封蠟時，它也在這裡；羅馬帝國衰亡，甚至早在羅馬興起時，它就在這裡。」他接著補充：「如果基督曾親自站在這個地方，祂也會在這棵樹的樹蔭下。」這位「獲得重生」的第四十三任美國總統總結道，雖然我們無法窺知未來的幾個世紀，但如果這些「上帝的作品」在千年後仍然屹立不搖，那將是我們「永恆的榮耀」。[58]

不過與此同時，白宮放棄了《京都議定書》[(13)]。

## 附註

1. Bonnie Johanna Gisel, ed., *Kindred & Related Spirits: The Letters of John Muir and Jeanne C. Carr* (Salt Lake City, 2001), 119.
2. *Description of the Big Black Walnut Tree* (Philadelphia, 1827); *A Description of the Large Black Walnut Tree* (London, 1828).
3. *Gardeners' Chronicle*, February 3, 1855, 70.
4. 展覽的完整紀錄見於蓋瑞・D與蜜爾娜・R・洛威加州大樹相關收藏（Gary D. and Myrna R. Lowe Col-

(12) 編註：用來描述二十世紀大部分時期美國全球領導地位的術語，特別是其在經濟、軍事、文化和外交方面的影響力。這一概念最早由美國記者亨利・盧斯（Henry Luce）於一九四一年在《生活》（*Life*）雜誌中提出。

(13) 編註：是《聯合國氣候變化綱要公約》（UNFCCC）的一項國際條約，於一九九七年十二月在日本京都達成，並於二〇〇五年二月正式生效。這是全球應對氣候變化的重要協議之一，其主要目的是透過限制和減少溫室氣體排放來緩解全球暖化。

lection Relating to the Big Tree of California, M2147），史丹佛大學特殊收藏與大學檔案庫部門。

5. 承蒙蓋瑞．D．洛威（Gary D. Lowe）慷慨，讓我取得以法連．柯廷尚存的完整書信。

6. "Trees in California," *The Friend* 30, no. 48 (August 8, 1857): 380.

7. Samuel Bowles, *Across the Continent: A Summer's Journey to the Rocky Mountains, the Mormons, and the Pacific States, with Speaker Colfax* (Springfield, MA, 1865), 237.

8. *A Pen Picture of the Kaweah Co-Operative Colony Co.* (San Francisco, 1889).

9. "Boole's Daughter Declares Fresnan Named Famous Tree," *Fresno Bee*, January 2, 1951.

10. "The Big Tree," *Santa Cruz Sentinel*, September 20, 1902.

11. "Asks to Be Buried as 'Smith,'" *San Francisco Call*, October 25, 1903.

12. "Find Body of Engineer in the Bay," *San Francisco Call*, December 30, 1904.

13. 傳單引用於Charles Coleman Sellers, *Mr. Peale's Museum: Charles Willson Peale and the First Popular Museum of Natural Science and Art* (New York, 1980), 142.

14. Genesis 6:4. Emerson's statement of 1871 recollected in John Muir, *Our National Parks* (Boston, 1901), 134.

15. J. G. Lemmon, "Big Trees," *Pacific Rural Press* 29 (April 18, 1885): 374.

16. Asa Gray, "Sequoia and Its History," in *Darwiniana: Essays and Reviews Pertaining to Darwinism* (New York, 1876), 205–235.

17. Lyell, *Principles of Geology*, vol. 2, 2nd ed. (London, 1833), 147.

18. Summarized and quoted from John Muir, "The Royal Sequoia" (1875), in *John Muir Summering in the Sierra*, ed. Robert Engberg (Madison, 1984), 121–137; idem, "On the Post-Glacial History of Sequoia Gigantea," *Proceedings of the American Association for the Advancement of Science* (1877): 242–253; and idem, "The New Sequoia Forests of California," *Harper's* 57 (November 1878): 813–827.
19. King, *Mountaineering in the Sierra Nevada*, 4th ed. (Boston, 1874), 43.
20. John Gill Lemmon, *Third Biennial Report of the California State Board of Forestry for the Years 1889–1890* (Sacramento, 1890), 166.
21. Mrs. Frank Leslie, *California: A Pleasure Trip from Gotham to the Golden Gate, April, May, June, 1877* (New York, 1877), 259.
22. B. E. Fernow, "Ring-Growth in Trees," *Nation* 46 (January 12, 1888): 29.
23. Quoted in Berthold Seemann, "On the Mammoth-Tree of Upper California," *Annals and Magazine of Natural History* 3, no. 15 (March 1859): 161–175.
24. J. D. Whitney, *The Yosemite Guide-Book* (Cambridge, MA, 1869), 154; J. D. Whitney for the Geological Survey of California, *The Yosemite Book* (New York, 1868), 116.
25. C. B. Bradley, "A New Study of Some Problems Relating to the Giant Trees," *Overland Monthly & Out West Magazine* 7 (March 1886): 305–316.
26. William Russel Dudley, "The Vitality of the *Sequoia gigantea*," in *Dudley Memorial Volume* (Stanford, 1913),

33–42.

27. Quotes from S. D. Dill to Morris K. Jesup, October 30, 1891; and "Report of S. D. Dill Relative to His Journey on the Pacific Coast in Collecting Wood Specimens, Autumn 1891," box 4, folder 4A, Forestry Hall Papers (DR 091). Both are located in Central Archives, American Museum of Natural History (AMNH), New York City.

28. "A Forest Monarch," *Wood-Worker* 11, no. 11 (January 1893): 22.

29. "A Tree That Teaches History," *Strand Magazine* 26 (December 1903): 791–793.

30. George H. Sherwood, "The Sequoia: A Historical Review of Biological Science," *Supplement to American Museum Journal* 2, no. 8 (November 1902); Hermon C. Bumpus, "Extension of Education to Adults: How Adult Education Is Being Furthered by the Work of the American Museum of Natural History," *Journal of Social Science* 42 (September 1904): 144–151, quote on 147.

31. 道格拉斯不知道的是，交叉定年的原理，是由在他之前的多位德文界的植物學家建立的。與他同時代的瑞典地質學家傑拉德・德吉爾（Gerard De Geer），利用類似於樹輪科學的技術，以varves（年度黏土沉積物）創立了「地質年代學」。

32. Quotes from A. E. Douglass, "Survey of Sequoia Studies, II," *Tree Ring Bulletin* 12, no. 2 (October 1945): 10–16; and idem, *Climatic Cycles and Tree Growth, Volume I: A Study of the Annual Rings of Trees in Relation to Climate and Solar Activity* (Washington, 1919).

33. Ellsworth Huntington, *The Climatic Factor as Illustrated in Arid America* (Washington, 1914), 139.

34. Ellsworth Huntington, "The Secret of the Big Trees," *Harper's* 125 (July 1912): 292–302.

35. Ellsworth Huntington, "Tree Growth and Climatic Interpretations," in *Quaternary Climates*, Carnegie Institution Publication 352 (Washington, 1925), 182.

36. Harry H. Laughlin, ed., *The Second International Exhibition of Eugenics* (Baltimore, 1923). 我在美國自然歷史博物館中央檔案館查看了杭亭頓的圖表照片，並閱讀了杭亭頓文件中的相關信件：group 1, series 3, box 43, folder 1205, Special Collections, Sterling Library, Yale University.

37. A. E. Douglass, *Climatic Cycles and Tree Growth, Volume III: A Study of Cycles* (Washington, 1936).

38. "Tree Ring Research Uncovers Mysteries of Past Centuries," *Arizona Daily Star*, February 24, 1939.

39. Harry Milton Riseley, "1,341 Years Old When It Died," *National Magazine* 21 (October 1904): 186–189, quote on 189.

40. Barry Ahearn, ed., *Pound/Cummings: The Correspondence of Ezra Pound and E. E. Cummings* (Ann Arbor, 1996), 39–40.

41. Transcript of speech by E. T. Scoyen, box 197, folder 11, subject file 701-04.6, Sequoia & Kings Canyon National Park Archives, Three Rivers, California.

42. Mary McCarthy, *Birds of America* (New York, 1965), 335–336.

43. 艾米里歐・邁內克（Emilio Meinecke）的報告見於一份附錄，出自：Hartesveldt, "The Effects of Human Impact upon *Sequoia gigantea* and Its Environment in the Mariposa Grove, Yosemite National Park, California

(PhD diss., University of Michigan, 1962), 286–302.

44. "Fallen Sequoias: Loved to Death?" *Philadelphia Inquirer*, April 17, 2003.
45. John R. White, "A Living Memorial," *American Forestry* 29, no. 358 (October 1923): 588.
46. George L. Mauger, "Felling the Leaning Sequoia Tree," box 257, folder 6, Sequoia & Kings Canyon National Park Archives.
47. "Californian Giants," *Chambers's Journal* 6, no. 155 (December 20, 1856): 398–399.
48. F. E. Olmsted, "Fire and the Forest—the Theory of 'Light Burning,'" *Sierra Club Bulletin* 8 (January 1911): 43–47.
49. Marsden Manson, "Preserving the Forests by Fire," in *Should the Forests Be Preserved?* (San Francisco, 1903), 38.
50. Aldo Leopold, "'Piute Forestry' vs. Forest Fire Prevention," *Southwestern Magazine* 2, no. 3 (March 1920): 12–13.
51. A. S. Leopold et al., *Wildlife Management in the National Parks* (Washington, 1963), 3–5.
52. Peter Steinhart, "Tree-Climbin' Man," *New West* 6, no. 11 (November 1981): 108–109, 149.
53. "New Age Estimated for Sequoia," *San Francisco Chronicle*, December 8, 2000.
54. A. Park Williams et al., "Large Contribution from Anthropogenic Warming to an Emerging North American Megadrought," *Science* 368, no. 6488 (April 17, 2020): 314–318; and a follow-up [*Science*] article by the same

lead author in 2022.

55. A. J. Wells, "Helping the Sierra Sequoias," *Sunset* 16, no. 3 (January 1906): 280–284.

56. 加州野火排放物估計，出自加州空氣資源局（California Air Resources Board）。

57. Christy Brigham quoted in "They're Among the World's Oldest Living Things: The Climate Crisis Is Killing Them," *New York Times*, December 9, 2020; and "Hundreds of Towering Giant Sequoias Killed by the Castle Fire—a Stunning Loss," *Los Angeles Times*, November 16, 2020.

58. George W. Bush, "Remarks at Sequoia National Park," May 30, 2001, as reprinted in *Weekly Compilation of Presidential Documents*, June 4, 2001.

Chapter 6

# Oldest Known

# 最老的
# 大盆地刺果松

一九五〇年代末，大盆地刺果松——一種從前沒什麼文化重要性的樹種——因被認定為「已知最老的生物」而突然舉世聞名。經樹輪定年證實，這些矮小的松樹樹齡可能超過世界爺。發現這些「馬土撒拉樹」的是猶太裔美國科學家艾德蒙．舒爾曼。他對長壽樹木的追尋，反映了他在學術界不穩定的處境。舒爾曼克服艱難與偏見，推進了樹木氣候學（dendroclimatology），即利用形成層資料重建氣候狀況的科學。舒爾曼堅持精確的年分測定，並關注「矮樹」，在方法上偏離了十九世紀林務員、遊客和洪堡德派博物學家對樹齡的估算和對巨型植物的偏好。

多虧了舒爾曼及其在樹輪研究實驗室（Laboratory of Tree-Ring Research, LTRR）的後繼者，加州東部白山山脈的古老刺果松成為計算分析的模式樣本。使用放射性碳定年和氣候建模的科學家，欣然接受這些樣本的實用性。活生生的實驗室樣本雖然外觀平凡無奇，高海拔的棲地腳下是一片不受青睞的荒漠，卻仍成為遊客朝聖的對象。最終，樹輪的抽象科學重現了神聖樹木的物質歷史。

## 出身貧困的樹木氣候學家

一九二七年，艾德蒙．舒爾曼在十九歲生日那天，開始用整潔的草書寫日記——這不過是在布魯克林的另一個工作日。他是「困於形勢」，十二歲起的每個生日都在打卡上下班。隨著進入成年，他更感覺宛如陷入中年危機。要是舒爾曼生長在不同的背景中，像他這種具有聰明才智的年輕人應該正在研讀經典《塔木德》或即將完成大學學業。但舒爾曼的父親是由麵包師轉行的家具木工，身為長子，舒爾曼成為家中的第二個經濟支柱，並負責管理家中財務。

舒爾曼的父母來自波蘭立陶宛聯邦的俄羅斯分治區。他們帶著五個孩子在這座人口數百萬的城市中漂流，每隔幾個月就搬家，從南威廉斯堡（South Williamsburg）、長島市到布朗斯維爾（Brownsville）、伍德賽德（Woodside）、貝德福（Bedford），再到東威廉斯堡（East Williamsburg）。母親總是未經家人同意，就為更便宜的公寓交了保證金。這次，她揮霍地買下他們家的第一套客廳家具——他們一直欠缺，卻又負擔不起的東西。舒爾曼徹夜難眠，思索著錢與命運。[1]

有時這家人的搬遷，是因為小兒子桑尼的關係。桑尼罹患一種神祕的退化性神經疾病。小時候他說話口齒不清，進入青春期之後，他完全無法言語，成為一個「白癡般的原始動物」，他會用便溺弄髒自己並破壞一切東西，每次發作起來就是幾個小時。桑尼經常離家出走，有一次被紐約警方抓起來送進醫院。舒爾曼在精神病房裡找到弟弟後，塞了錢給醫師，讓醫師放了他。

舒爾曼一家人有一個逃離的夢想：錫安。他們未曾親眼看過，就買下了在「巴勒斯坦的瑞士」的購地權——那是迦南山（Mount Canaan）一個規畫中的療養地，俯瞰著加利利海。投資手冊以意第緒文和英文寫成，還援引了美國墾務局局長艾伍德·米德（Elwood Mead）的話，聖地將像美國西部那樣開墾。一家位於下東區推廣猶太復國主義的房地產投機公司負責處理資金，每次舒爾曼為那片曾經和未來的流奶與蜜之地存入現金時，都擔心他的家人上當了。

舒爾曼在布魯克林區的聯合海軍倉庫公司（United Naval Stores Company）工作，從辦公室小弟一路爬到資深業務。聯合海軍倉庫公司向標準石油公司（Standard Oil）批發松焦油和其副產品，再一桶一桶地零售給屋頂承包商。舒爾曼剛完成了第八百次的業務拜訪，卻仍然無法加薪。他可怕的老闆會對接線生性騷擾，心胸狹隘，「絕對永遠不會死於心胸寬大」。

為了逃避現實，舒爾曼沉迷於拳擊、大學橄欖球和航空的最新消息，並前往附有管弦樂團現場演奏的電影院。大銀幕上的電影——包括《玩命關頭》這樣的作品——吸引著他，但他因為享受這些為好騙的大眾而設的娛樂而自我厭惡，他痛恨「荒唐滑稽」。舒爾曼利用借書證，透過閱讀多種語文的高雅經典書籍，以平衡自己的媒介攝取來源。從總圖書館到展望公園（Prospect Park）的湖邊只有短短的步行路程，他租船划行，試圖將身體練結實，改善孱弱的體質。為了治好滿臉的痘痘，他還買了一本揭露加工食品危害的書。

舒爾曼一廂情願地覺得他可以在全職工作的同時完成學位，因此選擇學費較昂貴的紐約大學（NYU），而不是免學費的市立大學。因為紐約大學提供商學學位，他一心想要致富。不過，舒爾曼很快就後悔自己不能選修藝術史這類科目。他在經濟學的課堂上終於交到一個朋友，對方還請他協助做作業。不過當這位從前的死黨拋棄他時，舒爾曼感到困惑又受傷，他自問：是因為我很窮嗎？還是因為我是猶太人？在猶太曆五六八八年的猶太新年（Rosh Hashanah）期間，舒爾曼違反猶太教法律，不但去理髮，還看了一部電影。他不相信上帝，並享受火腿和培根。他寫道：「那些都是過時的野蠻行為。」

幾天後，他開始咳血。難纏的結核病（TB）痼疾勾起了他的存在主義思考：為什麼有這麼多痛苦？為什麼會有生命？為什麼有我？舒爾曼在九個月內崩潰了三次，身體出了嚴重的問題。一個青少年不應該有心悸、胸痛、消化不良等病症，他還需要補牙。他的狀況無法繼續夜校課程。他必須找一位稱職的醫師——等他有時間而且有錢時。

一九二八年八月，舒爾曼度過一個短暫的假期。在紐約州卡茲奇山（Catskills）的猶太潔食營（kosher camp），一位晚間演講者令他留下了深刻印象。那位講者說，數千年來的壓迫激發了猶太人的智慧，使他們更為優越。猶太人在美國享受到不受慣常迫害的生活，但也因此失去了伴隨而來的成就感。不過，自由的刺激將改變這一點。美國猶太人將擺脫枝微末節的約束和過時的禁令，擁抱科學思維，迎接新的黃金時代。

元旦那天，舒爾曼前往曼哈頓參加美國自然史博物館舉辦的特別活動。哈佛大學藍山天文臺（Blue Hill Observatory）臺長使用投影片展示了有關銀河系的歷史和愛因斯坦物理學的精彩講演，令觀眾目眩神迷。對舒爾曼來說，這個黑暗的房間感覺更像一座聖殿，而不是電影院。他立下決心，要成為天文學家。隔天，他開始研究星座，複習高等代數。他需要一個安靜的地方學習，遠離家中失和又邋遢的環境。他必須搬去曼哈頓上城，靠近市立大學——這是許多聰穎猶太青年的第一志願，因為當時哈佛大學開始採取入學限額制度。但舒爾曼付不起自己的房租，儘管他的家族擁有了巴勒斯坦的房產，但隨著全球經濟蕭條，他們原本計畫開發度假村的投資價值已大幅下降。

經歷了新一輪的咳血和直腸出血後，舒爾曼用他存下的耶誕獎金，好好地過了一個暑假。他在卡茲奇山遇見一個女孩，這段關係曾經帶給他希望，最後卻令他心碎：「我只是一個有協調性的生命體，被困在永恆時間中的一縷有限煙霧。」然而，他的戀愛經歷卻帶來永遠的幫助。女孩替他介紹了一位肺部專科醫師，醫師在他的肺部發現了結核病變。這個診斷提供了舒爾曼存在上的清晰感。他告訴老闆，自己要辭職；告訴家人，他將前往西部生活，那裡有乾燥而潔淨的空氣，星星在夜空中閃爍著更加明亮的光芒。

舒爾曼決定前往海拔一英里（一千六百公尺）的丹佛市，那裡是美國猶太癆病治療醫院（National Jewish Hospital for Treatment of Consumptives）和猶太癆病救助協會（Jewish Consumptives' Relief Society）的所在地。他事前寄出了一整箱的書，然後搭乘火車前往。抵達後，他將積蓄兩百美元存入銀行，再帶著非猶太裔女房東的推薦信前往公共圖書館。舒爾曼計畫要完成包含微積分、物理學、天文學和地質學的自學課程。為了全面發展，他還借閱了《金枝》和營養學、心理學的自助書籍。他納悶著：「我是否因為自負而憂鬱？」他買了鱈魚肝油，這是他這輩子第一次服用的藥物。

舒爾曼坦承：「身為猶太人，我根本沒機會獲得實驗室的兼職工作——更不用說全職職位。」他閱讀了猶太社會服務領域的先鋒人物蕾貝卡．科胡特（Rebekah Kohut）的新回憶錄，因此重拾了決心。科胡特說，猶太人在迫害中成長茁壯，也能在機遇中成長茁壯。在美國，猶太人經過轉變，於兩千年之後，擁抱著古典希臘人的自由與輕鬆，終於找到屬於自己的位置。那些取得成功的人，必然預期會遭受非猶太人誤解、嫉妒、貶低和毫無意義的批判。[2]

大蕭條使得舒爾曼的前景雪上加霜，但他養成了美國推銷員的頑強精神。他寫信給加州的利克天文臺（Lick Observatory）和亞利桑那州的羅威爾天文臺（Lowell Observatory）。羅威爾天文臺的維斯托．斯里弗（Vesto Slipher）博士回了信，推薦他聯繫丹佛大學的一位猶太物理學教授。這位教授又進一步建議舒爾曼如何接觸丹佛天文臺的臺長。舒爾曼聽取建議，卻徒勞無功。

舒爾曼在錢快用盡時，搬到更便宜、更乾燥的地方：新墨西哥州的阿布奎基市（Albuquerque）。他持續寫信給美國頂尖天文設施的負責人斯里弗，最終得到令人沮喪的答覆：實驗室沒有適合你的工作；如果你有實驗室背景，會更有競爭力。舒爾曼的母親匯錢給他，讓他返回東部，他卻繼續向西前往亞利桑那州的旗桿市（Flagstaff）。他靠著過去當業務員時的陌生行銷電話（cold calls）經驗，六度前往斯里弗的辦公室，終於見到這位天文學家。可惜這次見面仍沒有任何成果，舒爾曼離開天文臺時淚流滿面，咒罵道：該死的世界！

舒爾曼改以速記方式書寫日記，這再次表明了他不懈的自我訓練。他還設法開始學習鋼琴。他靠著私酒販姨丈提供的學費，註冊了亞利桑那州立師範學院。他住在旗桿市的宿舍裡，是這座人口只有四千人的小鎮裡唯一的猶太人，經常成為臭水攻擊和電話惡作劇的對象。亞利桑那州是美國的第四十八州，擁有牛仔文化，而舒爾曼對自己在亞利桑那州的機會感到悲觀。他甚至自嘲道：「也許我應該改名成『猶大之子』（Ben-Yehuda）。」

舒爾曼的最後一搏，是致信徵詢位於圖森市的亞利桑那大學，那裡最近新建了一座天文臺。臺長安德魯．道格拉斯是體制構建者，身兼系主任、代理校長、學院院長。道格拉斯有意識地以自己的北方佬血統為榮；他同名的曾祖父曾為喬治．華盛頓測量土地，他的父親和祖父、外祖父都曾擔任新英格蘭地區的大學校長。他的博士學位是由母校聖公會大學頒發的榮譽博士學位。這位「D博士」像小池子裡的大魚，讓亞利桑那州新興的研究大學在科學界嶄露頭角。《國家地理雜誌》報導了他用樹輪交叉定年發現的重要成果，證明了他的貢獻。

舒爾曼的日記中斷了一年多。當日記在一九三二年一月恢復時，他已轉學到亞利桑那大學（UA）。舒爾曼喜歡這裡乾燥的氣候和巨型仙人掌環繞的山景。隨著普珥節（Purim）的到來，他收到了母親蘇菲的來信，提醒他要吃三角糕（hamantasch）。他自問：「真不知這座城市哪裡可以買到？」舒爾曼習慣了孤獨，也習慣了財務上的戰戰兢兢。他已經用自己的積蓄支付了第一筆學費，還需要籌到四百五十美元，才能讀完這個學期。

在宣告要主修天文學後，舒爾曼前往天文臺，讓指定指導教授道格拉斯批准他的修課計畫。舒爾曼吸取了過去的慘痛教訓，決心不要在初次見面時給人留下惹人厭的第一印象。他暫時（還）沒有詢問工作，而是希望獲准參加道格拉斯關於形成層解讀的新課程。舒爾曼觀察道：「他似乎對自己的樹輪研究有點得意。不過他的確很有資格得意吧。」當道格拉斯隨口提到球面三角學對於樹輪學有用時，舒爾曼立即開始全面複習這門學科。

課程開始後，內容的難度令舒爾曼詫異，他也很意外竟然沒有太多解釋樹輪技術的已發表著作。他最沮喪的是必須購買專業級放大鏡的高昂費用。他八度向道格拉斯提出工作申請，終於讓道格拉斯教授讓步，表示如果舒爾曼能成為樹輪技術專家，就可能會有一份工作。道格拉斯教授經常收到西南部考古學家請他們為木材樣本定年，他需要一名符合他高標準的助理。舒爾曼成功說服了道格拉斯，並得到了實驗室的鑰匙。一名天文學研究生警告他：「D博士『是難搞的雇主』。他人很好，但非常堅持原則和秩序。」身為一名三十三級共濟會會員[1]，道格拉斯認為國際扶輪社是西方文明的巔峰。他總是繫著領帶，展現出正式且規矩的形象。

學期結束時，舒爾曼的才華令D博士折服，於是把這位本科系學生納入他卡內基科學研究所的研究計畫中。舒爾曼開始繪製來自數千歲世界爺的數據，制定標準化的樹木生長表，使用計算尺進行數千次的計算。這筆研究資助對他來說是救命稻草，儘管舒爾曼知道他至少應該得到雙倍的薪水。「不過我不能抱怨。科學本來就不是用來賺大錢的生意。」

「要是這是賺錢的生意就好了。」舒爾曼幻想著若是有一萬美元，父母和他的兄弟姊妹就能搬到巴勒斯坦，在健康、瀰漫著柑橘香氣的環境中繁榮生活，而弟弟桑尼則能在哈達薩（Hadassah）的醫院接受照顧。布魯克林正在殘害舒爾曼一家。如今，他們也想搬到西部了。最大的妹妹多麗絲（Doris）計畫在舒爾曼成為教授後擔任他的祕書。

一九三三年春天，二十五歲的舒爾曼拿到了理學士學位，並立刻開始攻讀碩士。他還參加了剛成立的邁蒙尼德學會（Maimonidean Society）的聚會，這是亞利桑那大學第一個為猶太學生設立的俱樂部。學會的教職贊助人艾爾希·法蘭契·拉夫曼（Alsie French Raffman）是一名全職兼任大一英語課程的講師；她是美國革命女兒會（Daughters of the American Revolution）的成員，也是來自紐約布朗克斯區

(1) 編註：屬於共濟會的附屬組織蘇格蘭禮（Scottish Rite）中的最高級別，是具有象徵性及榮譽性的頭銜。

（Bronx）的一名猶太郵差的妻子，他們結緣於療養院，讓這位來自印第安納州的長老教會信徒，成為圖森以馬內利會堂（Temple Emanu-El）的一員，這是一座以英語講道的改革派猶太教會堂。由於圖森市的猶太家庭不到一百戶，會眾沒有本錢排斥外來者。艾爾希・拉夫曼加入合唱團，後來成為哈達薩當地分會的創會主席。[3]

一九三五年，舒爾曼得到第一個研究所學位。當年正值塞法迪猶太哲學家邁蒙尼德（Moses ben Maimon）的八百歲誕辰，以及耶路撒冷希伯來大學成立十週年。舒爾曼當時是邁蒙尼德協會主席，也是該協會的猶太復國主義委員會主席。他組織了一場活動，以紀念七千五百英里（約一萬兩千公里）之遙，為德國難民提供庇護的這所先鋒大學。艾爾希・拉夫曼雖然在照顧生病的丈夫，卻仍受邀參加這場活動。幾個星期後，她成為一位肺結核患者的遺孀。

至於舒爾曼，他很慶幸自己一畢業就找到工作。多虧了卡內基科學研究所一項新的多年期天氣預報研究計畫，D博士聘請他擔任樹輪研究員。舒爾曼在他製作的第一張名片和信箋上，把自己的領域稱為：「氣候學研究」（Climatological Research）。當資助結束後，舒爾曼回到東部，在哈佛大學藍山天文臺取得第二個碩士學位。

一九三七年十二月，亞利桑那大學董事會批准創立樹輪研究實驗室，期許研究室能成為「這一研究領域的世界中心」。截至目前，這裡尚是唯一的此類研究中心。作為亞利桑那大學的獨立單位，實驗室由七十歲的道格拉斯教授掌控。他仍然是校內首屈一指的傑出學者，直接向校長報告。這位D博士邀請舒爾曼回到圖森市，這次不是仰賴計畫經費，而是有了正式薪水，儘管薪水微薄。但舒爾曼有充分的理由相信，一旦道格拉斯退休，自己有一天會被提拔為研究室的負責人。他的導師確實對他有恩。為了讓布魯克林的家人不受到債務困擾，舒爾曼曾多次向道格拉斯借錢。這個年輕人欠下太高的金額，以至於乾脆把道格拉斯列為自己人壽保險的受益人。不幸的是，舒爾曼剛開始他在學術界的支薪生涯，妹妹多麗絲就去世了，得年三十一歲。[4]

舒爾曼的頭銜是人類學系的樹輪學講師，以及樹輪研究實驗室的助理。他是實驗室唯一的員工，也是世界上第一個受聘為樹輪學者的人。在擔任《樹輪公報》（*Tree-Ring Bulletin*）的編輯後，他負責把他導師道格拉斯的研究方法系統化為一門學科。舒爾曼把他的生涯目標告知D博士：製作一份「全球性的過去氣候和其中週期的樹輪地圖」。道格拉斯支持他的計畫，尤其是「週期」這個部分。這位天文學家就是無法放下太陽黑子週期的研究。隨著舒爾曼的樹輪研究技術追趕上並超越了他的導師，他對地心說的興趣超過了日心說——包括新提出的米蘭科維奇循環（Milankovitch cycles，即軌道週期）理論——但這位盡責的學生仍然精通道格拉斯的光學裝置——週期觀測儀的使用和維護。舒爾曼持續自主擴展他的研究領域。一九三九年春天，他前往柏克萊大學學習植物生物學。

當德國和俄國準備再度入侵舒爾曼父母的祖國時，舒爾曼開始了他的第一個野外調查季。儘管道格拉斯不再研究世界爺，舒爾曼卻擬定了長期計畫，系統性地調查西部各種針葉樹，尋找最古老且樹輪最敏感的樣本。舒爾曼的主要研究工具除了生長錐，還有他「值得信賴的哈德遜汽車」。在教學期間，他讓在洛杉磯當技工的弟弟哈利借用了這輛雙門小轎車。結果，這位長子用大學信箋寫了一封措辭嚴厲的短信，責備弟弟沒讓他知道散熱器的維護狀況。在這個孤獨而充滿科學研究的夏天，舒爾曼在加州普魯默斯郡（Plumas County）的山路兩側，鑽取古老針葉樹的樹芯，遠離布魯克林海軍造船廠的煙霧與喧囂。

## 逆境中的長壽樹

一九四〇年，當舒爾曼提交徵兵卡時，他身高一百七十五公分，體重八十一公斤，並處於壓力之中。在東歐傳來糟糕的戰報之際，他參加了亞利桑那州猶太人的全州會議，討論巴勒斯坦問題嚴重的緊迫性。亞利桑那大學的邁蒙尼德協會在舒爾曼和艾爾希的共同領導下，正式加入了全國希列協會（Hillel）[(2)]。年鑑上記錄了這項成就，同時將「希列」改成了「希弗林」（Hifflin），並省略了舒爾曼姓氏中的c。舒爾曼的大家族指望他在大學成功。弟弟桑尼過世了，但倖存的妹妹有她自己的困境。一位阿姨的珠寶生意岌岌可危；一位叔叔的家具公司即將關閉。該家族前往南加州，而舒爾曼的租屋處成為他們的中繼站。儘管舒爾曼因為身為「傑出的研究人員」而加薪，但他的薪水仍然微薄。

一九四一年，洛杉磯提供舒爾曼一筆計畫經費，洛杉磯市想了解科羅拉多河流域的歷史流量。一九三四年和一九四〇年的乾旱，動搖了墾務局局長艾伍德·米德對未來可用水量的樂觀假設。更迫切的是，墾務局和洛杉磯市想知道，他們是否可以在不將米德湖（Lake Mead）水庫水位降至危險低點的情況下，讓胡佛水壩發揮最大的水力發電潛能以支援戰事生產。他們希望獲得一九四〇年代的區域氣候預測。然而，降雨和流量的儀器數據僅能追溯到十九世紀，因此樹輪就成為了解過去和未來的最佳指標。舒爾曼接受了這個挑戰，開始尋找具有統計意義的樹木樣本——其形成層的生長與七州流域的水文狀況相關。

舒爾曼利用這筆經費，跟亞利桑那大學請了半薪的短期休假，開始在哈佛大學攻讀氣候學博士。他透過藍山天文臺獲得兩次兵役延期。他認為自己的研究是他對戰爭的貢獻。除了主要謀生的課程「人類學系一六〇號課程：樹輪學概論」，他還為服役軍人開設了天氣預報的夜間課程。一九四二年十月，舒爾曼告訴家人：「除了財務之外，一切都很好。」[5]

一九四三年春天，舒爾曼向洛杉磯水電部提交了一份初步報告。一九四四年春天，他向哈佛大學提交了一份較長的版本當作學位論文。拿到博士學位後，舒爾曼得到微乎其微的加薪，只能勉強和道格拉斯的半職閒差薪水相當。但舒爾曼不知道的是，D博士調整了自己的薪水，讓自己依舊得到更多。但以全球的局勢來看，舒爾曼對自己的生活難以抱怨。當夏天來臨時，儘管有數百萬人在國外戰死，舒爾曼再次上路，他的輪胎沒有獲得配給，只能一次又一次修補，支持著他穿越加州、奧勒岡州、華盛頓州、加拿大的英屬哥倫比亞省、艾伯塔省、蒙大拿州、懷俄明州、科羅拉多州和新墨西哥州進行大規模巡迴調查。他的水文研究已擴展到北美洲西部的所有主要集水區。

透過實地調查，舒爾曼確定了西部地區普遍存在的「超齡針葉樹」，也就是壽命超過「正常」預期壽命的樹木。他起初認為，除了世界爺和紅杉之外，任何樹齡超過五百年的樹都不尋常。他專注於花旗松

(2) 編註：希列為猶太教希列學派的創始人。

和墨西哥矮松。樣區分析顯示，在惡劣環境中緩慢生長的植物壽命最長。但因為雙重（虛假）樹輪、局部缺失的樹輪以及難以解讀的樹輪，使得它們的氣候訊號變得複雜。舒爾曼用愈來愈多的數據來消除這些干擾，滿載時間紀錄的樣本樹輪被裝進貼有標籤的信封中，塞滿了他的後車廂。

一九四五年，舒爾曼發表了一份關於「樹輪中的逕流史」的進度報告。就跟過去發表的內容一樣，舒爾曼在報告序言中提到道格拉斯、考古定年和太陽黑子週期，但這次的用語已變得例行公式，與其說是尊敬，不如說是在盡義務。舒爾曼淡化了考古學的重要性，並預測了實驗室的兩個研究方向：繪製全球過去的氣候「地圖」，以及建立長期區域天氣的概率模型。他將樹輪學稱為「物理科學的一個分支」，並使用不尋常的誇張手法，將西部針葉樹描述為降水和逕流的「自然測量儀」，將北極針葉樹視為「活生生的溫度記錄儀」。[6]

戰後，舒爾曼繼續與洛杉磯水電局合作，在加州南部海岸山脈地區取得並測量了數以萬計的樹輪。舒爾曼在實驗室辨識出幾個「嚴酷時期」——後來被稱為「超級乾旱」——其中包括十六世紀的一場乾旱，其嚴重程度是儀器所有時期紀錄中的兩倍。舒爾曼和他的競爭對手沃爾多・葛洛克（Waldo Glock）展開辯論，葛洛克是發跡於圖森的地質學家，後來成為樹輪學者。葛洛克批評舒爾曼對植物生長的理解，聲稱交叉定年只能使用於局部地區，因為每個樣點的條件不同，而且樹木對多種因素都有反應。他嘲諷舒爾曼把重點放在異常樣點的異常樹木。舒爾曼則反駁，敏感樣點的敏感樹木提供了最好且最長期的資料集——只要建立樹輪寬度和單一限制因素（例如降雨量或溫度）的相關性即可。

一九四五年，舒爾曼思考職業生涯接下來的十年。三十六歲的他終於有思考未來的餘裕，因為他獲得了樹輪學的助理教授終身職位。那年夏天，太平洋戰爭在一片災難中結束，舒爾曼開始尋找最古老的超齡針葉樹。他疲憊又生病地返回家裡，承認道：「我可能得第一次考慮我的健康狀況了。」

舒爾曼在實驗室裡需要助手。一九四六年，道格拉斯獲准增加一個職位。新聘用的助理最高學歷只有亞利桑那大學的文學學士，薪資卻幾乎與舒爾曼相當。他是海軍退伍軍人，曾在梅莎維德國家公園（Mesa Verde National Park）擔任博物學家，並在圖森市做過警察。他很擅長與人交際，出身堪薩斯州，其姓氏史邁利（Smiley，笑臉之意），彷彿是刻意安排的。聘用史邁利不久後，七十九歲的D博士開始私下記錄「關於艾德蒙的筆記」。他們有過一番「針鋒相對的談話」，道格拉斯認為他的門生已經背棄了他的「週期儀」理論。

舒爾曼正處於事業高峰，剛剛向科羅拉多河流域州際委員（Colorado River Basin States Committee）發表演講，並提交了最終報告。他感謝了教職朋友艾爾希的編輯協助。那份報告中包含了五十二個野外觀測站的生長曲線，將形成層資料與流量和降雨紀錄進行相關分析，建立了科羅拉多河六百五十八年的逕流指數。主要結論包括：平均每五十年會出現一次嚴重乾旱；連續的乾旱年並不常見，但也不罕見；胡佛水壩尚未經歷過這樣的極端考驗。[7]

一九四七年，舒爾曼升任為終身副教授，道格拉斯稱讚他「技術工作非凡」。作為回報，舒爾曼在聖卡塔利娜山（Santa Catalina Mountains）山麓一間墨西哥風格餐廳「戶外酒吧」（El Merendero）慶祝道格拉斯的八十大壽。舒爾曼已有資格將自己視為亞利桑那大學實驗室未來的負責人人選。

如果他能窺見未來，他會看到自己在加州的白山山脈間艱難地喘氣。白山山脈在內華達山脈的雨影區（rain shadow）[3]，海拔高達一萬四千英尺（約四千三百公尺）。白山高聳、乾冷而嚴峻，是大盆地的象徵——這片遼闊的內陸地區沒有出海口。白山山脈之外是層層疊疊的山巒，起伏不斷，一路延伸到猶他州；其山腳長著鼠尾草，山巔則長了刺果松。刺果松並不是與人類有連結深厚的物種。生活在大盆地的紐米克人（Numic）、派尤特人、西休休尼人（Western Shoshones）、哥休提人（Goshutes），會採集中海拔單葉松種子作為食物，並傳頌著關於它的神聖故事。高海拔的刺果松既不神祕，也沒有商業價值，很少受到原住民和移居者的關注，不過，礦工會把刺果松砍來當木材，牧羊人則會把刺果松加入營火裡焚燒。美國農業部僅用實用的角度描述這個樹種：刺果松在乾燥的南面山坡上形成了一片「保護林」，可以防止土壤侵蝕，並能保留水分。

白山山脈上方的植被不完全算是森林——因為刺果松和其伴生的柔枝松分布稀疏，且矮小扭曲——那裡會被稱為森林，是因為屬於因約國家森林（Inyo National Forest）的範圍，那片區域是老羅斯福（Theodore Roosevelt）總統為了保護含水層而劃定的。該山脈位於歐文斯河（Owens River）的集水區內，歐文斯河是內陸河流，其河水被引導至洛杉磯。

在大盆地的數百座山脈中，舒爾曼來到了白山山脈，原因跟冷戰有關。一九四八年，海軍獲得林務署的特殊使用許可，在海拔一萬零一百五十英尺（約三千公尺）的彎溪（Crooked Creek）建造了一座圓拱形研究站，以便測試紅外線導引飛彈的技術。軍方獲准從歐文斯河谷建造一條長達三十英里（約四十八公里）的泥土路，不過坡度極為陡峻。加州大學柏克萊分校一名自海軍科學家轉任的教授，利用彎溪進行高海拔的生理學測試。

一九五〇年，海軍把白山研究站移交給加州大學。美國海軍研究署、洛克斐勒基金會和全新的國家科學基金會（NSF）都為該設施提供了經費。當地的巡林員諾蘭（Al Noren）最近找到一棵異常粗壯的刺果松，很高興能更方便地到達那裡。他向美國林業協會的「大樹社會名錄」（Social Register of Big Trees）提名這棵樣本為該物種的冠軍樹種。

一九四八年末，舒爾曼與D博士發生爭執時，還不知道這些事。爭執的直接起因是史邁利，舒爾曼認為史邁利不適合研究及教學，他心中已有更好的人選，於是想解雇這個新人。道格拉斯感到很震驚，他原本計畫在這位退伍軍人完成碩士學位之前，就給他升職。舒爾曼感到不受尊重，要求在實驗室擁有更大的權力。他抱怨道：「我已經不是研究生，我四十歲了。」他寫了一封正式信函給道格拉斯。身為研究室負責人的道格拉斯並不贊同這封信中的內容、語氣，以及特別是日期——十一月二十五日——這封信證明舒爾曼把感恩節也視為工作日。這個布魯克林人並沒有預料到，他例行公事般的準確性，居然會冒犯到這位極其注重日期的新英格蘭人。

一年後，舒爾曼和艾爾希結婚了。他們的婚訊刊登在當地猶太報紙上，因為猶太社群喜愛艾爾希「就如同愛以色列的女兒一樣」。[8]她比舒爾曼年長十五歲，在亞利桑那大學的職業生涯更長。對艾爾希來說，不幸的是大學董事會有一條禁止同時雇用已婚夫婦的規定。艾爾希提出上訴的同時，獲得了一年的豁免。道格拉斯寫了一封私人信件給校長。他擔保艾爾希懂得拉丁語，而拉丁語能提供最好的教育。她

(3) 編註：指背風坡少雨的地區。

在教學中展現奉獻的精神，此外，她也把家裡打理得雅致迷人。校長冷淡地捍衛那項規定，聲稱那樣能避免用人唯親。

新婚的舒爾曼博士並沒有去度蜜月，而是在美國藝術與科學學院的資助下，前往南美洲巴塔哥尼亞展開為期四個月的獨立研究之旅。在他離開的期間，職業前途未卜的艾爾希，在卡片裡夾著節日信箋，向道格拉斯送上耶誕祝福，卡片上是聖母瑪利亞與聖嬰的圖案。隔年一月，校長改變了立場，允許艾爾希繼續任教，不過變成每年續簽的約聘形式。

舒爾曼離開期間，道格拉斯一直思考著實驗室的未來——這個他視為已出的心血結晶。他並沒有親生子女，不過認為他的得意門生需要再教育。「關於艾德蒙的筆記」演變成一份宣言，有許多備選標題：「領導權」、「美國準則」、「美國人道準則」、「美國團體結構」、「美國之道」、「使徒信條」、「兼顧能力品格」及「領導的權力」。

道格拉斯正逐漸失去掌控力，不過，他在多年前已堅定了理念。這從他在一九二五年向斐陶斐協會（Phi Kappa Phi）發表的關於美國價值觀和長期思考的演講內容中可見一斑。他主張需要培養年輕人的「時間意識」，以便他們能夠照顧那些超越個人存在的「超人類有機體」。這些有機體中最重要的是國家或種族；教會和大學也至關重要。「你的大學是有生命的實體；如果你為大學努力，大學就會給你回報；如果你對抗大學，大學也會對抗你。」不同於尼采的超人，道格拉斯的大學「超人」相信，照顧人類就是服侍上帝。在大規模移民之後，他認為美國的長期問題是「種族與教育的對立」。適當的教育能消除種族隔閡，並且用基督教的博愛精神將不同的族群連結在一起。[9]

四分之一個世紀後，道格拉斯的理念在他的實驗室中變得更加個人化。儘管指導了十七年，他認為自己仍然不了解他的弟子。他認為舒爾曼對史邁利的對抗，以至於對實驗室本身的對抗，暴露了其並不夠「美國化」。在布魯克林區長大的舒爾曼，沒有機會吸收大學運動所體現的價值觀。而作為研究室負責人，必須具備運動家精神。而這種紳士的準則規範，來自於基督教和盎格魯傳統。來自專制國家的移民通常缺乏這種人性。猶太人受到最嚴重的壓迫，因此該得到最大的補償，但相對的，他們也必須設法融入美國的人性規則。道格拉斯認為，研究室負責人和獨裁者的差別，在於大寫的品格（Character）(4)。研究室負責人應該以基督為榜樣，抱著信任、合作的態度面對下屬，而不是猜忌與競爭。聰明人不能僅因為聰明，就有權發號施令。強行晉升，是俄羅斯式極權主義的手段。儘管移民和戰爭侵蝕了美國的理想，但美國理想可以重建。正如《聖經》所言，以色列可靠餘民復興。

一九四九年，正值戰後的紅色恐慌高峰，那年，蘇聯首次成功試爆原子彈。冷戰初期，共產主義和猶太主義之間的關聯在民間依然牢固，圖森市的反猶行動更是厲害。圖森市的白人盎格魯－撒克遜清教徒精英，組織了一個新的、排外的鄉村俱樂部，以回應戰爭期間猶太人口增長了十倍，達到約四千人的局面。在亞利桑那大學，招生辦公室仍然採行「紐約人」配額。早報《亞利桑那每日星報》（*Arizona Daily Star*）的極端保守派主編，更引起了反誹謗聯盟（Anti-Defamation League）的注意。他在文章中聲稱，如果我們承認猶太人有權再度征服以色列，我們將如何阻止未來的墨西哥人從我們曾孫手中奪回亞

(4) 編註：美國早期教育及文化中，特別強調所謂的「品格教育」，代表了由基督教及盎格魯－撒克遜傳統塑造的理想品格。

利桑那州？[10]

一九五〇年二月，道格拉斯整理出最新版的論述，並透過駐智利大使館寄給舒爾曼。舒爾曼正在巴塔哥尼亞採集智利四鱗柏和南洋杉的樹芯樣本，他身穿牛仔裝騎在馬背上，享受愉快的時光。他在蒙特港的一艘小船上擺姿勢拍照，到當地一家商店沖洗底片，並把這張肖像照命名為「老闆」。回到聖地牙哥後，他打開了D博士寄來的包裹，裡面是名為《美國品格研究》的手稿。

舒爾曼搭乘泛美航空，經過里約和紐約，回到圖森市那個情勢難料的工作場所。無論他怎麼看待道格拉斯那篇激烈論述，都不能阻止他出席希伯來大學二十五週年慶祝活動，並擔任主要講者。持續的研究讓他得以從這些壓力紛擾中脫離。他與芝加哥大學的化學家威拉德．利比（Willard Libby）保持通信，利比不久前宣布發現了碳十四（放射性碳）定年法，這種方式已經透過已知樹齡的樣本驗證，其中也包括來自樹輪研究實驗室的樣本。舒爾曼期待美國海軍研究署剛提供的三年計畫經費，能拓展他的樹輪資料庫。

與其說舒爾曼遵循的是紳士學者的準則，不如說他奉行的是計畫主持人的生活法則。出於野心，也出於生計需求，舒爾曼每年都在爭取計畫經費。他的薪水只比妻子多了兩百美元，他妻子是大學中薪資最低的人文科系兼職講師。舒爾曼還申請了古根漢基金，但他的導師錯過了推薦截止日期，匆忙寄了一封敷衍的推薦短信給基金會，僅稱讚了舒爾曼的聰明才智：「他是猶太人，並具有那民族的傑出能力。」

一九五二年，道格拉斯開始規畫退休，並向校長提出他對繼任者的想法。這位創始負責人描述了實驗室的三個領域：考古學（由史邁利負責）、水文學（由舒爾曼負責）和天文學（由道格拉斯自己負責）。

然而，他欺瞞地聲稱自己徒弟的天文專業不足。道格拉斯警告，如果舒爾曼太早升任研究室負責人，實驗室可能開始走下坡。道格拉斯博士知道，長遠來看，樹木氣候學有益於亞利桑那州，但他認為，「普通」亞利桑那人，包括牛仔出身的州議會成員，都對這類研究不屑一顧。相較之下，樹輪和西南部遺址之間的聯繫具有極高的政治價值，如果舒爾曼受教，就應該明白這一點。

這年夏天，舒爾曼比以往更需要逃向田野，但這麼一來，就將再度把艾爾希拋在身後。截至當時，舒爾曼已經在北美西部內陸測量了數十萬棵樹的樹輪，這片半乾旱生物區被他理解為樹木氣候學的理想研究地。世界上沒有其他地方擁有這麼多古老的針葉樹，這些樹木生長在不利的環境中，其樹輪對氣候變化高度敏感，樣本分布跨越不同緯度、經度和海拔，為廣泛且精確的採樣提供了最佳條件。舒爾曼可以利用跨越八百五十年的數據，辨識出多次超級乾旱，包括十六世紀末的一次史詩級乾旱。他警告，若是再次遇到那樣的狀況，胡佛水壩將無法運作。舒爾曼相信，有一天他將能夠檢驗過去千年全球氣候變化的理論，並計算出區域性乾旱與洪水的統計概率。他所需要的，只是找到合適的老樹。

在愛達荷州凱徹姆市（Ketchum）上方，一處冰川山谷的陡峭南坡上，舒爾曼找到了他的第一棵樹齡超過千年的松樹——一棵柔枝松。那棵他命名為KET-3966的歪曲樹木帶給他重大啟示。在這之前，舒爾曼關注的主要是西部森林乾燥的低海拔邊緣。而現在，他把注意力轉向樹木生長的高海拔上限。美國海軍研究署雜誌上的一篇文章引起他的注意。白山研究站的創始人，用一張彎溪研究站的照片來宣傳「加州的天上實驗室」，研究站被松樹環繞，據信那些松樹「比紅杉還要古老」。[11] 舒爾曼主動聯繫以尋求更多資訊，進而接觸到主要倡導者——巡林員諾蘭。諾蘭正忙著撰寫備忘錄，以支援在他稱為「族長」

（Patriarch）的冠軍樹周圍建立自然保護區。

一九五三年九月，舒爾曼回到凱徹姆市，砍倒了那棵帶給他啟發的松樹，其樹齡為一千六百五十歲。或是像他後來用被動語態寫的：「作為一種典型樣本，它被砍倒……拿來進行詳盡的分析。」[12]這是人類歷史上，第一次有人在事先完全知道樹齡的情況下，有目的地殺死一棵千年樹木。舒爾曼的助手是加州理工學院的荷蘭植物生物學家佛里茲・溫特（Frits Went）。舒爾曼在他的加州理工學院死黨口中，被暱稱為「艾德」。他們氣喘噓噓地爬上碎石坡，只有樹根能當穩固的立足點，似乎正是這些樹根支撐著整座山。舒爾曼和溫特從他們獵物的最後一站，看到了遠處太陽谷的滑雪道。在返回帕沙第納市（Pasadena）的長途車程中，他們繞道前往白山山脈，鑽取「族長」和其他附近的刺果松與柔枝松的樹芯。這些樣本與汽車後車廂的橫切面屬於同一年齡等級，但樹輪更為敏感。舒爾曼興奮不已，在十月研究站關閉過冬之前回到了彎溪。

舒爾曼在新學年時留在加州，擔任加州理工學院的客座教授，與世界上最偉大的一群科學界人物和知名猶太移民的精英來往。邀請舒爾曼客座的那個實驗室，剛獲得原子能委員會的經費，研究包括木材中的同位素碳在內的各類同位素。舒爾曼與地球化學家哈里森・布朗（Harrison Brown）與山繆・艾普斯坦（Samuel Epstein）合作，這兩位研究者已經了解煤炭和石油的工業排放最終將導致全球性的變化。一九五五年，化學家漢斯・蘇斯（Hans Suess）在一篇探討「現代木材」的研究信函中，首次提出樹輪記錄了大氣中人為碳十二（C-12）影響的證據。[13]不久之後，蘇斯加入了加州大學聖地亞哥分校的斯克里普斯海洋研究所（SIO），他的社交圈與舒爾曼有不少重疊。蘇斯與人合寫了一篇文章——在當時鮮為人知，但後來成為經典文獻——那篇文章把化石燃料經濟稱為「一場大規模的地球物理實驗」。[14]

短期來看，蘇斯發現到碳十二（常見）、碳十三（稀有）和碳十四（微量）的比例會改變，因此需要校正放射性碳定年法。繼斯克里普斯海洋研究所之後，建立碳十四實驗室的兩所大學——賓州大學和亞利桑那大學——皆是考古學中心，這絕非偶然。舒爾曼知道他的超古老松樹將在這番事業中發揮重要作用。但他對自己的研究筆記保密到家，謹慎行事。舒爾曼的當務之急是先挑選大盆地中最理想的柔枝松及刺果松樣區，然後為該樣區建立交差定年的年表。

一九五四年三月，舒爾曼在《科學》期刊的一封研究信函中，預告了他的探索計畫。舒爾曼用一道簡潔的標題「逆境中的長壽」[15]，巧妙地捕捉到了植物學的洞見。他在這份美國科學界的權威期刊中，首次記錄了樹齡逾千歲的松樹，並預測將會發現樹齡達兩千年的柔枝松和刺果松。他的核心觀點是：矮小的老樹比高大的老樹更值得科學關注。舒爾曼期待對北美洲西部、南美洲的巴塔哥尼亞和中亞的耐旱針葉樹，進行夠深入的比較研究。他私底下開始把超超齡針葉樹稱為「馬土撒拉樹」，那些樹成為他最喜歡的數據來源，帶他超越了「西元前的障礙」。無論有意或無意，舒爾曼的這個生物學格言，與以色列子民的描述「逆境中的力量」有著微妙的呼應。

幾個月後，舒爾曼與實驗室助理魏斯．弗格森（Wes Ferguson）合作，在大盆地東部鑽取了一棵樹齡三千一百歲的刺果松，這是迄今定年過的第二老植物，僅次於他偉大導師發現的「D-21」世界爺。然而，內華達州白松郡的「馬土撒拉樹」的總數較少，而且那裡的樹輪對氣候變化的敏感度，比不上加州因約郡（Inyo County）的樣本。此外，彎溪還有宿舍、電力和一條由加州大學維護的道路，便利性更高。

不幸的是，舒爾曼困於「健康狀況不佳」，無法再度造訪白山。舒爾曼與艾普斯坦交流了患潰瘍的困擾。他寫道：「至於我，我正在試驗那句中國諺語：寬心得長壽。」

秋天時，舒爾曼回到圖森市，繼續教書、數樹輪、交叉定年、製圖以及進行統計分析。樹輪研究實驗室位在足球場看臺下方，坐東朝西，沒有空調，除了晚上之外都酷熱難耐。在舒爾曼休假離開並前往帕沙第納市的期間，史邁利即使沒有拿到博士學位，依然被任命為教職人員，現在已經成為實驗室的正式成員。舒爾曼選擇保持低調，專注於他的研究。一九五五年一月，舒爾曼請求亞利桑那大學校長為他的國家科學基金會提案擔保，準備研究千年樹木的樹輪歷史。

在等待資助結果的期間，舒爾曼開始處理他發現樹齡像世界爺一樣古老的樹木所引發的後續反應。他陸續收到詢問樹齡定年和具體位置的信件，他總是回答得很模糊。同時，舒爾曼還寫信給因約國家森林管理單位，表達他對遊客和紀念品採集者可能會破壞古樹的擔憂。一九五五年，《洛杉磯時報》（*Los Angeles Times*）、《日落》雜誌、《福特時代》（*Ford Times*）和《博物學雜誌》陸續刊載了千年刺果松的專文時，舒爾曼再次採取謹慎態度，表示他必須先分析大量的詳細證據，才能做出明確的宣告。

一九五六年一月，國家科學基金會撥了三年的經費給舒爾曼，讓他進一步研究逆境中的長壽樹木。舒爾曼終於有經費聘請自己的全職助理。他在心中看見了研究的巔峰目標：在理想地點對理想物種進行明確且權威的樹輪調查。舒爾曼寫了一封信給《國家地理雜誌》，自我推銷一篇關於「馬士撒拉松樹」的文章。他直接了當地說：「我的研究在科學界的重要性，與道格拉斯一九二九年為普韋布洛遺址定年的文章相當。」一名編輯回信表示：雜誌可能會感興趣，但前提是這篇文章的呈現方式，必須能吸引兩百一十萬名外行讀者。否則，雜誌大可以把篇幅騰給一篇名為〈世界上最古老的樹〉的「墊檔」文章，那篇文章也提到世界爺。讀者喜歡高大老樹。

到了六月，舒爾曼展開了他生涯中最重要的田野工作。儘管他的醫師命令他留在家裡休養，但他還是冒險前往高海拔地區。妻子艾爾希患有心房顫動，決定不隨行。舒爾曼寫信告知兄弟：「我將會有幾週失去聯繫。」他還在信中責備兄弟對他隱瞞了最近的家庭危機，然後補充道，如果有緊急情況，可以試著透過海軍站聯絡他，並且透露「即將有大事發生」。

## 古老的刺果松

舒爾曼並未像洪堡德那樣，對於自己的發現得意忘形。他清楚地知道，「族長」及其相對高大的鄰居並沒有真的那麼古老——就相對意義而言——它們只是幸運而已。它們的棲地環境雖然嚴酷，但相比白山山脈的其他地點已經稍微好了一些。舒爾曼為了尋找最古老的刺果松，而去尋找更陡峭、更鬆散、更乾燥的山坡。他發現了一些古怪松樹，樹幹長成板狀而不是圓柱體。那些樹依靠著窄窄的一片樹皮支撐，橫向發展多於垂直生長，而且生長速度非常緩慢，其樹輪幾乎微不可見。舒爾曼用盡全力才讓生長錐穿過這種堅韌的木材。

舒爾曼在接受國家科學基金會經費的第一個夏天，又驚又喜地把三棵樹齡超過四千歲的松樹「鑽到髓心」，這三棵松樹都臨近軍事道路，便於到達。他按照樹齡高低，把三棵樹命名為阿爾法（Alpha）、貝塔（Beta）及伽瑪（Gamma）。舒爾曼為了建立那個地區正確無誤差的交叉定年複合年表——因為在樹輪學的理想世界裡，若不是無法定年，就是有絕對的定年——他決定需要一片完整的橫切面，並選擇犧牲阿爾法松。

舒爾曼回到洛杉磯，買了一把兩人橫切鋸，帶著十幾歲的侄子和佛里茲・溫特一起幫忙。為避免斯圖貝克（Studebaker）汽車過熱，他們在夜裡驅車前往。舒爾曼和溫特徹夜談論科學時，侄子就坐在後座。在耀眼的白天，舒爾曼用柯達底片拍攝了砍伐過程。阿爾法之死並沒有給這個十六歲的孩子留下深刻的印象，因為他的叔叔隱瞞了他們的行為有多嚴重。

九月下旬，舒爾曼反覆清點拋光橫切面上的每一道樹輪之後，大學新聞辦公室宣布：「亞利桑那大學發現了現存最古老的生物。」他們絕口不提這個「生物」已經死亡。新聞稿還自豪地宣稱，舒爾曼博士也證明了瓦哈卡的圖勒之樹並沒有那麼古老。美國各地的報紙都刊載了這篇新聞稿，其中一段還提到利用樹輪進行氣象「回溯推測」的應用價值。一九五六年正值嚴重乾旱，這一點尤其引起關注。校長辦公室對於這次的宣傳效果很欣喜，並親自向舒爾曼表示祝賀。

然而，並非所有人都樂於看到矮小的松樹超越世界爺。《舊金山紀事報》（*San Francisco Chronicle*）發表了一篇帶有揶揄和隨意種族歧視意謂的評論。文章形容古老的刺果松「看起來很可怕——半死不活，幾乎沒有葉子，根部變形扭曲，樹枝彎曲粗短」。評論還將舒爾曼的刺果松林和紅杉森林相對比，指出「就如同印第安貝塚之於科隆大教堂的差距」。但至少，刺果松林分位在加州。[16]

這項發現的正式宣布，同步發表在舒爾曼的《美國半乾燥地區的樹木氣候變遷》（*Dendroclimatic Changes in Semiarid America*）中——同樣地，再次並未提及殺樹一事——這部鉅作耗時多年，分析了三十多萬個樹輪數據。刺果松的數據非常新，因此收錄在書末的〈附錄C：一九五四年和一九五五年採樣的千年松樹〉。這部專業著作中充滿標準差計算、相關係數和手繪圖表，舒爾曼在致謝中提到「對艾爾希的感激確實甚鉅」。他感謝艾爾希十七年來和他討論了「許許多多的研究問題」。

那年秋天，大量媒體宣傳請求蜂擁而至。《國家地理雜誌》突然表現出濃厚興趣，表示只要舒爾曼先寫出一篇文章，他們就會派攝影師前往拍攝。在那同時，舒爾曼開了兩天的車返回白山，和另一家著名畫報雜誌《生活》（*Life*）的攝影師會面。他拍了一系列黑白照片。其中一張，舒爾曼戴著軟呢草帽，英姿颯爽地站著，同時將一根超長的生長錐鑽進一棵巨大的松樹樹幹。另一張照片中，舒爾曼沒戴帽子，蹲在已遭砍伐的阿爾法松的遺骸前，雙手觸摸樹樁，背景是內華達山脈。罕見地，他看起來相當開心。《生活》雜誌的簡短文章〈現存最古老的生物〉中，並沒有刊出這兩張照片。這篇文章向讀者保證，可以在不傷害樹的情況下鑽取樹芯。舒爾曼也向圖森市的晚報表示，那只是「針孔大小的洞」。[17]

在舒爾曼接受拍照後不久，猶太曆五七一七年二月八日那天，當地的猶太報紙刊登了一篇名為〈認識你的同胞〉的專題報導，介紹了舒爾曼和他的發現。這是唯一一份舒爾曼教授在文中部分承認其作為的媒體，對於侵犯神聖事物表達了一絲悔意。他說：「砍倒一棵已經活了超過四千歲的樹，是件令人情緒複雜的事情。我記得當鋸子鋸穿老刺果松的活樹心時，我感到一陣心痛。」記者補充道，當摩西帶領以色列人出埃及時，這棵松樹就已經很老了。舒爾曼展現了他的美國化教育背景，選擇了一個移居殖民者視角的類比：這棵松樹在淘金熱期間就俯瞰著內華達山脈，並且在最早的印第安部落在山谷中遊蕩時，就已經存在。[18]

一九五七年一月，《國家地理雜誌》試圖以一千美元的稿費激勵舒爾曼，邀請他撰寫一篇五千到七千字的「個人經驗故事」或「科學推理故事」。隔月，他們再次催促舒爾曼確定截稿期。舒爾曼希望延遲發表，並且暫緩額外的宣傳，等待美國林務署為擴大自然保護區打好基礎。編輯群不明白箇中道理，覺得他只是拖延症發作。甚至建議派人去圖森市，幫助舒爾曼寫些「更人性化」的東西，因為舒爾曼博士的文章過於晦澀，有很重的「技術枷鎖」。[19]

學期結束時，舒爾曼在持續的催促下，提出了〈世上最古老的樹〉的草稿，並請求延長稿期。他需要即將到來的野外調查季節來驗證他的交叉定年結果，他的樹芯樣本中出現「驚人數量的樹輪缺失」，代表樹木在這些年分不曾生長，或只在部分樹幹長出部分樹輪，而那些樹輪已經被侵蝕殆盡。一位編輯厭倦了他的拖稿，提議把刺果松文章縮減為黑白印刷的短評。但主編對於舒爾曼的信心未減，還先給了舒爾曼一筆稿費預付金。

舒爾曼正好急用現金。他記錄世界上最古老的樹木，登上《紐約時報》頭版，得到的調薪不過四百美元。舒爾曼不知道道格拉斯給史邁利加薪了一千美元，使史邁利成為實驗室中薪水最優沃的成員。艾爾希告訴她在洛杉磯的小姑：「雖然我們比響尾蛇還要窮，但我們更美麗。」並分享了他們最近揮霍的成果：一台淺綠色的富及第（Frigidaire）的冰箱，和與其相配的奇異（GE）洗衣機。「我們家最近日子過得很緩慢，而且愈來愈慢。艾德蒙總是承擔太多，工作過勞，時刻處於各種壓力下，這些對他都沒好處。」

那年春天，舒爾曼的額外工作祕密進行著，他希望確保白山山脈所有古老的刺果松棲地，都歸聯邦政府所有及保護。舒爾曼整理了一份包含私人土地的清單，這些土地大多是從前的採礦和伐木權利地，由於拖欠稅款，其權利已經轉移給郡政府。任何人都可以購買這些「州稅土地」（state tax lands），這從受到舒爾曼的發現啟發的兩名安那翰市（Anaheim）商人即可見一斑。在獲得刺果松土地所有權後的幾個月內，他們就開始用「現存最古老的生物」製作紀念牌、書擋和燈座，並收集被侵蝕的「漂流木」碎片，當作現代家居飾品出售。舒爾曼預期到他將會需要這些可交叉定年的木材碎片做研究。由於擔心數據遭受破壞，他聯繫了能想到的所有相關機構：洛杉磯水電局、因約郡監事會、郡評估員、一位州參議員和美國林務署的各級部門。到了四月底，他成功獲得華盛頓特區林務署署長的關切。[20]

舒爾曼的最終調查始於仲夏時節，就等道路重新開放。舒爾曼在山脈東南側、乾涸峽谷上方一道陡坡上，找到了理想的樹群，每一棵成熟的樹都異常古老。他把這個地點命名為「馬士撒拉步道」，這是古英語詞彙，意思是一片受保護的森林。沒幾個星期，舒爾曼就發現了上百棵樹齡逾四千歲的頂級古樹，他希望能夠突破五千歲大關。出於法律和科學的雙重因素，他需要劃定這片古樹群的邊界。因約國家森林的主管給了他一張地形圖，並允許他在地圖上標記未來保護區邊界，這個保護區已獲得署長的快速審核通過。

多虧了一九五七年經過彎溪工寮的那些加州大學研究生，舒爾曼這次有了比以往更多的幫手。大盆地是軍事犧牲區，當時待在大盆地上頭，令人興奮又不安。每隔幾天，在一天中光線最亮的時候，內華達試驗基地所在的東方，就會傳來一道更明亮的閃光，然後大地隨之撼動。夜晚，研究人員圍在營火旁談論著核物理、樹輪和形而上學。一名研究生將記得，舒爾曼分享了他不切實際的希望——不符合這位科學家以精確著稱的風格——未來將能辨識並萃取出刺果松長壽的化學基礎，應用製成延年益壽的「萬靈丹」。[21]

舒爾曼的腦中不時浮現死亡的念頭，在他駕車上山之前，對他的弟弟吐露心聲，這些話無意間被他侄子聽到：「我現在如履薄冰。」[22]圖森市的科恩（Cohen）醫師診斷出他患有動脈硬化和高血壓。舒爾曼在高海拔呼吸困難，而他理想的樣區位置並不理想——離道路太遠了——然而他已經非常接近畢生難得的數據寶庫。對某些樹木來說，最長、最乾淨的樹芯還不夠。他也犧牲了貝塔松，以了解「背負式」（pickaback）樹木緩慢死亡的生物學原因。這類形態的樹在馬士撒拉步道隨處可見，卻不見於其他地方。這些樹在幾個世紀來逐步關閉功能，一次一個根系區域、一片樹皮停止運作，最終剩下一片樹皮維持生存。不過這些樹並非完全死亡，它們會在一個受抑制了上千年甚至更久的「未亡區域」重新開始生長，在古老樹皮的背面產生一片新樹皮。在一次歷經五個小時的艱難行動中，舒爾曼和一名助手將貝塔松的橫切面樹身用擔架抬到車上。

八月，《國家地理雜誌》的一位攝影師抵達白山研究站。他拍攝了一系列柯達彩色照片，包括安排在族長樹下野餐的擺拍照片，舒爾曼穿著法蘭絨襯衫和藍色牛仔褲，扮演爺爺的角色，朝著一對年輕夫妻和他們躺在毯子上的兒子微笑。這是一個朝氣蓬勃的美國風情場景，若再加上啤酒箱中的罐頭食品就更完美了。攝影師還在舒爾曼那棵新任最古老的樹旁，為他拍了一張肖像。照片中的這個男人看起來比他的實際年齡老了十歲。

告別攝影師時，舒爾曼表示要等到秋末才能完成這篇文章。他會在彎溪停留一段時間，然後造訪加州理工學院。他提到自己正「深陷一些『棘手』事之中」。九月分，舒爾曼把標記好的地圖歸還給林務署主管，並稱讚他的樣區非常完美，不僅有利於氣候學研究——因為有數千棵擁有敏感樹輪的千年古樹——還將開啟關於長壽遺傳學與生態學的新研究。截至當時，舒爾曼已經從馬土撒拉步道鑽取了七十五萬個樹輪，這些數據足以用上十年。

十一月，《國家地理雜誌》給了舒爾曼第一個確切的截稿日，並反覆叮嚀：要把你自己融入故事中；要使用對話和第一人稱來寫；要幫助讀者感受到你的驚奇。感恩節前夕，舒爾曼交出一份完整的草稿。為了讓文章更可讀，他笨拙地用上個人趣聞開場，一個關於女性之美的庸俗笑話。然後，他從洪堡德開始，概述了科學家尋找世界上最古老樹木的歷史；接著他總結了樹輪科學；最後描述了刺果松。編輯們大失所望。這篇文章需要刪減、濃縮、重組；必須放棄樹輪學「冗長、零散的專題論文」。舒爾曼必須「組織好情節」，高潮應該是科學家拿著生長錐進入樹林的場景。

來到十二月分，舒爾曼雖然飽受當前的病痛困擾，卻仍致力修改文章，而他妻子顯然幫了忙。編輯透過長途電話，引導他完成整個過程。第一版排版樣稿在十二月二十日送達。為了趕上嚴格的截稿日，舒爾曼取消了原本在亞利桑那大學耶誕假期期間和艾爾希一起去度假的計畫。

一九五八年一月七日，舒爾曼收到二校樣稿之後，做了最後一次電話諮詢。結果證實這位教授是可教之材。為了渲染這個戲劇性的場面，他把自己第一次去白山山脈的經歷描述為機緣巧合——為了核實「傳聞」而做的「繞道」。尋找超齡針葉樹的十年，被縮減成兩個夏天。各種現場助手被簡化為有個令人難忘名字的人：斯佩德·庫利（Spade Cooley）。這類型的文章需要一個高潮時刻，舒爾曼不只創造了那時刻，還加上對話。這則軼事涉及伽瑪松，那是四千年來第一棵被「認證」的樹。舒爾曼為了避免混淆，把這棵樹的名字改為「阿爾法松」（Pine Alpha）。他沒有提到先前的那棵阿爾法松。

這一次，不同於之前的所有工作，舒爾曼淡化了氣候學研究，認為「弱勢」而「無價值」的刺果松，對長壽方面的研究更加重要。舒爾曼寫道：「一棵四千歲的老樹，在極度乾旱的年分，居然可以停止樹幹範圍內幾乎所有運作，而在豐年裡，又能忠實地重新甦醒，增添許多新細胞，這種持久能力有點不可思議。這些老樹『已經垂死兩千年，甚至更久』。這怎麼可能呢？也許我們不能指望找到比已發現的更老的刺果松了，因為我們研究過的最古老樹剩下的時日顯然已經屈指可數。但是，當我們對這些馬士撒拉松樹的研究夠深入時，也許它們扭曲殘破的樹幹會為我們帶來絕美的答案。」[23]

第二天，一月八日，〈刺果松，已知最古老的生命〉（Bristlecone Pine, Oldest Known Livinging）送印，預定刊載於三月號。總裁兼總編輯麥維·貝爾·格羅夫納（Melville Bell Grosvenor）讀了最終的印刷版本，並核准出版。那天下午，《國家地理雜誌》把第一份印刷副本連同支票，以航空郵件寄到圖森市。同一時間，在亞利桑那大學，舒爾曼前往財務處。討論的主題一如既往，還是錢。在會談期間，他突然陷入昏迷。救護車將舒爾曼送往醫療中心，醫師替他急救。兩個小時後，舒爾曼以四十九歲之齡辭世。

他的父母及時從洛杉磯飛來，參加隔天在以馬內利會堂舉行的葬禮，他們的長子被安葬在長青公墓，擠身圖森市的猶太先驅之間。雙親在七日守喪期間待得夠久，看到了世界各地崇拜者傳來的電報和信件。亞利桑那大學校長表示：「失去舒爾曼博士，對亞利桑那大學是個沉重的打擊。」[24]在城裡，包括百貨公司老闆在內的猶太社群籌措基金，在希伯來大學設立了一座以舒爾曼為名的紀念牌匾，之後又設立了一個針對美國或以色列學生的紀念獎學金。

舒爾曼不幸中風過世，使得實驗室無人領導。道格拉斯當時九十二歲，悲痛不已，立刻申請退休。道格拉斯在寫給校長的備忘錄中，表示史邁利雖然缺乏原創性，但可以成為照本宣科的研究室負責人。他究竟為樹木樹輪科學做了什麼？這位老人有個更好的候選人：布萊恩・班尼斯特（Bryant Bannister），他只需要完成他的博士學位。

幾個星期過去，艾爾希寫信給舒爾曼倖存的弟弟哈利和他的妻子。她在信中報告自己吃不下也睡不著，但這個學期仍在教書。她若不是心率低到危險的程度，就是焦慮發作。艾爾希寫道：「拜託寫信給我，請支持我，我自己的家人如此之少。」艾爾希在保險箱裡發現了跟巴勒斯坦（現在的以色列）土地有關的法律文件。文件上載明，舒爾曼在戰後把家族土地捐贈給了猶太國家基金會。遺囑認證後，文件和舒爾曼日記的第一卷都交給了哈利。後續的各卷日記再也沒有被傳下去。

春天到臨時，美國林務署擴大了自然保護區，更名為「古刺果松森林植物園」（Ancient Bristlecone Pine Forest Botanical Area），包含了新的舒爾曼紀念樹林（Schulman Memorial Grove）。該機構負責保護這項資源，供科學研究和大眾使用。聯邦政府同時宣布了一項收購一千三百六十英畝郡公有地內私人土地的計畫。在華盛頓特區的簽字儀式上，林務署長獻給《國家地理雜誌》總編輯格羅夫納一塊紀念性的四千年樹輪橫切片，來自舒爾曼為科學犧牲的三棵刺果松之一。樹輪研究實驗室擁有類似的一塊貝塔松橫切片，舒爾曼一直在打磨，原本想送給艾爾希當驚喜。

林務署主管從加州主教城（Bishop）寫信給樹輪研究實驗室，詢問紀念林落成典禮的事宜。當時的研究室臨時負責人史邁利表示沒有必要：「我們所有人都覺得，就連舒爾曼也不會想要這樣。」另一方面，艾爾希用「舒爾曼夫人」的信箋寫了封信去主教城。她問：「會有典禮嗎？我想出席。」

最後，落成典禮按照史邁利的要求被擱置了。

## 古樹的聖化與校正

〈刺果松，已知最古老的生命〉一文，對「生物」的本質含糊其辭。「最古老」具有雙重意義，指一個物種，也指一個個體。《國家地理雜誌》並沒有透露最古老個體的所在位置。照片應舒爾曼博士的要求，經過修改。舒爾曼對目前「已知最古老」的宣告既是確定的，也是暫時的。如果一九五八年夏天他還活著，應該會去尋找比四千六百歲更老的樹木。但地面上已有這麼多的古木樣本，他並不需要從活樹木中獲取更多數據。此外，對於樹輪學者來說，「可知最古老」的範疇更多是認知層面，而非生物層面，指的是那些可以追溯到樹木生長的第一年、髓心不曾受侵蝕且絕對可定年的樹木。

依據慣例，新任的最古老樹木會被授與一個正式的名字，一個人格化的標誌，但文章在這裡就戛然而止。唯一被命名的樹是「阿爾法松」，但那甚至不是最正確的對象。真正的世界紀錄保持者有著愚蠢的綽號，作為臨時代稱：「曾祖父背負松」（Great-Granddad Pickaback）。這個用詞出於文字編輯之手，他反對舒爾曼在草稿中使用的「阿祖」（Great-Gramps）。這個非正式的美式用語，與舒爾曼的《聖經》和英式色彩的地名「馬士撒拉步道」之間，存在著明顯的不協調。

將「步道」重新命名為「舒爾曼紀念樹林」的林務員，沿用了世界爺國家公園的傳統。在那裡，遊客和巡林員把紀念樹群稱為「樹林」（grove），這個非科學性的詞彙充滿文化典故。「神聖樹林」（Sacred grove）是英文翻譯中形容古地中海地區多處神聖樹木場所的詞彙，即希臘文的alsos和拉丁文的lucus及nemus。受過教育的美國人仍然熟知威廉・卡倫・布萊恩特（William Cullen Bryant）著名的〈森林讚美詩〉（Forest Hymn, 1824），其開篇寫道：「樹林是上帝最早的殿堂。」

有些記者忠實地報導「曾祖父松」是這片樹林的族長，其他記者則選擇描述一棵沒有名字的樹。一般讀者很容易——且許多人確實如此——認為「阿爾法松」就是馬士撒拉步道上的馬士撒拉樹。遊客們自發性地把這棵樹（前任伽瑪松）變成了首要目的地。這棵古樹緊鄰停車場，被命了名，而且很上相。林務署於是鋪設了一條簡單的一英里（約一・六公里）環狀道路，稱為「探索小徑」（The Discovery Trail）。

雖然古老的刺果松並不具備古典意義上的美，但它們之間的間距夠大，在觀景器中可以被拍成「孤樹」：這種生態地標隨著探險家馬可・波羅（Marco Polo）描寫的「孤樹」（*l'arbre seul*），進入了歐洲人的想像。十九世紀的美國西部，移居者把數十棵孤零零的樹變成路標，然後成為旅遊景點。在攝影時代，猶他州的「一千英里樹」（1,000-Mile Tree）、優勝美地谷上方哨兵圓丘（Sentinel Dome）的「孤松」，還有位於喀美爾濱海鎮（Carmel-by-the-Sea）附近的「孤柏」，都替位在白山山脈看似孤獨的刺果松創造了圖像模板。

魏斯・弗格森接手了舒爾曼的國家科學基金會計畫，獲得了後續經費，也見證了一個野外科學樣區轉變成科學朝聖地的過程。他也得負部分責任。遊客不斷詢問他怎麼抵達最古老的樹木，於是弗格森開始將「阿祖」擬人化為「馬士撒拉」，這棵樹逐漸從「物理實體」變成了「神聖的存在」。一九六〇年，弗格森向巡林員建議建造第二條更有挑戰的環形步道，讓遊客可以直接走過馬士撒拉樹旁。隔年，美國林務署聘請弗格森擔任季節性管理員。他在一系列備忘錄中，記錄了遊客的種種不良行為：堆疊石堆、隨意開捷徑、採集毬果、亂刻樹皮。弗格森也抱怨非亞利桑那大學的科學家未經許可，就鑽取並標記「舒爾曼的樹」。例如，阿爾法松上有四十二個鑽孔，其中只有半數是樹輪研究實驗室留下的。這棵四千年古樹周圍的土壤遭到攝影者踐踏，弗格森建議重新規畫這條路線。不久後，這棵古樹就少了一根粗枝。

一九六一年後，遊客數量大增，因約郡的工作人員鏟平了最陡的坡道，並鋪設了幾乎通往觀景區的柏油路。汽車雜誌大肆宣傳這條道路，稱它帶領駕駛者前往生物時間的極限。為了因應季節性熱潮，美國林務署在一九六四年蓋了一座遊客中心。那年夏天來了一萬六千名遊客，其中很大比例是教師和教授，他們最常提出的問題不出所料：馬士撒拉樹在哪裡？

一九六八年，隨著每年造訪人次逼近五萬，弗格森為《科學》期刊撰寫了一篇文章，副標題是〈科學與美學〉。他寫道，短短十年內，「參觀刺果松地點的行為，呈現出朝聖的特質，而科學家走在最前面」。弗格森感到很矛盾。舒爾曼樹林是世界級的放射性碳材料儲存庫，一個遊客帶走的紀念品中，可能包含有解決科學問題的關鍵。為了保護這項資源，他認為大眾必須了解樹輪科學的價值與知識。[25]

為了補充他的文章，弗格森又寫了一封冗長而自以為是的信給美國林務署地區分處。他力諫舒爾曼樹林必須有一名全職的巡林員，以阻止當地人用貨卡運送木材。次要道路應設置柵門並關閉。馬土撒拉樹永遠不應該被標記；事實上，步道應該改道並遠離它。最好的做法是只允許導覽行程。這片樹林應該當作純粹的科學保護區，而不是另一片多用途地區來管理。

弗格森博士嚴重誤判了他的受眾。一位林務員在信的空白處寫道：「我們這些知道所有答案的知識分子，告訴大眾何時該做什麼。這些話很耳熟，就像有史以來的任何一個小獨裁者一樣。」當美國林務署發布古刺果松森林總體規畫時，基本上無視了弗格森的建議，僅採納了雇用一名季節性巡林員的建議。巡林員在馬土撒拉樹上放了一個告示牌。主管希望讓遊客滿意，讓他們知道自己看到了「已知最古老的樹木」。

一九六九年夏天，在舒爾曼樹林召開了一場「刺果松研討會」，出席會議的有美國林務署署長、一位國會議員、加州大學柏克萊分校校長和樹輪研究實驗室負責人班尼斯特。他們討論了環保人士的建議，也就是國會或行政部門應設立一座刺果松國家紀念區，以匹配加州最新的聯邦保護區「紅木國家公園」。與會專家一致同意，目前採取「低調公開推廣」的管理方式更為可取。

一九七二年，《讀者文摘》（*Reader's Digest*）報導了舒爾曼樹林，而一名森林遺傳研究院（Institute of Forest Genetics）的研究員注意到馬土撒拉樹長了一顆毬果。他獲准採集，以檢驗這棵樹在歷經四千七百年後是否仍具生命力。他取出九十六顆種子，並種下了三十六顆，它們百分之百都發芽了，這是一個「完全出乎意料的結果」。[26]馬土撒拉樹的旺盛生命力上了電視新聞。在這一輪關注之後，林務員意識到他們造成的問題。他們在設置告示牌僅僅五年後，就將它拆除了。

這棵打破紀錄的樹被授予名字之後，它的生物地理群體也獲得了一個相應的物種名稱。一九六〇年代，科羅拉多州波德市（Boulder）的一位地球物理學家，將樹輪科學作為他的業餘嗜好。這位來自羅德島的學者，在亞利桑那大學得到天文學學士學位，與道格拉斯有私交，並在圖森市買了第二間房子。他認為，大盆地乾燥地區的刺果松，和洛磯山脈半乾燥地區的刺果松有明顯差異。經過研究，他記錄了充足的分類學證據，主要是基於樹脂溝的差異，提出了一個新的分類，並於一九七〇年發表。無論是出於邏輯或情感——也可能兩者兼具——植物學家們很快就接受了這個富有意境的二名法：*Pinus longaeva*（種名*longaeva*有古老、年邁之意）。

一九六〇年代，成群結隊前來朝聖古木的遊客們，時常在野外遇到樹輪學者。這些帶著生長錐的人，並不是植物學家。舒爾曼先前提出關於長壽的研究，在辦公室留下了一些神祕的收藏，有樹樁、嫩枝、細枝和松針，而樹輪研究實驗室無法取得這方面的研究進展。那些收藏轉交給了弗格森，他一心專注在樹芯樣本，目標是延長並改善舒爾曼的交叉定年年表，亦即馬土撒拉步道形成層模式的主要時間序列。

這份嚴謹的工作正符合弗格森的執著天性。極端情況下，弗格森的樣本每四分之三英寸（約二公分）就包含七百五十道樹輪。僅僅在顯微鏡下計算樹輪是不夠的，沿著既定半徑鑽取樹芯樣本，可能會短缺五%的樹輪，這代表對一棵四千年的樹而言，單純的樹輪計算可能產生兩百年的誤差。此外，還有「樹輪不詳」的問題，乾旱年分的樣本樹木沒有產生可檢測的樹輪。例如，弗格森有九十五%的樣本中沒有西元八〇九年的樹輪。一九六四年，他發現了另一個未知問題：一道新的樹輪，即西元一四九八年真正的樹輪，導致年表需要重新編號。弗格森在筆記中坦白道：「對此事件的自我檢視令我心情複雜。是否還有更多樹輪未被發現？」

弗格森繼承了對地球化學家和考古學家極具價值的材料。舒爾曼去世的那個學年正值國際地球物理年，當時斯克里普斯海洋研究所蘇斯實驗室的大衛・基林（David Keeling），開始在夏威夷的茂納羅亞火山（Mauna Loa）山頂進行測量——這便是「基林曲線」（Keeling Curve）的開端，這條曲線記錄了大氣中碳十二、碳十三、碳十四的逐日和逐年的數據。一九六五年，已有足夠的數據促使白宮發表有關「大規模地球物理實驗」的初步報告。[27] 基林的研究方向是在時間上向前推進，弗格森則是向後回溯。他開始發送十公克、十年的刺果松木材切片，供斯克里普斯海洋研究所和賓州大學的放射性碳實驗室使用。

舒爾曼去世後的幾個月內，科學界得知，埃及文物的放射性碳定年與其編年史年分之間的差異——這是由化學家威拉德・利比率先注意到的困惑現象——是一種存在於世界各地木材中的系統性異常。這些碳十四的小起伏，陸續被稱為曲折、扭曲、變異、扭動，最後被稱作「波動」（wiggles），它們攪亂了原本恆定的放射性衰變曲線。這項發現促使了第二輪校正，即必須尋找更多定點來補充「已知曲線」（Curve of Knowns）[(5)]。利比在一九六〇年的諾貝爾化學獎獲獎演講中，讓「已知曲線」這個詞廣為人知。

二十世紀末，弗格森已經透過交叉定年和波動比對，將馬土撒拉步道的年表延伸到七千年以上。下一步是樣區驗證。實驗室的兩名新成員：瓦爾・拉馬什（Val LaMarche）和湯姆・哈蘭（Tom Harlan）選

(5) 編註：指的是透過對已知年代的樣本（例如古代木材、考古文物等）進行放射性碳定年，並將測量結果與其已知的年代進行比對，所建立起來的一條校正曲線。這條曲線顯示了放射性碳在大氣中的含量隨時間變化的情況。

擇了白山山脈更高的海拔位置作為第二個樣區。他們根據一九七〇年鑽取的樹芯樣本，製作了一個長達五千年的年表，並且與舒爾曼－弗格森的年表吻合。經過驗證，馬土撒拉步道的古老松樹取代了尼羅河谷法老王的統治列表，成為放射性碳校正的黃金標準。

正如蘇斯是弗格森在地球化學方面的主要合作對象一樣，隸屬於賓州大學博物館的學者亨利・麥可（Henry Michael）則是弗格森在人類學領域的主要聯繫人。在麥可的要求下，伴隨來自賓州大學的經費，弗格森提供了已死亡與之前砍伐的刺果松橫切樣本（「cookies」）——這些樹包含了舒爾曼砍的那三棵，以及一些被修路或電力施工人員砍下的樹。此外，還有各種涵蓋特定年代的小樣本，這些樣本最後會送進光譜儀裡。麥可和主管伊莉莎白・雷夫（Elizabeth Ralph），對碳十四中「宇宙動盪」（cosmic schwung）的來源並不感興趣。他們把這個工作留給天文物理學家。他們的目標是建立一條方便使用的校正曲線，能可靠地為人類遺骸和建築定年。

到了一九七三年，由於弗格森、蘇斯、麥可和其他人的辛勤努力，終於可以確定，人類學家最初大肆宣揚和採用的放射性碳定年測定結果，經證實存在數十年甚至數百年的誤差。雷夫和麥可在一份博物館通訊中發表了他們改良後的曲線，而那份通訊很快就成為考古學界被複印最多份的手冊。[28]科林・倫福儒（Colin Renfrew）於一九七三年出版的著作《文明之前：放射性碳革命與史前歐洲》（*Before Civilization: The Radiocarbon Revolution and Prehistoric Europe*）中，指出了刺果松驚人的重要性。書中第一張插圖是一棵瘦巴巴的松樹，那是「地球上最古老的居民」。倫福儒指出，他在英國的同事曾私下抱怨：「我為什麼要關心這棵默默無名的加州灌木？」[29]

麥可渴望建立最長的校正曲線。從一九七〇年代中期開始，他踏遍了馬士撒拉步道每一吋土地，尋找樹齡可能超過八千年的木材碎片。他為了科學進行的徒步冥想，是他遠離悶熱、煙霧瀰漫的費城的喘息機會。麥可抱持著找到樹齡一萬年之木材的希望，這是一個帶著半神祕色彩的里程碑。麥可四處尋找，包括峽谷中的漂流木堆和峽谷口的礫石採石場。他安排雷達設備和牽引機在沖積扇中挖掘木材。一九八三年，麥可腳踏實地的韌性帶來了幸運的發現：一塊被陽光曬白的松樹碎片，上面大約有一百五十個樹輪，經放射性碳定年，年代為西元前七〇七〇年。這個「漂浮物」目前與年表還沒有任何關聯。湊巧的是，麥可在那年夏天又發現了另外兩個超級古老的樣本。[30]

一九八四年之後，對一萬年樹輪的追尋變得不切實際，當時的歐洲樹輪學者追上了他們的美國同行。一個國際團隊公布了一個夏櫟年表，其年表長度幾乎和大盆地刺果松年表相當，而且非常有機會越居其上。當少數美國人還在乾旱山區尋找極其稀少的珍貴木材時，歐洲團隊卻在篩選無限多且足夠好的木材，那些是埋在愛爾蘭沼澤以及萊茵河和多瑙河上游河谷無氧狀況下的櫟樹。

雖然放射性碳研究獲得了最多的經費支持，但刺果松研究也朝多個方向發展。一九六二年，道格拉斯博士去世當年，哈爾・弗力茲（Hal Fritts）——實驗室中最忠實繼承舒爾曼的科學家——開始使用IBM打孔卡[(6)]驗證樹輪寬度確實與氣候相關，儘管這些關聯會因月分和年分不同而有所差異。不同於舒爾曼，弗力茲擁有植物生理學的專業知識，並設計了實驗來測試舒爾曼的假設：「乾旱地區的針葉樹

(6) 審訂註：早期電腦需要用打孔卡片撰寫程式來運算。

可以作為氣象儀器使用」。弗力茲安裝了電池供電的測樹儀，以便即時測量生長狀況。他還在針葉樹周圍搭建聚乙烯帳篷，並注入二氧化碳，以測試大氣施肥對樹輪寬度的影響。弗力茲把導致狹窄樹輪的所有相互關聯因素繪製成圖，包括土壤溼度低、蒸發加快、呼吸作用增加以及光合作用減少。即使是在白山這樣類似實驗室的環境，個別松樹在四十五天的生長季中，仍會受到局部的因素影響，包括坡向、林分密度和土壤基質。這種細緻的知識，使得弗力茲能讓刺果松的數據更平滑，方便統計分析、建立生長模式、建構年表和氣候重建。他改良了舒爾曼選擇樣區和樣區空間網路分布的方法。本質上，弗力茲在一九六〇年代中期花費大量時間，證實了舒爾曼靠著經驗和直覺而得知的事實：馬士撒拉步道的樹輪數據非常適合用於樹木氣候學研究。[31]

一九七四年，在編寫即將成為其領域經典教科書的過程中，弗力茲組織了第一次國際樹輪研討會，將美國和歐洲的研究者齊聚圖森市，建立一個數據分享系統。最初使用打孔卡，後來改用磁帶。這種把形成層指數轉換成電腦試算表的「圖森格式」，成為了標準做法。靠著有限的經費支持和群眾志願服務，弗力茲負責監管國際樹輪資料庫（International Tree-Ring Data Bank）。在一九八〇年代，一名實驗室成員用Fortran程式語言開發了一個免費的套裝軟體，分析圖森格式的資料集。

弗力茲盡量避開他暴躁酗酒的同事拉馬什。兩人的研究雖然有重疊，卻幾乎不交流。拉馬什創意十足地結合了地質學、氣候學和植物學，根據刺果松板根的形成情況，計算了山坡的侵蝕率。透過對山頂上殘留木材的測繪和定年，他得以重建松樹族群在全新世中期溫暖時期前後的上下遷移。拉馬什以舒爾曼的研究為基礎，進一步證明上部森林線的刺果松主要記錄溫度信號，下部樹木線的刺果松則記錄降水信號，尤其是夏季的降雨量。

最重要的是，拉馬什將樹木線樣本的扭曲樹輪解讀為「霜輪」(frost rings)，證實了異常寒冷所造成的逆境。拉馬什猜測，有些霜輪可能代表著超級火山爆發之後的全球氣候異常。一九八四年，拉馬什共同撰寫了一篇關於其火山學研究的綜述，發表在《自然》期刊。他利用刺果松的樹輪為地質學家與人類學家感興趣的事件提供暫定年代，包括愛琴海聖托里尼島／錫拉島的米諾斯火山爆發。[32]

另外，拉馬什也在《科學》期刊提出，自十九世紀中葉以來刺果松生長速度的增加——這是舒爾曼曾注意到的現象——是由於大氣中的二氧化碳濃度升高所導致。[33] 拉馬什使用「代理資訊」、「代理紀錄」和「代理指標」這些術語，指出科學家需要更多上述數據，以理解人類是如何改變氣候的。

大盆地刺果松作為野生的實驗室生物，包含有數量驚人的代理資料，不只有樹輪寬度和碳十四濃度，還有木材與長短不一的松針所含有的化學成分。這些針葉可在樹枝上生存數十年，記錄了光合產物的變化，而這些紀錄可以與樹輪數據建立相關性。儘管拉馬什的見解很精闢，卻被更新的科學發現搶了風頭——這些發現涉及可以精準到年分的最古老非生物物質：「冰層」。極地冰芯作為氣候代理資料，能讓氣候學家深入更古老的更新世，超越了刺果松所能觸及的時間範圍。

然而，在全新世中後期，古老松樹仍然無可匹敵。由於碳十四的校正基本完成，再加上大眾開始意識到「全球暖化」，刺果松研究再度回歸氣候學領域。一九八六年，英國生態學家麥爾坎·休斯（Malcolm Hughes）接替班尼斯特，成為樹輪研究實驗室負責人，並重組實驗室。同年，弗格森因腦腫瘤引發的一連串中風過世，享壽六十三歲。他留下了一批未分類的樣本樹輪，與舒爾曼的樣本一起混合堆放在樹輪研究實驗室。不到兩年後，刺果松研究的另一位權威拉馬什死於心臟衰竭——他還來不及分享氣溫重建法，就過世了。

在弗格森和拉馬什離世後，他們的同事唐．葛雷比爾（Don Graybill）利用能源部研究二氧化碳的經費，接手了馬士撒拉步道計畫。幾年後，由於葛雷比爾身體太過虛弱，無法承受在一萬英尺（約三千公尺）的海拔工作；於是由哈蘭接替這項外勤工作。回到實驗室，葛雷比爾重新檢查、重建並重新標準化弗格森的年表，以求得氣候信號——這個年表最初是為了放射性碳科學家的需求而建立。然而，一九九三年，樹輪研究實驗室繼續發生一連串的不幸：葛雷比爾因癌症過世，享年五十一歲。同年，八十一歲的麥可在野外度過了三十個夏天之後退休，結束了他對古木的探求。他的心臟已經無法承受高海拔的工作。

## 樹輪裡的氣候代理資料

頂尖刺果松學者的相繼過世，是危機也是轉機。為了維持樹輪研究實驗室獨特的刺果松傳承，以及和因約國家森林近乎獨家合作的關係，休斯聘請了莉莎．格勞姆利希（Lisa Graumlich），她是狐尾松（*Pinus balfouriana*）——一種跟刺果松密切相關的內華達山脈樹種——的專家。格勞姆利希是樹輪研究實驗室的第一位女性教職員。在就讀加州大學洛杉磯分校（UCLA）研究所時，她選擇研究狐尾松，因為這種松樹的棲地無路可抵達，代表身為背包客的她可以獨占那片山野。亞利桑那大學的科學家們，那些開著卡車的中年男性，對白山山脈一直抱著地盤意識。格勞姆利希後來回憶道：「刺果松的研究圈就是關於男人占有事物。研究樣區和樣本從指導教授傳給學生。其中有某種儀式感。他傳給了他，他又再傳給下一個他。」[34] 格勞姆利希到達亞利桑那大學後，繼承了拉馬什的生長錐。

休斯獲得了國家科學基金會的一筆巨額經費，足以聘請全職研究員麥特・薩爾澤（Matt Salzer）。薩爾澤在實驗室做過臨時兼職，薪水微薄，但他的技術能力讓大家留下了深刻的印象，並且他對洛磯山刺果松的研究經驗豐富。休斯和薩爾澤前往白山山脈，目標是理解刺果松加速生長的原因。他們設了一道樣帶。收集和分析數據需要好幾年，但他們最終證明了控制因素是溫度而非二氧化碳，而最近的這次生長爆發——僅限於上部樹木線——在近四千年的紀錄中沒有前例。

同時，休斯和弗力茲也把國際樹輪資料庫的運作移交給國家海洋暨大氣總署（NOAA）。到了一九九〇年代，北美洲西部已經累積了一個世紀的天氣儀器數據，足以驗證西部樹輪在氣候重建中的重要性，並將年表與觀測數據進行校正。國家海洋暨大氣總署是氣候數據的中央儲存處，收集來自湖床、湖階地和冰層的數據。所有這些數據的生產和存檔促成了一個新的子學科：多代理數據分析（multiproxy analysis）。作為樹輪專家的休斯開始和冰層與珊瑚領域的權威合作，並邀請一位擁有數學背景、研究大氣科學的年輕博士後研究者加入，這位研究者名叫麥可・曼恩（Michael Mann）。

一九九八年，這個研究小組以曼恩為首，在《自然》期刊發表了一篇論文，內容關於對過去六個世紀以來，全球尺度的溫度模式和氣候驅力的多代理分析。該小組得到的結論是，溫室氣體在二十世紀成為主要的氣候驅力因素。這篇專業論文在北半球經歷暖冬後的世界地球日發表，引起了不小的媒體關注。長遠來看，該小組希望將他們的分析拓展到千年以上。但目前不大可能實現，僅能在全球北方——例如刺果松生長的北美洲——進行有限的研究。一九九九年，他們發表了一篇幾乎未被關注的短文（非完整論文），其中充滿假設性條件，甚至標題中就包含了「不確定性」一詞。這篇短文展示了一張主要採用刺果松數據的溫度重建圖，該圖顯示在經過一段相對穩定期後，溫度急劇上升。[35]

兩年後的二〇〇一年，聯合國政府間氣候變遷委員會（IPCC）在《第三次評估報告》中，把曼恩的溫度圖斷章取義地納入決策者的執行摘要中。聯合國政府間氣候變遷委員會將這個數據視覺化——隨後被稱為「曲棍球桿曲線」（hockey stick graph）——並提升為標誌性地位，吸引了氣候科學懷疑論者和氣候變遷否認者的注意。二〇〇三年七月，在美國參議院，環境暨公共工程委員會（EPW）主席吉姆·殷荷菲（Jim Inhofe，共和黨－奧克拉荷馬州）說：「考慮到所有的歇斯底里、恐懼與偽科學下，人為全球暖化會不會是對美國人民設下的最大騙局呢？我相信是的。」[36] 殷荷菲把聯合國政府間氣候變遷委員會的進程比作蘇聯的清洗，並嘲笑全球暖化的證據僅來自一個半球的一座山脈的一組樹木樹輪。

關於「曲棍球桿曲線」的人為爭議在二〇〇五年達到高峰。一名經濟學家和一名採礦顧問共同撰寫長文，反駁那張圖表，其中有一節講的正是大盆地刺果松。他們的論文結合了誇大、謬論和合理的小批評。作者正確地指出，氣候科學家並不完全了解這個特殊樹種的生物學。他們說得沒錯，最古老的樣本並不是「神祕天線」。但當他們聲稱刺果松是「世界氣候歷史的主要仲裁者」，並主張在系統解決植物生理學的基礎問題之前，必須將松樹數據刪除時，他們的論點就顯得荒謬。[37]

殷荷菲在眾議院的盟友，是來自德州的共和黨人，擔任能源暨商業委員會主席，他致函給曼恩、休斯與其他人，要求他們提交電子郵件和原始數據。氣候變遷否認者聲稱相互矛盾的樹輪證據已經「刪改」過了。為了阻止這場政治鬧劇，眾議院科學委員會的民主黨主席委託國家科學院檢查曲棍球桿圖背後的數據。一個科學院成員小組支持曼恩的發現，但指出西元一六〇〇年之前氣候紀錄的不確定性並未清楚傳達出來。由於缺乏其他千年樹輪資料集，刺果松的數據稍微扭曲了圖表，但整體趨勢是正確的。[38]然而，虛假的政治爭論仍在持續，休斯和亞利桑那大學的法律顧問為了防止大學電子郵件的披露，進行了費時又費錢的法律攻防戰，也讓實驗室士氣低落。

在遠離政治紛擾場域的白山山脈，哈蘭繼續著麥可的研究探索。在一九九九年提早退休之後，哈蘭收到一筆匿名的經費資助，讓他得以重啟樹輪研究實驗室的年表工作。哈蘭患有關節炎，膝蓋也有問題，無法長時間步行，於是他用無線電對講機從志工那裡接收指示，志工們則用雙筒望遠鏡掃瞄山坡尋找目標。哈蘭正在尋找一塊關鍵木材，以補足時間序列中的空白，製成長達八千七百零二年的年表。哈蘭說：「在還沒有步道的時候，舒爾曼就已經在那一道斜坡上工作了。我對於他幾個月後心臟病發作一點也不意外。」[39]與他的後繼者不同，舒爾曼從未給他的研究樹木做標記，因此哈蘭查閱了舒爾曼的田野紀錄來進行研究。哈蘭的團隊為樹木加上鋁製標示牌，使用新的字母數字編碼，拍攝數位照片，並記錄GPS座標。

回到圖森市，另一名志工試著整理數十年來收集的所有刺果松樣本。由於歸檔系統不一，管理執行不佳，導致情況一片混亂。在大約九千個刺果松樹芯之中，僅僅三分之一被固定及編目，進行交叉定年的就更少了。某些重要的樣本僅剩下方格紙上的繪圖，原始樣本已經不見蹤影。古樹之間以目視可分辨其差異，但每個樹芯樣本看起來卻幾乎相同。

二〇〇七年，樹輪研究實驗室成立七十週年之際，亞利桑那大學收到了捐贈者阿涅斯・尼姆斯・豪里（Agnese Nelms Haury）一筆鉅額捐款，足以建造一座獨立的、最先進的樹輪實驗室大樓。這座大樓於二〇一三年落成，擁有「臨時」實驗室所沒有的一切：寬敞、通風、光線充足，且溫控完善。為了準備搬遷，實驗室聘請了一名管理員。他淡淡地回憶道：「在體育場下方工作最棒的部分是，在每年六次的主場比賽期間，你可以請人送玉米片到你的辦公室。」[40]管理員負責清理舊儲藏室，那裡的木頭堆得又高又深，必須側身才能穿過。男廁的管道外露在碳十四定年法校正用的樣本上方。陳舊汗水和新鮮糞便的惡臭混雜，掩蓋了古老針葉樹的清香。

為了裝飾新大樓的門廳，亞利桑那大學設置了一棵世界爺的橫切面。這片橫切面先前存放在亞利桑那州立博物館，道格拉斯曾在那裡發表關於樹輪科學和西南部考古學的演講。這座大樓並不是以樹輪學創始人的名字命名，而是以他的得意門生布萊恩・「熊」・班尼斯特之名為名，班尼斯特監督了實驗室的發展，並調整了實驗室的糟糕薪水。每個人都喜歡班尼斯特，而班尼斯特對道格拉斯博士的回憶是「你能想像到最善良、最紳士的人」。[41]

最後一位可能對此評論有異議的人在二〇〇八年過世。她是格拉迪斯・菲利普斯（Gladys Phillips），舒爾曼妻子艾爾希的密友，艾爾希比她早了將近三十年去世。一九四〇年代晚期，菲利普斯加入樹輪研究實驗室，成為辦公室祕書，儘管她的學歷遠超過這個職位的要求。菲利普斯在一九五三年與道格拉斯鬧翻之後辭職，成為圖森市一所高中的寫作與文學老師。一九五八年，菲利普斯在艾爾希悲慘地成為寡婦期間，搬去跟艾爾希同住。菲利普斯在晚年和姊妹一起捐贈了一筆本科獎學金，命名為「艾爾希・法蘭契和艾德蒙・舒爾曼紀念獎學金」，對英文或樹輪科學領域有前途的學生提供資助。

研究人員現在可以在班尼斯特大樓裡設計刺果松的研究計畫，不再需要親自用生長錐取樣，或造訪白山山脈。得利於顯微鏡和光譜分析技術的進展，他們能做的除了分析樹輪寬度，來當作降水和溫度的代理資料，還可以透過細胞密度、化學成分和同位素特徵讀取更多氣候訊號。例如，氧同位素比例的變動，可能和太平洋風暴路徑的變化有關。而鈣、錳和鋅的分析則可能揭示新的代理資料。

最令人興奮的發展與天文物理學有關，道格拉斯一定為此感到欣慰。二〇一二年，一名日本科學家在柳杉的生長輪中，記錄了一次太陽系外宇宙射線事件，該事件導致西元七七四年至七七五年「碳十四」大幅升高。當其同仁在夏櫟和刺果松年表中驗證了這個碳十四峰值之後，他們開始著手尋找更多的「偏移」。「峰值匹配」（Spike-matching）、「波動匹配」（wiggle-matching）和「交叉定年」，成為跨空間連結樹木年代的新技術。二〇一七年，一個研究團隊記錄了持續十年的全球放射性碳異常，這是一次宇宙成因事件在西元前五四八〇年對地球的影響所致。[42]

一位從投資銀行家轉行的愛琴海歷史學家，對全新世的「地平線點」（horizon points）——指關鍵年分與時間錨點——感到興奮不已，贊助了亞利桑那大學的一項計畫：地中海考古學暨環境中心（Center for Mediterranean Archaeology and the Environment）。該計畫的首要目標是將碳十四定年法的校正提升為以年為尺度，相較於先前的十年尺度。二〇二〇年，該中心為愛琴海錫拉島的超級火山爆發提供了新的預估年分：西元前一五六〇年。「已知曲線」變得愈來愈豐富。

從體制的角度來看，目前的樹輪研究實驗室符合道格拉斯於一九三七年雇用舒爾曼為第一名員工時，所制定的天文學、考古學、氣候學三重計畫。儘管歷經了經費不穩定，以及一連串學者英年早逝的打擊，亞利桑那大學成為全球樹輪學研究領導機構的目標得以維持至今。

舒爾曼研究遺產的現任守護者是薩爾澤。他藉著波動匹配，把弗格森的馬士撒拉步道年表延伸到將近一萬年。薩爾澤也更新並擴展了拉馬什對林線動態和霜輪的研究，記錄了石化燃料時代之前火山對氣候的影響。他還改進了弗力茲對刺果松訊號超級在地性變動的分析。由於坡度（陡峭程度）、坡向（陰影程度）和空氣流動模式的影響，單一刺果松族群可能包含多種訊號，有些個體的生長受到溫度限制，有些則受到降水限制。薩爾澤及其合作者藉著微地形區分，提高了訊號雜訊比，產生了更純淨的氣候資料。這項研究的重要性無可否認：二十一世紀發生了極為嚴重的超級乾旱，以至於政策制定者公開討論胡佛水壩未來可能無法運作的情況。

就跟舒爾曼博士在一九四〇年代初期的情況一樣，薩爾澤博士也是約聘無給職，需要依賴國家科學基金會提供的計畫經費。薩爾澤說，刺果松是數據的容器，是有用的紀錄保管者。[43]就跟大多樹輪學者一樣，薩爾澤避免使用形而上的語言，不過，他在書架上巧妙地擺放了一些最古老的針葉樹橫切面。他的辦公室裡瀰漫著松木的香氣。此外，他還保管著《生活》雜誌的大幅原版照片，展示著舒爾曼和四千歲的樹樁。薩爾澤本人絕不會砍樹，即使是對兩百歲的樹也一樣。人們難免問起刺果松的「詛咒」，這是樹輪學者之間的一個病態笑話。薩爾澤告訴《紐約客》（*New Yorker*）：「我一直認為詛咒的事很愚蠢。

直到我必須置放血管支架時，才覺得自己錯了。」[44]

薩爾澤是亞利桑那大學的媒體聯絡人，負責解答有關世界紀錄最長壽樹木的疑問。馬士撒拉樹幾歲了？還有更老的樹嗎？他有答案，只是不盡如人意。薩爾澤講述了一個前任負責人哈蘭的故事，哈蘭過世於二〇一三年。故事是這樣的：舒爾曼來不及為所有的樹芯定年。幾十年後，哈蘭檢查了其中一個被遺忘的樣本，發現了一棵比馬士撒拉樹還要古老了幾個世紀的樹的證據。哈蘭憑藉著舒爾曼描述含糊但地形精確的田野紀錄，最終找到了那棵松樹，那是一棵完全健康的樣本。有鑑於馬士撒拉樹受到的破壞，哈蘭發誓自己永遠不會告訴任何人。哈蘭的保護欲與讓世人知道他共同發現了世界上已知最古老樹木的願望相互拉扯。在全國電視臺上，他說：「匿名絕對是最好的保護手段。」[45]他將自己的祕密帶進了墳墓。

薩爾澤繼承了這塊神祕的樣本樹輪，其最內層的樹輪可以追溯到西元前二七九八年，這代表著當哈蘭去世時，這棵松樹的樹齡是四千八百一十一歲。儘管無論是人類還是擬人化植物的長壽紀錄，都會產生謬誤、騙局和自欺欺人，但實驗室裡沒有人覺得他說謊。哈蘭去世後，這棵無名的祕密之樹存在於已知與未知之間——直到薩爾澤在二〇一九年靠著舒爾曼的田野筆記的複印本，親自發現了那棵樹。

從更深層的意義來看，真正現存最古老的刺果松身分根本無從得知。這不僅是因為沒人有時間、經費或急迫需要，徹底搜索大盆地無路可抵的地區，也因為這種努力必然徒勞無功。對於大部分古老的刺果松來說，最古老的木質部早已被沙漠風沙一點一點地侵蝕殆盡。

事實上，舒爾曼稱為「阿祖」的那棵樹仍是民間公認的冠軍，儘管難以確定確切的年齡，《國家地理雜誌》、林務署網站和其他權威來源都列出不同的數字。舒爾曼樹芯樣本最內部的樹輪受到嚴重抑制且部分已被侵蝕，難以交叉定年。關於馬士撒拉樹齡最準確的說法，仍然模棱兩可：雖然哈蘭記錄的最老樹輪年分是西元前二四九〇年，但薩爾澤認為，實際年分可能是西元前二五五五年。

這個撲朔迷離的樹輪與科學無關。假使現代化之前的朝聖者曾經思考過古樹年齡與外部物體的關係（例如和寺廟一樣古老），而現代遊客是用數字思考（例如是千年以上或以下這麼多年），那麼樹輪學者則以不同的方式看待時間。他們認為年齡與內部物體有關（至少與最老的採樣樹輪一樣老），而且是抽象的（需要多老或多年輕以填補年表中的空缺）。樹輪學者不需要知道一棵樹的確切年齡，就能從中取得計時數據。他們只需要判定他們鑽取的任意可用樹輪的日曆時間就好。藉著交叉定年或波動匹配，即使是短樣本也可以將之延長。

作為研究工具，刺果松具有兩大重要優勢，首先是可取樹芯樣本的時間長度驚人，其次是樹輪對環境氣候訊號很敏感。地球上壽命最長的植物個體，恰好完美適合地球系統科學研究，這實在宛如奇蹟。不過話說回來，舒爾曼這位因學術職位不穩定而努力追尋樹木長壽的歷史人物，選擇了具有「馬士撒拉松」特性的植物。他需要的是非無性繁殖生物，能夠記錄年度解析氣候數據，並且能在寒冷、乾燥的檔案環境將線性數據保存在穩定的儲存設備中。刺果松的生長輪是可讀格式的自然媒材。

被編碼為「PILO」的刺果松，如今以多個形式同時存在：成為被固定、打磨並編號的樹芯樣本，存放在架上的信封袋裡；成為光譜儀中的切片；成為方格紙上的手繪圖；成為發表在紙本期刊和線上文章中的數據表；成為電腦試算表中的數值；成為雲端上經過平滑處理的數據集；同時，它們還是與真菌共生體保持著複雜關係的光合作用生物。在當前這種同步存在的狀態下，這種利於實驗室的樹木又再次轉變，成為一種後現代的存在形式。諷刺的是，這種扎根於岩石中長達四、五千年的植物——具有超在地性和超地球性的生物——如今已成為行星尺度上全球環流模式（General Circulation Model）的代理數據。

對於非科學家而言，「真正的」馬土撒拉樹仍有象徵的力量。參觀舒爾曼紀念樹林的遊客，希望能一睹這棵科學已知最古老的生命，它已有四千五百年的歷史，即使他們事先知道並無法確認它實際上是哪一棵。他們經過那棵樹的過程，是不可知論形式的信仰行為。當他們返回停車場，完成這趟穿越林務署所稱「科學資源」的樹林的旅程，將其從人生清單上劃掉時，似乎沒有人感到不滿意。

除了地處偏遠和不住在現場的季節性巡林員之外，這片「樹林」幾乎沒有任何保護措施——唯一的守護力量來自遊客們帶來的價值觀，包括有關神聖樹林的故事。不少人為了拍攝孤樹照片而破壞土壤和樹根。但大多數人心懷景仰而來，並帶著謙卑離開，相信他們已經體驗到了馬土撒拉樹的神性、科學發現的光環，以及日益增加的不祥預感。不同於當年舒爾曼不受禁令限制駕車上山，也沒有擔心砍伐古老植物的恐懼，追隨其腳步的遊客如今承載著全球性的焦慮。如果地球上最古老的樹木死亡了，這將代表著什麼？舒爾曼發現的「超高齡針葉樹」在戰後的歷史，就是濃縮並加速的現代老樹史。

# 附註

1. 日記由一九二七年七月十九日至一九三二年六月一日，從一九三〇年八月二十七日中斷至一九三二年一月三十日。舒爾曼的侄子理查・舒爾曼（Richard Schulman）仍在世，好心讓我讀了日記。
2. Rebekah Kohut, *As I Know Them: Some Jews and a Few Gentiles* (Garden City, NY, 1929).
3. 亞利桑那大學的官方紀錄處，讓我查閱了舒爾曼和艾爾希的個人檔案；艾爾希的本名為艾爾希・拉夫曼，生於法國。我也曾向 Ancestry.com 和圖森的猶太報紙《亞利桑那郵報》（*Arizona Post*）請教。
4. 亞利桑那大學圖書館特別館藏中的道格拉斯論文（Andrew Ellicott Douglass Papers, AZ 072），資料的直線長度長達九十英尺，包括樹輪研究實驗室裡限內部閱覽的檔案。目前的實驗室負責人大衛・法蘭克（David Frank）允許我閱覽這些檔案。此外，法蘭克也讓我細讀實驗室的內部資料庫，包括舒爾曼的專業通信、其他機構成員在數十年間建立的研究材料以及管理檔案。龐大的資料庫經過粗略的組織，但未像圖書館的一般館藏一樣編目。因為種種原因，我無法提供本章中段大部分主要資料出處的資料櫃和資料夾編號。
5. 理查・舒爾曼拷貝了家庭照片和個人信件給我，包括舒爾曼之妻艾爾希的一些信件。
6. Edmund Schulman, "Runoff Histories in Tree Rings of the Pacific Slope," *Geographical Review* 35, no. 1 (January 1945): 59–73.
7. Edmund Schulman, "Tree-Ring Hydrology of the Colorado River Basin," *Laboratory of Tree-Ring Research Bulletin* 2 (Tucson, 1946).

8. *Arizona Post*, October 15, 1946.

9. A. E. Douglass, "The Significance of Honor Societies," *Phi Kappa Phi Journal* 6, no. 1 (October 1926): 3–6.

10. See, for example, "The Recognition of Israel," *Arizona Daily Star*, May 16, 1948, 10.

11. Nello Pace and S. F. Cook, "California's Laboratory above the Clouds," *Research Reviews* 5 (March 1952): 1–7.

12. Edmund Schulman, *Dendroclimatic Changes in Semiarid America* (Tucson, 1956), 34.

13. Hans E. Suess, "Radiocarbon Concentration in Modern Wood," *Science* 122, no. 3166 (September 2, 1955): 415–417.

14. Roger Revelle and Hans Suess, "Carbon Dioxide Exchange Between Atmosphere and Ocean and the Question of an Increase of Atmospheric CO2 During the Past Decades," *Tellus* 9, no. 1 (1957): 18–27.

15. Edmund Schulman, "Longevity under Adversity in Conifers," *Science* 119, no. 3091 (March 26, 1954): 396–399.

16. "'Oldest Living Thing' a Pine," *San Francisco Chronicle*, October 7, 1956.

17. "The Oldest Thing Alive," *Life* 41, no. 21 (November 19, 1956): 69–70; "Scientists Find Oldest Object," *Tucson Daily Citizen*, October 1, 1956.

18. "Dr. Schulman Unlocks Living Secrets," *Arizona Post*, October 12, 1956.

19. 國家地理學會檔案庫與特別館藏的凱西・杭特（Cathy Hunter），讓我查閱舒爾曼的編輯檔案，檔案以微縮膠片保存。

20. 已故的大衛・哈定（David Hardin）是因約國家森林的解說巡林員，在世時允許我查閱舒爾曼的政治通信，以及美國林務署數百頁與古剌果松森林創立、管理與解說有關的檔案。二〇一八年，我詳閱的當時，這些未分類的文獻位於舒爾曼紀念樹林遊客中心的閣樓。
21. Douglas R. Powell quoted in *Methuselah Tree* (dir. Ian Duncan), *Nova*, season 28, episode 11, PBS, December 11, 2001.
22. Richard Schulman, interviewed by author, San Diego, January 19, 2017.
23. Edmund Schulman, “Bristlecone Pine, Oldest Known Living Thing,” *National Geographic* 113, no. 3 (March 1958): 354–372.
24. “Dr. Edmund Schulman of Tree-Ring Fame Dies,” *Tucson Daily Citizen*, January 9, 1958.
25. C. W. Ferguson, “Bristlecone Pine: Science and Esthetics,” *Science* 159, no. 3817 (February 23, 1968): 839–846.
26. LeRoy C. Johnson and Jean Johnson, “Methuselah: Fertile Senior Citizen,” *American Forests* 84 (September 1978): 29–31, 43.
27. *Restoring the Quality of Our Environment: Report of the Environmental Pollution Panel, President’s Science Advisory Committee* (Washington, 1965), 126.
28. E. K. Ralph, H. N. Michael, and M. C. Han, “Radiocarbon Dates and Reality,” *MASCA Newsletter* 9, no. 1 (1973): 1–20.

29. Quote on p. 81.

30. Details from “Scientist Tracks Old Logs for Prehistoric Clues,” *New York Times*, December 27, 1975; Tom Gidwitz, “Telling Time,” *Archaeology* 54, no. 2 (March–April 2001): 36–41; and Henry N. Michael Papers (PU-Mu. 0069), Penn Museum Archives, Philadelphia.

31. Harold C. Fritts, *Bristlecone Pine in the White Mountains of California: Growth and Ring-width Characteristics* (Tucson, 1969).

32. Valmore C. LaMarche Jr. and Katherine K. Hirschboeck, “Frost Rings in Trees as Records of Major Volcanic Eruptions,” *Nature* 307 (January 12, 1984): 121–126.

33. Valmore C. LaMarche Jr. et al., “Increasing Atmospheric Carbon Dioxide: Tree Ring Evidence for Growth Enhancement in Natural Vegetation,” *Science* 225, no. 4666 (September 7, 1984): 1019–1021.

34. Interviewed by author by video, November 16, 2017.

35. Michael E. Mann, Raymond S. Bradley, and Malcolm K. Hughes, “Global-Scale Temperature Patterns and Climate Forcing over the Past Six Centuries,” *Nature* 392 (April 23, 1998): 779–787; Michael E. Mann and Raymond S. Bradley, “Northern Hemisphere Temperatures During the Past Millennium: Inferences, Uncertainties, and Limitations,” *Geophysical Research Letters* 26, no. 6 (March 15, 1999): 759–762.

36. *Congressional Record* 149 (July 28, 2003), S19943.

37. Stephen McIntyre and Ross McKitrick, “The M&M Critique of the MBH98 Northern Hemisphere Climate In-

dex: Update and Implications," *Energy & Environment* 16, no. 1 (2005): 69–100.

38. National Research Council, *Surface Temperature Reconstructions for the Last 2,000 Years* (Washington, 2006).
39. "Scientists, Volunteers Seek Tree Rings to Lengthen Ancient Bristlecone Record," UArizona News, August 27,2002. 舒爾曼死於腦溢血，而非心臟病發作。
40. Pearce Paul Creasman, interviewed by author, Tucson, September 19, 2017.
41. Bryant Bannister, Robert E. Hastings Jr., and Jeff Banister, "Remembering A. E. Douglass," *Journal of the Southwest* 40, no. 3 (Autumn 1998): 307–318.
42. Fusa Miyake et al., "Large 14C Excursion in 5480 BC Indicates an Abnormal Sun in the Mid-Holocene," PNAS 114, no. 5 (January 31, 2017): 881–884. 人們通常以主要作者的名字，將這些異常變化稱為「三宅事件」（Miyake events）。
43. Interviewed by author, September 20, 2017 (in Tucson), and May 3, 2021 (by phone).
44. Alex Ross, "The Past and the Future of the Earth's Oldest Trees," *New Yorker*, January 20, 2020. Supposed victims of the "curse": Edmund Schulman (1909–1958); Fred V. Solace (1933–1965); Charles Wesley Ferguson (1922–1986); Valmore C. LaMarche Jr. (1937–1988); Donald Alan Graybill (1942–1993); Donald Rusk Currey (1934–2004); and F. Craig Brunstein (1951–2008).
45. *Methuselah Tree* (dir. Ian Duncan).

Chapter 7

# Latest Oldest

# 新發現的長壽植物

自從刺果松的樹齡被確立以來，尚未有科學家發現其他可定年且更古老的物種。加州至今仍是長壽樹種的重鎮。然而，科學家們持續在世界各地發現極為古老的生命。這些古老植物生長在人跡罕至之地——如沼澤、斷崖、熔岩原——也存在於長期有人類居住與干預的林地和森林中。在亞馬遜雨林這片曾經被視為「永恆之地」的區域，長壽樹木其實是古代園藝師留下的活文物。對長壽植物的全新認識也延伸到了基因層面。一九九〇年代，澳洲的峽谷探險者偶然發現了瓦勒邁杉屬（*Wollemia*）的殘存族群，這是一種未知的「恐龍時代」針葉樹。這也是自一九四〇年代以來最重大的植物學發現——當時中國科學家發現水杉屬（*Metasequoia*）的現生個體，這個屬的植物從前只見於化石紀錄。這兩種「活化石」如今都已被廣泛繁殖。此外，人類還發現了一些透過無性繁殖而持續延續的植物類型，雖然名氣較小，卻展現了驚人的存續能力。少數幾種擁有數千年歷史的「群體植物」已被視為環境象徵，雖然它們既非真正的個體，也非傳統意義上的樹木。人類對植物的關注與道德考量存在著一條界線，而目前這條界線大致停留在灌木層級。

## 讓植物得以延年益壽的所在

樹木總是留在原地生長，直到某件事發生，而這事遲早都會發生。某種外部力量終將中斷木本植物在地景時間中的無限存續。在這個由智人——一種會生火也會砍樹的物種——主宰的生物圈中，古老植物要盡可能遠離人類的破壞，或是盡可能受到人類的照顧，才有辦法活得長久。要成為一株真正長存的植物，除了要具備長壽的適應力，還需要碰到對的時機與地點。

確切來說，木本植物獲得極端長壽的主因除了基因途徑之外，還有五種「地境途徑」(placeway)。其中一種，正如本書開頭章節所述，即是生長在聖地、教堂墓地或寺廟境內的植物。在這些神聖場所或是鄰近人口聚集區的環境中，被栽培的植物可以活上幾百年，在南亞、東南亞、東亞、衣索比亞、不列顛群島和墨西哥等地都可以看到這樣的情形。這些聖樹可能長得十分巨大且形態不規則，並由照顧者設置支架來支撐其生長。不過，這些植物也可能是微型的。從某種意義上來說，盆栽是可移動的庇護所，在照顧者家族中世代傳承幾個世紀。

相對而言，在邊緣棲地中生長受限的樹木也可以存活得很久：例如寒冷乾燥、炎熱乾燥、陡峭裸露、高海拔或養分貧瘠的環境——對於大盆地刺果松來說，這些條件全部具備。白山山脈之所以罕見，正是因為擁有一整個族群的超級耆老。然而，舒爾曼的「逆境中的長壽」原則，也適用於世界各地。在中國、越南、巴基斯坦和義大利，樹輪學者已經記錄到千年壽命的刺柏、柏木和松樹，它們生長在極為惡劣的環境中，這些地點過於嚴苛，而無法支持其他競爭物種的生長，也包括人類在農業或商業方面的開發。

第二種地境途徑的典型案例出現在加拿大，主角北美側柏是常見的五大湖樹種。歷史上，這種樹木曾被第一民族（First Nations）[1]用於製作獨木舟，也曾是英國移居者製作柵欄的主要材料。在安大略省，北美側柏可生長至一百英尺（約三十公尺）高——或者說在移居者把森林砍伐殆盡之前——而那些生長在尼加拉懸崖（Niagara Escarpment）上的北美側柏則得以倖存。那條崎嶇的稜線從休倫湖（Lake Huron）的布魯斯半島（Bruce Peninsula）一路延伸到舉世聞名的尼加拉瀑布，將伊利湖和安大略湖分隔開來。這座懸崖不曾遭農民覬覦，卻吸引了許多採礦公司，它們促成了戰後多倫多的發展，並在週末成為民眾逃離城市喧囂的度假勝地。

一九八〇年代，加拿大貴湖大學（University of Guelph）的道格・拉森（Doug Larson）成立了一間懸崖生態實驗室。他最初的計畫與尼加拉懸崖上的休閒管理有關，要將私人採石場和公有公園的森林結構相比較。公有公園的森林結構沒有林下植被，因為健行者和登山客將北美側柏下方的植物踐踏殆盡。為了了解「木材生產力價值」——即生物量除以年數——拉森及其團隊開始收集樹芯樣本。結果令他們震驚：樹輪的數量比預估值高過一個數量級，不是五十道，而是有五百道。「我們都以為我們的歐洲祖先已經摧毀了森林植被。」拉森回憶道：「就像其他人一樣，我們也假設約從一八五〇年代開始，這個地方就是白紙一張。」[1]

經過多年研究，拉森的好奇心從森林高地上的中型針葉樹，轉向了在懸崖上離群生長的扭曲小樹。這些樹木扎根於裂縫或洞穴中，懸在小小的壁架上，看來彷彿生長在空中，有時還有禿鷹築巢。這些樹木的種子在很久以前由於盤旋的氣流或囓齒動物的藏匿行為，而在那裡扎根成功。要鑽取這些邊緣環境的樹木樹芯，研究人員需要攀岩設備。從一些陡峭的觀測點，科學家們甚至可以看到地平線上的加拿大國家電視塔。

一九九〇年代末期，拉森的實驗室已經分析了數百棵懸崖上的北美側柏樣本樹芯，並記錄了十棵樹齡逾千歲的個體。它們被賦予了名字：例如「駝子」（The Hunchback）和「古木」（The Ancient One），其中「古木」的誕生年分可追溯至西元六八八年。加拿大媒體鋪天蓋地地報導這個消息，不僅令多倫多人驚訝，也震撼了遠在卑詩省的大樹老林保護運動人士。拉森的研究樣本幾乎隨即從科學研究對象變成了文化遺產。人們開始擔心攀岩者對加拿大現有老樹的影響，以及非法盆栽收藏者對「未來老樹」所造成的威脅。如同歷史上許多類似案例，好奇心、關懷、疏忽和掠奪，再次交織一氣。

邊緣生境（submarginality）的另一種變體出現在生態交會帶（ecotones），即過渡性棲地，那裡的環境會從潮溼轉變為乾燥，呈現豐年－荒年不定的狀況。有些植物專門生活在這類的邊緣地帶。例如，加州中央谷地與內華達山脈和海岸山脈低坡交會的林地，藍櫟可以在此存活長達五個世紀。這些耐旱老櫟樹的樹輪中藏有資訊，記錄著加州斷斷續續的「大氣河流」（atmospheric rivers）——這是跨太平洋的高濃度水蒸氣帶。然而，在當前的超級乾旱中，藍櫟幼苗的更新受到影響。二〇一四年是嚴重乾旱的一年，甚至對成熟的樹木也造成重創，導致部分樹木梢枯或死亡。加州大學柏克萊分校的一位研究員表示：「我們原本以為這些植物可能更耐旱，結果並非如此。我們發現它們已被逼近極限。」[2] 同樣地，在盆地和山脈地質區的低海拔樹線上，墨西哥矮松的壽命已經很長，刺柏則活得更久。[3] 這片「松樹－刺柏林地」（PJ woodland）既非灌木叢，也不是高聳的森林樹冠，難以納入傳統的審美範疇。當墨西哥矮松和刺柏死亡時，並不會如那些孤樹或高大樹木的死亡一般，引起太多媒體關注。在新墨西哥州，二十一世紀初

(1) 編註：指的是加拿大的原住民族群，但不包括因紐特人（Inuit）和梅蒂人（Métis）。這個詞在一九八〇年代開始普及，用來取代殖民時期使用的「印第安人」稱呼。

期的大規模乾旱和樹皮甲蟲的侵襲，導致墨西哥矮松大量枯死。另一方面，在猶他州和美國西部其他各州，牧場主人和土地管理者繼續「鏈住」刺柏——用兩臺推土機拖曳著沉重的錨鏈，清除刺柏森林——以促進那些供肉牛食用的一年生牧草的生長。

更往東去，「交錯林地生態區」（Cross Timbers）是無樹木的南方大平原和由森林覆蓋的奧扎克山脈（Ozarks）之間的過渡地帶，星毛櫟和鉛筆柏在此年復一年地艱困生存，扭曲成有漂亮節瘤的老樹。在峭壁和岩石露頭上，三百年到五百年樹齡的樹木仍然很常見。這些植物經歷了美國建國以來的各種文明發展的衝擊卻仍然存活。一八三二年，作家華盛頓．歐文（Washington Irving）在造訪該地後，寫下「穿越鑄鐵森林的無比艱辛，以及肉體與精神的折磨」這段著名又生動的文字。[4] 就在同一時期，美國政府強迫徹羅基人（Cherokee）、查克托人（Choctaw）、契卡索人（Chickasaw）、克里克人（Creek）和塞米諾爾人（Seminole）等原住民族群，放棄他們青翠的家園，遷往奧克拉荷馬州交錯林地生態區的保留地。這場「血淚之路」帶來的創傷尚未平復，政府隨後又把保留地切割並出售，強制私有化導致了棲地破碎。如今，奧克拉荷馬州東部只保留了不到一成的原始森林，但也高達數萬英畝；這些櫟樹林地因為過於矮小頑強，因此過去未受到鋸木生產商的大規模砍伐。這些殘存的林地中，土壤生態系仍然完整——原生草類和地衣沒有受到放牧活動的影響。

從大約西元二〇〇〇年左右開始，樹輪學者戴夫．史塔爾（Dave Stahle）便致力於呼籲民眾關注美國中部地區最古老、受干擾最少的老齡林。史塔爾在其任職的阿肯色大學的支持下，組織了「古交錯林地生態區聯盟」（Ancient Cross Timbers Consortium），並親自與土地擁有者交流。史塔爾告訴我：「我從沒遇過任何地主，在得知他們擁有比美國民主歷史還悠久的樹木時，不感到興奮的。」[5] 多虧了史塔爾和他的同仁，一些保護區陸續成立。

然而，人們以水力壓裂法開採油氣，為了紙漿砍伐林木，使整體情勢相當嚴峻：「地主正在破壞土地。土地正遭受私人開發的衝擊。」老齡林正被蠶食鯨吞，卻沒有任何環保人士坐在樹上阻擋，或將自己鏈在樹幹上——費耶特維爾市（Fayetteville）畢竟不是柏克萊。再者，雖然從全球櫟樹的標準來看，五百年已經極其古老，但矮小的星毛櫟，終究缺乏加州那些高大老樹所帶來的浪漫想像。

近期最引人注目的長壽紀錄——密西西比河以東最古老的北美物種——代表了第三種地境途徑：大型古樹稱霸的豐饒環境。這類地區的針葉樹林大多早就遭到砍伐，但某些原始林仍殘存於崎嶇的海岸高地（如卑詩省）和偏遠的海岸低地（如南方的沼澤、河口，和流經沼澤溼地的黑水河）。這裡是落羽松的主要棲地，落羽松與墨西哥的墨西哥落羽松關係密切。雖然生長在沼澤棲地，落羽松卻出人意料地成為降水量的科學指標，其樹輪對降水變化極為敏感。

一九八〇年代中期，史塔爾開始針對北卡羅萊納州桑普森郡黑水河分支河道大量的落羽松進行採樣。當地植物學家朱莉・摩爾（Julie Moore）帶領史塔爾划著獨木舟前往那裡。這片區域許多粗壯的落羽松，都具有史塔爾所說的「扭曲因子」。套句當地人的話來說，它們「驚到了」（got shook）。那些樹木變形的樹冠，是遭受颶風攔腰折斷之後重新生長所造成的。這些老樹之所以能屹立不倒，靠的是宛如迷你地上樹幹的膝根，它們覆滿青苔卻沒有葉片，並且不吸收養分，而是擔任個體之間的互助結構。這些錯綜相連的根系，讓這片森林能支撐自身。

每次進行獨木舟之旅時，史塔爾都會鑽取老樹樹芯，最終發現黑水河擁有地球上最偉大的老齡樹林之一，千年老樹數以千計，堪比舒爾曼紀念樹林。史塔爾跟舒爾曼一樣，也積極聯繫當地政界人士和土地管理機構，並舉辦多場公開演講。州議會因此考慮買下這片近乎原始的林地，規畫為州立公園——這片珍貴的棲地就位在以養豬場和人工林聞名的地區。最後，大自然保護協會促成了這筆交易。隔年二〇一九年，史塔爾宣布他記錄到一棵樹齡超過兩千六百年的落羽松（標記為BLK-227），比之前的紀錄保持者還要年長數百年，當地人早已開始稱之為「馬士撒拉」。

第四種實現長壽的地境途徑較不引人注意，它發生在豐饒的環境中，由優勢的年輕植物為較不具競爭力的老樹提供庇護。套用莎士比亞的話，這是一種「甜美的逆境」(sweet adversity)。一棵樹可能在年幼時，因鄰近風倒木而獲得樹冠孔隙的陽光，迅速成長。接著，長得更迅速或更高大的樹木可能會超越它，在其上方投下陰影，使它的生長趨緩。然而，與快速生長相比，也有另一種禁得起考驗的生存之道：緩慢地衰老。雖然這類劣勢樹木在能量獲取上「吃虧」，但在壽命長度上「受益」。

美國黑紫樹（black gum，又稱美國藍果樹）正是絕佳例子。這種生長於北美東部的闊葉被子植物雖然分布廣泛，卻因群體密度低而難以被發現。美國黑紫樹天生生長緩慢，耐蔭、耐火，也能抵抗乾旱與洪水。最古老的個體多生長在溼地附近。由於木質堅硬又長得中空，因而不受伐木工人青睞；其木材標本也不易保存。然而，就樹木本身的生存策略來看，美國黑紫樹可以在新英格蘭溼潤的土壤中存活將近七百年，已是非凡成就。在這樣一個經常遭受東北風暴和颶風侵襲的區域，若將「一千年」視為衡量「綜觀時間性」的標準，似乎顯得武斷而不公平。在如此高能量的氣候下，反而是中層樹木能存活得更久，因為它們不處於樹冠之頂，得以避開最猛烈的風暴以及冰雪的摧毀。

不同於千年孤樹（如尼加拉瓜懸崖上的北美側柏）或優勢千年巨木（如加州北岸的紅杉），這些未滿千歲、亦非優勢樹種的中型樹木，缺乏統一的普世美感標準。它們難以發現，不易拍攝，不會像山頂孤松那樣出現在風景日曆或咖啡桌精裝書中。這類樹木與長時間的關聯較為隱微，樹輪的解讀也更具挑戰性。亞利桑那大學創立的樹輪學學科，歷來偏好半乾燥山坡上高齡針葉樹所留下的清晰樹輪。直到今日，仍有許多被子植物，尤其是熱帶地區的，尚未受到充分研究。這並非巧合：在美洲東北部，許多最古老的樹木，都是由業餘博物學家所發現。[6]

只要耐心尋找，耆老隨處可見。

## 受人類照顧的樹藝生物：栗樹

第五種，也是最後一種地境途徑，就是回歸到人類的照顧。在森林或林地中，人類可能種植並篩選樹木，然後照料長達幾個世紀。有時，這些半馴化的古樹，活得比照料它們的文化群體更長久，在地中海和亞馬遜的例子正是如此。

歐洲栗是歐洲唯一原生的櫟樹。其多刺的外殼（殼斗）包裹著光滑的果實（calybium），營養價值很高。儘管如此，人們卻很晚才開始栽培歐洲栗，比橄欖要晚了幾千年。古羅馬時代晚期，人們會吃栗子，但通常不是把它當成主食。貴族認為栗子只是鄉村牧羊人吃的低賤食物。他們偏好穀物，並且擁有一個足以提供麵包和競技場娛樂的勞動系統。對羅馬人而言，他們重視栗樹的木材價值遠勝食用價值。當栗樹進行矮林作業（coppicin）[2]或砍成樹樁時，通常會從根部萌蘖，長出幾十根品質優良且尺寸適中的木材。蘊藏豐富栗樹資源的因蘇布里亞地區（Insubria，今日的倫巴迪〔Lombardy〕），在當時成為羅馬生產栗木條的中心，而源自阿爾卑斯山的河流，則提供了通往波河平原（Po Plain）的水路運輸。

歐洲栗直到中世紀早期的卡洛林王朝（Carolingian）時，才成為所謂的「麵包樹」。在那個變遷不斷的年代，歐洲栗堪稱完美植物。西羅馬帝國時期，農民生產葡萄和穀物，供應城市中心。西羅馬帝國瓦解後，勞動力和消費市場緊縮，經濟活動轉為區域化，自給自足成為主流。相較於葡萄園和小麥田，栗樹林所需的勞力較少，且能在不適合種植穀類的丘陵地區蓬勃生長。因此，從歐洲栗的角度來看，帝國的「衰敗」反而促使了它的興盛。歐洲栗靠著人類的幫助，從九世紀開始拓展到整個義大利半島以及西地中海地區。而後羅馬時代的人口，也造就歐洲森林再度野化的狀況，成為民間傳說中幽暗密林的原型，同時也變成人類經營的林地，其中栗樹成為優勢樹種。這種生物文化地景的果實，支撐了坎佩尼亞（Campania）和倫巴迪等地區的生計，直到西元一〇〇〇年左右沿海貿易復甦。當時，煙燻栗子本身也成為可交易的商品。

接下來的八個世紀是義大利栗的黃金年代，人們持續改進培育、嫁接、修枝、矮林作業和去頂的技術。美味的品種可以嫁接在野生砧木上，然後每年細心修枝，宛如某種慢動作的植物雕塑。另一些栗樹則採長期輪伐方式，以取得夾板、木樁、弓木和木炭。其他果樹經過矮林作業，或選擇性移除枝幹，以鼓勵木材與果實的生產。管理者鼓勵循環利用：山羊和綿羊的糞便成為樹木的肥料，樹葉拿來為馬廄鋪地，而丟棄的殼斗則成為樹木間混植穀物的額外肥料。就連垂死的栗樹也有用處，它成為製革的鞣酸（又稱單寧酸）來源。那些管理良好的栗樹林，在歐洲人發明永續發展理念和森林施業之前，就已經永續了數百年。年復一年，一個世紀接著一個世紀，栗樹穩定地供養著人類和他們的牲畜。

栗樹作業全年多數時間清閒，唯有秋季最為忙碌，女性們會採集、煮熟、烘乾並碾磨栗子。豐收之年，農民會拿多出來的栗子餵豬，養肥後宰殺、醃漬或煙燻，製成風味絕佳的火腿。文藝復興時期的美食家和現代老饕，延續古典作家對「生栗子」的階級歧視，然而，以栗子餵養的豬肉卻搖身成為富人餐桌上的珍饈——正是十八、十九世紀餐廳興起以來，我們在餐廳中習以為常的那類美食。

新潮的巴黎餐廳菜單，採用來自世界各地的食材，代表了一種新型態的全球資本主義。食物生產方式的改變，連帶影響了鄉村的農民，也影響了都市的無產階級。十九世紀，義大利農業區成為主要的人口外移地區。許多移民拋下栗樹林，乘船前往波士頓、紐約和費城等製造業城市。在這些陌生的環境中，義大利人無法做栗子粥和栗子義大利麵，他們改為購買玉米粉和工廠製作的小麥麵條。

科西嘉島數個世紀以來屢遭征服，栗樹也隨之在興起和衰落間起伏。在十六世紀末、十七世紀初，熱那亞共和國（Genoese）初掌島嶼政權，義大利人強制推行栗樹栽種，試圖藉此「教化科西嘉人」。經過一段抵抗時期，科西嘉人逐漸適應並發展出混林牧業，特別是在東北部的卡斯塔尼恰地區（*La Cast-*

(2) 編註：伐採林木後，利用殘存的主幹和根株萌芽，發育成林。

*agniccia*，意為「栗樹之地」），形成獨特的生活方式。十八世紀末，當法國征服者進入新生的科西嘉國，民族主義反抗者從他們的栗樹經濟中汲取營養及象徵意義。使這片生物文化林地蒙上了政治色彩。波拿巴王朝為了讓拿破崙的出生地「現代化」，瓦解了栗樹賦予山區居民的社群自治與自給自足。法國人鄙視林牧經濟，視其為落後且怠慢、不符合現代性的殘餘模式。

最終法國現代化派獲勝。十九世紀末，科西嘉島透過汽船和鐵路輸入煤炭驅動的工業經濟之後，勞動力流失的情況衝擊了該島。由於無法跟來自歐洲大陸與阿爾及利亞的產品競爭，科西嘉島的農民和木工大量離開島上——這批移民的規模與愛爾蘭大移居相當[3]。整個村莊和栗樹林都遭到遺棄。許多人在外地的地主，把他們棄置的樹木賣給鞣酸生產者。二十世紀上半葉，一次伐除法取代了先前永續生產的系統。

科西嘉島和其他西歐地區的栗樹文化衰微，原因不僅僅是因為工業資本主義和相關的鄉村人口流失，微生物群（Microbiota）的影響也推波助瀾。全球的交流帶來了番茄和馬鈴薯，使得地中海料理變得豐富而多樣化，卻也帶來了不受歡迎的東西。「墨水病」是一種水黴菌造成的病症，在十八世紀末或十九世紀初傳入歐洲，導致栗樹根部和根頸[4]腐爛。一個世紀後，爆發了栗枝枯病，這種真菌病原體滅絕了北美東部茂盛的栗樹。一九三八年，枝枯病傳到熱那亞之後，蔓延到整個義大利，然後是法國和西班牙。人們原先預期了最壞的結果，然而卻發生了意外的轉折——弱毒性（hypovirulence）的出現，或者說是一種攻擊真菌病原體的病毒。弱毒性傳播迅速而廣泛，從而防止了栗樹徹底毀滅，這是一個完全天然的生物防治案例。最近，當板栗癭蜂出現在義大利時，當局就採取了經典的生物防治措施。他們從亞洲引入了寄生蜂，這種蜂已經演化到把栗癭蜂當成幼蟲的宿主。

老栗樹雖腐爛，但沒有被枝枯病殺死，而且存活的數量夠多，足以使得傳統飲食文化部分復興。科西嘉人不再為獨立而戰，卻可以透過栗樹主張自己與法國本土的區別，同時透過栗子節吸引法國本土遊客。現在在義大利，已有幾種栗子獲得歐盟的原產地名稱保護（PDO）或地理標示保護（PGI）認證，就像「帕馬火腿」(Prosciutto di Parma）是受法律保護的栗子風味火腿。然而，曾經定義林牧業的移牧大多消失了，因為人們如今購買袋裝肥料，不再需要依靠綿羊和山羊為土壤施肥。

整體而言，今日西地中海地區的栗樹數量遠不如十九世紀末。土地荒廢之後，反而有利於櫟樹和松樹生長，農地經由人工造林再次野化。歐洲栗林地需要積極的照顧者參與，因此其持續老化的情況，取決於是否具備回春的技術。歐洲栗既非野生種，也未完全馴化，完美體現了「人為影響」這個惱人的詞彙。下一代歐洲人所面臨的挑戰，是要如何與植物為伴，重新打造新的地景和經濟，就如栗樹文化在羅馬帝國崩潰後延續至今那樣。即使我們未必迎來帝國或世界的終結，劇烈的轉變仍將不可避免。

長期互利共生還有另一個絕佳的例子，那座森林在人們的想像中通常是一片荒野——那裡是亞馬遜。

在人類到來之前，這裡的森林很少起火燃燒。古印第安人從採集轉向混合農業時，他們在森林裡引火並燒出空地。他們用灰燼混合陶器、堆肥和糞便，以改良土壤供一年生作物生長。為了彌補燒出的空

(3) 編註：十九世紀中葉愛爾蘭大饑荒後，愛爾蘭人大量外移至美國、加拿大、阿根廷地等地，紐約市曼哈頓下城最著名的貧民區五點區（Five Point），當時人口組成高達七成為愛爾蘭裔。

(4) 編註：指植物莖基部與地表交接處。

地，他們種植並照顧長壽的樹種，從眾多本土樹種中挑選出對人類最有利的樹。雖然熱帶雨林孕育了豐富的食用植物和動物，但環境不利於食物保存，因此這些樹木食物對生存保障至關緊要。許多亞馬遜部落仍然實行這種混農林業，這種做法至少有八千年的歷史。

殖民時期，那些占據亞馬遜地區的歐洲人以狹隘的標準定義農業和馴化，絲毫不預期他們會在亞馬遜看到這些概念。他們受到局限的視野，證實了他們的預期。他們誤以為美洲印第安人是純粹的狩獵採集者——沒有歷史，只在樹海中漂流。當地人的大規模死亡，助長了這種種族歧視的解讀。在傳教士、移居者和民族誌學者眼裡，亞馬遜地區會顯得蠻荒，多少是因為新來者到達之前，舊世界的疾病清空了大片森林的人口。

西方學術界長期把亞馬遜雨林視為伊甸園和全球瀕危的象徵，直到後來才逐漸意識到，亞馬遜其實是一片深受人類影響的地區。一九九〇年代至二〇〇〇年代初期，地理學家、人類學家和歷史學家展開了一場關於「原始神話」的辯論，這也屬於「荒野問題」更廣泛討論的一環。最終，學界形成一種全新視角：專家把殖民前的亞馬遜描繪成「人造地景」或「人造森林」，視其為一個獨立的馴化中心，並具備類似「花園城市」的發展規模。

森林族群統計學家研究當前森林的組成和年齡結構，用地面調查和航測來繪製林冠的分布，以驗證這項假說。他們透過評估有用樹種的優勢分布，來推論過去的人為干預。研究顯示，這些森林呈現混合模式：在看似「天然」的林地中，實際上夾雜大量「人為」森林，而特定樹種在這些區域內則呈現「超優勢」地位。

其中之一便是巴西栗（Brazil nut），在巴西稱為*castanha*，源於葡萄牙語的歐洲栗。巴西栗可以長到二百英尺（約六十一公尺）高，樹齡高達五百歲。一個樣本要花幾十年才會長到繁殖年齡，然後開始落下大顆的沉重果實。其中富含油脂與蛋白質的「堅果」，其實是種子。很少有生物能打開木質的果實，只有大型囓齒動物、猴子和人類辦得到。有些科學家懷疑，巴西栗是「時代錯置」的物種，因為應該要傳播這些種子的嵌齒象（gomphotheres，類似象的巨型動物），已經在大約一萬年前絕種了。

如今，巴西栗通常呈現間隔寬鬆的族群聚落，但這種模式並不符合隨機分布模型。亞馬遜地區據估計擁有一萬六千種樹木，其中巴西栗是極少數能夠廣泛且大量出現的樹種之一。類似的還有馬里帕直葉椰子（maripa palm）、橡膠樹和可可樹，這些植物對人類也具有高度價值。不論古印第安人及其後代是否管理過整片亞馬遜森林，他們確實塑造了某些區塊，建立並管理林分——又稱特定植群區——讓其中的樹木能長期提供食物，以補充南瓜和木薯等一年生作物。巴西栗相關的所有證據——包括許多林分的遺傳組成近乎相同——顯示，人類數千年來都是巴西栗的主要傳播者。巴西栗是一種「孔隙依賴型」物種，唯有在環境受到干擾時才能落地生根；要有陽光，才能達到最高的種子產量，而人類最擅長的，正是創造孔隙和干擾。巴西栗也偏好「黑土」，這是刀耕火種技術的古老土壤遺贈。在河川上方受保護的高地上，那裡的肥沃黑土裡長出巴西栗，而考古學家在這些地區挖掘出骨灰罈、石塚和地畫（geoglyphs，溝渠狀的幾何土方工程），以及其他與火耕式森林管理的相關遺跡。

樹輪證據顯示，亞馬遜地區多數高大古老的巴西栗樹，其樹齡可追溯到十六、十七世紀。整體年齡結構呈現「頭重腳輕」的現象，缺乏成熟期初段的年輕樣本。這些消失的樹群，對應的正是消失的人類世代。對歐洲而言，那是所謂的「啟蒙時代」，但對美洲印第安人來說，卻是人口崩潰、文化重創的毀滅年代。那些在此期間種下今日老樹的人們，即使面對所熟知的世界正迎向終結，依然設法放遠目光，為未來設想。

一九七二年，橫跨亞馬遜的公路開通，隨之揭開一個不穩定的新時期。巴西政府在設立原住民保留區與鼓勵伐木工和礦工入侵之間搖擺不定——後者不僅殺害當地印第安人，還焚毀他們的森林，將滿目瘡痍的土地宣稱為商業資產。在濫伐森林和氣候變遷的雙重威脅下，巴西栗作為文化與生態基石的未來愈顯不確定。在秘魯和玻利維亞，政府試圖透過契約和特許制度來鼓勵合法採集巴西栗，以扼止盜伐行為。每年十二月到翌年三月之間，採集者會帶著彎刀和布袋，循著古老的小徑，尋找幾乎埋在泥裡的帶殼種莢。如今，巴西栗已成為珍貴的出口資源，其經濟價值遠超過昔日的橡膠，無論原住民或非原住民，皆可透過採集這種聯合國所稱的「非木材林產品」，參與「以利用促進保育」的實踐。多家合作社正試圖結合數千年前原住民族所發展的混農林業系統，捕捉當年的綠色財富機會。

根據某些氣候模式，適合巴西栗的棲地可能會擴張，前提是足夠多的亞馬遜居民認同人造林的價值。目前，許多人仍然優先進行整地、畜牧與種植黃豆——這些行動都是為了讓牛隻長得更肥壯。然而，從永續的觀點來看，雨林中的糧食樹木讓牛隻顯得相形失色。這些樹木能夠儲存、而非排放溫室氣體；能支持、而非破壞生物多樣性。

# 活化石植物：銀杏、水杉及瓦勒邁杉

樹種的演化生命往往始於某個超在地性的場所——那是幼苗最初新生之地，也可能是它最後的庇護所。物種歷經競爭和反覆無常的冰河時期，已經「勞碌」了數千萬年，彷彿穿越過幾個不同版本的地球。在庇護所中，物種的最終存續期有機會橫跨極為深遠的時間尺度。如果棲地夠大，並擁有足夠豐富的地形起伏，能在全球氣候變化中維持局部微氣候，那麼單一島嶼或島嶼山脈的生態系，就足以支撐物種的長期延續。大洋洲的新喀里多尼亞和「加州之島」，是針葉樹特有種（conifer endemism）的兩大中心，即物種只存在特定地理區域的現象。人類既可能加速瀕危物種滅絕，也可能透過釋出或馴化庇護所中的特有種，延長其演化生命。以放射松為例，它原本是隔離種，現今已在溫帶地區廣泛栽培，成為人類促成「非終結」(nonfinality）的典型案例。

有些物種長期靠自身力量避免絕種，成為所謂的「活化石」。這個詞由達爾文所創，用來指稱「曾經優勢的族群殘存者」，它們僅在有限區域中存續，展現出一種彷彿走入演化死路的「反常」形態。這並不是分類學上的正式劃分，而是一種文學性的描述方式，用以想像天擇於地質時間這種深層尺度上的偶然性。在植物界中，銀杏是最具代表性的例子。這種植物的葉片與眾不同，系譜可追溯到近三億年前。銀杏彷彿脫離時間而生，沒有任何同屬、同科、同目、同綱，甚至同門的近親。現代人從中國中部山區庇護所中重新發現銀杏，並將它帶往東亞各地乃至於世界各處，最初作為食用植物種植，後來則成為觀賞植物。

二十世紀，在中國中部和澳洲東南部，接連發現了兩種極為罕見且帶有時代錯置感的針葉樹特有種，它們各自屬於單種屬——即該屬中僅有一個已知物種——並且在世人面前突然現身。

第一種是水杉（*Metasequoia*）。其屬名於一九四一年由一名日本古植物學家確立，他發現一類常見的化石過去被誤歸於紅杉屬（*Sequoia*）。幸運的是，幾年後，一位中國政府林務員在長江三峽地區偏遠的謀道鎮，採集了一株未經辨識的落葉針葉樹樣本。[7]中國抗日戰爭期間，重慶成為臨時首都，對內陸省份的科學探索也因此加速。國民政府自南京撤退時，將中國第一所現代大學一併遷至內地，包括一座樹木園與植物標本館，儘管多數植物和植物樣本未能順利撤離。在新的標本館裡，謀道鎮的樣本格外引人注目，促使一名樹木學家派研究生前往當地，收集更多毬果和針葉。最終，在一九四六年，曾赴美留學的植物學家胡先驌在北京對比新樣本後，確認其與新近重新命名的化石屬*Metasequoia*相符，並在一本中國期刊上正式發表這項發現。

作者胡先驌立刻把這消息告知他的朋友——加州大學柏克萊分校的古植物學家雷夫・錢尼（Ralph Chaney），以及他的指導教授、哈佛大學阿諾德樹木園（Arnold Arboretum）園長埃爾默・梅爾（Elmer Merrill）。胡先驌是第一位獲得哈佛博士學位的中國植物學家，而梅爾則仰賴胡先驌和其他亞洲校友來擴充樹木園裡的東亞收藏。當梅爾得知「森林巨木即將滅絕！」的消息時，還自誇自己不用親赴亞洲，也能「帶回戰利品」。[8]憑藉一名贊助者的資助，梅爾獲得一筆專門用於中國植物採集的經費。他立即開出一張兩百五十美元的支票給胡先驌，錢尼另外補貼了二十五美元——在戰亂中的中國，這相當於一千萬元。胡先驌用這筆錢雇用了一個學生，從謀道鎮的三棵水杉採集約一公斤種子，並在附近山谷又採得約一百棵樹的種子。透過外交管道，這批珍貴的種子於一九四八年的第一週抵達波士頓。阿諾德樹木園隨即把種子分送給華盛頓的國家植物園（National Arboretum）、英國皇家植物園，以及其他幾十間大西洋盟國的研究機構，以分散繁殖失敗的風險。

梅爾當時被視為全球最傑出的植物分類學家，並在發表水杉研究報告時，將其稱為「活遺跡」與「活化石」。一九四八年初的美國科學促進會年會上，他被譽為「水杉界的強尼．蘋果籽」(5)。美國東北部的報紙爭相報導哈佛大學的計畫，稱其將以「恐龍時代的樹木種子」培育出「地球早年的樹木」。[9]

在美國西岸，報紙紛紛報導錢尼旋風式的東亞之旅。這趟旅程由「搶救紅杉聯盟」贊助——該組織對於與世界爺有任何關聯的事物總是充滿興趣。錢尼在寫給梅爾的信中解釋，自己「非常渴望在中國政治徹底崩解之前，親眼見到這些樹木」。錢尼的植物學考察之旅，從太平洋戰爭中一連串出名的加油轉機站開始：檀香山、中途島、威克島（Wake Island）、關島、東京、上海、南京，最後抵達重慶。此行由《舊金山紀事報》記者米爾頓．西佛曼（Milton Silverman）隨行報導，美國領事館則派出一名翻譯，一位美國教士協助安排挑夫，胡先驌也推薦了一名當地嚮導。考察隊伍不斷擴大，最終包括十五名搬運工、十一名挑夫和二十二名護衛，其中一名護衛甚至開槍擊斃了一名被視為威脅的「土匪」。在山區路上，錢尼坐在遮陽轎子裡，由一群日薪僅幾美分的工人輪流用竹竿抬著前行。美方考察隊吃的是美軍剩餘的K口糧，抵達村莊後，還會用DDT殺蟲劑「轟炸」住處，以殺死蚊子和臭蟲。

(5) 編註：Johnny Appleseed是一八〇〇年代種植蘋果的先鋒，原名為John Chapman。

錢尼在謀道鎮看到那三棵存活的水杉時，興奮不已，儘管那些落葉針葉樹因當時還沒入春，看起來和枯死的沒什麼兩樣。根據錢尼的理解，當地人會向最大的那棵水杉問卜，並在樹基處的小廟擺上供品。這棵水杉後來成為分類學上的「類型樹」（type tree）。樹高約一百英尺（約三十公尺），坐落於一座稻田堤岸，風水絕佳。西佛曼簡化了現場情況，寫道：「村民尊崇這棵大樹，認為它體內有神靈。」他日後回憶說，錢尼曾將一撮來自柏克萊自家後院的北美紅杉針葉，擺放在那棵水杉的樹基處。科學家在進行了這個人的致敬儀式之後，便用他的生長錐瞄準一處，未經同意就鑽出一個樹芯樣本。[10]

錢尼的嚮導帶他前往附近的一座山谷，那裡有一片零星分布的天然水杉林——這是全球僅存的同類樹林。根據西佛曼發回的新聞報導——這些消息透過信差送至長江，再經由小船和飛機，在不到兩週內便抵達舊金山——這群美國人在一處名為「曙光紅杉谷」（Valley of the Dawn-Redwood，今稱「小河谷」）的地方，發現了一個「失落的世界」。報導所附插圖描繪了一片充滿紅杉、棕櫚樹和樹蕨組成的森林，其中穿插著一隻三角龍和一對暴龍。錢尼說道：「我們沿著小徑走了一百英里，也穿越了上億年的歷史。現在，我們首度親眼見識到白堊紀在爬蟲類時代世界的真實模樣。」[11]

這位加州大學教授毫不浪費時間；他拍攝了這些「史前紅杉」的照片，還連根挖出四株樹苗運走。而且一心想尋找毬果裡殘存的種子，甚至砍倒了一棵成年的水杉，儘管當時根本不是採集種子的季節。錢尼造訪後幾個月，一支由駐華美國昆蟲學家領隊的考察隊造訪該地，數算出超過一千二百棵水杉，並記錄了錢尼在謀道鎮附近砍伐種樹所造成的後果。市長夫人和一名兒童意外死亡，當地人認為，是來自加州的外國人破壞了樹神，引發了厄運。[12]

錢尼的旅程混合了帝國植物學、公關作秀和末日觀光。行程尾聲，他在夏威夷遇到一名海關督察，對方依據美國昆蟲及植物檢疫局（Bureau of Entomology and Plant Quarantine）的規定，要求沒收他的樹苗。西佛曼回憶道，錢尼當場大鬧一場，「不服地大呼小叫，一邊搬出百萬年、千萬年、一億年的歷史來抗辯」。眼看局面膠著，這名被激怒的督察終於在他的規則手冊裡找到一個解套方法，他打斷錢尼的長篇大論，問道：「別再胡扯什麼一百萬年了。你就告訴我：那東西有沒有超過一百五十年？」錢尼答道：「廢話！」於是，海關將錢尼攜帶的「違禁植物」改列為「古文物」放行通關。[13]

錢尼在四月初返回加州，但在那之前，西佛曼的連載報導已登上《舊金山紀事報》，並透過NBC全美廣播網向全國放送。數十家較小的媒體也紛紛轉載這個「引人入勝的冒險故事」，描述錢尼如何「發現了擁有一億年歷史的紅杉族群」。在後續報導中，西佛曼盛讚這位來自柏克萊的化石獵人，稱他在水杉於美國缺席兩千萬年之後，又把它帶了回來。錢尼公開表示：「找到活生生的水杉，至少和找到一隻活恐龍一樣不可思議。」身為科學家，錢尼明白水杉與世界爺的關係，與其說是祖先，不如說是表親。不過，作為「搶救紅杉聯盟」的積極推動者，他認為水杉的英文俗名「dawn redwood」（曙光紅杉）所帶來的能見度，對社會和生態都有正面助益。

錢尼在後續的科學發表中，特別致意早期對水杉研究有貢獻的國際學者。這位擅長自我宣傳的學者其實心懷愧疚。他意識到《舊金山紀事報》中的誇大報導對他的專業聲譽有所損害，而且這些報導多年來不斷被其他作者未經批評地轉載。梅爾和錢尼的關係也因此轉趨緊張，最後決裂。梅爾這位波士頓學者不滿地表示：「水杉的發現和推廣，全是哈佛大學的功勞！」他偏好將水杉的俗名稱為「中國紅杉」，還嘲諷：「什麼『曙光紅杉』啊！」向來脾氣火爆的他怒斥那是「錢尼完全騙人的宣傳」。梅爾對錢尼的單方面宿怨愈演愈烈，最後連《哈佛校報》（*Harvard Crimson*）都刊出一篇名為「種子之爭」的諷刺性報導。一九五四年，梅爾因心臟病多次發作，健康狀況每況愈下，他寫了一封六頁、單行間距的長信，猛烈抨擊「錢尼主義」，並表示「這是我最後一封長信了。」這封信成為「美國林奈」人生的黯淡收尾。[14]

至於錢尼，他原本希望協助中國建立像加州那樣的紅杉保護區，但中國方面不願接受援助。共產黨在一九四九年接管政權後，水杉幾乎完全與外界隔離。西方科學家直到三十年後才得以重返那裡。在此同時，中華人民共和國名義上保護著小河谷的水杉林，但沒有針對這個瀕危樹種擬定任何復育計畫。一九八四年，研究人員終於進行了延宕數十年的微棲地詳細調查，結果發現，在這面高度開發的農業地景中，僅存不到六千棵「母樹」。之後這數量又減少了數百棵。一九九七年，國際自然保育聯盟將「水杉」列入紅色名錄，正式標記為瀕危物種。

大熊貓是中國中部另一個標誌性的瀕危物種，相較之下，水杉的滅絕風險似乎較低，因為植物既能透過有性繁殖，也能進行無性繁殖。不過，一九四八年最初用於育種的種質（germplasm）品質並不理想，導致部分人工栽培的水杉出現衰退的現象。自一九九〇年代以來，美國俄亥俄州紐瓦克市（Newark）的道斯樹木園（Dawes Arboretum）培育了一批水杉，作為基因庫之用。然而，尚無法確定水杉是否仍具備自然繁殖的能力，或是必須像銀杏一樣，完全依賴人類的介入而生。儘管已有數千顆水杉種子成功發芽，並在世界各地種植了數百萬棵，但在自然環境中，它幾乎無法自行繁衍。

水杉偏好潮溼的溫帶氣候，但也能適應各種環境，包括都市。多虧了一九七〇年代的「游擊園丁」

（guerilla gardeners）行動[6]，如今曼哈頓下城的休士頓街上，仍可見一棵美麗的水杉高聳屹立。在中國，江蘇省邳州市種植了超過五百萬棵水杉，用於道路和公路綠化，同時也作為木材應用的試驗對象。最近，日本某個小鎮為了向命名這個屬的科學家致意，特別種植了一片「古森林」，並在森林中放置了原尺寸的恐龍模型。

古植物學家已經推翻了錢尼一廂情願的想法，即「水杉谷」是白堊紀植物的最後堡壘。事實上，水杉並非自遠古以來就固守於中國中部山區，而是歷經了一段漫長又緩慢的遷徙史，最終才抵達這片山地，成為它的最後棲地。在比較溫暖及潮溼的時期，水杉的分布範圍會擴張；而在比較寒冷且乾燥的時期則會縮減。最早的水杉很可能起源於約一億年前的西伯利亞東部，之後從那裡向中亞、北美，再擴散至歐洲。到了古新世晚期（約六千萬年前），水杉分布達到高峰，當時全球正經歷劇烈升溫，北極地區無冰且森林遍布。水杉是一種超級光合作用植物，即使在微光環境中也能有效轉化能量。其落葉性則讓它在冬季漫長黑暗的環境中具備生存優勢。到了始新世晚期（約四千萬年前），隨著全球普遍降溫，水杉開始從高緯度地區撤退；直到氣溫回暖的中新世（約五百萬至二千五百萬年前），才再度進入北方的寒帶森林。之後，隨著氣候再度動盪，這個曾經優勢的屬再度撤退，從先前的大部分棲地消失，可能只殘存於日本群島。最終，在上新世晚期到更新世早期，水杉屬僅存的一個物種——根據化石紀錄，這個屬曾經包含少有四種——再度向南遷移，抵達目前的自然棲地。經過一段漫長得難以置信的時間，其中

(6) 編註：當時的社會運動者，會在城市中非法或未經許可地種植花草樹木，以對抗都市衰敗、提升綠化率，甚至作為政治或社會抗議的一種方式。

甚至還包括一場引發大規模物種滅絕的災變，水杉卻頑強地生存下來。如今，隨著北歐及西歐氣候再度回暖，水杉的區域性復甦或許指日可待。

在所有瀕危的針葉樹中，最接近絕種的，莫過於澳洲人口中的「瓦勒邁杉」（Wollemi pine）。瓦勒邁杉是一種「活化石」，但相較於銀杏，還稱不上完全孤立無援，因為瓦勒邁杉目前還有同一科的近親。瓦勒邁杉具有原始的分枝系統，外觀與其近親智利南洋杉有些許相似之處。瓦勒邁杉的發現過程與水杉類似，最初，科學家是根據化石紀錄辨識出這個屬，並假定它早已在地質歷史上滅絕。目前，野外尚存幾百棵瓦勒邁杉，分布於僅存的四個林分，其最後的庇護所位於新南威爾斯藍山一處隱蔽的砂岩狹縫型峽谷系統，距離雪梨不到一百英里（約一百六十公里）。

一九九四年，一群峽谷探險者搭乘直升機在瓦勒邁國家公園進行空中探勘，尋找新的冒險路線。大衛・諾布爾（David Noble）在途中注意到一棵陌生的植物，於是垂降至地面進行近距離觀察。儘管多次檢視，他始終無法辨識這種植物。數日後，他再度回到現場，搜尋可能的族群樣本，並嘗試取得毬果。最後，他垂吊在直升機上，手持修枝剪，終於成功剪下一顆毬果。經過解剖分析後，確認那棵樹就是瓦勒邁杉。消息一經公布，立刻成為國際新聞。澳洲媒體如同半世紀前《舊金山紀事報》的報導者一樣，照著新殖民敘事的劇本重演：一名白人男性，在蠻荒原始祕境發現了「藏在峽谷裡的活恐龍」。其中最大的一株樣本甚至被尊稱為「比利王」。

興奮之後，焦慮隨之而來，人們開始擔憂盜伐者的威脅。接著，當藍山地區發生森林火災時，社會大眾竟為了他們數週前尚不知其存在的植物可能滅絕而感到悲傷。然而，最大的威脅來自於過度好奇的探訪者。儘管新南威爾斯國家公園和野生動物管理局立刻將瓦勒邁杉的棲地劃為管制區，但仍有非法闖入的叢林健行者進入。雖然他們只帶走照片，卻留下了腳印，並可能攜帶屬於疫病菌屬（*Phytophthora*）的致病水黴菌孢子。瓦勒邁杉在成為保育對象的前二十年間，已遭遇過兩種導致根腐的新型病原體。政府的因應措施是在這處「不夠祕密」的峽谷中使用殺菌劑，以防堵病害擴散。

瓦勒邁杉在被發現時就已經瀕危，隨後更因發現者的介入而面臨更多風險。不過，它迅速成為科學界與商界高度關注的對象。雪梨皇家植物園（Royal Botanic Garden Sydney）負責監督某株瓦勒邁杉的移植過程及保護措施的撤除，並從其他樣本中提取遺傳物質進行研究。在峽谷內，研究人員全程穿戴防護裝備，以避免進一步傳播病原體。由於種子採集被證實難以執行，所以復育重點轉向無性繁殖。在取得遺傳物質的短短幾個月內，數萬株「比利王」的無性繁殖植株已在溫室中茁壯生長。澳洲各地的樹木園紛紛設立瓦勒邁杉專區供民眾觀賞，而藍山植物園（Blue Mountains Botanic Garden）則引進——嚴格來說是移植——一整個族群，作為其原生棲地的遺傳備份。與此同時，一家商業苗圃取得政府的獨家許可，開始對外販售瓦勒邁杉，讓這種珍稀植物正式進入園藝市場。

當這些盆栽版的「恐龍杉」以高價進入市場時，這個重現於世的樹種在澳洲的知名度，已經媲美無尾熊、袋熊和袋鼠。為了慶祝發現瓦勒邁杉二十週年，新南威爾斯州正式將其列為「標誌性物種」，成為該州名單上唯一入選的植物。

標誌性物種受到尊崇，也受到保護，以免遭受外在威脅。二〇一九年至二〇二〇年的澳洲夏季，一場超級大火橫掃藍山山脈，成為澳洲史上最嚴重的野火，而那年同時也是有紀錄以來最炎熱、最乾燥的一年。火勢一度逼近瓦勒邁杉的棲息峽谷。火災後不久，政府宣布已透過一場「軍事化行動」成功「拯救」了瓦勒邁杉：滅火飛機從空中投放水和阻燃劑，地面上的消防特勤部隊則部署了灌溉系統。[15] 然而這場勝利宣布得太早，後續實地調查顯示，大量幼苗已遭到嚴重燒灼。執政的自由黨為了展現他們的重視，宣布在這座世界遺產地為這種瀕危的標誌性物種設立新的官僚監管層級，並稱之為「跨世代的重要資產」。但同一批政治人物卻仍繼續大力支持澳洲的煤炭產業。氣候運動人士批評這是一種「跨世代的掠奪」。

從基因組的角度來看，擁有約九千萬年歷史的瓦勒邁屬已瀕臨絕種。其僅存的四個林分幾乎不存在遺傳多樣性。不過，這並不表示瓦勒邁杉會立刻消失。許多經人類照顧數千年的植物，例如香蕉，同樣也有極低的遺傳多樣性。園藝學家可以透過古老的馴化技術，長期維持種質的生命。而靠著基因定序、基因編輯與基因轉殖工程等新技術，這種來自岡瓦納古大陸的針葉樹所攜帶的生命訊息，或許有一天能轉化為新物種的開端。這樣的開始或許標誌著某種結束，但並非終局。

## 無性繁殖生物：侯恩松、美洲顫楊及老吉科

二十世紀晚期，澳洲人突然開始重視兩種古老植物，其中之一是瓦勒邁杉，另一種則是來自塔斯馬尼亞西南部的無性繁殖植物，稱為「侯恩松」(Huon pine)[(7)]，跟瓦勒邁杉（Wollemi pine）一樣，儘管英

文名稱中有pine，但並不是松樹。侯恩松最近的現存親緣種也屬於羅漢松科——這個科的針葉樹全都來自南方——生長於紐西蘭。

雖然侯恩松的生長極為緩慢，每年僅增長一至二公釐，但在其典型的低地濱水雨林棲地中，仍能長到逾一百英尺（約三十公尺）高。其富含樹脂的黃色木材質柔軟、紋理細緻，極具防腐性，是造船的理想材料。在一八二〇年代到一八三〇年代，遭判刑配發的「伐松工」專門為王室砍伐並運送侯恩松木材。由於侯恩松木材價值高昂，導致後來的工業伐木業者幾乎砍光了塔斯馬尼亞河岸所有的高大老樹。

里德山（Mount Read）是位於紐西蘭多雨的西北海岸的一座火山，山巔下分布著一片異常而孤立的侯恩松族群。雖然該地區有金礦和銅礦的開採活動，這些中高海拔的侯恩松卻長期未受關注，直到一九八〇年代，政府才在對該物種進行調查時發現它們。那時，九成的侯恩松林分已遭砍伐。哥倫比亞大學的樹輪學者艾德·庫克（Ed Cook）在一九九〇年代造訪里德山，為數棵超過千歲的活體鑽取樹芯，並發現部分樹輪記錄了聖嬰–南方振盪現象。與此同時，庫克與澳洲研究團隊觀察到，里德山上的侯恩松全為雄株。透過進一步研究，他們研判這片約一公頃的族群，實際上是一個單一基株，即一個無性繁殖的超級生物體。為了釐清其地景時間，他們對現場的木材與附近湖床找到的花粉進行放射性碳定年，並收集到強而有力的證據，證明這個生物體已在原地生長了至少一萬年。

一九九五年，澳洲報紙大肆宣傳這項發現，將這棵「樹」炒作為「世界上已知最古老的生物體」。政

(7) 編註：屬於淚柏屬（*Lagarostrobos*）。

府隨即採取行動，禁止該地區的伐木活動，撤銷礦業開採權，並設立嚴格的保護區。庫克告訴我，「一部分的林分在一九六〇年代遭燒毀。所以，如果你有辦法到達這片管制區，眼前所見大部分是泛白的枯木枝幹。要看到真正還活著的部分，你得趴在地上細看。」庫克半開玩笑地回憶起樹輪學者之間對命名方式的爭執。「圖森的研究人員大聲抗議道：『那根本不是一棵樹，那是一個分散生長的物種。』我們當時因此遭受不少批評。」[16]

另一個在「是否算樹」有爭議的無性繁殖植物，是美洲顫楊的一個群體。美洲顫楊遍布加拿大、五大湖區和美國西部山區，是目前地球上分布最廣的喬木植物之一。顫楊和瓦勒邁杉、侯恩松和其他許多植物一樣，可以透過種子進行有性繁殖，也能藉由走莖展開無性繁殖。秋天時，在美國西部的山坡上，不難看見顫楊無性繁殖群落的分布輪廓——某一整片楊樹葉色轉變的時機與色調，和鄰近樹群明顯不同。

一九六〇年代，研究者開始推測，某些特定的顫楊基株可能可以追溯到全新世早期。這些族群在數千年前已適應環境變遷，之後透過無性繁殖持續維持其棲地，從未被其他物種取代。一九六六年，生態學家波頓．巴恩斯（Burton Barnes）主張，無性繁殖是顫楊的一種典型生長策略，尤其在半乾燥的西部山地。這些地區的顫楊種子發芽機會相對較少，但競爭壓力也較小。巴恩斯進行實地調查，在科羅拉多州和猶他州標示出顫楊基株的分布，發現這些地區的基株個體遠大於明尼蘇達州的，也可能更為古老。一九七六年，巴恩斯和同事發表了一項發現，描述了位於猶他州中部魚湖高原（Fish Lake Plateau）上的一個超大型無性繁殖雄株群體。

注意到這項發現的人不多，直到一九九〇年代初期發生了一連串有點荒謬的插曲。一開始，有科學家在《自然》期刊上吹噓他們在密西根州挖掘出「世界上最大的生物」——占地三十八英畝（約十五・四公頃）的巨型真菌。隨後，華盛頓州的土地管理者搬出一株面積達一千五百英畝（約六百零七公頃）的巨型蘑菇作為反擊。一位科羅拉多州教授致信給《自然》期刊，對這場關於「大科學」和「極端主義」的競賽表達看法。[17]該教授引用巴恩斯的研究，提名北美常見樹種顫楊作為真正的冠軍。後來，他又為《發現》（*Discover*）雜誌撰寫了一篇文章，宣傳猶他州魚湖高原上一個占地一百零六英畝（約近四十三公頃）的巨型無性繁殖個體。他和同事將那片林分命名為「潘多」（Pando，源自拉丁文動詞pandō，意為「擴張、延展」）。該教授事後回憶：「這個名字很簡單、好發音，聽起來也很悅耳。」[18]此外，這個名字還跟典型瀕危物種「熊貓」（panda）的發音相似。憑藉著好記的名字，以及一連串媒體報導的推波助瀾下，潘多顫楊吸引了《早安美國》（*Good Morning America*）和《紐約時報》的注意。不久之後，這株「超級巨樹」成為各式奇聞軼事百科的固定班底：它擁有四萬七千根樹幹和相連的根系，重量估計達一千三百萬磅（約五百九十萬公斤），相當於三十五頭藍鯨的重量。

潘多樹生長於林務署管理的土地上，該地區被劃為「多用途用地」。在二十世紀晚期，這片林地曾作為魚湖遊客的額外露營地，遊客在此留下了營火的痕跡，並在顫楊光滑的白色樹幹上刻下數以百計如今已變黑的刻痕。那些破壞者的刻痕多半是名字和日期，但也包括了各式美式文化的縮影：愛心、笑臉、和平標誌、卍字號，還有層出不窮的陽具圖案。即使在潘多樹聲名大噪之後，還是繼續出現新的「刻痕」。相較之下，這片林地遠不如舒爾曼樹林那樣被神聖化。

到了二〇〇六年，潘多樹登上美國郵票，被列為「全美四十大奇觀」之一。然而，此時土地管理者面對的問題早已不止於樹木刻痕。整個落磯山脈南部的顫楊林分，正面臨急遽衰退。在接下來十年的乾旱中，一連串的科學論文和新聞報導紛紛聚焦於「突發性顫楊衰退」（sudden aspen decline, SAD）的現象。許多評論者將顫楊視為氣候變遷的「金絲雀樹」，象徵美國西部山區生態系統的預警訊號。

但事情沒這麼單純。突發性顫楊衰退並不同於突發性櫟樹死亡，是由單一病原體造成的災害。西部顫楊持續衰退，其實是多種因素交互作用的結果，其中主要原因是乾旱和水分壓力，其次包括蟲害、病原體感染和土地利用歷史的影響。如今顫楊的分布範圍正在縮減，這實際上是對過去不自然擴張期的反作用——那段擴張期並非出於自然演替，而是源自於一連串偶發的人為干預，例如對晚期演替針葉樹的工業砍伐，以及長期的火災抑制政策。作為一種早期演替樹種[8]，顫楊在短期間內反而因美國西部的征服與開發而一度受益。

不過，對潘多樹而言，美國建國以來的發展對它毫無助益。航照圖清楚顯示這片林地數十年來持續萎縮。人為造成的氣候變遷只是接踵而至的新壓力來源之一。最初的問題始於摩門教徒引進牲畜，以及早期移居者和政府機關消滅了頂級掠食者。少了狼、美洲獅和灰熊，啃食顫楊的鹿和駝鹿族群便大量繁衍。牛隻和羊群的踩踏與啃食，也會破壞顫楊柔韌的匍匐莖，使新生個體難以存活。長期下來，林地中只剩成熟個體存活，導致垂直結構過於單一，地上部分的時間多樣性也嚴重受限，顫楊的年齡結構因此呈現頭重腳輕。一般而言，一棵顫楊的壽命約為一百年，也就是說，潘多樹目前大多數樹幹都已接近其自然壽命。「用人類的角度來看，顫楊失去了一整個世代。」猶他州立大學的西部顫楊聯盟（Western Aspen Alliance）負責人保羅．羅傑斯（Paul Rogers）如此形容。[19]

羅傑斯和他的同事在林地中設立監測樣區，採三種管理模式進行排列實驗：不設圍籬、設圍籬但不進行其他干預、設圍籬並進行積極管理。這些科學家定期測量每個樣區內的種群動態，記錄死亡的樹幹和新生的根蘖。為了取得有蹄類動物活動的代理資料，他們也測量了下層植被高度以及地面糞便數量。此外，環保行動者還架設感應式攝影機，追蹤動物的活動情況。

這片「單一樹森林」受到高度關注，記者自然會追問：它究竟有多老？顫楊研究者根據已知的無性繁殖擴展速率，加上重建的古氣候數據，提出一個「極為粗略的估算」：八千年。[20] 值得注意的是，在末次冰期期間，魚湖高原未被冰川覆蓋，這讓潘多樹得以存續至今。這個驚人的數字，只是對顫楊基株可能最大年齡的猜測。潘多樹身為地球上「最老」或「最大」植物的地位，與其說是科學結論，不如說是源於人們的信念與便利性。潘多樹就像白山山脈的刺果松一樣，旁邊有公路通過，開車就能輕鬆抵達。

雖然對「八千歲」這個數字持保留態度，羅傑斯並未因此動搖他的研究方向。他希望找出最有效的保育方式，不僅守護潘多樹，還能推廣至整個西部山區的其他顫楊樹林，使這些林地在經歷美國殖民開發這場「巨型干擾」之後，進入一種新的生態復原狀態。羅傑斯的研究顯示，若要讓顫楊匍匐莖活存並長成成熟樹木，關鍵是持續隔離啃食性的有蹄類動物——主要是牛隻——所造成的干擾。為了拯救這片樹林，人們現在必須扮演起從前被視為「破壞者與掠奪者」的角色。羅傑斯表示：「如果這片顫楊林在

(8) 編註：演替（succession），又稱消長，是指隨著時間推移，生態群落的物種組成與結構發生有序變化的過程。這種變化可能是由於自然因素（如氣候變遷、火災、洪水）或人為因素（如農業、砍伐、汙染）所驅動，通常會導致群落向更穩定的生態系統發展。

我們眼前消亡，那就代表我們真的做錯了什麼。」[21]

隨著潘多樹突然意外成名，人們遲早會發現體型更大、年齡更老，或更具「樹木形態」的無性繁殖個體。二〇〇八年，一則來自瑞典的新聞傳遍全球。優密歐大學（Umeå University）的一名物理地質學教授和他的學生，在距斯德哥爾摩西北約二百五十英里（約四百公里）的菲呂山國家公園（Fulufjället national Park），發現了「世界上最古老的樹木」。教授把這棵歐洲雲杉命名為「老吉科」（Old Tjikko），以記念他過世的愛犬。這棵樹看起來像是一個獨立個體，為典型的山頂「孤木」，筆直細長的主幹自匍匐於地面的糾結枝條中冒出，畫面極具視覺張力，成為理想的攝影對象。研究人員在附近發現了一塊雲杉木片，經放射性碳定年後，年代可追溯至約九千五百五十年前。基於這個有限證據，他們推測，這個植物自從冰層後退以來就一直在此地生長。對於雲杉這類植物來說，實現極端長壽的唯一可能方式，是透過無性繁殖更新，也就是所謂的營養繁殖或壓條繁殖。

老吉科就像一隻寵物或一位偶像般，彷彿具有某種人格特質。或者更精確地說，老吉科象徵著全球變遷，以及驅動這些變遷的全球流動性。來自布魯克林的攝影師瑞秋・薩斯曼（Rachel Sussman）特地遠赴瑞典，為老吉科拍攝肖像，這張照片後來成為她二〇一四年出版的著作《世界上最古老的生物》（*Oldest Living Things in the World*）的封面。薩斯曼接受優密歐大學教授的論點，稱她的作品為「氣候變遷的肖像」，因為這些作品表現了雲杉如何因應全球暖化而改變形態——從多樹幹的矮盤灌叢，轉變為單一主幹的直立樹形。德國林務員暨國際暢銷作家彼得・渥雷本（Peter Wohlleben）也曾專程前往朝聖，後來還帶領一組攝影團隊再次造訪，儘管他本人曾擔心過度造訪可能對脆弱的凍原生長環境造成威脅。

如今，樹木觀光客會聘請嚮導前往現場，有些人甚至在網路上分享GPS座標。Instagram用戶則在這棵「世界上最古老的樹」旁擺出瑜伽的「樹式」，並上傳他們的合照。

就像許多聲稱極為古老的事物一樣，這個案例在被證實或推翻之前，就已被人們廣泛接受。老吉科在被命名、媒體報導、社交平台上瘋傳後，才有後續研究者提出質疑。並無證據顯示死去的木材和現存的樹木之間具備遺傳延續性，也沒有無性繁殖的證據；相反地，有充分跡象顯示這棵樹曾經進行有性繁殖。它或許曾經從無性繁殖轉換為有性繁殖——我們已知樹木確實會這樣轉換——因此它仍可能很古老，甚至樹齡極高。儘管如此，如今在谷歌搜尋「全球最古老生命」時，老吉科仍然名列前茅。這與植物學的發現無關，而是人們對於象徵的不懈追求。所謂「最古老生物」的最新代表，其實是一個流動的概念，體現現代人對於「新奇」與「古老」的雙重迷戀。

然而，這個被人類定義了時間尺度的場所，始終存在著一個超越人類時間性的非人類時間。

## 樹木的倫理準則：蘇鐵、越橘及三齒瓣團香木

這裡談的並不是某種「始祖樹」（Ur-tre），亦即那種被人們尊為「樹木」的共同祖先，我指的是擁有較大單一主幹、壽命較長的植物。所謂樹狀結構（Arborescence，又稱樹性）在演化史上曾多次出現又消失。植物在本質上極具可塑性，某些草本植物（例如草莓）有木本的祖先，而某些木本植物（例如桑

椹）卻起源於草本祖先。換句話說，樹狀結構是一種趨同演化的結果：不同的演化途徑，可能在遺傳表現上產生類似的「樹木」形態。選擇長成「樹」這種形態，固然伴隨一些劣勢，例如生長緩慢、無法移動，但也有著明確的優勢，像是結構穩定及長壽。即使是禾草類的被子植物（單子葉植物），如果能產出足夠的木質素讓外層組織加厚並強化，也能發展出樹木狀的形態。例如棕櫚樹便是單子葉植物，但可以長得比多數木本植物還高。其他體型巨大的單子葉植物，像是龍血樹和約書亞樹（*Yucca brevifolia*），皆屬於天門冬科。樹狀結構是一種動態的表現，而非固定的演化狀態，它是好幾個屬的植物共通採用的策略。甚至在同一種植物中，也可能因棲地條件不同而展現不同的形態——有些個體會長成高大的單一主幹的典型「樹木」，有些則可能以低矮、多幹的灌木形態存在。

蘇鐵尤其難以分類。它們擁有類似棕櫚的羽狀葉，但實際上是裸子植物，跟棕櫚毫無關係。蘇鐵不是針葉樹，卻能結出自然界中數一數二奇特的毬果。雖然擁有木質結構，卻不會形成樹輪。若從演化年齡來看，蘇鐵是人們所稱「樹」的植物中最古老的類群之一，但人們卻不太常把它們當作樹來稱呼。整體而言，蘇鐵體型不大，容易栽種於盆中，也因此經常遭竊或被整株盜挖，走私至黑市。在黑市，稀有的蘇鐵品種往往要價不菲。

一九一一年，當時蘇鐵生物學領域的首席權威、芝加哥大學的查爾斯・J・張伯倫（Charles J. Chamberlain），獨自踏上了環遊世界的植物考察之旅，目的是親赴澳洲和南非觀察「遠東蘇鐵」的生長樣貌。途中，他先在紐西蘭停留，化身為末日觀光客。趕在木材壟斷企業將最古老森林砍伐殆盡之前，親眼看看北島巨大的裸子植物——貝殼杉。他低估了這些老林木的樹齡，以為不過五千年。他接著前往雪梨和布里斯本，發現當地的帝國樹木園中收藏了世界級的針葉樹標本。然而在野外，除了鐵蘇之外，澳洲大部分地區幾乎看不到毬果植物。在布里斯本，植物園園長親自接待張伯倫，並帶他前往城市北方坦伯林山（Tamborine Mountain），那裡是一處森林覆蓋的高原。他們在那裡看到結實纍纍的蘇鐵，毬果長達二英尺（約六十一公分），重量可達五十到八十磅（約二十三到三十六公斤）。其中一棵格外高大的斐氏鱗莖藏米蘇鐵（Pineapple zamia; *Lepidozamia peroffskyana*），高度約二十英尺（約六公尺），擁有典型的樹木形態。儘管它其實是雌株，但當地人稱之為「彼得曾祖父」。[22]

有位業餘愛好者曾向張伯倫請教：「這棵老樹可能有多老？」由於蘇鐵的葉片是一片片向上生長，而且極為耐久，每片新葉展開的間隔可能長達數年，張伯倫因此推論可以透過葉痕以某種倍數來估算樹齡。他在數過彼得曾祖父的葉痕之後，得出它的壽命超過《聖經》中馬土撒拉的九百六十九歲。為了效果，他大膽將年齡湊成一個整數：一千歲。這樣的粗略估算迅速成為誇耀的基礎。布里斯本的某個人乾脆在這數字後面多加上一個零，讓那棵植物的年齡增長了十倍。當地人對此說法欲罷不能，開始不斷上調樹齡，從一萬歲、一萬二千歲，最後甚至傳言它高達一萬五千歲。

這場誇張的地方傳說最終招致意外後果。一九三六年三月，彼得曾祖父遭不明人士砍倒——或者按當地報紙所言，是被一名「魯莽的男孩」惡意「謀殺」。[23]當這棵鐵樹倒地時，蒼老的樹冠四分五裂，完全毀壞。警方隨即展開調查，為了尋找罪犯，還暫時賦予志願巡林員警察權力。就連美國的小鎮報紙也報導了這起震驚地方的蓄意破壞事件。

樹藝師試圖搶救這棵倒下的鐵蘇。他們用抗菌劑處理了一段樹幹，然後像立起柵欄般，將這段樹幹的一部分埋進土地，希望它能向下生根、向上長葉。一群布里斯本市民聚集現場，觀看昆士蘭大學的植物學家監督種植過程。該教授語帶保留地表示，這場活動可能更像是一場葬禮。他說：「它能存活下來的機率是場賭博。就像買樂透還中頭獎。」一名當地新聞編輯大膽地下了標題：「知名巨樹復活」。[24]幾個月後，另一家當地報紙宣稱移植失敗；又過了幾個月，一篇聯合報導仍表達了一絲希望，認為這棵植物或許仍有機會再度復活。

張伯倫本人並未放棄希望。一九三八年末寄出耶誕賀卡時，他附上一張女子坐在這棵曾經雄偉的蘇鐵上的照片。他在賀卡中寫道，他堅信這棵高齡植物還能繼續存活多年，畢竟它的年齡「遠超過馬士撒拉」。[25]至少，它的基因組得以留存下來。張伯倫的澳洲聯絡人多年前就曾寄給他這棵鐵蘇的毬果，他則將這些種子分送給植物園和多所大學校園。

由於與芝加哥學術圈有所淵源，加州的州立林務員接受了布里斯本方面聲稱擁有「全球最古老生物」的說法，甚至一度把加州州樹世界爺的樹齡紀錄下調。這件事傳回加州後，當地人感到既憤慨又難以置信，這促使林務員前往親自查證。他隨後向媒體公開了一封信件，來自當初負責重新種下彼得曾祖父的昆士蘭教授，信中寫道：「在那些山巒的某處，一定有個超級騙子。」[26]這則來自美聯社（AP）的更正聲明刊載在加州聖羅沙市（Santa Rosa）的《民主報》（*Press Democrat*），這裡正是「李普利的信不信由你」（Ripley's Believe It or Not）[(9)]創辦人羅伯特・李普利（Robert Ripley）的家鄉。不過，當時已經移居芝加哥的李普利可能完全沒注意這則新聞，或根本不以為意。後來，他仍在自己知名的漫畫專欄上發表一篇名為〈地球上最古老生物〉的作品，將那棵號稱一萬兩千歲的昆士蘭鐵蘇宣傳為「樹中馬士撒拉」。[27]早期的新聞報導曾把彼得曾祖父描述為一棵巨木，但李普利的專欄則刻意強調蘇鐵的「嬌小」特質。他驚歎道，「這株不過二十英尺（約六公尺）高的植物，讓世界爺顯得像剛出生的嬰兒」。直到一九五〇年代，也就是刺果松聲名大噪之前，各類「最古老生物排行榜」仍常將蘇鐵列為世界頭號耆老。儘管蘇鐵的「樹性」一直存在爭議，但單憑其傳說中的高齡，就足以讓它獲得樹木的地位。

既然蘇鐵曾經——雖然只是短暫且錯誤地——被認為是世界上最古老的樹狀生物，那麼體型更小的植物為何不能？一九五八年，《國家地理雜誌》刊出舒爾曼關於刺果松的文章後，收到一些讀者回信，其中便提出了這個問題。編輯當時轉達給樹輪研究實驗室，表示他們預期讀者會質疑艾德蒙的研究結果，卻沒想到竟有讀者特地寫信來，為賓夕法尼亞州的一叢灌木抱不平。

如同所有植物一樣，這種生長在阿帕拉契（Appalachian）山區的灌木有許多種俗名，在西維吉尼亞州叫「杜松莓」（juniper berry），在肯塔基州叫「地越橘」（ground huckleberry），而田納西州則叫它「熊越橘」（bear huckleberry）。這種植物的外表很像藍莓，實際上也是藍莓的近親，只是味道沒那麼討喜。最常見的英文俗名是「黃楊越橘」（box huckleberry）[10]，因為它閃亮的小葉子長得很像黃楊（boxwood）灌木。黃楊越橘相當罕見，主要棲息在松櫟混合林的蔭影下。冰河時期反覆的氣候變遷，導致其分布地區破碎、數量驟減。如今，殘存的族群之間分布太分散，無法進行異株授粉。因此，果實中長出的都是

(9) 編註：「信不信由你」是一個以奇聞軼事和怪異事物為主題的美國特許經營（Franchise）品牌。由羅伯特・李普利於一九一八年創立，最初是一個報紙專欄，後來發展成廣播節目、電視節目和博物館。

(10) 譯註：為杜鵑花科（Ericaceae）植物。

不孕種子。這種植物無法透過有性繁殖繁衍，只能依靠地下走莖向外無性擴展，靠著自體繁殖來延續生命。

官方植物學家弗德里克・科維爾（Frederick Coville）在一九一八年首次發現黃楊越橘具備無性繁殖的特性，並於隔年在《科學》期刊上發表相關研究。他在文中警告，這種美麗又有實用價值的植物正面臨滅絕的風險。科維爾當時僅確認存在兩個存活的族群，一個位於德拉瓦州（Delaware）的薩塞克斯郡（Sussex），另一個則在賓州佩里郡（Perry County）的新布隆非（New Bloomfield）附近。新布隆非的族群早在十九世紀就曾被植物學家記錄過，之後一度失聯，之後來才再次被發現。[28]該族群占地約八英畝（約三・二公頃）。根據科維爾的推測，這片灌木群很可能來自單一基株，所有個體都透過相連的地下根系連結。他進一步假設這個無性繁殖群體是以每年六英寸（約十五公分）的速度從中心向外擴展，並據此推估其樹齡可能達一千二百年，甚至比德國希爾德斯海姆（Hildesheim）的「千年玫瑰」還要古老。

科維爾一方面希望保護棲地，另一方面也希望成功馴化黃楊越橘。他指示一家種苗公司自德拉瓦州和賓州採集了大量植株，裝滿一整輛卡車，送往美國農業部位於華盛頓的溫室中進行異株授粉。科維爾期望透過園藝技術與科學方法，讓這株古老植物帶來回春的可能。科維爾形容黃楊越橘是「森林裡迷人的千歲小姐」，還補上一句浪漫的祝福：「讓她永生不死」。[29]

此項發現發表之後，吸引了業餘植物學家開始尋找其他黃楊越橘族群，並確實發現了幾處，其中最具規模的是佩里郡丹肯農（Duncannon）附近的一大片灌叢，就位在賓州鐵路信號旗站「洛許」（Losh Run）對面。這個占地高達一百英畝（約四十公頃）的族群，符合每一叢都是由單一基株組成的推測。

這份樣本也被送到哈佛大學和紐約植物園。美國農業部、卡內基博物館和賓州的植物專家亦紛紛前往「朝聖」。博物學家們興奮地推斷：如果這個無性繁殖的越橘族群面積是其他族群的十倍，想必它的年齡也老了十倍。於是，這種原本是北美最稀有植物之一的灌木，瞬間成為「世界上最古老的灌木」，甚至被誇大為「世界上最古老的植物」，推估其高齡達一萬二千歲，就跟全新世一樣久遠。

就在舒爾曼首次為刺果松鑽取樹芯樣本的前一年，一名賓州眾議員把州立林業雜誌上的文章〈世界上最古老的生物〉（The Oldest Living ing in the World）提交進入《國會紀錄》（*Congressional Record*）。文章中寫道，早在耶穌於加利利傳教時這叢「獨一無二的灌木」就已存在，並宣稱其樹齡為一萬二千歲。[30] 後來，舒爾曼在辭世前曾回信給一名賓州的擁護者，針對這項說法作出回應。這位備受尊崇的樹輪專家婉轉地指出，這樣的樹齡估算只是「又一次過於熱切的高估而已」。[31]

從刺果松成名到《瀕危物種法》頒布之間的時期，黃楊越橘面臨了新的威脅。這種植物既沒有足夠的擁護者，又不夠「像樹」，因此無法逃過體制性破壞的命運。當修路工人在整建朱尼亞塔河（Juniata River）沿岸的美國二十二號及三二二號公路時，大肆破壞了洛許地區的大量巨型灌叢，使得這種植物如今在賓州被列為瀕危。如果當年賓州人對於古老植物的重視程度，能與他們對筆直寬闊的分隔公路同等對待，或許這片族群得以保留，甚至能為其進一步進行基因定序。然而如今已經太遲，無法驗證這整片黃楊越橘叢是否真為單一基株。不過，這項假設至今尚未被推翻。

這種短期與長期之間的張力，在加州沙漠再次上演。末次冰期時，人類抵達北美洲西部，墨西哥矮松和刺柏是莫哈維（Mojave）地區的優勢樹種。隨著氣候愈來愈溫暖，然後變得乾熱，這些裸子植物退居山區，而適應力更強的植物則自索諾拉荒漠（Sonoran Desert）北移。其中最具韌性者，便是三齒瓣團香木（creosote bush; *Larrea tridentata*，又名木餾油樹），堪稱地球上最強韌、最健壯的植物之一。三齒瓣團香木的葉子細小厚實，覆上一層樹脂，即使面對極端乾旱也不致枯萎。整株植物如同一間揮發性有機化合物（volatile organic compound, VOC）工廠，能驅趕開花競爭者、昆蟲掠食者和食草動物。在更新世時期，美洲駝（American camel）是唯一已知會吃三齒瓣團香木葉片的大型哺乳動物，但牠們在末期的滅絕，反而成就了三齒瓣團香木的繁盛。在其長達一世紀的生命中，每棵染著樹脂、綻放黃花的灌木，都能透過有性和無性的方式繁殖。無性繁殖時，植株會向外擴張，而最初的原始中心逐漸枯死消失。隨著根群向外蔓延並中空化，地表便形成一圈由相同基因構成的橢圓灌木環。

一九七〇年代，加州大學河濱分校的植物學教授兼植物標本館創辦人法蘭克·瓦西克（Frank Vasek）跟一位同事合作，針對莫哈維荒漠的土地進行環境評估。當時，南加州愛迪生電力公司（Southern California Edison）計畫在當地鋪設瓦斯管線和電力設施。研究的一部分內容是檢視自一九五〇年代以來的美國空軍航空攝影圖。瓦西克從高空垂直俯拍的角度，輕易辨識出地面上難以察覺的三齒瓣團香木環狀結構。他開始編目並測量這些灌木環，發現有數百個直徑超過三十英尺（約九公尺）。瓦西克把其中最大的個體命名為「無性繁殖王者」（King Clone），並發現有一道摩托車輪胎的痕跡貫穿其間。一九七九年，瓦西克拍攝了一張照片，畫面中二十三名加州大學學生手牽著手，圍繞著這株高度及腰的植物，宛如正在進行某種女巫儀式。

隔年，瓦西克發表了一篇論文，根據現存木質部的生長速率，以及死亡木材的放射性碳定年，推算出這株「無性繁殖王者」的年齡。他假定這株植物生長速率恆定，推估出它已經存活約一萬一千七百年。對比昆士蘭那棵被命名的蘇鐵，或賓州那叢未命名的越橘，「無性繁殖王者」的樹齡推估更具科學可信度。

然而，《國家地理雜誌》始終未打來電話。一九八三年，瓦西克終於成功引起《洛杉磯時報》的注意。但該報將「無性繁殖王者」寫成一篇半帶著嘲諷的報導：「如果你發現了地球上最古老的生物，卻沒有人在乎，你會怎麼辦？」為了提升一般民眾的關注度，瓦西克甚至把三齒瓣團香木的外圈結構比擬為紅杉的樹輪：「我感到很痛心。這棵植物可能和埃及金字塔同等重要。但也可能隨時消失。」他警告，就算它沒被開發商破壞，越野車騎士也可能將其破壞殆盡。無論是向聯邦政府、州政府，或是當地郡政府游說收購那片私有土地，瓦西克都沒有成功。他還試圖自行籌措兩萬美元，結果一樣淒慘。他無法理解，為何這棵樹齡是刺果松兩倍的植物，竟無人關心。一位當地房地產經紀人表達了意見：「或許教授是對的，或許這些灌木確實是地球上現存最古老的生物，但當你在沙漠裡看到數百萬棵一模一樣的三齒瓣團香木時，實在很難對它提起興趣。」[32]

這樣的發言，背後隱含著輕率與無知，甚至帶有種族歧視。因為三齒瓣團香木其實是美國、墨西哥莫哈維、科羅拉多與索諾拉荒漠原住民最重要的藥用植物之一，出現在創世神話與各種儀式中。這種萬用藥草所含有的有機化合物，廣泛用於外敷、內服，或在蒸氣浴中吸入使用。歷史上，原住民會使用這植物——西班牙語稱為「*la gobernadora*」，意為「女總督」——治療舊世界帶來的疾病，像是天花、流感、水痘和結核病。三齒瓣團香木既神聖又常見，備受尊敬。在採集藥材前，西休休尼族的治療師會稱呼這株灌木為「你」，視其為治療的夥伴。他會向這個植物個體（plant-person）說明將治療什麼疾病、需要何種幫助，最重要的是，他會對它說：「謝謝你。」[33]

相較於傳統生態知識，瓦西克對三齒瓣團香木的研究，採取的是科學性、全球性與物質主義的觀點。他試圖賦予這種灌木「樹性」，甚至接受電視節目《信不信由你》（*Ripley's Believe It or Not!*）主持人傑克・帕蘭斯（Jack Palance）的邀請，上節目介紹這棵植物。最終，瓦西克在加州花園俱樂部找到盟友——會員的捐款促成了一九八五年的一筆自然保育土地轉讓。當時，《紐約時報》罕見地報導了這棵「已知世界上最古老的植物」。加州大學原本同意管理這座微型保護區，卻從未制定明確的管理方式。「無性繁殖王者」與另一片近乎相同的三齒瓣團香木棲地相距不過幾英里，後者卻被土地管理局劃為越野車「自由駕駛場」。植物周圍搖搖晃晃的柵欄足以提供保護嗎？或是會引來健行者踩踏和越野車破壞？與馬土撒拉樹、大盆地刺果松等備受科學界崇敬的樹木相比，三齒瓣團香木並未被神聖化。它的樹輪數據貧瘠，難以提供精準年代資料，在缺乏可證的高齡背書下，瓦西克的灌木始終無法被「轉化」成一棵真正意義上的「樹」。最終，「無性繁殖王者」象徵了一種西方思維在瓦西克所處的時空中失敗了。這位植物學家在致力於挑戰人們對樹幹的偏見時，卻仍不自覺重複了西方科學界另一項根深蒂固的偏見——對具名個體的執著、對男性化勝利敘事的迷戀，以及對發現者角色的崇拜。

在現實世界中，只有巨型植物和古老植物，才能在現代西方思想中自動獲得尊重。古老的大樹地位最高，其次是體型龐大的樹木，然後是矮小但高齡的老樹，最後則是像彼得曾祖父那樣似樹又非樹的古老植物。在無性繁殖的植物之中，崇高的潘多樹因其龐大規模及具名優勢，地位高於外貌矮小卻獨特的「無性繁殖王者」，而後者又比無名的越橘叢更能受到關注。正如命名所帶來的象徵，科學對樹齡的測定也會強化植物的「樹性」，甚至在某些案例中，能夠賦予原本不被視為樹的生命形式一種「樹的身分」。在倫理衡量標準中，確切的樹輪年齡勝過放射性碳定年的估算，因為現代世界傾向崇尚「精確性」。

一九九二年，瑞士選民透過公投修改憲法，為「生命體」提供模糊的保護，其中包含動物與植物，以作為抵制基因改造生物的手段。此後，針對擴大植物尊嚴範圍的反對聲浪浮上檯面。二〇〇八年，瑞士聯邦政府發布報告〈著眼於植物的生命體尊嚴：從植物出發的道德思考〉（The Dignity of Living Beings with Regard to Plants: Moral Consideration of Plants for Their Own Sake, 2008），引來媒體嘲諷與實驗室科學家的嚴厲批評。接下來會怎樣？瑞士會禁止使用農業嗎？《自然》期刊的編輯將這種基於康德哲學（Kantian philosophy）的植物倫理擴張，形容為愚蠢與荒謬。[34]值得注意的是，瑞士的聯邦倫理學家承認，他們在動物道德地位上已達成共識，卻無法就植物議題取得相同共識。多數委員假設應從「個別植物」出發思考道德問題，僅少數人將重點放在「植物網路」上。

傳統的樹性概念，既是認知上的障礙，也構成倫理上的偏見。那些被誤認為「個體」的植物，數千年來在人類文化中占有地位，某些樣本在城市法規和州法中享有數十年，甚至數百年的法律保障。然而，動物保護運動從邊緣走向主流，從大型哺乳類延伸至其他物種的軌跡，是否也能成為植物倫理的典範，目前仍不得而知。人類普遍喜愛動物，而在植物方面，則特別偏好「樹幹」。不難想像，一個社會中若有足夠多的人在對植物的思考上愈趨成熟，或許便會尊重維管束植物作為完整生命體的尊嚴，包含葉片、形成層、根系和菌根。人們可以學著理解這些模組化、具社交性且能溝通的生物的多樣面貌，無論其繁殖方式是雙性、單性或無性，無論其形態是高大、擁有樹幹，還是低矮呈灌木狀。最終，來自生物學的「樹木特質」，以及「樹木時間」的整體性，有可能取代那種擬人化、形象化的「樹性」。

不過，即使這樣的未來有可能實現，仍需要漫長的時間。早在一八三一年，奧古斯丁・彼拉姆斯・德堪多就在第一部探討植物長壽的長篇科學論著中推測，某些小型灌木的壽命可能遠比人們慣常所認為的還要悠久，只是當時幾乎沒有人深入研究過這個課題。德堪多提到「更卑微的植物」時，也提及某些數十年未曾改變的地衣。他寫道，這些色彩斑斕的微小斑點，有些或許和岩石一樣古老。不過，即使如此，他仍然選擇擱置這些「或許過於卑微，難以引起一般人注意」的微小生物，而選擇將研究焦點鎖定在樹木上，因為它們更容易引發「普世的關注」。[35]

記錄加拿大最古老樹木的科學家拉森，起先是地衣學家，曾在冰島和其他極端環境中研究岩石上的地圖衣屬（*Rhizocarpon*）。拉森告訴我：「你得用顯微鏡，才能欣賞地衣的美。那是一種難以用命名系統定義的存在形式。地衣其實不是生物體，也不是物種，而是一種微型生態系統。」

拉森在研究生涯中期申請新一輪研究經費時，遭到上級主管現實的當頭棒喝：「道格，你得改往研究更高等的植物。沒人在乎地衣。即使它們活了四千年也一樣。根本不重要，大家不會在乎岩石上的這層爛泥。」這番話促使拉森的研究團隊重新思考：除了地衣，還有哪些植物能在岩石上生長？他們正是這樣發現了北美側柏。科學家追隨經費，而經費則往往受制於美學和倫理。

我問拉森：「地衣令你感動嗎？」

「是啊，沒錯。」他毫不遲疑地回答：「地衣承受過的苦難遠過於其他生物。即使核戰爆發，地衣依然能夠存活。地衣和蟑螂，可是完美的食物鏈！當環保人士說人類會毀滅地球時，那其實是一種傲慢。

沒有什麼能毀滅地球。我們頂多毀掉自己，或改變食物鏈。」他接著提出一個思想實驗：如果人類發現了一顆行星，除了老鼠、虱子和蟑螂之外一無所有，會怎樣呢？「那可不得了。光是發現一顆只有細菌的星球，就會讓我們激動不已。」然而，在地球上，我們卻很難欣賞這些完美適應、奇妙且擁有綜觀時間性的微生物相。

「樹究竟有什麼特別之處？」拉森自問自答：「樹有軀體。」

## 附註

1. Interviewed by the author by video, December 12, 2017.
2. Kathleen Wong, "Drought Strikes Centuries-Old California Oaks," Phys.org, December 14, 2016.
3. Especially *Juniperus occidentalis* (western juniper), *J. osteosperma* (Utah juniper), and *J. scopulorum* (Rocky Mountain juniper). 在西南部，刺柏的壽命可能也很長，但老的樣本通常會變成空心的樹，因此無法確定樹齡。
4. Washington Irving, *A Tour on the Prairies* (London, 1835), 186.
5. Interviewed by the author by phone, May 4, 2018.
6. Notably Bob Leverett and Mary Byrd Davis.

7. 這位林務員是王展（1911–2000）。謀道鎮位於湖北省，謀道（Moudao）的英文名又拼寫為Modaoqi、Modaoxi、Motaochi。
8. E. D. Merrill to Henry Hicks, January 27, 1947, E. D. Merrill Papers, series 1, folder 1, Arnold Arboretum Horticultural Library. 胡先驌（Hsen-Hsu Hu, 1894–1968）的英文名也會譯為HU Xiansu。
9. E. D. Merrill, "A Living *Metasequoia* in China," *Science* 107 (February 6, 1948): 140; idem, "Metasequoia, Another 'Living Fossil,'" *Arnoldia* 8, no. 1 (March 5, 1948): 1–8. "Johnny Appleseed" detail from Richard A. Howard to University of California Radio Office, April 26, 1969, Merrill Papers, series 1, folder 10, Arnold Arboretum.
10. Chaney to Merrill, January 27, 1948, Elmer Drew Merrill Papers, series 2, box 1, Mertz Library, New York Botanical Garden; Milton Silverman, "Science Makes a Spectacular Discovery," *San Francisco Chronicle*, March 25, 1948, 1–2; Milton Silverman, *Search for the Dawn Redwoods* (self-published, 1990), copy in Helen Crocker Russell Library of Horticulture, San Francisco Botanical Garden.
11. Silverman's front-page stories appeared in the following issues of the *San Francisco Chronicle* in 1948: March 25, 26, 28, 29, 30, and April 5.
12. J. Linsley Gressitt, "The California Academy–Lingnan Dawn-Redwood Expedition," *Proceedings of the California Academy of Sciences* 28, no. 2 (July 15, 1953): 25–58.
13. Silverman, *Search for the Dawn Redwoods*, 130–131.

14. Quotes from E. D. Merrill to John E. Gribble, April 2, 1952, Merrill Papers, series 2, box 1, New York Botanical Garden; David C. D. Rogers, "Professors Squabble over Seeds from China's Living Fossil Trees," *Harvard Crimson*, October 9, 1952; E. D. Merrill to Aubrey Drury, June 8, 1954, Merrill Papers, series 1, folder 6, Arnold Arboretum; and Richard Evans Schultes, "Elmer Drew Merrill: An Appreciation," *Taxon* 6, no. 4 (May 1957): 89–101.
15. "Incredible, Secret Firefighting Mission Saves Famous 'Dinosaur Trees,'" *Sydney Morning Herald*, January 15, 2020.
16. Interviewed by the author, Palisades, New York, January 23, 2018.
17. Michael C. Grant, Jeffry B. Mitton, and Yan B. Linhart, "Even Larger Organisms," *Nature* 360 (November 19, 1992): 216.
18. "The World's Largest Known Organism Is in Utah—and It's Dying," *City Weekly* (Salt Lake City), November 20, 2013.
19. Michelle Nijhuis, "The Quaking Giant," February 16, 2017, lastwordonnothing.com.
20. Karen Mock, interviewed for "The World's Largest Known Organism in Trouble," *Living on Earth* (syndicated radio program), February 1, 2013.
21. Russ Beck, "Pando: The World's Largest Discovered Organism," January 13, 2017, wildaboututah.org.
22. Charles J. Chamberlain, "A Round-the-World Botanical Excursion," *Popular Science Monthly* 81 (November

1912): 417–433.

23. "Giant Aristocrat Destroyed," *Rockhampton Evening News*, March 16, 1936.

24. "Famous Giant Tree Resurrected," *Rockhampton Evening News*, August 13, 1936.

25. In the clippings file for *L. peroffskyana* at Mertz Library, New York Botanical Garden.

26. "Redwood Tree Still Oldest Thing on Earth," *Santa Rosa Press Democrat*, June 20, 1937.

27. 這幅漫畫出售給多家媒體，刊載於一九三八年十月十七日當週。

28. 現在設立了霍佛特與休爾黃楊越橘自然保護區（Hoverter and Sholl Box Huckleberry Natural Area）加以保護。

29. Frederick V. Coville, "The Threatened Extinction of the Box Huckleberry, *Gaylussacia brachycera*," *Science* 50, no. 1280 (July 11, 1919): 30–34.

30. Hon. Richard M. Simpson, June 5, 1952, 82nd Cong., 2nd sess., *Congressional Record*, Appendix, 3478–3479.

31. Quoted in a letter from Bryant Bannister to *National Geographic*, March 21, 1958, located in the internal archive of the Laboratory of Tree-Ring Research, University of Arizona.

32. "Earth's Oldest Living Bushes Endangered," *Los Angeles Times*, March 7, 1983. My description also draws on coverage and correspondence in Frank C. Vasek papers at Special Collections & University Archives, UC Riverside Library.

33. Richard W. Stoffle, Michael Evans, and David Halmo, *Native American Plant Resources in the Yucca Mountain*

*Area, Nevada* (Las Vegas, 1989), 6–13.

34. "Open to Interpretation," *Nature* 453, no. 7197 (June 12, 2008): 824.

35. Augustin Pyramus de Candolle, "On the Longevity of Trees and the Means of Ascertaining It," *Edinburgh New Philosophical Journal* 15, no. 30 (October 1833 [1831]): 330–348.

Chapter 8

# Time to Mourn

## 哀悼時刻

在這個追求新奇的時代，千年樹木既是文化珍寶，也處於生態危機之中。迅速變遷的氣候中，森林若無法重組，就將死亡。重組將是常態——地球不會一下就沒了喬木植物——但即使是適應力強大的生態系，全新世最古老的樹木也將無法安享天年。無論緩慢發生或突然來襲，都將發生。跨越年代的生命連結，將屈服於時間性的變遷——這就是氣候變遷的本質。

森林梢枯未必表示森林末日將近，不過，老樹死去代表著生態損失、文化耗弱和社會問題。藝術家和說故事的人要怎麼紀念失去的古老植物？而人們又要怎麼培育未來的「最古老植物」呢？未來的人類歷經基因強化和科技提升，還會在乎這些樹木前輩嗎？當這種全球性的問題變得這麼個人化與情感化，或許我們就該回歸長生的針葉樹——刺果松、落羽松、水杉，尤其是貝殼杉——這個比先前所知的更瀕危且更具跨越時間性的物種。

## 垂死的森林

小時候我住在猶他州的普洛伕（Provo），用零用錢買了韓國製的猴子絨毛布偶，假裝牠們是同種猴子中的最後四對繁殖配偶，是來自黑森林的生態難民。不知怎麼的，我已經聽過歐洲針葉樹即將滅絕的消息。與核冬天（nuclear winter）[1]與臭氧層破洞相同，垂死的森林成為我這個X世代接觸全球性思維的啟蒙。

對於「酸雨」（acid rain）的擔憂始於一九六〇年代的斯堪的那維亞地區，當時科學家注意到湖泊淡水生態系酸化的情形。在北歐國家呼籲國際要控制二氧化硫的排放之後，英美等國的煤炭業開始對相關科學研究提出懷疑，然後又質疑管控措施的成本效益分析。在這場修辭上的軍備競賽中，末日預言者和這些販賣懷疑的商人針鋒相對。西德的知名科學家直接告訴大眾，他們預測森林將瓦解。媒體大肆宣染他們的訊息。一九八一年，《明鏡週刊》（*Der Spiegel*）刊載了酸雨的封面系列。這份素負盛名的雜誌在宣布「森林正在死去」時，特意使用了表示人類死亡的動詞*sterben*，這使得森林死亡（*Waldsterben*）成為一場跨物種的災難：樹木先死去，人類隨之滅亡！在下薩克森邦（Lower Saxony）、巴登符騰邦（Baden Württemberg）和巴伐利亞，那些褪色及落葉的冷杉及雲杉，成為「全球生態死亡」的象徵。西德的綠黨利用了這種對末日大災變的恐懼推升自身的政治聲量，這股恐懼呼應了數個世紀以來人們對木材短缺的恐懼。即使預測中的災害不曾成真，之後很長一段時間，這場「死亡守靈」仍在繼續著——以年度政府報告的形式延續了許多年。[1]

今日，從規避風險的角度來看，德國森林的存續證明了一九八〇年代及一九九〇年代於歐盟與美國實施更嚴格的空氣汙染管制是正確的，也示範了「預防原則」。這個概念在一九七〇年代進入德國法律，一九九〇年代進入國際法。在地球高峰會上，簽署國同意：「當出現嚴重或無法彌補的損害威脅時，不應以缺乏完整的科學確定性，作為推遲採取具成本效益的環保措施的理由。」[2]

(1) 編註：關於大規模核戰爭可能產生的氣候災難。

從風險承擔的角度來看，綠黨則是見樹不見林。那些單一栽培的針葉族群，是王室和帝國林務員的栽植傳承，本就因健康狀況惡化而逐漸衰退。二氧化硫對一些生物的傷害比較大，而二氧化氮則對某些樹種帶來選擇性的益處。沒有人能確切知道，如果這樣無限期持續燃煤而不過濾處理，森林會發生什麼變化。中歐的森林或許本身具備動態生態系統的韌性，它們可能發生改變，但不至於死亡。

森林死亡預示了在人為氣候驅動的背景下，如何進行基於證據的長遠思考，將是一大挑戰。長遠思考本來就困難重重，而當短期誘因——不論是財務上或政治上——推動著維持現狀時，這種挑戰就更加困難。在由工業資助的否認者和工業支持的政客刻意製造混亂，質疑氣候變遷的確定性與風險之後，更加扼殺了這種思考。作為對抗這種散播懷疑的回應，環保人士和新聞媒體同盟往往會訴諸恐懼敘事，這進一步加深了一般民眾的錯誤印象，即「氣候科學本身是意識形態的領域，甚至是一種信仰體系」。雖然環保人士對於「地球終結」的預言，與基督教對「世界末日」的預言一樣不可靠，然而，對於全球暖化、棲地流失和第六次大滅絕的科學預測，已被證實極為準確。若有任何誤差，那也是因為科學家往往過於保守。

一九九二年時，人類已經掌握足夠的知識，理解未受控的溫室氣體排放所帶來的風險，並可證明採取預防措施是合理的。不幸的是，氣候學家陷入了「需要進一步研究」的政治陷阱。他們競相爭取經費，收集更多的數據，運行更精準的模式，以做出更細緻的方案和可能性量表，來填滿更厚的報告。地球系統建模的潛力無窮無盡。一九九〇年，第一次政府間氣候變遷委員會報告後的三十年間，許多關於未減緩氣候變遷長期影響的不確定性都得到解決。與此同時，及時實現脫碳的機會卻被擱置一邊。即使工程師們最後靠著碳捕獲、碳儲藏或地質工程及核融合來「拯救」局面，但具有風險的熱能已被烘焙進未來之中。由於人們輕率地無作為，地球很快就將體驗生態系真正的韌性，甚至發現超越韌性極限之後的世界。

對歐洲而言，位在波蘭與白羅斯邊界的比亞沃維耶扎，這片最後的原始林（primeval）是很重要的參考點。在更新世的最後階段，冰層不曾延伸到這座混合林，而人類在全新世也沒有皆伐此處來進行農耕，所以這裡代表了一個古老的——儘管持續變化的——生態群落。森林中零星散布著斯拉夫古墳，還有現代波蘭蜂農留下的遺跡，不過，最引人注目的改動，是綜橫錯縱的網格狀泥土路，這是十九世紀的遺產，俄國管理者為了滿足沙皇狩獵隊的需求而飼養大型獵物，包括野牛。在俄國分割波蘭東部之前，比亞沃維耶扎一直是波蘭－立陶宛亞捷隆（*Jagiellonian*）王朝國王的狩獵場。

波蘭在一九一八年獨立為民主國家之後，就把皇家森林的核心地帶——一戰期間未受到德軍破壞的部分——劃為嚴格的科學保護區。德軍在二戰時再度進入波蘭，他們將當地人驅趕至國家公園的木造大門內，大肆屠殺，並計畫把歐洲野牛作為德國自然活紀念物來管理。保護區本身在戰火中未受波及，沙皇的狩獵宮殿也未受破壞，不過宮殿最終在一九六〇年代被拆除，其磚頭被運到華沙用來重建舊城。在共產時期，這片森林的核心地區再度被劃為國家公園，並被指定為世界遺產。

波蘭擺脫蘇聯影響後不久，具有傳奇色彩的生物學家西蒙娜．科薩克（Simona Kossak），散布了原始林因為管理不善而垂死的恐懼。[3]一部分是出於回應這種聳動的說法，政府於是擴大了比亞沃維耶扎國家公園，並在其周圍設立緩衝帶。二〇〇四年波蘭加入歐盟之後，更大的森林區被納入「自然二

○○○」（Natura 2000）這個保護區網路中。資本主義時代早期，政府把比亞沃維耶扎定調為長達五百年的保育計畫，這項計畫曾為亞捷隆王朝所維護，卻被俄國和德國暴力破壞。新的守護者國家生態學家則認為，保護這片森林是他們的愛國責任，必須將其視為歐洲生態遺產，避免其遭受商業化染指。

接著，法律與正義黨（Law and Justice）出現了，這個民粹政黨在二〇一五年波蘭大選中一舉得勢。湊巧的是，這次政治動盪伴隨著小蠹蟲爆發。曾經是林務員的新任環境部長揚．希什科（Jan Szyszko），挪用了「垂死森林」的說法，主張波蘭必須拯救比亞沃維耶扎，除了防範昆蟲侵害，還要驅逐那些不如當地人了解森林的討厭專家。種族民族主義者聲稱，波蘭人從基督時代到瓜分時代，都妥善管理比亞沃維耶扎。林務員秉著上帝賦予的職責，必須將這座森林恢復並保護為「波蘭遺產」。由於老齡林木恐怕會害死古老的森林。希什科希望一改「假生態學家」消極的忽視，由「男性林務員」積極地保育經營。對執政黨而言，環保主義只是又一個外部侵擾，相當於納粹主義、共產主意、無神論，以及被籠統稱為「性別意識形態」的威脅。希什科為了達成目的，不顧布魯塞爾歐盟總部的反對，開放了自然二〇〇〇保護區的土地給商業砍伐者。來自波蘭西部的都市社運人士，尤其是女性，前來與要被砍伐的樹木站在一起，高喊著：「支持比亞沃維耶扎」！

儘管緩衝帶遭受壞破，比亞沃維耶扎國家公園目前仍維持著動態生態系。從生態群落層次來看，比亞沃維耶扎之所以古老，正是因為它有改變及適應的能力。一九二〇年代，生態學家預測了未來的森林將沒有椴樹屬植物，而如今，椴樹仍欣欣向榮。鵝耳櫪持續往前蔓延，楓樹緊隨在後。另一方面，梣樹因真菌病害而衰退，雲杉因甲蟲危害而日漸萎縮。整體來說，目前的氣候壓力會選擇性淘汰高聳的針葉樹和大棵的櫟樹。

如果比亞沃維耶扎必須包含所有這些標誌性的植物形態，才能算是「原始林」，那麼這座森林確實正在死去。但如果森林的古老本質是一種動態過程，那麼即使變遷加速，這片森林仍能維持存續。在比亞沃維耶扎，乃至整個歐洲，成熟樹木的死亡率正隨之上升。全球暖化加劇了自然干擾——暴風雨更猛烈，乾旱更乾燥，熱浪更炎熱——正如我在波蘭的岳母所說：「現在已經沒有冬天了。」其結果是，森林的冠層結構正在轉變，年輕且較矮小的落葉樹正在取代高大樹種。比亞沃維耶扎有五十多種喬木植物，應該擁有足夠的生物多樣性，來維持這片森林自古以來隨著時間變遷的生態過程。比亞沃維耶扎的生態韌性所惠及的，不只是大型動物。比亞沃維耶扎最重要的生態價值，或許存在於微小的尺度中——作為歐洲的真菌、苔蘚和地衣熱點。

不是所有森林都有能力適應氣候驅力。為了了解生態系重組的不同觀點，我訪問了兩位美國科學家，一位是在落葉樹為大宗的東北部，另一位是在主要為針葉樹的西南部。

尼爾・佩德森（Neil Pederson）在哈佛森林工作站工作，那裡位在哈佛大學西方六十英里（約九十七公里）處，在新英格蘭還有無數像這樣曾是農地的林地。英裔美國人在趕走原住民的同時，也砍伐了東北部從前的老齡林。來到二十世紀，經濟與人口結構變化，加上長期的潮溼期——佩德森稱之為「史詩級的多雨期」——促成了森林復育。如今，新生林木已吞沒了荒廢的石牆。這種群落層級的韌性讓佩德森深受啟發。「我去參加了美國生態學會的會議，覺得很挫折。」他對我說：「所有討論都很悲觀慘澹。我好想舉手說，『演化仍在繼續』！」[4]

在個體層級，佩德森同樣也驚歎於植物在順境和逆境中的適應力。他曾用樹輪定年法分析過一棵岩櫟，它在下層植被「遊手好閒」了四個世紀，直到某天才突然快速生長——這是一種機會主義式的反應，因為它鄰近的加拿大鐵杉因感染蚜蟲而枯死。佩德森打趣道：「想像一下你的奶奶可以灌籃，那就是這棵櫟樹正在做的事。我們無法想像這種情況，不過對樹木和其他植物來說，這樣的適應是再正常不過的。」在其他地點，佩德森曾鑽取紅槭的樹芯樣本，發現這些樹有時會連續多年不生長。其中一個徑向樣本涵蓋了十年的歲月，卻只數到一個樹輪。其實這種「生物學上的不可能」，實際上卻很常見。一棵復甦的紅槭在其兩百年的壽命之中，可能有十分之一的時間彷彿處於死亡狀態。

比起武斷地以樹齡判定，佩德森更偏好以動態過程來定義老齡林。在佩德森研究的林地區域裡，五百年是單一植株最大的實際有效年齡，而殖民後的次生林也正在邁向這個階段。佩德森說：「事情正在發生。北美紅櫟正逐漸倒下，形生丘坑地貌。如果我們選擇讓森林自行演變，自然就會產生老齡林。」然而，這種發展中的森林，不會重現成歐洲殖民者到達美洲前，由原住民管理的那種森林。佩德森並不介意，他說：「我們不能再這麼純粹主義了。這對我們不公平，對前人也不公平。」最重要的古老性，並不取決於某個特定生物或單一物種，而在於「生態過程仍持續在運作」。在東部落葉林中，大量的物種——即生態學家所稱的「物種豐富度」——應可為系統在未來遇到的已知或未知干擾提供緩衝。佩德森說：「生命是有適應性的。一想到這個，我就覺得欣慰。這也是為何我如此關心老樹。」

在新墨西哥州的聖塔菲市（Santa Fe），森林生態學家克雷格・艾倫（Craig Allen）對我說了截然不同的話。他承認，溫帶和北方針葉林目前正處於短暫繁盛期，尤其在美國東北部那樣極為潮溼的環境。

由於二氧化碳濃度上升與生長季延長，潮溼的溫帶森林生長得比以往更快。然而生長迅速的林木，在氣候系統到達臨界點時，反而更容易衰退。美好的日子可能會突然結束。對此，艾倫親身經歷過。一九八〇年代，艾倫搬到美國西南部的時候，當地的森林體現了當時很流行的一句話：「別擔心，快樂就好。」（Don't worry, be happy.）但當三十年後艾倫準備退休時，他目睹了森林大規模且非線性的轉變——從森林退化為灌木林，甚至草原。艾倫已成為「樹木的驗屍官」。

新墨西哥州北部呈現出一種次大陸規模的生態模式。在整個落磯山脈西部，二十一世紀初成為一個「劇烈干擾」的時期，森林歷經了大規模重組。相較於美國東北部，西部山區森林的上層樹種貧乏，以針葉樹為主。雖然針葉樹適應了在貧瘠環境存續，但也有其極限。從洛磯山脈北部的雲杉、洛磯山脈中部的白皮松，到洛磯山脈南部的墨西哥矮松，許多森林地景在人類的一個世代之內，從健康的綠色變成病態的黃色，最終成為煤黑一片。美國西部的黃松和花旗松在低海拔地區一度稱霸，但在最近的火災之後，很難或無法再更新世代。

這次針葉樹的危機，可以用歷史和環境的回饋循環來解釋。首先，氣溫升高、二氧化碳濃度上升，使得樹木生長速度加快，生物量增加，代表潛在燃料也變多了。二十世紀初的林火抑制政策，進一步增加了燃料量，導致二十世紀末的林火溫度更高。同時，遠郊的發展也提高了人為火源的機會。最終，更乾燥的乾旱與更長、更炎熱的夏季，讓樹木承受極大壓力，更容易受到本地小蠹蟲和外來真菌的侵襲，而樹木大規模死亡後，又增加了額外的可燃材料。在二十一世紀初，連年乾旱累積成超級乾旱，每一次糟糕的林火季節，都成為「有史以來最糟的一次」。積雪的融化時間更早且更快，土壤中的水分減少，夏季的溼度也降低。從前的林火能讓生態系回春更新，但在這種加速變遷的生態體制下，卻導致超級高溫的煉獄，讓生態系化為焦土。

艾倫認為，美國西南部的情況是全球森林未來的預兆。他的研究顯示，全球對樹木脆弱性的評估一直被低估。相較於大氣環流模式（general circulation models），氣候學家用超級電腦模擬的動態全球植被模式（dynamic global vegetation models）顯得粗糙，且尚未納入樹木枯死的變數。樹木死亡的風險遠不止於半乾燥區，而是遍及全球：「森林系統比你以為的更加脆弱。」[5]

艾倫解釋了其中的原因。樹木的運作，幾乎始終接近在特定地點和時間的水力安全界限上。反常的高溫成為限制生長的因素，緊接著就是導致死亡的因素。當環境超過生物力學閾值時，過熱的樹木歷經「蒸氣壓差」（vapor pressure deficit）的情形，最後導致「水力失效」，使得木質部產生氣泡而栓塞。在突如其來的炎熱乾旱下，生長迅速反而成為一種負擔，因為樹木難以將水分輸送至高聳的樹冠。在水分危機中，某些樹種能關閉葉片上的氣孔以節約水分，但過程中也可能誘發「碳飢餓」，進一步影響生存。短時間的極端乾熱，可能帶來相當於長期乾旱的損害。上百個樹冠可能一下就因空蝕（cavitate）而倒塌。那些僥倖從栓塞情況中存活的樹木，可能無法恢復原本的生理狀態，因此較難在下一次的干擾中存活。

艾倫警告，就連美國東北部的森林也可能難逃枯死的命運。一九六〇年代以來，那個地區還不曾有過大乾旱，但下一次場乾旱會更加炙熱。艾倫意識到，麻州西部就像波蘭東部一樣，具備一定的生態優勢。在豐饒而溼潤的生態系統中，生物多樣性豐富的溫帶落葉林裡，不論在什麼狀況下，一定會有些樹種能在特定條件中繼續欣欣向榮，就算是有入侵的掠食者和病原體也一樣。部分樹種向北遷移，部分則會衰微甚至消失，不過，在幾個世紀內，全球暖化仍無法從根本上改變這一生態系統。

相較之下，新墨西哥州北部的氣候變化速度（climate velocity）[(2)]更快，該環境原本的物種就比較少，環境也較嚴苛。當全球大氣變得更潮溼時，美國西南區域的大氣卻更乾燥了。美國西南部的系統可能在極短時間下，從「中度乾燥」（mesic）變成「極度乾旱」（xeric），從森林轉變成灌木林。這種現象稱為「植群類型轉換」，至於它代表的是新的生態韌性，或是生態韌性的終結，則可能取決於觀者的視角。更高溫的天氣已經在醞釀中，不久的將來，美國西部從加州海岸山脈到科羅拉多州的前嶺（Front Range）地區，看來林木將可能減少，針葉樹也可能更少。在加州，原本定義海岸植物的加州硬葉灌叢（chapparal），有一天可能也會成為內華達山脈山麓的特徵。艾倫告訴我，生態系統的縮減情況其實已有先例可循。在澳洲乾旱的內陸，高度只到腳踝的木本植物才是常態。

整體來說，艾倫和其他專家的預測是，地球的森林覆蓋將變得更年輕、更矮小，總體的樹種變少，碳儲藏降低。亞馬遜叢林已出現森林韌體下降與森林枯死的跡象——這些現象正是典型的生態臨界點。[6]正如艾倫的一位合作者所言：「老樹死去之後，它們會分解，不再吸收二氧化碳，而且並釋出更多二氧化碳到大氣中。這就好像是壞掉的恆溫器。暖化導致樹木流失，樹木流失又造成進一步暖化。」[7]

從演化的觀點來看，每個空出的位置都是機會。長期來說，許多植物，包括新物種，應該能在不利於中海拔針葉樹的大氣化學環境下茁壯生長。藍色星球仍然會是一片青翠。

(2) 編註：指生物為了維持在原本氣候棲位中，而需要移動的速度與方向。

以中期而言，現存的樹種可能會在逐漸退化的棲地苟延殘喘，其個體形態將偏離「典型」的樹木樣貌。當環境變得艱難時，木本植物會把能量用於維持內在穩定，而不是向外生長；它會緩慢衰亡，而不是恣意生長。森林生態學家推測，劇烈而變異大的新興氣候，會淘汰大型、速生而樹冠飽滿的植物，留下生長緩慢，遇到長期逆境和頻繁干擾仍屹立不搖的植物。可塑性——即在生命歷程中，能於原地適應環境變化的能力——是木本植物的重要特徵。改變後的氣候十分不穩定，那些「畸形」或「劣質」的樹木，在從前會被林務員視為「健康欠佳」，但其實卻體現了韌性。未來將是「平庸森林的年代」。[8]

筆直高大的老樹，那些僥倖逃過砍伐命運的個體，如今成為全新世的時代錯置者。這些樹是「失落氣候」的贏家。北美西部大部分的老齡林分已有五百年歷史，它們是小冰河期的遺產。這些樹木早在全球暖化之前，就已存活於時間之外，處於原始氣候適宜區之外，展現出驚人的韌性。或許這些老樹之死不代表著森林的終結，但仍是一種值得哀悼的消逝。

## 刺果松的未來

白山山脈的古老刺果松，千年來都很「平庸」。某種意義上來說，刺果松受到氣候變遷的影響最少，因為其棲地本身就已經極度惡劣。刺果松能耐受貧瘠的碳酸鈣土壤，受得了乾燥，還能抗小蠹蟲。由於樹木間距大，由閃電造成的林火在族群層次並不是嚴重的威脅。著名的舒爾曼樹林族群在整個全新世，即一萬多年的時間裡，都留守原地。而溫帶地區的整片森林，在包括小冰河期的寒冷世紀中不是消失就是轉變。在那之前，這個族群在中世紀氣候異常的期間也存活下來，當時的大盆地比加州迄今為止的任何時候都來得溫暖和乾燥。

即使目睹這些馬士撒拉樹，人們依然會想像地景時間的終結。

二〇一七年，一群植物學家預先發表了一篇經同儕審查的文章，內容探討「大盆地亞高山棲地上不同樹種與生命階段，對氣候暖化的不同反應」。全文的總結為：白山山脈的樹木線逐漸升高了。然而，刺果松至今占據新生長區的成績，遠不如伴生的柔枝松那麼耀眼。科學家把柔枝松形容為「慢動作地超越」刺果松。他們認為，久而久之，刺果松可能面臨「整體分布範圍縮減，甚至可能區域性滅絕」的風險。[9]

這個曾經進展緩慢或沒發展的消息，進入了急速的新聞週期。該研究的第一作者是個有創業頭腦的博士生，與加州大學的媒體室合作，準備了一份新聞資料。他們把論文中的「慢動作地超越」比喻改成「爭奪第一」，並暗示美國林務署應該插手管理競爭，好讓刺果松占上風。當地的一名記者直接轉載了新聞稿，然後美聯社也發布這則新聞，並配上為臉書和推特的演算法改良的標題。沒幾天，這份專業研究搖身變成誘人點擊的文章：「最古老樹種在地球的未來堪慮」。[10]

這個標題就跟許多聳動標題一樣，並不符合事實。生態學家並不擔心大盆地刺果松會在可掌握的未來滅絕。至少目前，刺果松與柔枝松的分布區域既向上也向下拓展；向上是因為溫度升高，向下是因為溫度降低。溫度降低的情形，是坡度上局部冷空氣下沉（cold air drainage）所產生的反直覺效應。

造成柔枝松「超越」的生態機制，仍然是個謎。由於星鴉會搜集並貯藏體積較大、無翅的柔軟種子，牠們的偏好很可能發揮了關鍵作用。相較之下，刺果松的種子較小而有翅，仰賴風力傳播。另一個可能性是，刺果松的根系不像柔枝松的根系，較不適應與真菌形成共生關係。柔枝松「超越」刺果松可能不是新的現象，而是古老動態的一部分，這個動態讓土壤更適合較晚出現、存活時間更長的刺果松生長。也可能，刺果松只是能適應極端環境，而柔枝松則能反應氣候變動，沿著山脈向上或向下遷移。

在所有環境都一樣惡劣的情況下，刺果松的壽命是柔枝松的兩倍。與柔枝松不同，刺果松可以藉著區隔根系，劃分出生長區段、受損區段甚至死亡部分。刺果松具有比較優異的「先天防禦機制」，木材密度高，樹脂溝較多，揮發性有機化合物濃度高。刺果松的「誘導性防禦機制」也比較優異，即使看似沒有多餘能量可用，但它受到攻擊時也會動員能量拿來生產萜烯（terpenes）[3]。此外，刺果松濃密的松針，壽命可以長達一個世紀之久，大約是柔枝松松針的十倍。在貧瘠時期，刺果松就由這些松針提取能量，作為應急資源。

生態學家對大盆地刺果松群落——無論是否有柔枝松共生——如何長時間適應環境變化，會做出有根據的推測，這與預言不同。氣候變遷對刺果松是「好事」還是「壞事」，取決於時間尺度。樹輪學者證實，亞高山刺果松在二十世紀下半葉，生長得比先前三千七百年間的任五十年都來得快。對生長緩慢的植物來說，生長速度變快了，這是好事嗎？

對康妮・米勒（Connie Millar）來說，適當的時間尺度是以數百萬年來計算的。米勒在車站的星巴克咖啡館跟我說：「對我來說，更新世很近期。我覺得那就像是去年的事。」米勒於一九八五年在加州大學柏克萊分校取得了演化遺傳學博士，專長是古氣候和原始松（proto-pine）。[11]

松科的狐尾松亞節（*Balfourianae*，包括大盆地刺果松），名列最老的松屬種群，可以追溯到超過一億年前的中生代中期。原始松在北美洲的中緯度地區演化。新生代早期劇烈暖化的氣候，迫使松樹向北、向南及向上遷移至庇護所。現今內華達州所在的土地，在當時是大盆地高原（Great Basin Altiplano），也稱內華達高原（Nevadaplano），那一片遼闊的高原屬於溫帶氣候。高原上，包括世界爺在內的各種針葉樹在此繁茂生長。

一連串的地殼結構改變，中止了針葉樹的盛世。高原逐漸被扯散，造成平行的地壘和地塹（高起和凹陷）斷塊。數百萬次的地震之間穿插停滯期，造成山巒隆起，山谷陷落，而內華達山脈在西方升起。伴隨著全球降溫，這個地區性雨影區的空氣也變得更乾燥。新生代末期，大盆地逐漸化為寒冷的沙漠，只有少數幾種針葉樹存活下來。刺果松和其伴生植物之所以存續，不是靠著遷移，而是待在已成為積雪之島的山上。

降雪就跟其他一切事物一樣，過多有時不見得是好事。米勒把上新世和更新世的冰河期，描述成大盆地的「抽獎事件」。有些針葉樹族群幸運存活，有些族群則運氣用盡。內華達州的三百一十九座山脈中，現在只有不到十%的地區看得到刺果松。在全新世期間，其他松樹樹種拓展新棲地的表現勝過刺果

(3) 編註：萜烯具有抗蟲、防禦病原菌的作用，還能促進樹脂分泌，以封閉傷口並減少感染。此外，萜烯揮發性高，對森林火災的燃燒強度也有影響。

松。米勒說：「那是單葉松的時代。單葉松非常得意。它不斷向上、向下生長，遍布各處。」

在基因組成為遺傳學的焦點之後，米勒轉換了生涯跑道。她回憶道：「我不想為了經費汲汲營營，在實驗室工作，接觸致癌物質。」她轉而選擇了樹輪學：「樹輪工作便宜多了，非常有趣，而且很好聞。」米勒為美國林務署工作期間，盡力幫助林務署把伐採的觀念轉型為經營做法，把守舊的哲學轉換成前瞻哲學。米勒舉了這個舊思維的範例：「人類搞砸了一切，我們只需要恢復到拓荒前的狀態。」我會設法跟同事說：「可別回去，因為那是小冰河期！」

米勒特別討厭的是「史無前例」一詞。她說，不帶時間尺度的這個詞毫無意義。目前的氣候驅力，雖然人為成因不同於以往，但在規模或速度上一點也不新穎。「這可是地球啊！經歷了四十五億年的時間。」快速改變的發生，並不需要小行星撞擊或超級火山爆發。地殼運動的常規變化——統稱為米蘭科維奇循環（Milankovitch cycles）——就可能讓地球突然失衡。在更新世尾聲，大盆地和當地兩個大湖的氣候，幾乎一夜之間改變。

「每當有人討論氣候變遷，好像它始於一九七五年，我就覺得快瘋了。」米勒繼續說：「但如果當你談論起自然氣候變遷和歷史氣候變異，就會被捲入跟氣候變遷否認者的爭論，這也讓我抓狂。」米勒將人類視為演化的產物，設法超越「人類責難論」來思考。她補充道：「當然，我們不能繼續這樣下去。我百分之一千支持人們要盡一切政治上的努力來減緩氣候變遷。」然而，身為一名在生態學及演化方面擁有專業知識的地質歷史學家，米勒無法明確地斷言所有行星變遷永遠都是「壞事」。物種滅絕也是如此。她提醒我，曾經存在的物種中，超過九十九％都不復存在了。從死亡中才能造就多樣化。米勒正是因為這種極其長遠的觀點——對演化過程陰陽平衡的信念——才能讓她保持沉著。相較於她圈子裡的年輕研究者，她並未陷入悲觀的泥沼。

新冠肺炎爆發前不久，米勒退休了，賣了在灣區的房子，永遠搬到大盆地西部。現在她「美夢成真」，全職在進行野外研究，在荒僻的內華達山區尋找傳說中的刺果松林分。米勒和同事記錄了近期刺果松在超級乾旱和小蠹蟲雙重逆境下的死亡率。（近期）歷史紀錄中，並沒有這類先例。米勒預測接下來的數十年到數個世紀裡，可能發生地區層級的物種滅絕。但她感到欣慰的是，刺果松有獨特的適應能力，可在逆境中生存。即使原生的小蠹蟲出現在白山山脈高處，米勒也未必會因為那種「史無前例」的事而大驚小怪。很難想像小蠹蟲不曾出現在那裡。

有些科學家為了自己的生涯前途，利用社群媒體把數據硬說成大災難的敘事，米勒對此並不贊同。環境科學期刊已經要求作者列出關鍵字，米勒也對那些期刊提出建議。她認為，研究者也應該交出「關鍵訊息」，讓同儕審核，而不是靠著非專業的記者和標題撰寫者講故事。

米勒在內華達州立大學的朋友史考提．史崔岑（Scotty Strachan），對營利的科學出版有更多批評：「它們沒告訴你任何新資訊，卻要把事情說得危言聳聽。」史崔岑從小住在內華達這座銀礦州，靠著自己的努力進入科學界。讀完社區大學，史崔岑立即以實驗助理的身分投入樹輪學，半工半讀取得地理學博士，然後得到國家經費，設立了內華達氣候生態水文評估網（NevCAN）。

這個網路含有一對山谷到山地的狹長樣區，設有監測站。他們所得到的即時資料，預定要幫助拉斯維加斯——美國最乾燥州的最大用水用戶——的規畫者，為未來做準備。史崔岑想出設立太陽能基礎設施的地點和做法，以便持續量測土壤和大氣狀態，以及樹木生長。這需要投入大量的心血。建設階段之後，是故障排除階段；現在，史崔岑進行的是長期維護。在最初的經費用盡之前，史崔岑採購了一大堆零件。每年他至少巡視偏遠樣區一次，用微乎其微的預算來維護網路。[12]

其中北方的狹長樣區延伸到蛇山山脈（Snake Range）的山頂上。某個夏日，我跟著史崔岑驅車前往。我租來的休旅車開在這種兩道車跡的之字形連絡道上，開得很吃力，史崔岑則是游刃有餘駕駛著他的卡車。在華盛頓山的石灰岩峭壁附近，他靠邊停車，向我展示安裝了儀器的刺果松，那些樹上有著線路、包覆材料和探針，看起來不像神木，倒像是網路基礎設施。史崔岑從這些松樹得到樹液流動和樹幹直徑的數據。附近有一台物候相機（phenocam）量測葉子的綠度，還有一台傳統相機捕捉周圍景象，以顯示是否有積雪。

這所有的數據，雖然沒有立即的用處，仍都被存在伺服器中。史崔岑信奉過程導向的「慢科學」，反對引用導向的「快科學」。他有條理且按部就班的研究計畫，一開始未受重視，但當內華達大學的管理階層意識到春季積雪過早融化對區域水文收支的重要影響性之後，這項研究才獲得他們的認可與重視。史崔岑描述了他的資料探勘如何在長期內改善西部樹輪年表——那是建立地區氣候模式的基礎。「樹輪寬度無法帶給來太多水文資訊。樹木到底是對什麼產生反應？控制因素是什麼？溫度？降水？二氧化碳？日照量？土壤剖面含水量或是土壤水分平衡？」史崔岑和同儕證實，大盆地的針葉樹對微地形信號——坡度、方位、遮蔭等——做出反應，揭露了較舊的代理資料網路中的統計偏差。他說，建構模式的科學家未必想聽這些話，他們會說，「給我數字就好」。

史崔岑預測，最終的研究成果可能要等五十年到八十年後，遠在他退休之後，到時候，數千年的樹輪年表將被最大程度地平滑化。他說：「我們一直回頭看舊的樹輪紀錄，因為現在建立樹輪紀錄的獎勵機制微乎其微。」史崔岑在「排行低」的研究大學擔任教師，對於樹輪研究實驗室初成立那數十年間的情況有著獨到的見解。他認為，在學術界尚未企業化之前，圖森樹輪研究實驗室在純粹的科學層面上受益於其邊緣化和獨立性。史崔岑指出，許多從事樹輪年表建構的學者，往往有「社交功能障礙」或「強迫症」，他們選擇在偏遠的樹木上進行慢科學研究，並在相對默默無聞的情況下發表「影響力低」的文章。在現今這種不發表就淘汰的體系中，那樣的研究者不會得到晉升。

史崔岑告訴我說：「要理解快科學帶來的問題，就要先了解行為經濟學。科學家是經濟主體，理性地在一個既成的獎勵機制下行動。」在英美的大學體系——如今亞洲也在效仿——科學「產出」成了科學「成功」的必要條件。如此一來就造成一個結果：有大量鬆散粗糙的科學或劣質的科學，其研究的結果無法重現。說來矛盾，撰寫計畫和補助金報告所需的繁瑣文書工作，侵蝕了科學家做研究的時間。史崔岑引用史都華．布蘭德（Stewart Brand）的話，將當代科學的「速度層次」（pace layer）與時尚潮流相提並論。他相信這個體系獎勵短視的思維。

布蘭德在加州技術崇拜的反主流文化中，是個傳奇人物，先後創立了《全球概覽》（*Whole Earth Catalog*）雜誌和恆今基金會（Long Now Foundation）。恆今基金會以舊金山的梅森堡（Fort Mason）為根據地，成為思考時間長度的「孵化器」（incubator，又譯育成中心）；這引人聯想的名字來自電子音樂作曲家布萊恩．伊諾（Brian Eno）。孵化器的招牌計畫「萬年鐘」，已費時幾十年打造，不曾公布完成日期。這座紀念碑式的計時器由鐘擺和齒輪組成，被設計成將在原地持續運作一萬年。為了回應現代文明「病態的短暫注意力」，布蘭德提出了一種緩慢版本的時間計算方式，以對抗西方現代性與資本主義時間體系的急促節奏。

他在長遠思維宣言中寫道：「那樣的時鐘，如果足夠令人印象深刻且製作精良，就能為人們體現深層時間。它將成為一個有吸引力的參觀對象，一個值得思考的概念，而且因其響亮名聲，能在公共討論中具有標誌性。理想狀況下，它對時間思考的影響，就像從太空拍攝的地球照片對環境思考的啟發一樣。那樣的標誌性事物，能重塑人們的思維方式。」[13]

樹木也能做到這一點——以非機械、純有機的方式呈現這種影響，而且它們無償提供這項服務。

布蘭德喜歡把這座時鐘放在活生生的時間記錄者旁邊的想法。幾乎沒有刺果松林地是由私人所擁有，而恆今基金會買下了最好的一片：內華達州的華盛頓山。這片大盆地國家公園內的私人土地，曾經是內華達州內海拔最高的礦區。標高一萬二千英尺（約三千七百公尺）的華盛頓山，在銀礦耗竭之後，因為蘊藏「鈹」這種戰略物質而價值不菲。恆今基金會最初詢問土地所有人時，這位「脾氣非常差的獨立礦業經營者」堅持索取相當於百萬富翁等級的金額。後來，地主經歷了一次健康危機，決定降價，並主動聯絡了基金會的地產經紀人，並給那群舊金山人三天的時間籌集資金。恆今基金會隨即聯絡矽谷創辦人等主要贊助者，成功募資並完成收購。那年是一九九九年。一群千禧危機預備者在鄰近的山谷紮營，全副武裝，準備迎接科技末日。[14]

進入新千禧年幾年之後，布蘭德邀請了一些朋友，包括亞馬遜公司創辦人傑夫・貝佐斯（Jeff

Bezos）視察了華盛頓山，以做為萬年鐘的選址。基金會最後選了位在德州西部的另一座山，就在貝佐斯為其太空基地購買的廣大牧場中。那片土地的天氣條件較好，地震活動較少，交通更加便利，而且，在德州完全不需要許可證。在這位身家數十億的「一天送達」（one-day delivery）推手的資金支援下，萬年鐘逐漸實現。製鐘人把他們的工作比做建造金字塔。貝佐斯把這個巨型精密計時器視作其商業哲學的終極體現。在每年提交給亞馬遜股東的年度信函中，他都宣稱：「一切都著眼於長期」。然而，在沒有明顯矛盾的情況下，這位創辦人又提出了另一個口號：「始終是第一天。」

恆今基金會對華盛頓山的目標，沒有建造金字塔那麼宏偉，他們計畫打造一座藝術裝置，以呼應內華達氣候生態水文評估網偵測站。基金會授權一名概念藝術家，在刺果松區建造動態曆。這名藝術家計畫圍繞五棵松樹，排列十根石灰岩柱的雙螺旋。石柱會標示五百年、一千年甚至更久遠的預期樹圍，這個數字是從近期的「平均徑向生長」推算而得的。每根石柱都被刻上某個未來年分的數字。理論上，一棵樹到達生長邊界時，會推倒相應的石柱，從而標記了大約的年分。然而，藝術家預料氣候變遷會影響刺果松的生長，所以樹木鐘將無法和格里曆同步。而這項裝置會成為時間不穩定性和推測受局限的紀念碑。[15]

思想實驗需要時間，而當談及氣候問題時，有些人擁有的時間比較充裕，有些人則否。相較於居住在亞洲和非洲低窪巨型都市的數億貧困人口，美國西岸的科技未來主義者——通常是白人男性——能對地質現狀保持沉著，並對地質工程下的「美好人類世」懷抱希望。歷史上，全球南方燃燒的石化燃料比較少，但依據風險評估，卻會遭遇最糟的氣溫升高、海平面上升、暴風加劇的嚴重影響。在最糟的氣候情境，即全球環境崩壞之下，科技菁英可能會逃到島嶼高山、私人小島和後備國家，以掙取更多的時間。但就算是貝佐斯，也到不了B計畫星球。

## 在發現之後失去

有鑑於氣候惡化所帶來的種種人類苦難，關注老樹的未來好像有些不人道。確實，沒有人應該為了喬木植物的普遍死亡而過度擔憂。這種植物生長形式曾經獨立演化了不只一次，並經歷了嚴寒與無冰時期。如果木質植物能挨過白堊紀末的滅絕事件，也就能在人類給地球帶來的任何衝擊中存活下來。儘管如此，生物多樣性流失的速度，以及時間多樣性降低的速度，仍然令人憂心。雖然當前地球的「樹木覆蓋率」——大約覆蓋陸地三十%面積的三兆棵大型植物——最近有所擴張，但新的樹冠大多是防風林、溫帶地區的木材樹種，以及供應桉樹紙漿木材與棕櫚油的熱帶人工林，它們都是年輕的樹木。由樹種豐富的老齡林群落所組成的樹木覆蓋率，比例卻持續在下降。

如果這些倖存者都提早死去，人類和其他生物將失去什麼？——幾乎是所有。幫助長壽植物活完它們剩餘的歲月，理由有千萬種。

古老樹枝支撐著森林群落，它們會產生大量的種子和維持生命的枯枝落葉，也是附生植物和棲息動物的家。在生態學家瑪格麗特．羅曼（Margaret Lowman）的說法中，樹冠裡存在著「第八大陸」，而地表下的生態系可說是「第九大陸」。樹木靠著菌根——真菌和植物在根部層面的共生關係——分享多餘的養分，真菌絲與樹根形成雙向的連結組織。對於這些菌根網路（樹聯網〔Wood Wide Web〕）的初步研究，證明了高大老樹格外重要。從網路的角度來看，這些樹是「中央節點」或「樞鈕」，連接了數百棵其他的樹。巨型植物樞鈕會重新分配氮和碳，首先是同類植物，再給非同類植物，甚至競爭植物。在幼苗脆弱的生長階段，一棵高大老樹的合作援助，可能造成死亡與漫長生命之別。這個領域首屈一指的生態學家蘇珊．希瑪爾（Suzanne Simard）把連結眾多的贈與者稱為「母樹」。皆伐老齡林這種形式的生態滅絕，在英國、哥倫比亞和熱帶地區仍在繼續，不只破壞現存的樹，也破壞那些樹木之間的地下連結。

每棵千年古樹本身都是珍貴的基因庫。依據模擬模式，老齡林有四分之一樹木的樹齡是中位數的三到四倍，而一％樹木的樹齡是中位數的十到二十倍。[16]這個族群中的一％格外重要，因為時間多樣性有助於生物多樣性。每棵老樹都代表一個過去的特定時刻，那是從其生根即開始存在的有利條件之模型，可能在數百年間都不會再出現。古老成員是過去的狀況與可能的未來之間的橋梁，為族群貢獻了基因韌性。此外，任何經歷過那麼長地景時間的樹木，都在數百個年度週期內，經歷了數百次隨機干擾，表示其基因組適應了承受一定範圍內的狀況。

長生植物既是基因組資源，對科學而言也無法取代。千年植物通常源於古老的針葉樹類群，它們的基因碼是數億年演化的產物，而科學家才剛剛開始分析其中的資訊。隨著基因定序的技術進步，人們可能找到刺果松和其他古老植物物種DNA的生化新應用。

一小部分長壽植物——具有氣候敏感樹輪的針葉樹——有著獨特的科學用途。那些植物完整的樹木年代紀錄，是重建過去氣候和模擬未來氣候的獨特活資料源。敏感的針葉樹記錄著本地性、區域性、行星與宇宙成因層面的週期與干擾。這類植物的重要性，堪比夏威夷毛納羅亞火山觀測站。

古老樹木的族群，尤其是巨型植物的極盛相森林，為人類提供碳匯的行星級服務。高大的老樹生長得愈慢，「負排放」的潛力愈高；活得愈久，把溫室氣體鎖在木質組織中的時間也愈長。極度高齡的樹木已經到達碳飽合點，所以嚴格說來，並無法對過量的二氧化碳產生明顯減緩作用。不過，這些樹身為多樹種、多齡級群落的一部分，在生態系層面會繼續延遲碳的重新釋放。相較之下，大規模的植樹計畫——通常是純林及單一齡級——其壽命和碳儲存的表現都比較差。由於荒地造林時常失敗，而森林復育又需要時間，所以在可以接受地方火燒風險的前提下，「促林」(proforestation)——管理最大程度碳封存的完整森林——就有全球性的意義。[17]

最後，古老植物透過鼓勵人們做回自己，讓人們更有人性。「智人」，即「智慧之人」——述說著宇宙故事，並思索過去與未來的地球生物。聖化植物的故事躋身在現存最老的故事之間，這些敘事造就了事實。在世界各地的聖地、寺廟和教堂墓地，地方信徒會照顧幾個世紀前種下的傳奇樹木——也可能是剛種下，為漫長不間斷的一系列聖化種植中的最新一任。同時，現代國家的代理人守護著世俗的神聖樹林，建立自然紀念物和國家公園，致力保護自然生長的巨型植物與古老植物。透過維持或開始與長壽植物的長期關係，照顧者得以維持、恢復或重新創造和現代化之前的過去的連結。僅僅是懷抱希望，想讓這種跨物種關係在巨大衰退中延續，人們便已在實現跨世代的智慧。這份希望是對「末日」的抗拒，也是對於未來的肯定——明天必定存在。

話雖如此，愈來愈多老樹將會死去。

即使我們不會親眼目睹，也會在螢幕上看到。人們靠著遠距攝影鏡頭、水下攝影機和無人機捕捉到的震撼影像來視覺化氣候危機。絕望的難民因為洪災、劇烈乾旱或致命熱浪而流離失所；憔悴的北極熊因海冰消失而受困；珊瑚礁白化，少了色彩繽紛的魚群；巨大的世界爺樹冠焦黑；而海岸線步步逼近佇立的枯立木。

科學新聞記者把這些低海拔地區樹木死亡現象，稱為由枯立木組成的「幽靈森林」（ghost forests）——這是鹽水入侵的後果。長遠來看，森林幽靈化將會衝擊印度和孟加拉的巽達班（Sundarbans）地區，那是地球上最大的紅樹林。由於稠密的人口占據了更高處的土地，紅樹林和其中的老虎卻無法像過往海平面上升時期那樣，有更高處可以撤退。在美國大西洋沿岸，黑水森林和沿海林地不是紅樹林，因此比較無法耐受愈來愈高的鹽分。北卡羅來納州黑河（Black River）沿岸擁有三千年歷史的落羽松族群，目前僅高於海平面兩公尺。在紐澤西州，森林幽靈化已經危及古老針葉樹了。

知名紀念物建築師林瓔（Maya Lin）為了讓人們關注低地樹木的死亡，在曼哈頓麥迪遜廣場公園立起美國尖葉扁柏（Atlantic white cedars，俗稱大西洋雪松）光禿禿的樹幹，當時紐約市適逢新冠肺炎後部分重新解封。藝術家表示：「這確實成為作品的一部分。有一種哀悼的感覺。」[18]她的暫時紀念裝置〈幽靈森林〉（Ghost Forest）包含了瀕危和絕種鳥類鳴聲配樂。令人不安的是，參觀者必須把鳥鳴下載到他們的手機裡。

巨型植物和古老植物的大規模死去，或可比作更新世晚期的滅絕，以及我們哺乳類動物想像中揮之不去的巨型動物失落世界。我們不禁納悶：我們的遠古祖先和長毛象與其他巨獸一同生活，是什麼感覺。我們不那麼遙遠的後代可能會疑惑：參觀猛瑪樹和千年樹是什麼感覺？有些曾經存在的最偉大植物，是全新世的有機地標，將會淪落到圖書館、電子資料庫和其他記憶科技中。現代人幾乎還沒來得及珍惜世界爺之類的古老植物，就已經開始與它們告別。

巨大與古老植物的局部或全面性消失，是另一種「體驗的滅絕」——就像因光害而永遠無法再暗下來的夜空，這與物種滅絕有所不同。只要基因組還在，未來人類就可能再度與數千歲的巨型植物廣泛共存。但接下來幾個世紀的人類可能會被剝奪這種體驗，在這段過渡期，維管束植物將適應新的變異體系。即使全球經濟終於達成全球淨零排放，地球也不會立刻開始冷卻。在即將到來的超載時期，古老植物仍將一一消逝。

隨著這些活生生的紀念物的殞落，可能需要像林瓔這樣的藝術家與設計師，以作品替我們保留下集體記憶。如果以近代歷史為借鑑，關於緩慢生長植物的文字紀念往往十分短暫。在漫長的十九世紀中，歐洲人和他們的殖民者，以及日本政府，為高大老樹編目，目的既是伐採，也是為了保護。這種矛盾的作為，意外地促使大眾對特殊樣本的生與死產生了前所未有的關注。然而，這些曾經出名的生物，如今已鮮少人記得。世上恐怕沒有比樹木更美麗，又更容易遭到遺忘的事物了。

在美國東部，包括北美洲一些最高大樹種在內的多個樹種，因為外來入侵害蟲和病原體而衰微或幾乎消失。當這些事情發生時，人們悲嘆著美國板栗、美國榆、白胡桃和北美水青岡的枯萎。但是如今東部居民大多不清楚他們失去了什麼。與此同時，愛樹人士則感受到加拿大鐵杉、卡羅萊納鐵杉、美國白蠟樹和賓州白蠟樹持續的消失——但未來的美國人大概會再次對這些損失毫無察覺。

「植物盲」這個概念可以追溯到一九九〇年代，當時研究者注意到美國學生——尤其是男性——對植物學興致缺缺。兩位生物學教授創造了一個口號：「預防植物盲」。[19]他們忽略了性別的影響，提出了演化上的論點：對植物的偏見，與其說是生物學上的沙文主義，不如說是人類的適應。我們的視覺系統演化以偵測活動、模式和細微的臉部線索。我們記得面孔。與靜止的植物相比，大眼睛、會活動的動物，在人腦中占據了更多注意力資源——更快的處理速度，更好的回憶。

有鑑於樹木是最顯眼的植物，我對於自己記憶樹木的能力有限感到痛苦。我住在布魯克林時，一場龍捲風掠過我住的公寓。我站在窗邊，被那詭異的綠光給震攝住了，無法理解發生了什麼事。半條街外，龍捲風扯斷了兩棵大樹，我每天散步時都會經過那兩棵樹，並漸漸愛上了它們。那天稍晚，我摸著殘破的樹幹，感到非常難過。幾個星期後，我看著鏈鋸鋸斷的樹樁，意識到我無法回想它們的葉片或樹冠結構，也辨識不出它們的樹種。

我遇過一位可以完美記憶樹種的人。她叫薇樂莉·柯恩（Valerie Cohen）。在擔任優勝美地國家公園首位女性執法人員後，她展開了第二段職涯，成為一名水彩畫家及鋼筆畫藝術家。她會去白山山脈的原始山徑健行，尋找能與她對話的刺果松。柯恩告訴我：「永遠不會有人找到我那些該死的樹。」她拒絕拍攝照片。她會凝視並素描好幾個小時，直到那些樹在她腦中留下無法磨滅的記憶。

柯恩所著《樹木線》（*Tree Lines*）的封面，正是一棵雙幹松樹，彷彿懸臂雕像。柯恩在書籍出版的隔年回去那裡，發現樹已倒塌，力學張力釋放了。「這感覺像是炸彈爆炸，像是戰火摧殘的城市廢墟。」柯恩感到愕然、敬畏及驚嚇。「這種機率有多高？一個沒沒無名的人，小小的藝術家，竟然能夠看到這棵樹，這個生長了四千年的完美平衡之物，為它畫下素描，然後兩年後，樹就消失了！」[20]

我問她，那是什麼感覺。她說，感覺很悲傷。

哀悼從根本上來說是一種關懷的行動。當損失能激發著眼未來的行動時，組織與哀悼可能相輔相成。如果那些全新世的長生植物能長存在記憶中，都要歸功於畫家、攝影師、錄影師和裝置藝術家，還有說故事的人。那些即將過早離世的生命，如果能納入敘事中，也會更令人難忘。不過，傳統上關於樹木褻瀆者的故事——一個玷汙在地神聖樹木的個體——並無法捕捉到工業排放間接導致全球及區域性高大老樹枯死的動態。誰是導致樹木縮短壽命的加害者？沒有人？還是所有人？一%的人？還是石化燃料公司？柴契爾和雷根所屬的政黨？還是全球北方？

一種傳統的觀點把西方人突顯為英雄和反派。關於現代時期自然的主流西方敘事，確實可以一言以蔽之：發現與失去。那些探險者和科學家、帝國主義的白人男性，「發現」了新物種、未知的民族、無法通行的河流、未登的山巔和新任的最古老之物。他們航行、他們爬上山峰、他們勘測、他們量測、他們命名、他們鑽取樹芯，他們聲稱所有權。他們建構出知識，允許皆伐森林、炸山建路、築壩攔河、開採礦物。他們以進步為榮，情感中摻雜著懊悔。他們對於自己幫忙鏟除的古老地景、古老語言、古老風俗和古老樹木，有種「帝國鄉愁」。[21] 於是他們用一部分的發展倫理和累積資本的一部分，拯救人口稀少的伊甸園碎片，讓受損的土地恢復到他們想像中拓荒前的狀態。

在復育生態學中，有一種教科書概念「基線轉移症候群」，它試圖捕捉集體記憶和不斷變化的生態系之間的關係。這種概念源於漁業科學，因為最早可取得的族群數據——潛在復育的歷史「基線」或「參考點」——完全沒有實證。世世代代的商業漁民說的都是相同的故事：從前漁船總是滿載而歸。「事情原本該怎樣」的參考點是相對的；每一代人都有怎樣才算豐饒的基準線。在達到崩壞的閾值之前，漁業的衰退速度以人類壽命的尺度來看，還算緩慢。由於「世代健忘症」，持續的消耗成了常態，如此一步步，一而再、再而三地發生。

復育生態學難以克服的問題是，時間是單向流動的，沒有人能阻止環境改變——永遠無法，尤其是現在還有外來種引入，以及應該正名為「全球增溫」的全球暖化情況，就更加不可能了。歷史上的反常已經成為新的常態。沒有任何通往「極盛相」、「穩態」、「停滯」或「平衡」的軌跡——這些都是古典生態學中遭遺棄的關鍵詞。如果干擾之間有充足的時間，生態系頂多會達到「動態恆定」。

生態學家區分了干擾和災難。干擾是頻繁且普遍的，災難則是罕見的。實際上，每個運作中的生態系都處於恢復模式。至於生態系恢復的能力，即其韌性，則取決於外源干擾的規模，以及內源的因素，例如物種豐富度和任何基因組都包含的可適應性狀。接下來的幾十年中，人們將愈來愈熟悉這一連串的過程。首先，木本植物和所屬的森林生態系在逆境中存活下來。在超過「存續」的閾值後，族群雖有死亡，卻仍可以恢復。一旦超過「恢復」的閾值後，群落的組成和形態會發生重組。最後，如果超過「重組」的閾值，就會發生類型轉換。災難事件基本上會把這種序列快轉到最後階段。比方說，一次超級火山爆發，會使得適應機制全面崩潰。當事件的強度超過演化所能承受的程度時，物種和群落無法預先預備適應力。因此，來到的不是下一個過渡階段，而是來到終點，一次重設。

除了道德意義上的災難外，當基因組所失去的規模，驅動了生態系重設，滅絕就在生態意義上也成為災難。目前為止，全球暖化對森林生態系統來說還只是一種干擾——甚至是巨大干擾——還不到災難。用抽象的演化說法，氣候所導致的樹木枯死只是強烈的天擇。理想上，死亡為多樣性和遷移釋出棲位。不過，當前的地球上，由於土地利用和資源開採，導致生物多樣性繼續大幅降低。被壞破的棲地破壞與受阻的廊道，已是每天會遇到的災難。

在全球暖化的「最理想」狀況下——即比工業化時代之前提高攝氏一．五度——大多數受保護的森林應該能轉變成新的物種與形態組成。不過，溫度的線性增加，會導致非線性的轉變。氣溫升高攝氏一．五度和兩度之間的差異，極端而猛烈。而升高三度時，似乎愈來愈可能發生無法承受的狀況，此時，北方與熱帶森林可能毀滅。這種情況可以用一句格言來表達：如果我們希望地面上有老針葉樹，就應該以「去增長」(degrowth)[4]的概念，讓更老的石炭紀樹木繼續留在土裡。

繼續支持巨型植物和古老植物的生命，需要全球政治行動和各種地方干預，包括了控管燒除、機械處理、協助遷移、建立基因庫，甚至遺傳工程。若不加強管理，在迅速暖化的星球上，天然林將經歷突然的枯死和緩慢的恢復，而不是逐漸過渡。鑑於森林面臨種種危機，而且經費有限，愛樹人必須面臨有關資源分配的討厭決擇。暫時忽略我們對象徵性巨型植物的感情，拯救任何樣本或林分，都不如維持生物多樣性與時間多樣性持續存在的條件重要。

一種持久的文化包含一個輕重緩急的分級系統：阻止或減緩改變，加以改良或接受。「完全接受所有改變」是危險且無情的，因為我們其實是具有地方依戀的情感動物。如果不同世代之間的基線狀態不連續，就會導致世代間疏離。不連續性演變成「去世界化」。「在鄉鄉愁」（Solastalgia，又譯鄉痛）這個詞，試圖描述這種情感狀態，也就是當改變發生得太快，依附無法穩定時，在家鄉感到孤寂，或在自己的地方感到思鄉。[22] 青年氣候運動某個程度是對於「長期時間不穩定」的應對，這種狀況和樹木的地景時間恰恰相反。許多年輕人覺得他們擁有一切，也一無所有，因為他們對未來感到失望。當環境基線在他們眼前迅速變動，他們甚至無法醞釀感傷。

氣候變遷擴大了守舊者和嗜新者之間的鴻溝。全新世的悲觀主義者擔心著，科技、文化、生態上的種種創新結合起來，可能會對智人造成演化危機，而在這個終極點（omega point）之後，新狀態的逆境會削弱智人本身。人類世的樂觀主義者則期待藉由基因強化和科技增強，實現定向演化——即變成神人（*Homo deus*）——而延長壽命。無論是「無人性」的未來和「超人類」的願景，都假設了虛擬世界不可或缺。在元宇宙中，很難想像人們會在乎或記得在乎古老樹木和時間多樣性。以科幻小說的術語來說，這個「第一天帝國」會實現一個單一時間的世界，一切都是新的，什麼都無法長久；這是永恆青春卻欠缺智慧的時代，每年的曆法都恢復為第元年。

我希望那個故事不會成真，因為它是世界末日的另一個變體。停留點好過任何終點。我試圖對石化燃料資本主義之外的生命花園保持信念，即使我不知道那個花園會是什麼模樣。一場重大轉型遲早會發

(4) 編註：一九七〇年代由一群法國思想家所創造的詞，指減緩經濟成長，以求永續發展。

生——它可能演變成災難，因為快速變化的星球，毀滅了帶來改變的人類；它也可能是有意識的結果，因為有足夠多的人類同心協力，重振了「新生者老去後，再支持新生者」的循環。在古老之中，也蘊含了世界重返年輕的過程。

我沒想到會在這裡發現史都華・布蘭德的思考所講究的價值。與《原子科學家公報》（*Bulletin of Atomic Scientists*）用末日鐘永不休止地倒數到零時的最後一刻不同，恆今基金會在格里曆的每個日期前都放了一個零。於是，「二〇二〇年」變成「〇二〇二〇年」。我會進一步地，並向後延伸這個做法，伴隨著「恆今」（long now），也配合「長昔」（long then）。為了考慮到西元之前的所有非西方時間，我會另外加上兩個零，於是千禧年「二〇〇〇年」會變成「〇二〇〇〇〇〇年」。最末兩位數讓人更準確理解早期人族物種的潛在持續時間，而這仍不過是裸子植物演化壽命的一瞬。

早在我們所知的最遠古時期，莊嚴的老樹就已經存在。它們幫助人理解並彌補自己破壞世界的能力。人類如果沒有這些古老植物提供的道德基礎，能不能安然度日？可能可以吧。畢竟人類具備適應力。

但我們真的想驗證這件事嗎？

## 貝殼杉的過去

我搜集了不少人們對古老樹木情感的故事，其中我最有共鳴的來自奧特亞羅瓦（紐西蘭）。

法蘭西斯・雷・保羅・哈蒙（Francis Rei Paul Hamon）生於一九一九年，在北島的貧窮灣（Poverty Bay）附近長大，那個地名正符合他的出身。哈蒙有四分之一的玻里尼西亞血統，包括了普勞部落（Ngāti Porou）和馬哈奇的艾坦吉（Te-Aitangi-a-Māhaki）部族，而他的童年正是毛利人把殖民主義內化的時期。雖然童年時身邊人說的都是毛利語，但哈蒙的毛利語卻不流利。哈蒙的毛利祖母代替母職照顧他，據說她一百一十八歲過世時還擁有滿口完整的牙齒。他的毛利祖父皈依了遠在猶他州的「耶穌基督後期聖徒教會」。該教會的教士在一八八九年出版了第一本毛利語的《摩門經》。哈蒙的父親希克森・哈蒙（Hixon Hamon）在他八歲時，讓他受洗為摩門教徒。哈蒙一家在大蕭條時代吃盡苦頭，尤其是他們那一座小酪農場淹水之後。哈蒙是十四個孩子之中的老大，十歲多就離家去工作了。他來到尤瑞瓦拉森林（Te Urewera），跟毛利人和帕克哈人的伐木工人學習了木材貿易。

哈蒙後來回憶到，他和伐木同伴看到三隻鐮嘴垂耳鴉（huia），這種標誌性的奧特亞羅瓦鳥類，因為羽毛獵人的捕殺而瀕臨滅絕。那是一場難忘且一生難得的相遇。今日已經見不到鐮嘴垂耳鴉，只是還聽得見模仿的鳴叫聲。在鐮嘴垂耳鴉絕種之後，一位毛利捕鳥人陪同一位帕克哈歷史學家，前往威靈頓的一間錄音室，錄製了一段模仿鐮嘴垂耳鴉的鳥鳴聲，現在已經可以在網路上聽到。唯有聆聽逝者的歌聲，才能親近這個故去物種的風采。

哈蒙和弟弟最後到了紐西蘭科羅曼德（Coromandel）半島的泰晤士（Thames）當伐木工。他們在崎嶇偏遠、先前的伐木工無法到達的地點，砍伐古老貝殼杉殘存林分。一九五五年的一段家族影片裡，滿臉微笑的哈蒙家人用一輛推土機，從塔普（Tapu）上方山丘移除了二十五噸的「巨獸」。Tapu這個地名的字面意思是「神聖的」。這棵巨樹被拖到水邊後，像中了魚叉的鯨魚一般載浮載沉。家庭電影的旁白說道：「於是我們和這棵森林之王道別。」[23]

哈蒙為了養活龐大的家庭，一直很辛苦。他和第二任妻子撫養了三十個以上的後代，包括親生的、收養的和寄養的孩子。他熱愛為人父母，但是對於賺錢養家感到內疚。當一棵貝殼杉發出呻吟、劈啪作響的時候，伐木工會喊道：「她開口了！」一九五〇年代晚期的某個時候，那個聲音聽在哈蒙的耳中開始像是抗議聲。當一棵貝殼杉發出最後的聲響時，他會不顧一切地衝向前，在大樹倒下之前擁抱它。最終，在一九六一年，哈蒙殺死了他的最後一棵「君王樹」。之後他回憶道：「那棵樹可能在那裡站了上千年。後來，我回到它原本佇立的地方，那裡有鳥在附近鳴叫，有卡卡鸚鵡（kaka）和紐西蘭鴿（kereru），那些鳥世世代代都在那棵樹築巢。那就是終點。我遞了辭呈，發誓再也不要砍倒健康的樹了。」

後來，哈蒙經歷了改變人生的第二個恩典。他仍然需要錢，於是為公路部工作，在崎嶇的木材之鄉以炸藥炸出路徑，卻因為一次意外從懸崖跌落。哈蒙在四十六歲時幾乎破產，靠著麵包和牛奶過活，脊椎裡還釘著螺絲，感到被黑暗吞沒。哈蒙的妻子瑪亞·哈蒙（Maia Hamon）——屬於普勞部落——帶著他跪下祈禱，她請求天父的協助。哈蒙唸完「阿門」之後，睜開眼睛時，發現六歲的女兒忘了把素描簿帶去學校。他感覺受到啟發，拿起了筆。他有生以來第一次畫了一棵樹的素描。之後又畫了幾百張。

幾個月後，哈蒙就將原子筆改換為繪圖筆，從線條變成點畫。哈蒙靠著直覺和練習，成為點描派的大師。他常說，點蘊含著純粹。每幅圖都要花上幾個月的時間，需要數百個小時、數百萬個點。在子女上床睡覺之後，哈蒙會刮鬍子，穿上乾淨的襯衫，繫上波洛領帶（Bolo tie）[(5)]，然後徹夜工作，開始沾墨水、點描、吸墨。哈蒙從角落開始，朝中央畫去。在畫上墨汁之前，他從不用鉛筆畫草圖或描邊。他是按照腦中的影像而畫。哈蒙的座右銘是「如神所造，如實觀看萬物」。靜謐的夜裡，一層面紗被掀起。

幾年之內，哈蒙的畫作就在奧克蘭畫廊裡以數萬美元賣出。紐西蘭報紙大肆宣揚「發現」了他純粹、真實、誠摯、樸素的天賦。哈蒙是「叢林奇蹟」，這個「堅韌、黝黑、結實」的伐木工人，一生不曾上過半堂課，只從「自然大學」畢業。伊莉莎白二世巡訪紐西蘭的時候，政府獻上一幅哈蒙的原畫和他的精裝作品集。女王的回禮是授予他大不列顛帝國勳章（Commander of the Most Excellent Order）。

哈蒙發揮了身為「紐西蘭叢林的世界知名藝術家」的地位影響力，成為社運人士，呼籲政府停止在科羅曼德半島的王室土地上砍伐貝殼杉。哈蒙警告，貝殼杉可能因貪婪而滅絕。哈蒙承認自己曾涉入其中：「我曾經幫忙摧毀林野。直到有一天，砍倒一棵貝殼杉之後，我放下斧頭說，『不砍了』。」他的行動直接促成官方設立了馬奈阿貝殼杉保護區（Manaia Kauri Sanctuary），儘管在那之前，已有二十棵龐然大樹死於鏈鋸之下。為了記念損失的樹木，並重現它們的生命，哈蒙畫了一張巨幅的鋼筆墨水畫。背景裡，半點描的輪廓顯示出貝殼杉之靈。哈蒙寫道：「幽靈樹代表的是我們的失落傳承。」後來，哈蒙創作了一幅作品，為紐西蘭現存或死去的出色貝殼杉樣本的複合肖像，名為*Ngā Ariki*，意思是世襲的最高酋長，也是後期聖徒教會用來稱呼神職人員資深幹事的術語。哈蒙本人也曾擔任大祭司。

在哈蒙漫長人生的最後二十五年間，罹患了關節炎，幾乎沒有完成的作品。但他用疼痛的手完成了

---

(5) 編註：波洛領帶起源於美國西部，是一種由繩索或編織皮革組成，兩端有金屬尖端的領帶，中間會以裝飾扣固定。裝飾扣樣式多樣，常以別針、硬幣或寶石製成。

兩幅特別的作品。他在瑪亞生前的最後幾個月，為她點描了一幅愛的畫作。他還完成了一幅大型作品，打算掛在猶他州聖殿廣場（Temple Square）的鹽湖城聖殿裡，那裡是摩門教的至聖所。創作這件作品時，哈蒙受到引導而首度畫了人物。雖然哈蒙輕鬆就能描繪貝殼杉、銀葉蕨，以及滅絕的鐮嘴垂耳鴉，但人臉卻似乎無法觸及。於是，他和瑪亞在一個星期天一起齋戒，為此做準備。然後，他點描了摩羅乃（Moroni）天使引導約瑟夫・史密斯（Joseph Smith）找到《摩門經》古代文本的場景。哈蒙為了表現最後福音時期（last dispensation）的先知的美國背景，而在背景加上了雄偉的美國樹木——世界爺，前景則綴滿紐西蘭的蕨類和花朵。一九九三年，哈蒙把畫贈送給在紐西蘭進行教會巡禮訪問的使徒時，他說：「這幅畫是我和我妻子的見證。」那幅畫被送到鹽湖城之後，就進了倉庫，至今仍然未被展示。[24]

我把這幅寓言式的藝術品銘記於心，它令人驚訝地融合了我離開家鄉之後所關注的各種主題：全球化、現代化、所謂的古代性和神聖樹木。在猶他州摩門教文化的背景下，那時的文化氛圍過度傾向資本主義，並且不重視環境的保護。而哈蒙的融合生活提供了一個提醒：過去蘊含著各種未來的根源。成果取決於人們選擇照料什麼。我想到後期聖徒教會杜撰的發源地——一座家族農場的後院，大約一八二〇年左右，年輕的約瑟夫・史密斯在木材堆和糖槭之間跪著祈禱，並接受來自天界的造訪。一個世紀後，摩門教領袖把那片次生林封為「神聖樹林」。「第一次異象」兩百週年的時候，教會稱之為「紐約州西部僅存的幾片原始林之一」。[25]在這些歷史的衍生物之中，我看到值得照料的東西。

在我位於費城學院禮堂角落的辦公室裡，除了我祖母的神殿廣場紀念盤，我最近還掛了一幅哈蒙的幽靈紀念畫作〈失落傳承〉（*Lost Heritage*）的裱框複製品。這幅複製畫是哈蒙的音樂家孫女送給我的禮物。她名叫輝亞（Huia，即鐮嘴垂耳鴉的毛利語拼音）。雖然輝亞不是後期聖徒教會信徒，但她履行著毛利人與摩門教徒都重視的使命：家族歷史。輝亞讓我觀看哈蒙的原始畫廊展覽的檔案。販售清單包括哈蒙的第一件作品，也就是在他妻子的祈禱帶動之後的作品。哈蒙把那幅作品命名為〈啟發（奇利奇利頂峰的死亡貝殼杉）〉（*Inspiration [Dead Kauris on the Kiri Kiri Pinnacles]*）。這幅笨拙的非點描影線畫，描繪了科羅曼德受侵蝕的陡峭崎嶇之地上，五棵光禿的巨木。這些樹木死於移居者清除叢林時所放的火，死後仍屹立在流紋岩的山坡上。砍伐那些樹是哈蒙的工作。

輝亞壓低聲音跟我說，這不是很詭異嗎？他所畫的死亡貝殼杉，看起來就像得了貝殼杉梢枯病。

輝亞指的是北島北方森林方興未艾的一種族群危機——一種入侵種微生物造成的後果。疫病菌屬（*Phytophthora*）在現代有著致命的紀錄。有一種疫病菌造成馬鈴薯疫病，導致愛爾蘭大饑荒；另一種在北美和歐洲使得櫟樹突然死去，還有一種威脅著全世界的可可樹。貝殼杉疫病菌（*Phytophthora agathidicida*，字面意思是殺貝殼杉的植物殺手）則會從根部感染樹木。當人們注意到樹幹流出汁液，枝條垂死時，病害就已經達到慢性的致命階段了。由於林木在樹根處彼此連結，一棵樹可能會感染周圍的同類，相當於惡意版的「母樹」。這種病原體可能是外源性的，它利用了貝殼杉兩百年來長期干擾所承受的壓力，包括了火災、棲地破壞和破碎化、失去共演化的鳥類，以及豬、山羊與負鼠的引入，以及包含健行者在內的哺乳類動物，穿越森林時散布的致命孢子。

這種病原體最早在一九七二年於大堡礁島（Great Barrier Island）被辨識出來，直到二〇〇六年才在北島引起注意。雖然紐西蘭和美國加州一樣，有著嚴格的生物安全協議，但紐西蘭政府仍把葡萄園和非原生的奇異果看得比原生樹木重要。毛利人督促政府多採取一些行動。二〇一七年，瑪奇的卡威勞（Te Kawerau ā Maki）部族對懷塔奇爾山脈（Waitākere Ranges）的森林實施了旅遊限制（rāhui）。但健行者根本不理會這一習俗規定，直到奧克蘭議會追加了正式規範，開始祭出罰金。由感染與死亡的時間差距來看，禁令恐怕來得太晚。懷塔奇爾山脈的航照調查發現，上層樹冠呈現出幽靈似的蒼白樹冠。現在，保育部把紐西蘭貝殼杉列為「國家易危」物種。有些社運人士和科學家公開談論關於滅絕的事。

另一些人誓言要靠著科學反攻，包括使用無人高光譜相機或是可嗅出梢枯病的狗進行早期檢測，接著注射亞磷酸來治療。目前正在競速尋找具有抗病性的樣本，它們可能成為選育計畫的基礎。經過基因改造的美國板栗，現在可以抗枯萎病，證實了實驗室工程也可能可行。這種「復育」在西方環保人士之中引起了分歧。而調控科學是否能與原住民知識（mātauranga Māori）和諧共處，則又是另一個議題。

貝殼杉塔尼馬夫塔擁有崇高的地位，是紐西蘭最老的耆老，目前仍開放參觀。遺產觀光客需經過刷洗和消毒站，然後走在高架棧道上。由於懷波瓦森林的土壤已驗出枯枝病，遊客的經驗也將包含焦慮和失落的預感。貝殼杉已經成為雙文化的珍寶（taonga），塔尼馬夫塔的死亡將會令當地的羅羅亞人悲慟，舉國心碎。駐守在棧道的羅羅亞「大使」，遇過看到樹就落淚或祈禱，或為殖民主義道歉的遊客。而與此同時，懷波瓦的監視攝影機顯示，有些遊客忍不住越過棧道的界線，去擁抱老樹。

在貝殼杉的生命更有限的同時，也變得更具綜觀時間性。北島北部有一片倒伏的樹林——可能是氣旋造成的風倒木——就躺在牧地的土表下。這些貝殼杉倒進缺氧的溼地——帕克哈人口中的「沼澤」——保存下來。由於缺乏氧氣，富含樹脂的木材經過數萬年也幾乎沒腐爛，仍保有樹木的形體與力量。當這些倒樹從古沼澤被挖出時，附著其上的葉子甚至會短暫維持綠色，然後才因氧化而變為褐色。二〇〇〇年，科學家證實了紐西蘭貝殼杉的樹輪可以當成聖嬰－南方振盪活動的代理資料之後，這些超古老樹木的科學價值大大提升。

在全球市場上，呈現琥珀色的古木有著更高的交易價值。二〇〇〇年代，由於砍伐貝殼杉老齡林已經違法，紐西蘭人開始像淘金一樣挖掘「沼澤貝殼杉」。北島北部的乾旱造成土壤收縮，露出這些珍貴樹木的輪廓，人們只要用挖土機就能輕易挖出。在那些十九世紀時遭燒毀或開墾過的牧場上，開始了地下的森林濫伐。農人收取來自名為「沼澤牛仔」的挖掘公司給的現金。製材工把巨大的樹幹切成長度二十英尺（約六公尺）且無節的木板——自從拓荒時代加州紅杉皆伐的「黑暗年代」以來，不曾有人看過這樣的東西。家具製作商把這些「世界上最古老的木材」打磨成帶光澤的乳白色，為中國的暴發戶打造絢麗奢華的新奇餐桌。

毛利人、環保人士和科學家各自為了不同的理由，反對這些挖掘出的珍寶離開國門。訴訟、調查報導、政府報告和最高法院的判決，終於在二〇一八年促成了一個管制系統。隨著一夜致富的公司離開，現在留下的是制度健全的開採者。他們需要自行向奧克蘭申報，並由政府科學家前往挖掘地點取得層積資料和木材樣本——這些橫切面樣本被戲稱為「餅乾」。可靠的放射性碳定年法，其精髓就在於時間。所有者將剛出爐的現場樣本提交給政府，作為回報，他們能得到政府頒發的認證，其上載明了預估的樹齡，能夠提高銷售價格。

這個科學搶救工作是由德魯．羅瑞（Drew Lorrey）帶領。我在水資源暨大氣研究機構（NIWA）的總部跟他交談過，那是該領域相當於美國國家海洋暨大氣總署的地方。羅瑞從美國移居到紐西蘭，並將那裡視為自己的家。他在南阿爾卑斯山調查冰山之後，轉而研究樹木氣候學，監督著橫跨七萬年的多個浮動年表的古氣候檔案。他夢想著填補所有空白，組成一條完整的「超長」貝殼杉年表，這份年表將會比刺果松年表長五倍，涵蓋整個全新世，甚至足以深入到前一個間冰期的更新世晚期，大約可回溯至距今十一萬五千年前。北半球並沒有類似的木材儲量，因為冰河作用早已摧毀了相關證據。羅瑞像一位慢科學家那樣，以長遠的眼光思考，把他的蒐集稱為「時間膠囊」，留給未來那些擁有更好工具的研究者。羅瑞說：「我只是『管理員』。即使我這輩子只做到這件事，也算是為紐西蘭盡了一分心力。」[26]

目前，商業開採的沼澤貝殼杉，是紐西蘭貝殼杉樹輪資料的唯一來源。毛利人從來不喜歡樹輪學者在貝殼杉上鑽孔，而現在由於梢枯病，已經不允許這種做法了。羅瑞自問：「是我親手散播梢枯病的嗎？」樹木危機讓他想起紐西蘭的冰川。他說，目睹冰川消融令人激動，就像看到家庭成員罹患癌症而逐漸憔悴。「我也許會活著看到冰川的死去。我也會見證貝殼杉的末日嗎？我目睹了好多事物的終結。」

羅瑞以近乎敬畏的口吻談論沼澤貝殼杉，並使用了「屍體」（corpse）這個詞，這種擬人化的說法與毛利語境中的用法相呼應。屍體帶來的是責任。二〇一九年，一家能源公司在北島北部建造地熱發電站時，挖出一段長達六十五英尺（約二十公尺）的樹幹，並決定將大如卡車的三段巨木捐給地方的氏族團體（*hapū*）。尼亞瓦溫泉（Ngāwhā Springs）附近的社群，自豪地成為守護者（*kaitiaki*）。長老以對待逝者的儀式迎接這株解體的巨木，並為它舉行融合了玻里尼西亞和基督教元素的祝福儀式。氏族團體打算將這棵樹的一部分捐出去，作為儀式用途。此時，獲得「重生」的貝殼杉仍然躺在社區集會場所（*marae*）

旁的停車場中，人們會在那裡慶生和舉辦葬禮。

這棵溫泉沼澤貝殼杉以數據形式迎來第三度新生，成為第一棵經科學研究、曾經歷地磁極偏移的樹木。地磁北極偶爾游移，每次會有數年或數百年的時間朝向南極。游移不定的地磁場會減弱，磁極的反轉會導致太陽輻射增加。二〇二一年，《科學》期刊發表了一篇論文，以這棵樹一千七百道樹輪的放射性碳資料為基礎，修正了上一次磁極偏移的時間：發生於四萬一千到四萬二千年前的更新世晚期。

原本只是研究簡報的文章，最後成了引發熱議的報導。作者沒提出任何直接證據，只憑藉幾個時間上的巧合，就推測地磁強度的減弱，引發了一場「全球環境危機」，包括氣候變遷、澳洲巨型動物大量滅絕、尼安德塔人的終結，此外，甚至牽涉到繪畫的誕生。據說早期人類退居洞穴以躲避會傷害皮膚的紫外線，並將用來防曬的赭紅色塗料塗到石牆上，爆發出一陣藝術靈感。簡而言之，作者提出地磁偏移造成的影響，可能相當於小行星撞擊和超級火山爆發，進一步延續了一九八〇年代以來，學界對於「災變說」的興趣與回歸。[27]

主要作者在經同儕審查的臆測之外，也使用了沒那麼精確的文字發布了新聞稿。他們形容，當時地球上出現了一場「完美的宇宙風暴」，帶來像「恐怖片」或「末日」般的「末世浩劫」。由於這些想像中的末世大約始於距今四萬二千年前，作者便把這種轉變命名為「亞當事件」，不帶諷刺地向《銀河便車指南》(*The Hitchhiker's Guide to the Galaxy*)作者道格拉斯・亞當斯（Douglas Adams）致敬——這本小說的情節始於地球毀滅之時，在出現「四十二」這個數字的時候開始轉折。為了推廣這篇刊登於《科學》期刊的論文，第二作者受雇的學術機構製作了一支風格復古的YouTube影片，由曾為《銀河便車指南》

有聲書配音的喜劇演員史蒂芬．佛萊（Stephen Fry）擔任旁白。這整個「亞當事件」的包裝，隱約流露出追求引用、嘩眾取寵、沽名釣譽的痕跡，因為第一作者最近才由於行為不當而二度失去教職。

無論這項假設性災難是否具有可信的科學證據，在面臨氣候危機的當下，無疑是一則足以吸引點閱率的新聞，《紐約時報》和其他媒體也很樂意報導。在講求關注、崇尚快科學的注意力經濟下，發現這塊貝殼杉「羅塞塔石碑」的研究者們，渴望受到立即的讚揚。

## 地下的不朽之木

沼澤貝殼杉示範了科學家口中的「亞化石木」，它古老到足以成為地質紀錄，但既未分解，也沒有成為化石。只要保持乾燥，它也能在地表保存，就像白山山脈的刺果松「漂流木」似乎在時光中漂流。比較典型的是出現在地下或水中，其所處環境可抑制分解。

從遠古以來，世界各地的木工都曾挖掘出亞化石木，智利的智利四鱗柏就是其中一例。十九世紀時，那樣的木材採集在一些地方變得商業化，包括紐澤西州南部開普梅郡的貧瘠松林（Pine Barrens，又稱松林泥炭地）。在林瓔的〈幽靈森林〉中被紀念的美國尖葉扁柏，在久遠的過去曾經多次成為「幽靈」。在整個上新世和更新世時期，大西洋反覆上升及下降，冰層前進又後退，陸地下沉又升起，同時冰磧和海洋沉積物加劇了地形變化。有時候，環境改變得太快，整片針葉樹林分都沉入水中。

移居者砍伐了大部分的美國尖葉扁柏林之後，北美側柏開採才正式成為一門產業。在紐澤西州丹尼斯維（Dennisville）附近的一片溼地，開採者在地下六英尺（約一．八公尺）處發現了大量的木材，一棵棵完整的樹躺在那裡且相疊著，有如河道被原木堵塞的畫面。「大側柏沼澤」（Great Cedar Swamp）成了南北戰爭之後的一大事業。那些負責把木材取出的工人，學會了如何辨識地下森林。他們區分了「風倒木」和「朽木」，前者的木材紋理緻密，而且擁有令人聯想到老齡林的「細緻肉色」。開採者就像紐西蘭的樹膠挖掘者，會使用長度六到八英尺（約兩公尺左右）的尖銳鐵棍作為探測杆，在淤泥裡戳弄，在探測到扁柏之後，工人會用切割鏟鑿下一小塊木片使其浮起。如果木片帶有香氣，開採者就會開挖；並在洞穴再度灌滿水之前，把漂浮的樹幹從完好的根部砍下。樹幹成為圓柱材，然後被製成木瓦。一個熟練的木瓦工人每週會劈開一千片木瓦。這一切泥濘的工作都是由手工完成。雖然最後一位木瓦開採工在二十世紀初過世了，但他們的手工藝品卻在費城留存下來，那是開普梅古樹的主要去處。獨立紀念館需要新屋頂的時候，承包商會改用這些不會腐朽的產品。

費城作為美國的第一個首都，在其殖民時代的建築之下，在其非洲墳地之下，也埋藏著屬於自己的原始樹木，它們是在地鐵挖掘工程中被挖掘出土。一九三一年，在距離獨立紀念館兩條街的地方，工人們在海平面以下十英尺（約三公尺）、槐樹街（Locust Street）下方三十八英尺（約十二公尺）深處，挖到一排直立的落羽松樹樁。一個龐大的樣本被送到自然科學院（Academy of Natural Sciences）展示。一九六〇年，賓州大學的放射性碳實驗室——正是為許多刺果松樣本定年的那間實驗室——為「地鐵樹」做碳十四定年。那棵樹大約四萬二千二百歲。換句話說，它跟紐西蘭的溫泉貝殼杉是同一時期的。

威廉・潘恩（William Penn）[6]在規畫以樹木為街名的棋盤格街道設計時，費城還沒有落羽松。不過，到了二十一世紀的現在，落羽松的種植在景觀設計的環境已經很常見，因為樹藝師預期落羽松能在城市愈發亞熱帶化的氣候裡生長良好。當我從賓州大學的辦公室走回家時，會在後工業時代的斯庫基爾河（Schuylkill River）河畔看到落羽松和水杉。

更往南方走，波多馬克河（Potomac River）的沉積物在很久以前掩埋了一片壯觀的落羽松林，那裡距離目前白宮所在的位置僅僅幾條街。一九二二年，工人們開挖五月花酒店地基時，發現了數以百計的大樹樁，一九六一年建造國家地理學會大樓時，又發現了數百個樹樁。這些可以用放射性碳定年的已死之樹，幾乎能確定有超過十萬年的歷史，是前一次間冰期的遺跡。

一個景觀設計師團隊為了預想如果格陵蘭和南極洲的冰繼續融化，美國首都會發生什麼事，於是提交了一份推測性紀念碑「氣候計時器」的計畫。這是「未來紀念碑」競賽的優勝作品，該競賽活動舉辦於二〇一六年，並由國家公園管理局和國家首都規畫委員會（National Capital Planning Commission）共同贊助。設計師們設想種植一排排的日本櫻花，沿著斜坡向下遍布至突出於波多烏克河的海恩斯角（Hains Point）。隨著潮汐河流上升，樹木會一排排死去，而這些「失去櫻花的枯立殘幹」將代表著「當下的後果」。設計師們同時引用了古埃及的水位計和當前的氣候難民，呼籲建立一個過渡期的紀念碑，以標記隨著時間而發生的變化。[28]

二〇二〇年，川普贏得總統選舉，不久後，美國政府開始刪除其網站上的「氣候變遷」內容。潮汐湖（Tidal Basin）位在海恩斯角上游兩英里（約三・二公里），種在上頭的吉野櫻無法被審查。那些櫻花成為自己的計時器。以百年的尺度來看，櫻花盛開的平均日期已經提前了一週。每天漲潮時，人行道會被水淹沒，遊客只能踩在樹根上。零星的櫻花樹死於水淹，不久後會有更多樹死去。到了二〇二〇年底，潮汐湖所受到的威脅——包括傑佛遜、小羅斯福和馬丁．路德．金恩紀念碑——已經不容忽視了。政府贊助的潮汐湖創意研究室（Tidal Basin Ideas Lab）釋出五個可能的計畫，各有不同的適應、轉型和遷移的基質，但都接納了難以避免的改變。

在一些海岸地區，當沖刷海灘的暴風遇上退潮時，會顯示出過去的變化。十二世紀編年史學家威爾斯的傑拉德（Gerald of Wales）曾寫道：「發生了非常驚人的情況。南威爾斯的沙灘因為極為猛烈的暴風雨而侵蝕殆盡，已經被沙掩埋了幾個世紀的地表，這時重見天日，人們發現到被砍掉的樹幹立在海中，斧頭砍過的痕跡彷彿是昨天才留下的。」透過這個「神奇的鉅變」，一片無沙的黑土海灘出現了，「或許是大洪水時期被砍掉的樹林」。[29] 那樣的海岸揭露仍在發生。在英國的威爾斯、康瓦爾和北約克郡，間冰期森林的樹樁和樹根偶爾會在冬日出現幾天，然後再度消失在沙與海之下。

像這樣的古樹吸引了英國古植物學家克萊門．里德（Clement Reid）的注意。里德著有《沉水森林》（*Submerged Forests*, 1913），他與同為古植物學家的妻子愛蓮娜．瑪麗．里德（Eleanor Mary Reid）合作，為氣候史學家的跨領域工作做了準備。里德夫婦推論，北海南部曾是沖積平原，這片土地連結了英國和歐洲大陸。一九九〇年代，考古學家獲得遙感探測工具，繪測了這個失落的世界，稱之為「多格蘭」

(6) 編註：威廉．佩恩是十七世紀英國貴格會教徒，賓夕法尼亞殖民地創建者。他以宗教自由、與美洲原住民的和平條約聞名，並設計費城城市規畫。其民主原則對美國憲法影響深遠。

（Doggerland）。英國的中石器時代歷史變得更長、更廣，並且不再與世隔絕。在全新世早期暖化期間，多格蘭人見證了人類一生中可感知到的前所未有的變化，而且在文化時間尺度上可以敘述的變化。我們不知道他們講述的故事，或他們感受到的情感，但他們適應、調適，直到最後終於接受開闊大海的靜謐。

人屬在短暫的演化史中，見證了深刻的行星變化。在歐洲，地磁反轉前，尼安德塔人和其他早期人族，經歷了七級的坎佩尼熔結凝灰岩（Campanian Ignimbrite）火山爆發，那次的爆發規模太大，造成多年的全球降溫。當代太平洋西北地區原住民流傳的口述故事中，包括了幾千年前的特定海嘯、火山爆發和大洪水——地質學家靠著不同方式命名且定年了這些事件的年代。來自澳洲原住民的地質故事甚至更古老。

不過，人類從沒經歷過全球都沒有冰的情況。我們物種的年表和目前山地冰川的年表重疊。鑑於這個事實，二十世紀晚期，石油巨頭的立場與預防原則（precautionary principle）完全相反。一九七七年，埃克森公司（Exxon）的一位科學顧問製作了一張圖表，預測二氧化碳引發的「超級間冰期」可能維持幾個世紀之久。他對管理上層做了關於溫室效應的簡報，並警告說「人類只有五到十年的時間窗口」，必須做出艱困的能源決定。[30] 但埃克森這樣的企業卻使用短視的思維，助長了否認主義。政客們繼續追逐著銅臭味。一切照常運作的結果是，我們的星球成了失控的實驗。

埃克森公司的「時間窗口」關閉幾十年之後，氣候運動者做出了週期性的宣告：人類只剩十二年——或八年、四年，或最後一年——可以防止災難性的暖化了。說來諷刺，用短期框架去思考長期問題，並沒有帶來快速的結果。那些政治權力最大、財力最豐厚的人，反而最不感到急迫。出生於一九四五年到一九六〇年間的戰後嬰兒潮世代，推測二一〇〇年地球生活的心態跟角度，會完全迥異於青少年想像他們未被玷汙的黃金歲月。

面對未來末日這些錯過的期限，誰不會感到絕望或疲乏呢？我們需要培養出以下兩種特質——歷史知識以及不放棄希望的信念——才能理解剩餘時間，並且採取有意義的行動和富有同理心的適應。未來一向不是斬釘截鐵。歷史的洞見顯示，不同的政治和經濟有可能存在，地球也可能改變。唯一不可能的是回到過去最宜居的氣候。

不論接下來會發生什麼事，對植物界而言，都不是前所未有。大約五千六百萬年前，地球經歷了迅速而強烈的暖化事件。科學家稱之為「古新世－始新世極熱事件」（Paleocene-Eocene Thermal Maximum, PETM），起因很可能是因為碳大量釋放到大氣中。其來源尚不清楚，但影響卻很明確。海洋酸化，降水增強，這種高熱狀態——自動物移居陸地之後，地球就不曾這麼熱了——持續了將近二十萬年。幾乎整個始新世的二千二百萬年間，地球上都沒有冰。針葉樹退到中海拔的庇護所，在高海拔則成了優勢種。北極圈之外的陸地都被樹木覆蓋，它們不是在逆境下生長的灌木，而是銀杏和水杉等大型植物組成的落葉混合林。

若想觀看這個過去星球的證據，最佳地點是阿克塞爾海伯格島（Axel Heiberg Island）的東海岸，這座島位在北緯八十度，是加拿大第二北邊的小島。儘管這裡有兩座科學研究站，一座用於極地研究，另一座用於太空研究，但沒有人長年居住在這裡。這座島嶼乾燥、寒冷而暴露的環境，與火星非常類似。自一九五九年以來，科學家每年都來這裡量測白冰川（White Glacier）的大小，現在已成為《聯合國氣候變化綱要公約》的參考點。一九七〇年代以來，白冰川幾乎持續後退。

一九八五年，政府地質學家在調查阿克塞爾海伯格島的石油潛力時，從空中發現了永凍層上躺著看似石化樹木的東西。他們讓直升機降落後，發現更驚奇的事，大地測量山（Geodetic Hills）寸草不生的山坡上，突出了數十根原木和樹樁。

古植物學家辨識出這種巨型植物是始新世的西方水杉（*Metasequoia occidentalis*）。他們仔細檢視後，發現木材不曾石化或碳化。它們被埋在泥沙中，然後冰凍，完美地保存下來，「木乃伊化」了。如果木質軀幹是樹木身分的基本標誌，那麼阿克塞爾海伯格島的這些樹確實是世界上最古老的樹。首席地質學家用四千五百萬年前的細枝生火，煮水泡茶，慶祝他的重大發現。他補充道：「要是人們能夠抵達那裡，它就有麻煩了。少了人類，這些樹對科學家的用處可以延續很久。否則它們就會成為珍奇之物，而失去科學價值。」[31]

消息立刻傳了出去。附近的埃爾斯米爾島（Ellesmere Island）監控站的軍官坐直升機來訪，帶走了紀念品。不久後，北極遊輪的經營者就把這個地點加入他們的旅遊行程中。遙遠北方邊際的地面木材，開始一點一點地消失。一九九三年，由於加拿大具歷史意義的《努納武特土地權協定》（Nunavut Land Claims Agreement），這片祖傳森林正式歸為埃爾斯米爾島的格里斯峽灣因紐特社群（Grise Fiord Inuit community）所有，不過，沒有任何科普文章注意到這個事實。

為了在時間耗盡之前收集數據，一群經費充裕的美國科學家在一九九九年來到阿克塞爾海伯格島。他們租的直升機送來了昆塞特小屋（Quonset huts）[(7)]、汽油發電機、電腦和啤酒。加拿大政府批准了此次行動，一位州地質學者說：「我們愈是了解（古）氣候和植被，就愈能評估那裡的石油和天然氣潛力。」[32]自稱為「挖掘者」的研究者挖出溝渠，使整棵樹裸露出來。美國人的這個行動引發了一場有關加拿大的自豪感與研究倫理的辯論。賓州大學的計畫主持人感到委屈。教授說：「有些人覺得這個地方是神聖的，有些人希望這裡可以讓人野餐。而我們認為，這是科學資源。」[33]

在這個來自賓州的全男性團隊中，僅有一位女性研究員，她是約翰霍普金斯大學的年輕古植物學家荷普・潔倫（Hope Jahren）。之後，她會在《樹，記得自己的童年》（*Lab Girl*）這本回憶錄中，述說自己的經驗。潔倫在三個夏天裡，收集了可以研究一輩子的資料。她對一名訪問者說：「我們不需要回去干擾樣區。我們應該擔心那裡能不能再保存四千五百萬年。」[34]

潔倫的實驗室為先前的問題提供了答案。在這個極端的緯度上，一連幾個月沒有陽光，之後又是持續的微弱光線，從前的樹木是怎麼在這裡茁壯生長的？——不像一些島嶼或大陸，阿克塞爾海伯格島從始新世以來幾乎不曾發生構造運動——透過研究取得的木材上的同位素訊號，潔倫推斷出古新世－始新世極熱事件之後地球的古怪環流型態。每年夏季，由南向北的噴射氣流，會把潮溼的赤道空氣送到北極，因此植物能一天二十四小時爆發式地生長。泥濘的極地森林在半數的時間裡都享有完整的生長季，氣溫從暖和到宜人。在一個正向回饋循環中，夏季樹木持續的蒸發散作用（evapotranspiration），有助於維持潮溼而無冰的氣候。

(7) 編註：昆塞特小屋是一種輕型預製結構，以半圓形波紋鋼板製成，方便運輸和組裝。二戰期間美軍大量使用，戰後也廣泛用於民用。其簡便性和多功能性，使其成為快速搭建臨時或永久性建築的理想選擇。

最壞氣候狀況的模式，與重建的古新世－始新世極熱事件氣候類似：大陸內陸的乾旱和暴風強度加劇，中緯度地區的不規則性，以及兩極周圍的劇烈變化。今天，北極暖化的速度比地球上其他地方都來得快。隨著時間的推移，高緯度地區應該也會變得更溼潤，因為所有額外的水蒸氣總要有地方去。燃燒的星球正在為未來的北方森林拉開序幕。季節性的黑暗也不足以阻止喬木植物。知名針葉樹冷杉屬（*Abies*）、銀杏屬（*Ginkgo*）、水松屬（*Glyptostrobus*）、落葉松屬（*Larix*）、雲杉屬（*Picea*）、松屬（*Pinus*）、落羽松屬（*Taxodium*）、鐵杉屬（*Tsuga*）之中的樹種，曾經與水杉屬一同占據始新世的北極地區。這裡曾經站著史上數一數二壯觀的森林。即使新樹種不斷演化，後代樹種的基因組可能保留了足夠的表型可塑性，能夠適應再度溫暖的星球。古老的DNA具有優勢。

目前，古植物學家試圖把洛磯山脈銀杏葉化石上的氣孔（氣體交換孔洞）數量，當作代理資料，來推估古新世－始新世極熱事件的二氧化碳濃度。這些角質層非常堅韌，保留了來自地質過去的表皮細胞輪廓。在顯微鏡下，世上最美麗的葉片或許還能讓科學家精確找出，多少百萬分比（即ppm）的濃度，標誌著大氣層的不歸路——變成無冰星球的程度。但這只會是一場學術演練。不論是道德上或政治上，氣候行動都已經不需要更多氣候研究了。

每次我看到銀杏，都會想到始新世，而這表示我幾乎每天都會想到。銀杏從費城的人行道上長出來，這些人行道似乎比大盆地的山區更加不宜銀杏生長。我思索著銀杏和其他裸子植物的所有生命週期，並感到敬畏。結合木質素生物合成與光合作用的結果，可追溯到將近五億年前，仍然是演化史上獨一無二的結果。喬木植物吸收光來維生，完美地適應了地質時間的存在。喬木植物堪稱終極的陸生生物。它們比智人更能掌握地球時間。

從最長遠的角度來看，喬木植物和它們的微生物盟友，將重新占據這片陸地王國。我們只是過客。但人類的存在可以也應該永遠地持續下去。在不穩定的狀態下，也可能有長久的生命。對世界而言，未來長到難以估量，前提是人類在我們稱之為樹的親戚身上，能看到時間的綜觀性。我們的目標是盡人類的可能，和樹木們共享地球，用不同的方式與速度活著和死去。

我們一年一年地來吧。

## 附註

1. 「販賣懷疑的商人」一詞，出自：Naomi Oreskes and Erik M. Conway, *Merchants of Doubt: How a Handful of Scientists Obscured the Truth on Issues from Tobacco Smoke to Global Warming* (New York, 2010). 德國知名科學家為伯納德・烏里希（Bernhard Ulrich）和彼得・舒特（Peter Schütt）。
2. Rio Declaration on Environment and Development, Principle 15.
3. Kossak's fear: "Śmierć Puszczy."
4. Interviewed by the author, Harvard Forest, April 20, 2018.
5. Interviewed by the author, Santa Fe, New Mexico, July 16, 2018.

6. Chris A. Boulton, Timothy M. Lenton, and Niklas Boers, "Pronounced Loss of Amazon Rainforest Resilience Since the Early 2000s," *Nature Climate Change* 12, no. 3 (March 2022): 271–278.

7. Nate G. McDowell quoted in Craig Welch, "The Grand Old Trees of the World Are Dying, Leaving Forests Younger and Shorter," *National Geographic*, May 28, 2020 [online only].

8. Steven G. McNulty, Johnny L. Boggs, and Ge Sun, "The Rise of the Mediocre Forest: Why Chronically Stressed Trees May Better Survive Extreme Episodic Climate Variability," *New Forests* 45, no. 3 (May 2014): 403–415.

9. Brian V. Smithers et al., "Leap Frog in Slow Motion: Divergent Responses of Tree Species and Life Stages to Climatic Warming in Great Basin Subalpine Forests," *Global Change Biology* 42, no. 2 (February 2018): 1–16.

10. 這篇美聯社的報導載刊於二〇一七年九月十三日，廣為流傳，促成傑瑞德・法莫的回應：Jared Farmer, "Slow Trees and Climate Change: Why Bristlecone Pine Will Still Outlive You," *Los Angeles Times*, October 13, 2017.

11. Interviewed by the author, Albany, California, January 17, 2018, with follow-up video call on May 26, 2021.

12. Interviewed by the author multiple times, remotely in October–November 2017, and in person in the Snake Range in June 2018.

13. Stewart Brand, *The Clock of the Long Now: Time and Responsibility* (New York, 1999), 3.

14. Details and quote from Executive Director Alexander (Zander) Rose, interviewed by the author, San Francisco,

January 18, 2018.

15. 這位藝術家是喬納森・濟慈（Jonathon Keats）。

16. Charles H. Cannon, Gianluca Piovesan, and Sergi Munné-Bosch, "Old and Ancient Trees Are Life History Lottery Winners and Nurture Vital Evolutionary Resources for Long-Term Adaptive Capacity," *Nature Plants* 8, no. 2 (February 2022): 136–145.

17. proforestation 一詞由威廉・R・穆莫（William R. Moomaw）所創。

18. "'I Call Them My Gentle Giants': Why Artist Maya Lin Planted 49 Towering Cedar Trees in the Middle of New York City," *ArtNet*, May 12, 2021.

19. James H. Wandersee and Elisabeth E. Schussler, "Preventing Plant Blindness," *American Biology Teacher* 61, no. 2 (February 1999): 82–86.

20. Interviewed by the author, June Lake, California, September 10, 2017.

21. 這個詞借用自雷納多・羅薩多（Renato Rosaldo）。

22. 這個詞為格倫・阿爾布雷希特（Glenn Albrecht）所創。

23. 感謝輝亞・哈蒙（雷的孫女，過世於二〇〇八年），我看了這段影片和我引用的其他家庭紀念物。

24. "Disabling Accident Led to New Career as Landscape Artist," *Church News*, August 28, 1993, 5. Thanks to curator Laura Hurtado, I saw the untitled drawing in the basement storage room of the Church History Museum, Salt Lake City, Utah.

25. Don Enders, "The Sacred Grove," February 20, 2019, at history.churchofjesus christ.org.
26. Interviewed by the author, Auckland, February 20, 2018.
27. Alan Cooper et al., "A Global Environmental Crisis 42,000 Years Ago," *Science* 371, no. 6531 (February 19, 2021): 811–818.
28. 設計團隊Azimuth Land Craft是由艾里克・詹森（Erik Jensen）和麗貝卡・桑特（Rebecca Sunter）組成，參見future.ncpc.gov。
29. Thomas Wright, ed., *The Historical Works of Giraldus Cambrensis* (London, 1863), 413.
30. J. F. Black to F. G. Turpin, June 6, 1978, summarizing a presentation from July 1977, available at climatefiles.com.
31. "Forestry Frozen in Time," *Maclean's*, September 8, 1986.
32. "Unearthing a Frozen Forest," *Time*, June 24, 2001.
33. "Arctic Fossil Forest Sparks U.S.–Canada Research War," *Nunatsiaq News*, July 23, 1999.
34. "Scientist's Notebook: Working in the Arctic," *Science News for Students*, December 16, 2011.

# 後記：普羅米修斯松之死

科學已知最古老的生物，死於男性的知識追求者之手。事實上，這棵樹在「求知」的過程中被殺死，因此未能透過樹輪學或放射性碳定年而被神聖化。由於這棵植物在死後才獲得樹齡殊榮，所以它屬於這本書的這個部分，位於四十篇關於「長生」的主題之後。

一九五四年夏天，艾德蒙．舒爾曼博士和技師魏斯．弗格森前往內華達東部的白松郡，對老樹進行生物探勘。他們在謝爾克里克山脈（Schell Creek Range）找到一棵樹齡三千一百歲的刺果松，但判斷大盆地這個地區的樹木樹輪，不如白山山脈的樹輪那麼敏感。白山山脈的五葉松就長在內華達山脈的雨影區。這些來自圖森實驗室的人，沒有繼續往東去蛇山山脈，因為從遠處看，那個棲地似乎太潮溼了。而且，沒有道路可以到達高度一萬三千零六十四英尺（約四千公尺）的惠勒峰（Wheeler Peak）下方的高山帶，而那個時代的樹輪學者更喜歡待在他們的汽車附近。

隔年，一名作家兼博物學家達爾文．蘭伯特（Darwin Lambert）搬到了擁有三千五百人口的伊利市（Ely），那裡是內華達州白松郡首府。他受聘擔任工商礦業協會（Chamber of Commerce and Mines）的主任；不久之後，他又兼任了報社編輯和議員。蘭伯特雖然在喬治華盛頓大學拿到文憑，卻是在伊利市北方一百五十英里（約二百四十公里）處的一座公司小鎮長大，那裡由南太平洋鐵路公司和鹽湖城的太平洋開墾公司（Pacific Reclamation Company）開發。這座被樂觀地命名為「內華達州大都會」的城鎮，原本是為了展示「旱作」科學，即在半乾燥土地上栽種無灌溉作物。這個冒險之舉吸引了後期聖徒教會人士，包括蘭伯特的父母。蘭伯特從小受摩門教的教養長大，在教堂唱著讓沙漠像玫瑰一樣盛開的歌曲。蘭伯特在十八歲時前往華盛頓特區，接下羅斯福新政（The New Deal）的工作，當時，沙漠已經再度占據大都會。蘭伯特在綠樹成蔭的華盛頓主修植物學，不再參加後期聖徒教會的禮拜，並開始將戶外視為他的聖殿。他成為仙納度國家公園（Shenandoah National Park）的第一位員工。

一九五〇年代晚期，有許多像蘭伯特這樣支持政府也支持保育的內華達人，促使內華達州議會代表團（兩名參議員和一名不分區的代表）要求國家公園管理局研究蛇山山脈，以確定其是否有潛力指定為國家公園。蛇山山脈似乎得天獨厚，其中的洞穴系統四通八達，由國家公園管理局訂為國家紀念地加以管理，還有內華達州第二高峰，已經由美國林務署訂為風景區，以及刺果松——舒爾曼一九五八年於《國家地理雜誌》發表文章之後，迅速成名的有機特色。當伊利市為提議中的國家公園主持國會聽證會時，內華達州代表團聽取了分歧的當地觀點。大部分人反對這個想法，認為惠勒峰只是一般普通的山，最好用於放牧、採礦和狩獵。他們說，別把那裡鎖起來，別把那裡冷凍起來。少部分人，包括蘭伯特，視之為珍寶，認為有潛力吸引觀光財。隨著時間過去，代表團趨向折衷的方案，即多用途的國家公園或遊憩區，容許放牧和砍伐，就像現存的國家森林一樣，只是受到的曝光度比較高。

蘭伯特後來前往阿拉斯加，然後又到維吉尼亞州，不過，他在內華達州的政界仍然活躍，並且關注著一九六一年在華盛頓特區的下一輪聽證會。蘭伯特和他的盟友把惠勒峰上的小雪原宣傳為「冰川」，頌揚那座山是洪堡德生物帶（Humboldtian life zones）的經典範例，分享了號稱樹齡四千歲的松樹照片。阿道夫・穆里（Adolph Murie）是美國環境保護界的重要人物，肩負雙重職責，同時為國家公園管理局和塞拉俱樂部撰寫評估報告。穆里主張，這些刺果松具有國家意義，僅憑它們本身就值得列為國家公園。他寫道，每棵樹都獨特而奇怪，宛如出自《綠野仙蹤》裡奧茲國（Oz）的角色，外形像是奇異古怪的妖精。[1]

一九六三年，一名堪薩斯大學的博士候選人前往蛇山山脈進行實地研究，對於周圍的政治暗潮渾然不覺。他名叫唐諾・魯斯克・柯里（Donald Rusk Currey）。柯里在加州出生長大，在懷俄明州學習地質學，時機對他有利。就在那一年，美國林務署開始鋪設通往高山區的林道，這是這個隸屬於農業部的機構的超前部署，它不想把惠勒峰風景區讓給競爭對手——隸屬於內政部的國家公園管理局。

柯里的博士論文研究經費來自國家科學基金會，題目涉及過去三千年的全球降溫，其中小冰河期間的氣溫降到最低點。一九六三年，茂納羅亞火山的二氧化碳觀測站才成立五年，像柯里這樣的地質學家仍然能主張地球在更長的全新世間冰期中，處於「新冰期」的小冰期中；這樣的小冰期有著高山冰川，但沒有大陸冰層。柯里走遍美國西部的高山地區，尋找現存針葉樹壽命範圍中曾經歷冰河作用的證據。他用冰河沉積物中是否有樹木存在，證實他的地形定年。柯里讀過舒爾曼的文章，當他在惠勒峰下的冰磧看到大量刺果松族群時，十分興奮。

隔年夏天，柯里三十歲，成為北卡羅萊納大學的地質學講師，身負研究小冰河期的新經費，回到了蛇山。他判斷，這些刺果松生長在「前新冰期」（屬於更新世）的沉積物上，表示刺果松和他的研究主題的關係並不密切。但他帶來一組生長錐以便備用。幾個世紀來，男性科學家一直靠著為樹木定年，追求名聲與榮耀，而柯里也不例外。或許舒爾曼對惠勒峰的判斷錯了。或許柯里會找到比馬土撒拉松更老的樹木，為他錦上添花。柯里不曾受過森林學或樹輪學的訓練，他鑽取了一百一十三棵樹的樹芯，包括幾棵三千歲的樹，他以白松郡的縮寫「WPN」為開頭，作為樹芯樣本的字母數字識別碼。他把雷曼洞穴國家紀念地（Lehman Caves National Monument）的工作站當成自己的臨時實驗室，在放大鏡下數樹輪。[2]

第一一四號樹是一塊龐大的木塊，像中國龍一樣水平延伸。這個部分死亡並被太陽曬得發白的生物體，仍然支持著一個健康的枝幹，上面長滿茂密的樹枝，以及淌著樹液的紫色毬果。若要把生長錐鑽到這棵粗大緻密、滿富樹脂的松樹髓心，需要的技巧超過了柯里過去幾週練習的成果。他試了幾個傾斜的鑽取角度，結果顯示這棵樹的樹齡超過四千年，但他在過程中弄壞了所有的生長錐。他沒有因此罷手，沒有不顧這個謎團，而是開車到伊利市找地方巡林員。他請求准許砍樹。柯里想必說過，這都是為了科學研究。他從《國家地理雜誌》得知，舒爾曼本人至少也砍過一棵樹齡四千年的樹。他想必說過，這只是另一棵而已。地方巡林員同意了，他打電話給上司——洪堡德國家森林的監督員，而監督員也同意了放行。[3]

林務署提供了馬匹、一名兼職員工和一把鏈鋸。有五個人跟來旁觀，包括了柯里、他的研究助理、雷曼洞穴國家紀念地的首席博物學家、一名季節性的洞穴導覽員和來自伊利市的地方巡林員。博物學家拍了一張柯里的照片，他頭戴牛仔帽，像騎牛一般騎在那棵刺果松上。然而，事情的發展再度不如預期。鏈鋸操作者麥克・德拉庫利奇（Mike Drakulich）拒絕發動鏈鋸。他是個魁梧的傢伙，既是拳擊手，也是礦工、砌磚工、牧場工人、履帶式曳引機駕駛、二十一點紙牌的發牌員。但他看到那棵樹，內心卻感到不安。隔天，一九六四年八月七日，柯里和地方巡林員，帶著願意幫忙的人與一把能用的鋸子回去了。[4]

那是值得記念的死亡之日。他們先用馬匹，再用卡車，載著沉重的橫切面穿過碎石坡，穿過楊樹林運下山。接著，用打磨機磨平了鏈鋸凹凸不平的切痕之後，柯里就開始用放大鏡計算樹輪了。他花了好幾天。柯里多次計算，確保沒搞錯他計算的樹輪：四千八百四十四個。在他手中，握著最新已知最老生物的無生命碎片——相較於舒爾曼的阿爾法（Alpha），這是他的奧米茄（omega）[(1)]。

當柯里告知林務署的時候，請求該單位在他為美國科學家的頭號刊物《科學》期刊寫文章時封鎖消息。柯里希望立刻發表他的「發現」，而且是唯一的作者。十一月初，他收到編輯部的回應，他們拒收他的文章，建議他試試專業期刊。柯里立刻重寫文章，改投美國生態學會的期刊。由於《生態學》（*Ecology*）期刊的編輯流程需要六到八個月的時間，柯里覺得有義務解除要林務署封鎖消息的要求。他寫了封信表示如果林務署有意願，可以公開那棵四千九百歲的樹。

洪堡德國家森林決定等待，他們有自己的宏大計畫。他們切下並打磨多塊橫切面，一塊給當地辦公室，另一塊給區域辦公室，最好的一塊給伊利市的內華達飯店（Hotel Nevada）。他們雇用一位工

(1) Alpha 為希臘字母的首字，意指開始，omega 則是希臘字母的尾字，意指終結。

匠在橫切面上刻下年表，以吸引人們對惠勒峰風景區的關注。肯尼科特銅礦公司（Kennecott Copper Corporation）在附近有一大座露天採礦場，這場展示正是由他們出資。年表的樣式依據世界爺年表，從大金字塔開始一直延伸到太空時代的誕生。一九六五年七月，該飯店在其重新更名為刺果松廳的賭場大廳為橫切面揭幕，當月，《生態學》期刊發表了〈內華達州東部的一片古老刺果松林〉（An Ancient Bristlecone Pine Stand in Eastern Nevada）。[5]

該期刊把柯里的貢獻列為報告，而不是研究文章。一篇研究文章需要有論證。最接近重點的是：舒爾曼對這個樹種東西向的樹齡梯度假設，可能需要修正。柯里在第一頁提到「一九六五年前通報過最古老的樹」時，使用了現在式的「是」(is)；然後暗示那棵樹死去時，又以一種含糊其辭的方式改用了過去式語態：「從離地十八到三十英寸（約四十八到七十六公分）的區間割了一塊水平厚板，以及從離地七十六英寸（約一百九十五公分）處切割了一塊包含有髓心的較小厚板。」柯里在跟北卡羅萊納州的記者交談時，似乎更樂於把自己定位為「最古老樹木的發現者」，儘管他趕緊補充，若不是為了某種目的，絕對不該砍伐樹木。[6]

洪堡德國家森林對他們的授權仍然感覺良好，認為他們可以再多拿一些這棵紀錄保持者的其他木塊，於是在一九六五年秋天派出四名工作人員前去搬運。他們的馬匹無法通過最後一英里（約一．六公里）的巨石區，於是他們改用擔架來搬運。當工人們辛苦地在海拔一萬英尺（約三千公尺）的高山，把三百磅（約一百三十六公斤）的厚木片運過崎嶇的地形時，一名工人佛萊德．索雷斯（Fred Solace）心臟病發倒下。他悲痛欲絕的同伴花了兩個小時為他急救。索雷斯時年三十二歲，在伊利市有妻子和襁褓中的兒子。其他人用原本要搬運樹幹的擔架，把他的遺體從高山區運下。訃告撰寫者無法理解索雷斯去世時在做什麼，而他們公布了關於「收集」松樹厚板，或「薄片」或「木板」，或毬果的矛盾敘述。

蘭伯特後來搬回仙納度谷的家，成為自由撰稿人和全職的環保運動人士，錯過了內華達州的新聞。一九六五年的新年，他讀到《生態學》期刊的報告後，寫信給雷曼洞穴的首席博物學家，迫切地想知道：柯里是誰？那棵樹真的被砍下了嗎？他無法相信世界樹齡冠軍竟然在被發現的同時就被摧毀了。他認為這是對美國林務署管理的控訴，也是支持國家公園地位的最有力論證。幾天之內，蘭伯特聯絡了《紐約時代》雜誌想投稿一篇文章，但是遭拒，《基督教科學箴言報》（*Christian Science Monitor*）和《讀者文摘》也同樣拒絕了他。蘭伯特努力想得到內幕消息，於了寫了言不由衷的信給柯里，自我介紹是《伊利每日時報》（*Ely Daily Times*）的前任編輯：「恭喜你驚人的發現，若你能告訴我任何有助於建設國家公園的事，我將十分感激。」而蘭伯特和內華達戶外遊憩學會（Nevada Outdoor Recreation Association）的盟友，指控林務署縱容「一位東部研究生摧毀最古老的樹」。他們向內華達州的參議員抱怨了這件事，以及惠勒峰上「如火如荼」的道路建設。

一九六五年三月，蘭伯特決定要致力於將枉死的松樹變成一場政治醜聞。他寫道，柯里的樹必須成為「殉道者」。他聯絡了國家公園協會和塞拉俱樂部的高層。受到塞拉俱樂部出版的咖啡桌精裝書《無人知曉之地》（*Place No One Knew*）的啟發——這本書講述的是格蘭峽谷（Glen Canyon）因築壩而消失的故事——他把WPN-114稱作「無人知曉之樹」。他致電內華達州參議員艾倫．比布爾（Alan Bible）的辦公室。收到大量投訴的參議員，正式質詢了美國林務署署長：怎能容許一介研究生做出這種事？署長回答，那是一位科學家提出的合理要求。此外，那是很常見的樹，並不是瀕危的樹種。像這樣的松樹還有很多。署長如此作結：「失去這棵樹，好像引發不少人的情緒。」比布爾則回應：「我認為這麼說太輕描淡寫。」[7]

指責的聲音從上到下傳遍了整個指揮系統。猶他州奧格登（Ogden）的內陸山區地區分處進行內部調查時，地區林務員對其內華達州同事的作為搖頭。他們怎麼會沒看出在擬建的國家公園中砍掉一棵古樹有多愚蠢，而且還向肯尼科特銅礦公司尋求協助，那可是國家公園的對手呢？[8]令他們尷尬的是，伊利那些好傢伙把WPN-114的木塊做成了紀念品，包括送給內華達州國會議員的一枚紙鎮。巡林員不坦率地為自己辯護。他們說，柯里需要砍倒一棵樹，以確定生長錐技術。我們選了一棵看似健康狀況不佳的；我們沒有理由覺得那是最老的一棵。至於柯里，他繼續用被動語態記錄：一枚橫切面被視為建構樹輪年表重要的「架構」，可以依此「間接」為冰川事件的年代定年。[9]

來自圖森的樹輪學者對這一切提出了異議。瓦爾．拉馬什和弗格森都在一九六五年造訪了白松郡。拉馬什毫不費力地鑽取了那棵畸形樹木的樹樁。他前往伊利市，看了飯店的展示櫃，眼前的景象令他不寒而慄。弗格森檢視了儲藏室裡的另一塊橫切面，證實了柯里計算的樹輪數。這位樹輪專家因為砍樹而震驚，寫了封信給他在林務署華盛頓特區總部的高層人脈，卻得到令人失望的回應：現場的人向我們保證，柯里確信需要砍樹才能取得科學數據。實情是否如此，我們不便評論；或許你同為科學家，應該與柯里辯論，而非找我們辯論。其實，舒爾曼博士也曾砍下一棵刺果松。[10]

整個一九六六年，愈來愈多媒體管道報導了關於前任最古老樹木的精簡資訊，蘭伯特則努力爭取長篇報導的關注。就跟舒爾曼與《國家地理雜誌》的合作一樣，蘭伯特需要有人幫助他了解他的受眾。蘭伯特希望再度接觸《讀者文摘》，於是雇用了一流的文學經紀人。這位經紀人在他位在第五街的辦公室，用打字機打下了直白的評估。[11]他解釋道，你有三個類型可以選擇：觀點，需要權威；資訊，需要時效性；以及娛樂。你的文章企圖同時達到這三個目的，但其實應當致力避免這樣。你並不是植物權威，而這棵樹的故事也不具時效性。更糟的是，你的寫法充滿技術性和學究性，缺乏娛樂性。蘭伯特不屈不撓，又試了一次，得到《讀者文摘》斬釘截鐵的拒絕：雖然我們和你一樣，對於砍倒四千九百歲的樹發自內心地憤怒，但你一直沒用我們能採用的方式表達。

以蘭伯特豐富的寫作經驗足以了解，受害者需要名字。蘭伯特從前住在內華達州時，曾經為來訪的穆里和大衛・布魯爾（David Brower）等環保人士導覽刺果松森林，而他就像稱職的導遊，為一些上相的樣本取了很炫的綽號：佛陀、蘇格拉底、暴風之王、攀崖者、巫樹、流浪兒和搖錢樹——因為一名攝影師朋友賣出了很多那棵樹的照片。蘭伯特無法完全確定，但他相信柯里選的那棵樹被他稱為「斜塔」。蘭伯特以訃告撰寫者的身分，決定把那棵樹重新命名為「普羅米修斯」（Prometheus），以紀念那位將火種帶給人類，最後無止境被鏈在山上的泰坦巨人——古希臘悲劇作家艾斯奇勒斯（Aeschylus）玩弄著不同的計算數字：十三代、一萬年、無盡數的三倍久。

最終，一九六八年，蘭伯特成功在《奧杜邦》（*Audubon*）發表了他對這些事件的詮釋。文章名為〈物種的殉道者〉（Martyr for a Species），副標是：「地球上最古老的生物竟以科學之名遭殺害（沒錯，是謀殺！）」。這個道聽途說的版本既不精湛又有錯誤，卻成了經典版本。美國林務署和柯里卻欠缺發布糾正或反駁的道德權威。[12]

林務署為了控制損害，雇用樹輪研究實驗室為蛇山山脈族群進行適當的樹輪學調查。林務署心照不宣的希望是，主要調查者弗格森能找到更老的樹。一九七〇年，弗格森得到一個不幸的結論；他寫道，我認為WPN-114是獨一無二的，並且確實是一個獨特的樹齡級別。冰磧上，只有幾棵樹超過三千年。弗格森的同事拉馬什研究了死亡地點，判斷排水模式在降水量相對多的地區產生了一個異常乾燥的微棲地。在這個規模最小、時間最長的尺度上，發生了逆境中的長壽奇蹟。[13]

當圖森的研究者進行調查的同時，柯里完成了他的學位，並將他的論文束之高閣。[14] 除了《生態學》期刊的報告之外，他的刺果松實地考察工作並未有其他科學發表。柯里轉向去研究過去氣候的無生命紀錄，把WPN-114讓給其他人解讀。蘭伯特在一本獻給舒爾曼的咖啡桌精裝書《森林線古木》(*Timberline Ancients*)中重述了這個殉道故事。在他對樹輪科學的哲學敘述中，蘭伯特將大盆地刺果松當作地球意識的管道，他和共同參與環保運動的妻子艾琳稱之為「地球人精神」(earthmanship)。為了提高曝光率，登山家兼冒險攝影師蓋倫．羅威爾在一九七四年首度發表了WPN-114的影像。他在冬天腳踩著玻璃纖維滑雪板，花了兩天尋找樹樁。他寫道，那個景象實在令人厭惡。[15]

一九八五年，普羅米修斯松逝世二十週年之際，這個故事成了鏈鋸謀殺的傳說，一名記者找到了關鍵參與者。柯里當時已是猶他大學的教授，靠著當年卑微的地位來掩護自己。他說，當時我只是來自別州的研究生，沒權下令做任何事。被稱為怪物並不好受。同時，那個一直逃過大眾羞辱的前地區巡林員，卻毫無悔意。他說，當時那棵樹幾乎已經死了；既不好看，也不雄偉。其實它還滿普通的，不是最高大的樹，沒有人會走超過一百碼（約九十公尺）去看它。不過，把它製成樹輪年表，倒是可以教育許多人。他說，能參與其中，我受寵若驚。[16]

柯里通常拒絕採訪，不過在他生涯晚期倒是有兩次例外。一九九八年，柯里堅稱在他到達之前，林務署已在冰斗中砍掉多達一百棵刺果松。他聲稱：「我對這種褻瀆感到震驚。」回顧過去，他為自己的作為感到懊悔，但並沒有自我反思。「那裡有十萬棵或更多的刺果松，我只調查了五百棵。所以，我找到最老刺果松的機率有多高？」後續的電影訪談中，柯里加倍押注在他純粹倒楣的故事，並恢復了被動的集體語氣，接著發出難以置信的輕笑：「最終被砍伐的那棵樹，其實是我們爬上側冰磧山脊後看到的第一棵老樹。當時我們只找了五分鐘。」[17]

大約在這個時候，柯里把他「受詛咒」的遺物——切成五塊的橫切面，加上髓心區塊——贈予德州大學阿靈頓分校的一位植物學家，而那位植物學家之後又把它捐給亞利桑那大學，樹輪學者在那裡進行了交叉定年。[18]他們把內層樹輪定為西元前二九三六年，所以那棵樹至少活了四千九百歲，很可能有五千歲。

二〇〇四年，柯里去世，享壽七十歲，一生從未能掌握自己的學術聲譽。大盆地國家公園隨後把WPN-114的一塊橫切面放在遊客中心展示，並附上了死後的赦免：「毀滅帶來保護；這些古老的樹木現在在聯邦土地上受到保護，多少是因為大眾在失去普羅米修斯松之後的激烈抗議。砍下普羅米修斯松的研究者，後來成為創立大盆地國家公園最強勁的推動者。」柯里的一位朋友更新了已故教授的維基百科條目，改為紀念傳記的形式，對這位地形學者的生涯提供了更複雜並同情的觀點，表示他大力倡導保育鹽湖城附近的更新世地質遺產。不到四十八小時，維基百科的一位守門員就復原了關於砍倒最老生物的研究生的「中立觀點」。

在蘭伯特死後才出版的自傳中，他提出自己的數據主張：他在雜誌、書籍與再版書籍中關於普羅米修斯松的文章，總計高達三千五百萬份，以十幾種語言出版。[19]他當初提出的殉道故事，是為了達到政治目的。當美國國會在一九八六年設立大盆地國家公園，最終把惠勒峰納入國家公園管理局的管轄之下時，這個目的就消失了。但人們繼續講述著這個故事的各種版本，精簡版本加上潤飾、誤傳和扭曲，但說實在的，誰能抗拒呢？普羅米修斯松的故事非常適合營火晚會、播客（Podcast）和農場文章標題：科學界五大失敗案例、史上十大失誤事件、比你更失敗的三個人、毀掉無價之寶的五個高智商白癡。

那種油腔滑調的態度憑白浪費了好故事，甚至汙辱了古老植物。在全新世的最終階段，這個時代最老的樹過早死去，絕對值得比「哇喔」更深刻的敘事。

在我心裡，柯里反映了砍倒黎巴嫩雪松的恩奇杜，以及下令砍掉女神樹叢的厄律西特——成功的男性褻瀆者，而非失敗者。把神話意義套在二十世紀的普通猶他人州身上，或許看似荒謬不公平，不過，這個故事的重點並不是柯里本人。相對於這個敘事，柯里是個典型，而正確地呈現這個典型很重要。柯里當時是研究生，但他初出茅廬的專業身分並不是關鍵。在柯里那一代，許多資格完美的男性都曾以科學之名犯過錯。一九六四年，柯里只是另一個普通的男性研究員，追求可測量的數據和數據所帶來的職涯認可。根據現代科學的核心原則，任何事物都能數據化。雖然量化資訊在一開始可能缺乏問題或應用——以及貨幣化——但科學家們堅信，量化本身會產生正向的好處，而更多行列的數字會帶來更多進步，以及更多的引用。

以神話的角度來看，WPN-114死後可能成為另一棵「知識之樹」，前提是科學家將其樹幹裡的樹輪應用在有意義的問題上。反過來說，WPN-114原本可以成為「智慧之樹」，但科學家和巡林員沒能節制他們的普羅米修斯之權，讓那棵樹享盡天年。然而，人們缺乏神祇和樹精的監督，只因為自己可以，就摧毀了這棵「數據之樹」。

我看到它的殘骸，摸到鑽孔的聖痕，眼前場景一片灰暗。在烏雲密布的天空下，石英岩地上躺著一棵死去的枯木。我沒預期到自己會有什麼感受，但驚訝於竟會是如此沉痛的悲傷。我以一種具體且極度在地的方式，感知到一個全球尺度的道德困境。為了理解人類如何改變地球，人類必須對地球系統有長期的認識，包括臨界點、非線性動態和回饋循環。然而，這樣的認知過程卻伴隨著愈來愈多的抽象化、數據化和去精神化。我們把所有一切事情都量化，把量化的數據儲存在雲端，然後繼續失去所在的星球。如果將整個全新世冗餘的兆兆位元組氣候數據壓縮、實體化，並且集中成一個有機碳基的具體形式，我想它應該會很像WPN-114——一棵無生命的樹，佇立在無冰的冰斗的邊緣。

每一本歷史書，即使有回顧性的總結，也都是線性的，有著強加的結局，而我的終極結尾是寫給刺果松的祝福：

願世上不再有被精確知曉的更古老生物。

願地球上永遠會有具綜觀時間性的生物，無論我們是否知曉。

# 附註

1. National Park Service, Region Four Office, *Results of Field Investigations for Proposed National Park in the Snake Range of Eastern Nevada* (San Francisco, 1959).
2. 以下的細節來自伊利和雷諾的報紙，以及兩組一手資料。第一組是由魏斯·弗格森收集的，散落在亞利桑那大筝樹輪研究實驗室的內部資料庫中。較大的一組，包括當時的信件、備忘錄、剪報、手稿和訪談筆記，由達爾文·蘭伯特收集，捐贈給大盆地國家公園。這兩組收藏都未正式歸檔，一般大眾也無法查閱，因此無法提供檔案櫃與檔案夾編號。
3. 地方巡林員是唐諾·E·科克斯（Donald E. Cox），監督員是威福·L·「瘦子」·漢森（Wilford L. “Slim” Hansen）。
4. 他的本名叫米蘭·約瑟夫·德拉庫利奇（Milan Joseph Drakulich）。其他員工（執行的人）的身分並未記錄。科克斯可能幫了忙。唐諾·柯里的研究助理傑佛瑞·沃德（Jeffrey Ward）逃避譴責。首席博物學家是基斯·A·崔斯勒（Keith A. Trexler）。
5. *Ecology* 46, no. 4 (July 1965): 564–566.
6. “Tree Found That’s 4,900 Years Old,” *Charlotte Observer*, August 12, 1965.
7. US Senate, 89th Cong., 2nd. sess., *Hearings Before a Subcommittee of the Committee on Appropriations on H.R. 14215*, pt. 2 (1966), 1157–1165. The chief was Edward P. Cliff.

8. 地區林務官佛洛伊德・艾佛森（Floyd Iverson），任命羅伯特・A・羅文（Robert A. Rowen）為洪堡德國家森林的新任監督員，取代瘦子漢森；漢森在一九六五年十二月退休。

9. Currey to Assistant Regional Forester John Mattoon, March 21, 1966.

10. The author of this letter was Frederick W. Grover, Director of the Division of Land Classification.

11. 這位經紀人是史考特・梅雷迪斯（Scott Meredith）。

12. Darwin Lambert, "Martyr for a Species," *Audubon* 70 (May–June 1968): 50–55.

13. C. W. Ferguson, *Dendrochronology of Bristlecone Pine in East-Central Nevada* (Tucson, 1970); Valmore C. LaMarche Jr., "Environment in Relation to Age of Bristlecone Pines," *Ecology* 50, no. 1 (January 1969): 53–59.

14. Donald R. Currey, "Neoglaciation in the Mountains of the Southwestern United States" (PhD diss., Univ. of Kansas, 1969).

15. David Muench and Darwin Lambert, *Timberline Ancients* (Portland, OR, 1972); Galen Rowell, "The Rings of Life," *Sierra Club Bulletin* 59 (September 1974): 5–7, 36–37.

16. "Legend of Killing World's Oldest Living Thing Won't Die," *Reno GazetteJournal*, October 6, 1985.

17. "High in California's White Mountains Grows the Oldest Living Creature Ever Found," *San Francisco Chronicle*, August 23, 1998; *Methuselah Tree* (dir. Ian Duncan), *Nova*, season 28, episode 11, Public Broadcasting Service, December 11, 2001.

18. 這位植物學家是霍華德・J・阿諾特（Howard J. Arnott）；樹輪學者則是麥特・薩爾澤和克里斯・拜桑

（Chris Baisan）。

19. Darwin Lambert, *Earth Sweet Earth: My Life Inside Nature* (Spokane, 2014), 350.

# 謝辭

若沒有這三家機構的經費協助，我不可能做好這本書的研究：國家人文基金會（National Endowment for the Humanities，公共學者計畫），阿弗列德・P・史隆基金會（Alfred P. Sloan Foundation，大眾理解科學計畫）和紐約卡內基基金會（安德魯・卡內基研究員計畫）。

同樣的，少了以下四家學術機構的協助，我也不可能寫成這本書：慕尼黑路德維希－馬克西米連大學（Ludwig-Maximilians-Universität）的瑞秋卡森中心（Rachel Carson Center）、柏林的美國學院、石溪大學（Stony Brook University）文理學院，以及賓州大學文理學院。

寫作草稿之始和結束時，我分別在紐西蘭奧克蘭的麥克・金作家中心（Michael King Writers Centre），以及愛達荷州克查姆的歐內斯特與瑪麗海明威故居（Ernest and Mary Hemingway House）迷人的靜謐中工作。

Basic Books的出版者拉拉・海默特（Lara Heimert）展現耐性，總編布萊恩・迪斯特伯格（Brian Distelberg）給了我指導，而副主編麥可・卡勒（Michael Kaler）則提供意見。另外，阿米羅斯・麥庫・吉爾（Amyrose McCue Gill）重建了我對文字編輯的信心。

以下的學者同僚幫我審核各章節：James Beattie、Anne Berg、Matthew Booker、Alex、Don Falk、

Tom Lekan、Catherine McNeur、David Schoenbrun、Emily Wakild、Beth Wenger、Caroline Winterer。

Matt Ritter和Jenn Yost在我最需要的時候，安排了加州的訪談。

許多其他人都以專業、鼓勵或殷勤款待相助。我盡我的記憶力，在此按字母排序列出他們：

René Ahlborn / Craig Allen / Lisa Amati / Jenny Anderson / Aviva Arad / Ligia Arguilez / Chris Baisan / Tanya Bakhmetyeva / Barbara Bentz / Sta an Bergwik / Eunice Blavascunas / Gretel Boswijk / Peter Brown / Erika Bsumek / Andy Bunn / Tony Caprio / Octavia Carr / Chris Chetland / José Chueca / Valerie Cohen / Ed Cook / Peter Crane / Pearce Paul Creasman / Samantha D'Acunto / Sara Dant / Brian DeLay / Peter Del Tredici / Karen Elsbernd / Jenny Emery-Davidson / Don Falk / Clark Farmer / Zosia Farmer / Antonio Feros / Dan Flores / Tim Forsell / Anthony Fowler / David Frank / Eliza French / Cebron Fussell / Dan Gerstle / Larissa Glasser / Bob Goldberg / Paul Gootenberg / Wilko Graf von Hardenberg / Lisa Graumlich / Peggy Grove / Susan Grumet / Huia Hamon / Dave Hardin / Carter Hedberg / Arielle Helmick / Rodolfo Alfredo Hernández Rea / Tim Hills / Peter Holquist / Malcolm Hughes / Kuang-chi Hung / Cathy Hunter / Laura Hurtado / Anna Iwanik / Karl Jacoby / Beth James / Bogdan Jaroszewicz / Eva Jensen / Tom Kearns / Brandon Keim / Arthur Kiron / Tom Klubock / Sacha Kopp / Yolande Korb / Werner Krauß / Deborah Farmer Kris / Mike Kris / Ron Lanner / Doug Larson / Sara Lipton / Drew Lorrey / Gary Lowe / Magda M czy ska / Christof Mauch / Don McGraw / Richard Menzies / Connie Millar / Juan Montes-Lara / Robert Nelson / Nick Okrent / Cindy Ott / Jonathan Palmer / Lisa Pearson / Neil Pederson / Alessandro Pezzati / Deborah Poole /

Jenny Price / Mitch Provance / Megan Raby / Nishi Rajakaruna / Gregory Raml / Zander Rose / Amy Rule / Chris Sabella / Matt Salzer / Donna Sammis / Andy Sanders / Vince Santucci / Carol Scherer / Jack Schmidt / Katja Schmidtpott / Richard Schulman / Prerna Singh / David Stahle / Bill Stein / Nate Stephenson / Tania Stewart / Scotty Strachan / Ellen Stroud / Jane Sundberg / Jacque Sundstrand / Tom Swetnam / Ricky Tomczak / Jonathan Treat / Skip Vasquez / Denise Waterbury / Doron Weber / Je Weiss / Bede West / Richard White / Martha Williams / Richa Wilson / Scott Wing / Connie Woodhouse / Shang Yasuda。

我對這些人和機構的感激之情，言語難盡。陌生人的善意、同事的慷慨和朋友的善良，時常令我自殘形穢。我誓言也要為他人付出。

櫟（屬）（oak; *Quercus* spp.）——P.16, 17, 20, 25, 27, 63, 113-117, 119, 154-156, 163-167, 249, 343, 351, 365-367, 369, 373, 390, 397, 417, 418, 447
櫟樹死亡（sudden oak death; *Phytophthora ramorum*）——P.390, 447
羅漢松科（podocarp family; *Podocarpaceae*）——P.387
蘇鐵（門）（cycads; *Cycadophyta*）——P.393-397, 401
顫楊（quaking aspen，*Populus tremuloides*) ——P.36, 386-391

## ◎14劃

斐氏鱗莖藏米蘇鐵（pineapple zamia; *Lepidozamia peroffskyana*）——P.395
裸子植物（門）（gymnosperms; *Gymnospermae*）——P.23, 33-35, 43, 85, 189, 198, 199, 267, 394, 399, 442, 460
銀杏（ginkgo; *Ginkgo biloba*）——P.34, 35, 43, 50, 66-72, 377, 382, 384, 457, 460,
銀杏門（ginkgophytes; *Ginkgophyta*）——P.66, 72

## ◎15劃

墨西哥矮松（piñon pine; *Pinus* subsect. *Cembroides*）——P.315, 365, 366, 399, 419
墨西哥落羽松（ahuehuete, Mexican cypress, Montezuma cypress, sabino; *Taxodium mucronatum*）——P.136, 144, 145, 147, 148, 173, 175, 367
槭（屬）（maple; *Ace* spp.）——P.418, 446
歐洲赤松（Scots pine; *Pinus sylvestris*）——P.94, 231
歐洲紅豆杉（European yew, English yew, common yew; *Taxus baccata*）——P.22, 92-108, 119, 128, 156
歐洲栗（sweet chestnut; *Castanea sativa*）——P.369, 370, 373, 375
歐洲雲杉（Norway spruce; *Picea abies*）——P.392
黎巴嫩雪松（cedar of Lebanon; *Cedrus libani*）——P.50, 54-57, 208, 476

## ◎16劃以上

橄欖（olive; *Olea europaea*）——P.35, 50, 58-65, 70, 77, 85, 101, 190
橡膠樹（rubber tree; *Hevea brasiliensis*) ——P.375
篤耨香（terebinth; *Pistacia terebinthus* subsp.*Palaestina*) ——P.16
糖松（sugar pine; *Pinus lambertiana*）——P.258
錦熟黃楊（box; *Buxus sempervirens*）——P.94
龍血樹（dragon tree，drago; *Dracaena draco*）——P.19, 136-140, 142-144, 150, 152, 168, 171, 179, 179, 294
藍桉（blue gum; Tasmanian; *Eucalyptus globulus*）——P.203
藍櫟（blue oak; *Quercus douglasii*）——P.365

◎11劃

梣屬（ash; *Fraxinus* spp.）——P.117, 416
被子植物（angiosperms; *Angiospermae*〔被子植物門〕，*Magnoliophyta*〔木蘭植物門〕）——P.34, 35, 59, 66, 93, 267, 368, 369, 394
莎草（tule; *Schoenoplectus acutus*）——P.148

◎12劃

單子葉植物（monocots; monocotyledons）——P.144, 394
單葉松（single-leaf piñon pine; *Pinus monophylla*）——P.318, 426
智利四鱗柏（alerce; lahuán; Patagonian cypress; *Fitzroya cupressoides*）——P.198-203, 207, 209, 222-224, 226, 228, 229, 237, 245, 322, 452
智利南洋杉（monkey puzzle tree; pewen; pehuén; *Araucaria araucana*）——P.109, 384
棕櫚科（palm family; *Arecaceae*）——P.61, 64, 137, 139, 140, 143, 144, 208, 380, 394
猢猻木（African baobab; *Adansonia digitata*）——P.19, 50, 80-86, 101, 102, 139, 140, 202
猢猻木（屬）（baobab; *Adansonia* spp.）——P.83, 84
菩提樹（bodhi tree; pipal; peepul; bodhi tree; sacred fig; *Ficus religiosa*）——P.25, 60, 72-69, 84
雲杉（屬）（spruce; *Picea* spp.）——P.460
黃楊越橘（box huckleberry; *Gaylussacia brachycera*）——P.397-399
黑胡桃（black walnut; *Juglans nigra*）——P.246

◎13劃

落羽松（bald cypress; swamp cypress; *axodium distichum*）——P. 19, 136-151, 172-179, 201, 202, 367, 368, 412, 453, 454, 460
鉛筆柏（red cedar; *Juniperus virginiana*）——P.366
顫楊（aspen; *Populus* spp.）——P.36, 386, 388-391

## ◎9劃

侯恩松（Huon pine; *Lagarostrobos franklinii*）——P.386-388
南洋杉科（araucaria family; Araucariaceae）——P.199
垂柳（weeping willow; *Salix babylonica*) ——P.111
星毛櫟（post oak; *Quercus stellate*）——P.366, 367
柏木（屬）(cypress; *Cupressus* spp.) ——P.111
柏科（cypress family; *Cupressaceae*）——P.34, 203, 208,
柔枝松（limber pine; *Pinus flexilis*）——P. 318, 323, 325, 423, 424
柳杉（sugi, Japanese cedar; *Cryptomeria japonica*）——P.208-210, 212, 215-218, 235, 237, 351
洛磯山刺果松（Rocky Mountain bristlecone pine; *Pinus aristata*）——P.347
紅杉亞科（redwood subfamily; *Sequoioideae*) ——P.257
紅豆杉（屬）(yew; *Taxus* spp.）——P.96
紅槭（red maple; *Acer rubrum*）——P.418
紅檜（benihi; *Chamaecyparis formosensis*）——P.208, 212, 213, 215, 216
美國西部黃松（ponderosa pine; *Pinus ponderosa*）——P.267, 268, 291
美國板栗（American chestnut; *Castanea dentata*）——P.436, 448
美國尖葉扁柏（俗稱大西洋雪松，Atlantic white cedar; *Chamaecyparis thyoides*）——P.435, 452, 453
美國黑紫樹（black gum; sour gum; tupelo; *Nyssa sylvatica*）——P.368

## ◎10劃

夏櫟（European oak; English oak; common oak; *Quercus robur*) ——P.20, 113, 343, 351
桉（屬）(eucalyptus; *Eucalyptus* spp.）——P.148, 432
針葉樹（conifers; *Pinophyta*〔松柏門〕, *Coniferophyta*〔毬果門〕, *Coniferae*〔松柏目〕)——P.19-22, 34-36, 42, 43, 54, 68, 93-95, 98, 99, 108, 113, 118, 119, 127, 144, 154, 188, 189, 193, 204, 205, 208, 210-212, 229-231, 237, 257, 267, 272, 281, 291, 292, 314-317, 323, 325, 333, 343, 344, 350-355, 362, 364, 367, 369, 377, 379, 380, 384, 386, 387, 390, 394, 395, 412, 417, 419-422, 425, 428, 433-435, 440, 452, 457, 460, 467

北美紅杉（coast redwood; redwood; *Sequoia sempervirens*）——P.194, 203, 204, 206, 222, 245, 274, 278, 380
北美側柏（northern white cedar; arborvitae; *Thuja occidentalis*）——P.363, 364, 369, 404, 453
可可樹（cocoa tree; *Theobroma cacao*）——P.375, 447
瓦勒邁杉（Wollemi pine; *Wollemia nobilis*）——P.362, 377, 384-386, 388

## ◎6劃

吉野櫻（Yoshino cherry; *Prunus × yedoensis*）——P.215, 454

## ◎7劃

貝殼杉（kauri; *Agathis australis*）——P.35, 188-299, 229-237, 245, 394, 412, 442-453
貝殼杉梢枯病（kauri dieback; *Phytophthora agathidicida*〔貝殼杉疫病菌〕）——P.236, 447

## ◎8劃

刺果松，見大盆地刺果松、洛磯山刺果松（Great Basin bristlecone pine; Rocky Mountain bristlecone pine）——P.13, 14, 22-24, 30, 33-36, 304-355, 362, 363, 391, 397, 399, 401, 402, 412, 422-425, 427, 428, 430, 431, 433, 437, 450, 452, 453, 465-470, 473-475, 477
刺柏（屬）（juniper; *Juniperus* spp.）——P.62, 363, 365, 366, 399,
岩櫟（chestnut oak; *Quercus montana*）——P.418
放射松（Monterey pine; *Pinus radiata*）——P.203, 224, 230, 231, 377
松（屬）（pine; *Pinus* spp.）——P. 460
松科（pine family，*Pinaceae*）——P.425, 34
狐尾松（foxtail pine; *Pinus balfouriana*）——P.346, 425
狐尾松亞節（foxtail pine subsection; *Pinu* subsect. *balfouriana*）——P. 425
花棋松（Douglas fir; *Pseudotsuga menziesii*）——P.210
雨豆樹（saman; rain tree; *Samanea saman*）——P.142, 143, 178,

# 植物索引

植物在不同語言中有著不斷變動的名稱。俗名常會誤導我們：多數「雪松」並不屬於雪松屬（Cedrus），某些「松樹」與松屬（Pinus）也相去甚遠。即使是二名命名法也並非穩定不變。「物種」本身就是一個具爭議的概念，尤其自從基因體學興起以來更是如此。科學名稱雖然有助於分類學與科學溝通，甚至已被納入環境法規，但它們永遠不應被視為對固定實體的完美描述。

### ◎3劃

三齒瓣團香木（creosote bush; *Larrea tridentata*）——P.393, 400-402
大盆地刺果松（Great Basin bristlecone pine; bristlecone; *Pinus longaeva*）——P.14, 23, 25, 304-355, 363, 402, 423-425, 474
山毛櫸（屬）（beech; *Fagus* spp.）——P.93, 165, 166

### ◎4劃

巴西栗（Brazil nut; castanha; *Bertholletia excelsa*）——P.375, 376
日本扁柏（hinoki; *Chamaecyparis obtusa*）——P.217, 210, 215, 237
水杉（Chinese redwood; dawn redwood; metasequoia; *Metasequoia glyptostroboides*）——P.362, 378-384, 412, 454, 457, 458, 460

### ◎5劃

世界爺（giant sequoia; sequoia; Big Tree; Mammoth Tree; Sierra redwood; *Sequoiadendron-giganteum*) ——P.22, 35, 69, 150, 194, 202, 226, 244-294, 304, 311, 313, 315, 325-328, 337, 350, 379, 381, 396, 397, 425, 435, 446, 470
以色列櫟（Palestine oak; *Quercus calliprinos* ）——P.17
冬青（holly; *Ilex aquifolium*）——P.94, 127

亞化石水杉：Jane E. Francis, "Polar Fossil Forests," *Geology Today* (May–June 1990): 92–95; A. Hope Jahren, "The Arctic Forest of the Middle Eocene," *Annual Review of Earth and Planetary Sciences* 35 (2007): 509–540; and Hong Yang and Qin Leng, "Old Molecules, New Climate: *Metasequoia*'s Secrets," *Arnoldia* 76, no. 2 (2018): 24–32.

古新世－始新世極熱事件代理資料：Melanie L. DeVore and Kathleen B. Pigg, "The Paleocene– Eocene Thermal Maximum: Plants as Paleothermometers, Rain Gauges, and Monitors," in *Nature Through Time: Virtual Field Trips Through the Nature of the Past*, ed. Edoardo Martinetto et al. (Cham, 2020); and articles by Scott L. Wing.

古新世－始新世極熱事件與長期思考：Henrik H. Svensen et al., "The Past as a Mirror: Deep Time Climate Change Exemplarity in the Anthropocene," *Culture Unbound* 11, nos. 3–4 (2019): 330–352.

多格蘭與海平面上升：see books by Vincent L. Gaffney et al.; Brian M. Fagan; and Jim Leary. For a *longue durée* account of humans and climate: John L. Brooke, *Climate Change and the Course of Global History: A Rough Journey* (Cambridge, 2014).

## 後記：普羅米修斯松之死

難惠勒峰的保育政治：Darwin Lambert, *Great Basin Drama: The Story of a National Park* (Niwot, 1991). For other takes on WPN-114: Michael P. Cohen, *A Garden of Bristlecones: Tales of Change in the Great Basin* (Reno, 1998); Radiolab, "Oops," WNYC podcast, June 28, 2010; "The Ghost of Prometheus: A Long-Gone Tree and the Artist Who Resurrected Its Memory," *Los Angeles Times*, February 27, 2015; and "The World's Oldest Tree Might or Might Not Be Sitting in a Warehouse in Tucson," *Arizona Republic*, October 3, 2015.

*Laws of Biology Tell Us about the Destiny of the Human Species* (New York, 2021).

古樹的生態學重要性：Charles H. Cannon et al., "Old and Ancient Trees are Life History Lottery Winners and Vital Evolutionary Resources for Long-Term Adaptive Capacity," *Nature Plants* 8 (February 2022): 136–145.

全球高大老樹數量減少：see articles by lead author David B. Lindenmayer.

基線移動：Peter S. Alagona et al., "Past Imperfect: Using Historical Ecology and Baseline Data for Conservation and Restoration Projects in North America," *Environmental Philosophy* 9, no. 1 (Spring 2012): 49–70; Robin Kundis Craig, "Perceiving Change and Knowing Nature: Shifting Baselines and Nature's Resiliency," *Environmental Law and Contrasting Ideas of Nature: A Constructivist Approach*, ed. Keith H. Hirokawa (Cambridge, 2014), 87–111; and Irus Braverman, "Shifting Baselines in Coral Conservation," *Nature and Space* 3, no. 1 (2020): 20–39.

在鄉鄉愁：Renato Rosaldo, "Imperialist Nostalgia," *Representations* 26 (Spring 1989): 107–122; and Svetlana Boym, *The Future of Nostalgia* (New York, 2001).

氣候焦慮與悲傷：Glenn A. Albrecht, *Earth Emotions: New Words for a New World* (Ithaca, 2019).

年輕氣候運動：Daniel Sherrell, *Warmth: Coming of Age at the End of Our World* (New York, 2021).

叢林居民轉行藝術家：*Rei Hamon: Artist of New Zealand—His Life and His Drawings* (Auckland, 1971).

叢林裡消失的鳥類：Julianne Lutz Warren, "Huia Echoes," in *Future Remains: A Cabinet of Curiosities for the Anthropocene*, ed. Gregg Mitman et al. (Chicago, 2018), 71–80.

貝殼杉梢枯病：search for articles on *Phytophthora agathidicida*, and consult the Kauri Dieback Programme: kauri protection.co.nz.

亞化石貝殼杉：Kate Evans, "Buried Treasure," *New Zealand Geographic* 142 (November–December 2016): 34–53; Andrew M. Lorrey and Gretel Boswijk, *Understanding the Scientific Value of Subfossil Bog (Swamp) Kauri* (Auckland, 2017); Andrew

M. Lorrey et al., "The Scientific Value and Potential of New Zealand Swamp Kauri," *Quaternary Science Reviews* 183 (March 2018): 12–39; and Kate Evans, "Swamp Sentinels," *bioGraphic*, February 18, 2021.

亞化石落羽松：David W. Stahle et al., "Tree-Ring Analysis of Ancient Baldcypress Trees and Subfossil Wood," *Quaternary Science Reviews* 34 (January 2018): 1–15.

bility, risk, and decline. For landscape-scale overviews: Constance I. Millar and Nathan L. Stephenson, "Temperate Forest Health in an Era of Emerging Megadisturbance," *Science* 349, no. 6250 (August 21, 2015): 823–826; James S. Clark et al., "The Impacts of Increasing Drought on Forest Dynamics, Structure, and Biodiversity in the United States," *Global Change Biology* 22, no. 7 (July 2016): 2329–2352; Rupert Seidl et al., "Forest Disturbances under Climate Change," *Nature Climate Change* 7 (June 2017): 395–402; Nate G. McDowell et al., "Pervasive Shifts in Forest Dynamics in a Changing World," *Science* 368, no. 6494 (May 29, 2020): eaaz9463 [online only]; articles by lead author Donald A. Falk; and the May 2022 special issue of *National Geographic*.

刺果松、柔枝松動態：Constance I. Millar et al., "Recruitment Patterns and Growth of High-Elevation Pines in Response to Climatic Variability (1883–2013) in the Western Great Basin, USA," *Canadian Journal of Forest Research* 45, no. 10 (October 2015): 1299–1312.

刺果松防禦機制：see articles by lead authors Barbara J. Bentz, Curtis A. Gray, and Justin B. Runyon.

大盆地刺果松的演化與生態：Constance I. Millar, "Impact of the Eocene on the Evolution of *Pinus* L.," *Annals of the Missouri Botanical Garden* 80, no. 2 (Spring 1993): 471–498; and Ronald M. Lanner, *The Bristlecone Book: A Natural History of the World's Oldest Trees* (Missoula, 2007).

生物地理學：David Alan Charlet, *Nevada Mountains: Landforms, Trees, and Vegetation* (Salt Lake City, 2020).

大盆地地質學：Keith Heyer Meldahl, *Rough-Hewn Land: A Geologic Journey from California to the Rocky Mountains* (Berkeley, 2011).

「快」與「慢」科學：Stuart Ritchie, *Science Fictions: How Fraud, Bias, Negligence, and Hype Undermine the Search for Truth* (New York, 2020); and Isabelle Stengers, *Another Science Is Possible: A Manifesto for Slow Science* (Cambridge, 2018).

史都華・布蘭德概述：books by Fred Turner; Andrew G. Kirk; and John Markoff. For a critique of the Clock of the Long Now: Evander L. Price, "Future Monumentality" (PhD diss., Harvard, 2019).

長今之鐘的評論：Yuval Noah Harari, *Homo Deus: A Brief History of Tomorrow* (London, 2016); Chris D. Thomas, *Inheritors of the Earth: How Nature Is Thriving in an Age of Extinction* (New York, 2017); and Rob Dunn, *A Natural History of the Future: What the*

of All German Fears: Forest Death, Environmental Activism, and the Media in 1980s Germany," in *Exploring Apocalyptica: Coming to Terms with Environmental Alarmism*, ed. Frank Uekötter (Pittsburgh, 2018), 75–106.

當代波蘭森林：Stuart Franklin, "Białowieża Forest, Poland: Representation, Myth, and the Politics of Dispossession," *Environment and Planning A* 34, no. 8 (2002): 1459–1485; Malgorzata Blicharska and Ann Van Herzele, "What['s] a Forest? Whose Forest? Struggles over Concepts and Meanings in the Debate about the Conservation of the Białowieża Forest in Poland," *Forest Policy and Economics* 57 (2015): 22–30; Eunice Blavascunas, *Foresters, Borders, and Bark Beetles: The Future of Europe's Last Primeval Forest* (Bloomington, 2020); and articles by Andrzej Bobiec.

美國東北部：Ellen Stroud, *Nature Next Door: Cities and Trees in the American Northeast* (Seattle, 2013); Charles D. Canham, *Forests Adrift: Currents Shaping the Future of Northeastern Trees* (New Haven, 2020); and Jonny Diamond, "The Old Man and the Tree," *Smithsonian* 52, no. 9 (January/February 2022): 32–43.

美國東南海岸：Elizabeth A. Rush, *Rising: Dispatches from the New American Shore* (Minneapolis, 2018).

美國西南部：Cally Carswell, "The Tree Coroners," *High Country News*, December 16, 2013; and Craig D. Allen, "Forest Ecosystem Reorganization Underway in the Southwestern United States: A Preview of Widespread Forest Changes in the Anthropocene?" in *Forest Conservation and Management in the Anthropocene*, RMRS-P-71, ed. V. Alaric Sample and R. Patrick Bixler (Fort Collins, 2014), 103–123.

北美洲西部的變化驅動因素：Andrew Nikiforuk, *Empire of the Beetle: How Human Folly and a Tiny Bug Are Killing North America's Great Forests* (Vancouver, 2011); Edward Struzik, *Firestorm: How Wildfire Will Shape Our Future* (Washington, 2017); Lauren Oakes, *In Search of the Canary Tree: The Story of a Scientist, a Cypress, and a Changing World* (New York, 2018); Daniel Mathews, *Trees in Trouble: Wildfires, Infestations, and Climate Change* (Berkeley, 2020); and articles on forests with keywords such as: disturbance, resilience, persistence, recovery, regeneration, reorganization, tree migration, range shifts, type conversion, and ecosystem change.

交互作用的氣候壓力源：search for high-citation articles with combinations of these keywords: climate-induced, drought-induced, heat-induced, climate threshold, canopy mortality, forest dieback, forest die-off, tree death, tree dieback, tree mortality, vulnera-

*gy* 47, no. 3 (May 1966): 439–447.

「潘多樹」: see articles by lead author Paul C. Rogers.

北美西部的楊樹衰退：see the website of the Western Aspen Alliance.

名為「老吉科」的生物體：G. L. Mackenthun, "The World's Oldest Living Tree Discovered in Sweden? A Critical Review," *New Journal of Botany* 5, no. 3 (2015): 200–204.

蘇鐵：David L. Jones, *Cycads of the World: Ancient Plants in Today's Landscape*, 2nd ed. (Washington, 2002); and Loran M. Whitelock, *The Cycads* (Portland, OR, 2002).

黃楊越橘：Rob Nicholson, "Little Big Plant, Box Huckleberry (*Gaylussacia brachycera*)," *Arnoldia* 68, no. 3 (2011): 11–18.

三齒瓣團香木：Frank C. Vasek, "Creosote Bush: Long-Lived Clones in the Mojave Desert," *American Journal of Botany* 67, no. 2 (February 1980): 246–255.

其他長壽的無性繁殖生物體：Rachel Sussman, *The Oldest Living Things in the World* (Chicago, 2014).

龐大：Matthew D. LaPlante, *Superlative: The Biology of Extremes* (Dallas, 2019).

植物與道德哲學：Christopher D. Stone, *Should Trees Have Standing? Law, Morality, and the Environment*, 3rd ed. (New York, 2010); Matthew Hall, *Plants as Persons: A Philosophical Botany* (Albany, 2011); Michael Marder, *Plant-Thinking: A Philosophy of Vegetal Life* (New York, 2013); Robin Wall Kimmerer, *Braiding Sweetgrass: Indigenous Wisdom, Scientific Knowledge, and the Teachings of Plants* (Minneapolis, 2015); and Rob Nixon, "The Less Selfish Gene: Forest Altruism, Neoliberalism, and the Tree of Life," *Environmental Humanities* 13, no. 2 (November 2021): 348–371.

## 第八章　哀悼時刻

酸雨與氣候變遷的相關政治：Naomi Oreskes and Erik M. Conway, *Merchants of Doubt: How a Handful of Scientists Obscured the Truth on Issues from Tobacco Smoke to Global Warming* (New York, 2010); Rachel Emma Rothschild, *Poisonous Skies: Acid Rain and the Globalization of Pollution* (Chicago, 2019); and Nathaniel Rich, *Losing Earth: A Recent History* (New York, 2019).

垂死森林的比喻：Franz-Josef Brüggemeier, "*Waldsterben*: The Construction and Deconstruction of an Environmental Problem," in *Nature in German History*, ed. Christof Mauch (New York, 2004), 119–131; and Frank Uekötter and Kenneth Anders, "The Sum

the Resilience of Chestnut Forests in Corsica: From Social-Ecological Systems Theory to Political Ecology," *Ecology and Society* 16, no. 2 (June 2011): article 5 [online only]; and Paolo Squatriti, *Landscape and Change in Early Medieval Italy: Chestnuts, Economy, and Culture* (Cambridge, 2013).

巴西栗：Glenn H. Shepard Jr. and Henri Ramirez, "'Made in Brazil': Human Dispersal of the Brazil Nut (*Bertholletia excelsa*, Lecythidaceae) in Ancient Amazonia," *Economic Botany* 65, no. 1 (2011): 44–65; and Evert Thomas et al., "Uncovering Spatial Patterns in the Natural and Human History of Brazil Nut (*Bertholletia excelsa*) Across the Amazon Basin," *Journal of Biogeography* 42 (2015): 1367–1382.

亞馬遜森林的植物馴化：see articles by lead authors Charles R. Clement and Carolina Levis.

亞馬遜樹木分布：see articles by lead author Hans ter Steege.

亞馬遜的想像：see books by Candace Slater; Susanna B. Hecht; and Eduardo Kohn.

荒野迷思」和「荒野的麻煩」: see articles by William M. Denevan and William Cronon, respectively.

族群結構概述：Charles C. Mann, *1491: New Revelations of the Americas Before Columbus* (New York, 2005).

水杉："Metasequoia After Fifty Years," special combined issue of *Arnoldia* 58/59, nos. 4/1 (1998–1999); Edmund H. Fulling, "Metasequoia—Fossil and Living—an Initial Thirty Year (1941–1970) Annotated and Indexed Bibliography with an Historical Introduction," *Botanical Review* 42, no. 3 (July–September 1976): 215–314; Jinshuang Ma, "The Chronology of the 'Living Fossil' *Metasequoia Glyptostroboides* (Taxodiaceae): A Review (1943–2003)," *Harvard Papers in Botany* 8, no. 1 (2003): 9–18; and Ben A. LePage et al., eds., *The Geobiology and Ecology of* Metasequoia (Dordrecht, 2005).

新南威爾斯的瓦勒邁杉：James Woodford, *The Wollemi Pine: The Incredible Discovery of a Living Fossil from the Age of the Dinosaurs* (Melbourne, 2000); and John Pastoriza-Piñol, "*Wollemia nobilis*," *Curtis's Botanical Magazine* 24, no. 3 (August 2007): 155–161.

塔斯馬尼亞的澳洲紅豆杉：Garry Kerr and Harry McDermott, *The Huon Pine Story: A History of Harvest and Use of a Unique Timber*, 2nd ed. (Portland, Victoria, 2004); and articles by lead author Edward R. Cook.

楊樹無性繁殖：Burton V. Barnes, "The Clonal Growth Habit of American Aspens," *Ecolo-*

(Reno, 1989); Clarence A. Hall, ed., *Natural History of the White-Inyo Range, Eastern California* (Berkeley, 1991); and Donald K. Grayson, *The Great Basin: A Natural Prehistory*, rev. ed. (Berkeley, 2011).

事物的本體論：Jane Bennett, *Vibrant Matter: A Political Ecology of Things* (Durham, NC, 2009); John Durham Peters, *The Marvelous Clouds: Toward a Philosophy of Elemental Media* (Chicago, 2015); and David Wood, *Thinking Plant Animal Human: Encounters with Communities of Difference* (Minneapolis, 2020).

## 第七章　新發現的長壽植物

艾德蒙・舒爾曼「逆境中的長壽」更新：David W. Stahle, "Tree Rings and Ancient Forest Relics," *Arnoldia* 56, no. 4 (Winter 1996–1997): 2–10; D. W. Larson et al., "Evidence for the Widespread Occurrence of Ancient Forests on Cliffs," *Journal of Biogeography* 27, no. 2 (March 2000): 319–331; Neil Pederson, "External Characteristics of Old Trees in the Eastern Deciduous Forest," *Natural Areas Journal* 30, no. 4 (October 2010): 396–407; and Alfredo Di Filippo et al., "The Longevity of Broadleaf Deciduous Trees in Northern Hemisphere Temperate Forests: Insights from Tree-Ring Series," *Frontiers in Ecology and Evolution* 3, no. 46 (May 2015): 1–15.

安大略省的美國側柏：Peter E. Kelly and Douglas W. Larson, *The Last Stand: A Journey Through the Ancient Cliff-Face Forest of the Niagara Escarpment* (Toronto, 2007).

克羅斯廷伯斯：Richard V. Francaviglia, *The Cast Iron Forest: A Natural and Cultural History of the North American Cross Timbers* (Austin, 2000); and the website of the Ancient Cross Timbers Consortium.

北卡羅萊納的落羽松：David W. Stahle et al., "Longevity, Climate Sensitivity, and Conservation Status of Wetland Trees at Black River, North Carolina," *Environmental Research Communications* 1, no. 4 (2019): 1–8; and Ayurella Horn-Muller, "The Oldest Tree in Eastern US Survived Millennia—but Rising Seas Could Kill It," *Guardian*, August 1, 2021.

歐洲栗：Jean-Robert Pitte, *Terres de Castanide: Hommes et paysages du Châtaignier de l'Antiquité à nos jours* (Paris, 1986); M. Conedera et al., "The Cultivation of *Castanea sativa* (Mill.) in Europe, from Its Origin to Its Diffusion on a Continental Scale," *Vegetation History and Archaeobotany* 13 (2004): 161–179; Genevieve Michon, "Revisiting

*and the Future of Water in the West* (Berkeley, 2008); William deBuys, *A Great Aridness: Climate Change and the Future of the American Southwest* (Oxford, 2011); and Ingram and Malamud-Roam, *West without Water*.

艾德蒙・舒爾曼的子學科：H. C. Fritts, *Tree Rings and Climate* (London, 1976); and Malcolm K. Hughes et al., eds., *Dendroclimatology: Progress and Prospects* (Dordrecht, 2011).

年輪研究實驗室概述：Scott Norris, "Reading Between the Lines," *BioScience* 50, no. 5 (May 2000): 389–394; and Michelle Nijhuis, "Written in the Rings," *High Country News*, January 24, 2005.

年輪研究實驗室科學家的刺果松研究：see the online UA Campus Repository.

氣候重建與模擬：Spencer R. Weart, *The Discovery of Global Warming*, rev. ed. (Cambridge, MA, 2008); Paul N. Edwards, *A Vast Machine: Computer Models, Climate Data, and the Politics of Global Warming* (Cambridge, MA, 2010); and Joshua P. Howe, *Behind the Curve: Science and the Politics of Global Warming* (Seattle, 2014).

代理資料的文化意義：Matthias Dörries, "Politics, Geological Past, and the Future of the Earth," *Historical Social Research* 40, no. 2 (2015): 22–36; and Alessandro Antonello and Mark Carey, "Ice Cores and the Temporalities of the Global Environment," *Environmental Humanities* 9, no. 2 (November 2017): 181–203.

代理資料的政治化：Michael E. Mann, *The Hockey Stick and the Climate Wars: Dispatches from the Front Lines* (New York, 2012).

分類學：D. K. Bailey, "Phytogeography and Taxonomy of *Pinus* Subsection *Balfourianae*," *Annals of the Missouri Botanical Garden* 57, no. 2 (1970): 210–249; and David M. Gates, "An Amateur Botanist's Great Discovery," *Missouri Botanical Garden Bulletin* 59, no. 3 (May–June 1971): 39–48.

大盆地刺果松面對面科學研究與文化研究：Michael P. Cohen, *A Garden of Bristlecones: Tales of Change in the Great Basin* (Reno, 1998).

對刺果松的沉思：Gayle Brandow Samuels, *Enduring Roots: Encounters with Trees, History, and the American Landscape* (New Brunswick, 1999), 135–160; Ross Andersen, "The Vanishing Groves," *Aeon*, October 16, 2012; Valerie Mendenhall Cohen and Michael P. Cohen, *Tree Lines* (Reno, 2017); and Alex Ross, "The Past and the Future of the Earth's Oldest Trees," *New Yorker*, January 20, 2020.

生物區域史：Stephen Trimble, *The Sagebrush Ocean: A Natural History of the Great Basin*

管理危機中的世界爺：Michelle Nijhuis, "How the Parks of Tomorrow Will Be Different," *National Geographic* 230, no. 6 (December 2016): 102–121; Madeline Ostrander, "For the National Parks, a Reckoning," *Undark*, September 13, 2017; Dahr Jamail, *The End of Ice: Bearing Witness and Finding Meaning in the Path of Climate Disruption* (New York, 2019); Zach St. George, *The Journeys of Trees: A Story about Forests, People, and the Future* (New York, 2020); and the website of Sequoia & Kings Canyon National Park.

## 第六章　最老的大盆地刺果松

艾德蒙・舒爾曼的生涯傳記：Donald J. McGraw, *Edmund Schulman and the "Living Ruins": Bristlecone Pines, Tree Rings and Radiocarbon Dating* (Bishop, CA, 2007)

實驗室背景：Pearce Paul Creasman et al., "Reflections on the Foundation, Persistence, and Growth of the Laboratory of Tree-Ring Research, circa 1930–1960," *Tree-Ring Research* 68, no. 2 (2012): 81–89; Christine Hallman et al., "Status Report: Lost and Found: The Bristlecone Pine Collection," *Tree-Ring Research* 62, no. 1 (2006): 25–29; and Michael L. Morrison and Joseph M. Szewczak, "White Mountain Research Station, University of California," *Bulletin of the Ecological Society of America* 83, no. 1 (January 2002): 63–68.

艾德蒙・舒爾曼的出身：Deborah Dash Moore et al., *Jewish New York: The Remarkable Story of a City and a People* (New York, 2007); Elliott Robert Barkan, *From All Points: America's Immigrant West, 1870s–1952* (Bloomington, 2007), esp. 307–310; Leonard Dinnerstein, "From Desert Oasis to the Desert Caucus: The Jews of Tucson," in *Jews of the American West*, ed. Moses Rischin and John Livingston (Detroit, 1991), 139– 163; and Noah J. Efron, *A Chosen Calling: Jews in Science in the Twentieth Century* (Baltimore, 2014).

艾德蒙・舒爾曼死後發表的文章："Bristlecone Pine, Oldest Known Living Thing," *National Geographic* 113, no. 3 (March 1958): 354–372.

世紀中期美國文化裡的《國家地理雜誌》：see books by Catherine A. Lutz and Jane L. Collins; Susan Schulten; Tamar Y. Rothenberg; and Stephanie L. Hawkins.

艾德蒙・舒爾曼的鉅作：*Dendroclimatic Changes in Semiarid America* (Tucson, 1956).

可取得的後續調查：James Lawrence Powell, *Dead Pool: Lake Powell, Global Warming,*

Fairfield Osborn.
淘金州的盎格魯撒克遜主義：Richard White, *California Exposures: Envisioning Myth and History* (New York, 2020).
移民的時間性：John Demos, *Circles and Lines: The Shape of Life in Early America* (Cambridge, MA, 2004); Thomas M. Allen, *A Republic in Time: Temporality and Social Imagination in Nineteenth-Century America* (Chapel Hill, 2008); and Amy Kaplan, "Imperial Melancholy in America," *Raritan* 28, no. 3 (Winter 2009): 13–31.
原住民時間性：Peter Nabokov, *A Forest of Time: American Indian Ways of History* (Cambridge, 2002); and Mark Rifkin, *Beyond Settler Time: Temporal Sovereignty and Indigenous Self-Determination* (Durham, NC, 2017).
優勝美地的原住民：Mark David Spence, *Dispossessing the Wilderness: Indian Removal and the Making of the National Parks* (New York, 1999).
全州範圍：Damon B. Akins and William J. Bauer Jr., *We Are the Land: A History of Native California* (Oakland, 2021).
內華達山脈國家公園的林火政策：Alfred Runte, *Yosemite: The Embattled Wilderness* (Lincoln, 1990); Hal K. Rothman, *Blazing Heritage: A History of Wildland Fire in the National Parks* (New York, 2007); and Stephen Pyne, *California: A Fire Survey* (Tucson, 2016).
內華達山脈火災史：Thomas W. Swetnam and Christopher H. Baisan, "Tree-Ring Reconstructions of Fire and Climate History in the Sierra Nevada and Southwestern United States," in *Fire and Climatic Change in Temperate Ecosystems of the Western Americas*, ed. Thomas T. Veblen et al. (New York, 2003), 158–195; Jan W. Van Wagtendonk and Jo Ann Fites-Kaufman, "Sierra Nevada Bioregion," in *Fire in California's Ecosystems*, ed. Neil G. Sugihara et al. (Berkeley, 2006), 264–294; Thomas W. Swetnam et al., "Multi-Millennial Fire History of the Giant Forest, Sequoia National Park, California, USA," *Fire Ecology* 5, no. 3 (2009): 120–150; and Trouet, *Tree Story*, 181–197.
過去的超級旱災：David W. Stahle and Jeffrey S. Dean, "North American Tree Rings, Climatic Extremes, and Social Disasters," in *Dendroclimatology: Progress and Prospects*, ed. Malcolm K. Hughes et al. (Dordrecht, 2011), 297–327; B. Lynn Ingram and Frances Malamud-Roam, *The West without Water: What Past Floods, Droughts, and Other Climate Clues Tell Us about Tomorrow* (Berkeley, 2013); and Harvey Weiss, ed., *Megadrought and Collapse: From Early Agriculture to Angkor* (Oxford, 2017).

more, 2020); and James H. Speer, *Fundamentals of Tree-Ring Research* (Tucson, 2010).

早期交叉定年：R. A. Studhalter, "Tree Growth: Some Historical Chapters," *Botanical Review* 21 (January–March 1955): 1–72; and Rupert Wimmer, "Arthur Freiherr von Seckendorff-Gudent and the Early History of Tree-Ring Crossdating," *Dendrochronologia* 19, no. 1 (January 2001): 153–158.

美國背景：Christopher H. Briand et al., "Tree Rings and the Aging of Trees: A Controversy in 19th Century America," *Tree-Ring Research* 62, no. 2 (December 2006): 51–65.

安德魯・埃利克・道格拉斯：see biographies by George Ernest Webb and Donald J. McGraw; and Stephen Edward Nash, *Time, Trees, and Prehistory: Tree-Ring Dating and the Development of North American Archaeology, 1914–1950* (Salt Lake City, 1999).

艾茲瓦斯・杭亭頓：see the biography by Geoffrey J. Martin; James Rodger Fleming, *Historical Perspectives on Climate Change* (Oxford, 1998), 95–106; and Daniel E. Bender, *American Abyss: Savagery and Civilization in the Age of Industry* (Ithaca, 2009), 40–68.

道格拉斯與杭亭頓的美國與國際背景：Susan Schulten, *The Geographical Imagination in America, 1880–1950* (Chicago, 2001); Jamie L. Pietruska, *Looking Forward: Prediction and Uncertainty in Modern America* (Chicago, 2017); David N. Livingstone, *The Geographical Tradition: Episodes in the History of a Contested Enterprise* (Oxford, 1992); and Neville Brown, *History and Climate Change: A Eurocentric Perspective* (London, 2001).

時間性與科學：Stephen Jay Gould, *Time's Arrow, Time's Cycle: Myth and Metaphor in the Discovery of Geological Time* (Cambridge, MA, 1987).

樹狀圖：Manuel Lima, *The Book of Trees: Visualizing Branches of Knowledge* (New York, 2014).

年表：Daniel Rosenberg and Anthony Grafton, *Cartographies of Time: A History of the Timeline* (New York, 2010).

世界爺文物的博物館背景：Steven Conn, *Museums and American Intellectual Life, 1876–1926* (Chicago, 1998); and Teresa Barnett, *Sacred Relics: Pieces of the Past in Nineteenth-Century America* (Chicago, 2013).

優生學、博物館和巨型植物保育的關聯：Alexandra Minna Stern, *Eugenic Nation: Faults and Frontiers of Better Breeding in Modern America*, 2nd. ed. (Berkeley, 2015); Jonathan Peter Spiro's biography of Madison Grant; and Brian Regal's biography of Henry

David Reid, "Nation vs. Tradition: Indigenous Rights and Smangus," in *Taiwan Since Martial Law: Society, Culture, Politics, Economy*, ed. David Blundell (Taipei, 2012), 453–483.

## 第五章　樹輪的圓與線

世界爺生物學、生態學、生物地理學、壽命與大小：Richard J. Hartesveldt et al., *The Giant Sequoia of the Sierra Nevada* (Washington, 1975); Nathan L. Stephenson, "Reference Conditions for Giant Sequoia Forest Restoration: Structure, Process, and Precision," *Ecological Applications* 9, no. 4 (November 1999): 1253–1265; Dwight Willard, *A Guide to the Sequoia Groves of California* (Yosemite National Park, 2000); Nathan L. Stephenson, "Estimated Ages of Some Large Giant Sequoias: General Sherman Keeps Getting Younger," *Madroño* 47, no. 1 (January–March 2000): 61–67; and Wendell D. Flint, *To Find the Biggest Tree* (Three Rivers, CA, 2002).

美國歷史中的世界爺：Walter Fry and John R. White, *Big Trees*, rev. ed. (Stanford, 1938); Hank Johnston, *They Felled the Redwoods: A Saga of Flumes and Rails in the High Sierra* (Los Angeles, 1966); Dennis G. Kruska, *Sierra Nevada Big Trees: History of the Exhibitions, 1850–1903* (Los Angeles, 1985); Lori Vermaas, *Sequoia: The Heralded Tree in American Art and Culture* (Washington, 2003); Farmer, *Trees in Paradise*, 7–44; and William C. Tweed, *King Sequoia: The Tree That Inspired a Nation, Created Our National Park System, and Changed the Way We Think about Nature* (Berkeley, 2016).

美國想像中的猛瑪象與乳齒象：see books by Paul Semonin, Claudine Cohen, Keith Thomson, and Mark V. Barrow Jr.

古植物學：Ralph W. Chaney, "A Revision of Fossil *Sequoia* and *Taxodium* in Western North America Based on the Recent Discovery of *Metasequoia*," *Transactions of the American Philosophical Society* 40, no. 3 (1950): 171–263; and Lowe, *Geologic History of the Giant Sequoia and the Coast Redwood.*

約翰・繆爾：see biographies by Michael P. Cohen and Donald Worster; and Richard G. Beidleman, *California's Frontier Naturalists* (Berkeley, 2006).

巨木森林裡的馬克斯主義者：Daegan Miller, *This Radical Land: A Natural History of American Dissent* (Chicago, 2018), 161–212.

年輪學簡介：Valerie Trouet, *Tree Story: The History of the World Written in Rings* (Balti-

World Heritage Designation, and Conservation Status for Local Society," in *Natural Heritage of Japan: Geological, Geomorphological, and Ecological Aspects*, ed. Abhik Chakraborty et al. (Cham, 2018), 73–83.

現代神道教與樹木：Wilbur M. Fridell, *Japanese Shrine Mergers, 1906–12: State Shinto Moves to the Grassroots* (Tokyo, 1973); Gaudenz Domenig, "Sacred Groves in Modern Japan: Notes on the Variety and History of Shinto Shrine Forests," *Asiatische Studien* 51 (1997): 91–121; and Aike P. Rots, *Shinto, Nature and Ideology in Contemporary Japan: Making Sacred Forests* (London, 2017).

戰後日本的生態靈性：Shimazono Susumu and Tim Graf, "The Rise of the New Spirituality," in *Handbook of Contemporary Japanese Religions*, ed. Inken Prohl and John K. Nelson (Leiden, 2012), 459–485.

繩文遺產：John Knight, "'Indigenous' Regionalism in Japan," in *Indigenous Environmental Knowledge and Its Transformations: Critical Anthropological Perspectives*, ed. Alan Bicker et al. (Amsterdam, 2000), 151–176; and Akio Mishima, *Jōmonsugi no keishō* (Tokyo, 1994).

臺灣林業：Kuo-Tung Ch'en, "Nonreclamation Deforestation in Taiwan, c. 1600–1976," in *Sediments of Time: Environment and Society in Chinese History*, ed. Mark Elvin and Liu Ts'ui-jung (Cambridge, 2009), 693–727; Tessa Morris-Suzuki, "The Nature of Empire: Forest Ecology, Colonialism and Survival Politics in Japan's Imperial Order," *Japanese Studies* 33, no. 3 (2013): 225–242; Kuang-Chi Hung, "When the Green Archipelago Encountered Formosa: The Making of Modern Forestry in Taiwan under Japan's Colonial Rule (1895–1945)," in *Environment and Society in the Japanese Islands: From Prehistory to the Present*, ed. Bruce L. Batten and Philip C. Brown (Corvallis, 2015), 174–193; Chao-Hsu Su, "[Shitarō Kawai and the Birth of the Alishan Forest Railway]," *Taiwan Forestry Journal* 38, no. 3 (June 2012): 74–81 [in Chinese]; and Hagino Toshio, *Chōsen, Manshū, Taiwan ringyō hattatsushiron* (Tokyo, 1965).

殖民末期的臺灣原住民：Paul D. Barclay, *Outcasts of Empire: Japan's Rule on Taiwan's "Savage Border," 1874–1945* (Oakland, 2018).

後殖民時代的臺灣社會複雜度：Melissa J. Brown, *Is Taiwan Chinese? The Impact of Culture, Power, and Migration on Changing Identities* (Berkeley, 2004)

泰雅社群與紅檜扁柏：Yih-ren Lin, "Politicizing Nature: The Maqaw National Park Controversy in Taiwan," *Capitalism Nature Socialism* 22, no. 2 (June 2011): 88–103; and

利用與保育：Jared Farmer, *Trees in Paradise: A California History* (New York, 2013), 44–108; Susan R. Schrepfer, *The Fight to Save the Redwoods: A History of Environmental Reform, 1917–1978* (Madison, 1983); and Darren Frederick Speece, *Defending Giants: The Redwood Wars and the Transformation of American Environmental Politics* (Seattle, 2016).

尤羅克人經驗：Lucy Thompson, *To the American Indian* (Eureka, 1916); T. T. Waterman, *Yurok Geography* (Berkeley, 1920); Lynn Huntsinger et al., "A Yurok Forest History," unpublished report (Berkeley, 1994); Tony Platt, *Grave Matters: Excavating California's Buried Past* (Berkeley, 2011); Benjamin Madley, *An American Genocide: The United States and the California Indian Catastrophe, 1846–1873* (New Haven, 2016); Thomas Buckley, *Standing Ground: Yurok Indian Spirituality, 1850– 1990* (Berkeley, 2002); and Carolyn Kormann, "How Carbon Trading Became a Way of Life for California's Yurok Tribe," *New Yorker*, October 10, 2018.

柳杉：Aljos Farjon, "*Cryptomeria japonica*," *Curtis's Botanical Magazine* 16, no. 3 (August 1999): 212–228.

柳杉壽命：Shigejiro Yoshida, "Information Collection of the Discs of Yaku-sugi, Old *Cryptomeria japonica* Trees More than 1,000 Years Old on Yakushima Island," *Journal of the Japanese Forestry Society* 99, no. 1 (2017): 46–49 [in Japanese].

福爾摩沙針葉樹：*Flora of Taiwan*, vol. 1, rev. ed. (Taipei, 1994).

日本林業：Conrad Totman, *The Green Archipelago: Forestry in Preindustrial Japan* (Berkeley, 1989); and John Knight, "From Timber to Tourism: Recommoditizing the Japanese Forest," *Development and Change* 31, no. 1 (January 2000): 341–359.

屋久島：Takahiro Iseki and Sachihiko Harashina, "A Study on Relationship Between Nature Oriented Tourism and Other Nature-Use-Activities: A Case Study of the Old Famous Cedar Tree, Jyoumonsugi in Yakushima Island," *Environmental Information Science* 35, no. 2 (2006): 43–52 [in Japanese]; Andrew Daniels, "Woodland Landscape in Edo Period Japan with Specific Reference to Yakushima in Satsuma Domain," *International Human Studies* 15 (March 2009): 31–50; idem, "Yakushima's Kosugidani: Human Presence in an Okudake Woodland Landscape," *International Human Studies* 16 (March 2010): 1–19; Dajeong Song and Sueo Kuwahara, "Ecotourism and World Natural Heritage: Its Influence on Islands in Japan," *Journal of Marine and Island Cultures* 5, no. 1 (June 2016): 36–46; and Shigemitsu Shibasaki, "Yakushima Island: Landscape History,

*bosques y gestión forestal en Chile, 1541–2005* (Santiago, 2006); Fernando Ramírez Morales, "Los bosques nativos chilenos y la 'política forestal' en la primera mitad del Siglo XX," *Cuadernos de historia* 26 (Marzo 2007): 135–167; Alejandra Bluth Solari, *El aporte de la ingeniería forestal al desarrollo del país: Una reseña histórica de la profesión forestal en Chile* (Santiago, 2013); Patience A. Schell, *The Sociable Sciences: Darwin and His Contemporaries in Chile* (New York, 2013); Emily Wakild, "Protecting Patagonia: Science, Conservation and the Prehistory of the Nature State on a South American Frontier, 1903–1934," in *The Nature State: Rethinking the History of Conservation*, ed. Wilko Graf von Hardenberg et al., (London, 2017), 37–54; and Thomas Miller Klubock, "The Politics of Forests and Forestry on Chile's Southern Frontier, 1880s–1940s," *Hispanic American Historical Review* 86, no. 3 (August 2006): 535–570.

阿勞卡尼亞的原住民：Joanna Crow, *The Mapuche in Modern Chile: A Cultural History* (Gainesville, 2013); and Pilar M. Herr, *Contested Nation: The Mapuche, Bandits, and State Formation in Nineteenth-Century Chile* (Albuquerque, 2019).

二十世紀智利森林保育：Thomas Miller Klubock, *La Frontera: Forests and Ecological Conflict in Chile's Frontier Territory* (Durham, NC, 2014); Emily Wakild, "Purchasing Patagonia: The Contradictions of Conservation in Free Market Chile," in *Lost in the Long Transition: Struggles for Social Justice in Neoliberal Chile*, ed. William L. Alexander (Lanham, MD, 2009), 121–132; and articles with keywords "private protected areas" and "neoliberal conservation."

里克・克萊恩：Marc Cooper, "Alerce Dreams," *Sierra* 77, no. 1 (January–February 1992): 122–129; and Jimmy Langman, "The Untold Conservation Legacy of Rick Klein," *Patagon Journal* 18 (Spring 2018): 32–39.

道格拉斯・湯普金斯：Diana Saverin, "The Entrepreneur Who Wants to Save Paradise," *Atlantic*, September 15, 2014.

加州最高的樹：Michael G. Barbour et al., *Coast Redwood: A Natural and Cultural History* (Los Olivos, 2001); and Reed F. Noss, ed., *The Redwood Forest: History, Ecology, and Conservation of the Coast Redwoods* (Washington, 2000).

古植物學：Gary D. Lowe, *Geologic History of the Giant Sequoia and the Coast Redwood*, rev. ed. (Dublin, CA, 2014).

樹冠科學：Richard Preston, *The Wild Trees: A Story of Passion and Daring* (New York, 2007).

James Beattie, "Environmental Anxiety in New Zealand, 1840–1941: Climate Change, Soil Erosion, Sand Drift, Flooding and Forest Conservation," *Environment and History* 9 (November 2003): 379–392; and James Beattie and Paul Star, "Global Influences and Local Environments: Forestry and Forest Conservation in New Zealand, 1850s–1925," *British Scholar* 3, no. 2 (September 2010): 191–218.

比較移民殖民主義：Thomas Dunlap, *Nature and the English Diaspora: Environment and History in the United States, Canada, Australia, and New Zealand* (Cambridge, 1999); Gregory A. Barton, *Empire Forestry and the Origins of Environmentalism* (Cambridge, 2002); and James Belich, *Replenishing the Earth: The Settler Revolution and the Rise of the Anglo-World, 1783–1939* (Oxford, 2011).

逆、順太平洋關係：Ian Tyrrell, *True Gardens of the Gods: Californian-Australian Environmental Reform, 1860–1930* (Berkeley, 1999); and Edward Dallam Melillo, *Strangers on Familiar Soil: Rediscovering the Chile-California Connection* (New Haven, 2015).

放射松：Peter B. Lavery and Donald J. Mead, "*Pinus radiata*: A Narrow Endemic from North America Takes on the World," in *Ecology and Biogeography of* Pinus, ed. David M. Richardson (Cambridge, 1998), 432–449.

智利柏生物地理學、生物學、壽命與生態學：Claire G. Williams, Victor Martinez, and Carlos Magni, "Ice-age Persistence of *Fitzroya cupressoides*, a Southern Hemisphere Conifer," *Japanese Journal of Historical Botany* 19, nos. 1–2 (April 2011): 101–107; Martin F. Gardner et al., eds., "*Fitzroya cupressoides*," *Curtis's Botanical Magazine* 16, no. 3 (August 1999): 229–240; Antonio Lara and Ricardo Villalba, "A 3,620-Year Temperature Record from *Fitzroya cupressoides* Tree Rings in Southern South America," *Science* 260, no. 5111 (May 21, 1993): 1104– 1106; Thomas T. Veblen, "Temperate Forests of the Southern Andean Region," in *The Physical Geography of South America*, ed. Thomas T. Veblen et al. (Oxford, 2007), 217–231.

智利柏皆伐：Luis Otero Durán, *La huella del fuego: Historia de los bosques nativos* (Santiago, 2006); and Fernando Torrejón et al., "Consecuencias de la tala maderera colonial en los bosques de alerce de Chiloé, sur de Chile (Siglos XVI– XIX)," *Magallania* 39, no. 2 (2011): 75–95.

智利博物學家與林務官：Sergio A. Castro et al., "Rodulfo Amando Philippi, el naturalista de mayor aporte al conocimiento taxonómico de la diversidad biológica de Chile," *Revista Chilena de Historia Natural* 79, no. 1 (2006): 133–143; Pablo Camus, *Ambiente,*

*Europe's Encounter with the World* (Seattle, 2000).

奧特亞羅瓦的環境變化：Eric Pawson and Tom Brooking, eds., *Making a New Land: Environmental Histories of New Zealand* (Dunedin, 2013); Tom Brooking and Eric Pawson, eds., *Seeds of Empire: The Environmental Transformation of New Zealand* (London, 2011); and Herbert Guthrie-Smith, *Tutira: The Story of a New Zealand Sheep Station* (Seattle, 1999 [1921]).

貝殼杉生物學：Gregory A. Steward and Anthony E. Beveridge, "A Review of New Zealand Kauri (*Agathis australis* [D.Don] Lindl.): Its Ecology, History, Growth and Potential for Management for Timber," *New Zealand Journal of Forestry Science* 40 (2010): 33–59.

貝殼杉的歷史：A. H. Reed, *The New Story of the Kauri*, 3rd ed. (Wellington, 1964); E. V. Sale, *Quest for the Kauri* (Wellington, 1978); John Halkett and E. V. Sale, *The World of the Kauri* (Auckland, 1986); Gordon Ell, *King Kauri: Tales & Traditions of the Kauri Country of New Zealand* (Auckland, 1996); Joanna Orwin, *Kauri: Witness to a Nation's History* (Auckland, 2004); Keith Stewart, *Kauri* (North Shore, 2008); and Gretel Boswijk, "Remembering Kauri on the 'Kauri Coast,'" *New Zealand Geographer* 66, no. 2 (August 2010): 124–137.

殖民戰爭與國王運動：Vincent O'Malley, *The Great War for New Zealand: Waikato, 1800–2000* (Wellington, 2016).

兩大貝殼杉森林的毛利歷史：Mark Derby, " 'Fallen Plumage': A History of Puhipuhi, 1865– 2015," Waitangi Tribunal report 1040-A61 (2016); and various reports on Waipoua filed in Te Roroa's tribunal claim (WAI 38): waitangitribunal.govt.nz.

貝殼杉樹膠：A. H. Reed, *The Gumdiggers: The Story of Kauri Gum* (Wellington, 1972); and Senka Božić-Vrbančić, *Tarara: Croats and Maori in New Zealand: Memory, Belonging, Identity* (Dunedin, 2008).

出口統計：*New Zealand Official Year-Book*; and the earlier *New Zealand Official Handbook*.

紐西蘭林業：Thomas E. Simpson, *Kauri to Radiata: Origin and Expansion of the Timber Industry of New Zealand* (Auckland, 1973); Michael Roche, *Forest Policy in New Zealand: An Historical Geography, 1840–1919* (Palmerston North, 1987); idem, *History of Forestry* (Auckland, 1990); Paul Star, "Native Forest and the Rise of Preservation in New Zealand (1903–1913)," *Environment and History* 8, no. 3 (August 2002): 275–294;

"Informe del estado general del Árbol de Santa María del Tule," unpublished report (Barcelona, 2011); and Ursula ThiemerSachse, "El Árbol de Tule: Un monument de importancia en el ideario de la gente indígena de Oaxaca," *Anthropos* 111 (2016): 99–112.

折衷論：Judith Francis Zeitlin, "Contesting the Sacred Landscape in Colonial Mesoamerica," unpublished report (Los Angeles, 2008); and Patrizia Granziera, "The Worship of Mary in Mexico: Sacred Trees, Christian Crosses, and the Body of the Goddess," *Toronto Journal of Theology* 28, no. 1 (Spring 2012): 43–60.

一九六八年：Eugenia Allier-Montaño, "Memory and History of Mexico '68," *European Review of Latin American and Caribbean Studies* 102 (October 2016): 7–25; and Luis Alberto Pérez-Amezcua, "Por 'su propia, peculiar, historia': 'La nueva mexicanidad' y la literatura," *Mitologías hoy* 16 (diciembre 2017): 93–105.

## 第四章　環太平洋的森林之火

西蘭大陸的生物地理學：George Gibbs, *Ghosts of Gondwana: The History of Life in New Zealand* (Nelson, 2006); and Alan De Queiroz, *The Monkey's Voyage: How Improbable Journeys Shaped the History of Life* (New York, 2013).

奧特亞羅瓦通史：James Belich, *Making Peoples: A History of the New Zealanders from Polynesian Settlement to the End of the Nineteenth Century* (Auckland, 1996); idem, *Paradise Reforged: A History of the New Zealanders from the 1880s to the Year 2000* (Honolulu, 2001); Michael King, *The Penguin History of New Zealand* (Auckland, 2003); Paul Moon, *Encounters: The Creation of New Zealand* (Auckland, 2013); and the government-run website, Te Ara: The Encyclopedia of New Zealand.

人類占據奧特亞羅瓦：D. R. Simmons, *The Great New Zealand Myth: A Study of the Discovery and Origin Traditions of the Maori* (Wellington, 1976); and Richard Walter et al., "Mass Migration and the Polynesian Settlement of New Zealand," *Journal of World Prehistory* 30, no. 4 (December 2017): 351–376.

現代毛利獨木舟傳統：Michael King, *Te Puea: A Biography* (Auckland, 1977); and Anne Nelson, *Nga Waka Maori: Maori Canoes* (Wellington, 1991).

奧特亞羅瓦之火：George L. W. Perry et al., "Ecology and Long-Term History of Fire in New Zealand," *New Zealand Journal of Ecology* 38, no. 2 (2014): 157–176; and Stephen J. Pyne, *Vestal Fire: An Environmental History, Told Through Fire, of Europe and*

*scape Journal* 25, no. 2 (January 2006): 143–157; and Barbara E. Mundy, *The Death of Aztec Tenochtitlan, the Life of Mexico City* (Austin, 2015), 52–71.

墨西哥市的樹木民族主義：Manuel Rivera Cambas, *México pintoresco, artístico y monumental*, vol. 2 (México, 1882), 342–347; Enrique de Olavarría y Ferrari, *Crónica del undécimo congreso internacional de americanistas, primero reunido en* México *en octubre de 1895* (México, 1896), 67–75; and Enrique Plasencia de la Parra, "Conmemoración de la hazaña épica de los niños héroes: Su origen, desarrollo y simbolismos," *Historia Mexicana* 45, no. 2 (October–December 1995): 241–279.

查普爾提佩克之森：Emily Wakild, "Parables of Chapultepec: Urban Parks, National Landscapes, and Contradictory Conservation in Modern Mexico," in *A Land Between Waters: Environmental Histories of Modern Mexico*, ed. Christopher R. Boyer (Tucson, 2012), 192–217.

墨西哥自然保護：Emily Wakild, *Revolutionary Parks: Conservation, Social Justice, and Mexico's National Parks, 1910–1940* (Tucson, 2011).

墨西哥市水力：see books by Vera S. Candiani, Casey Walsh, and Matthew Vitz; and Emily Wakild, "Naturalizing Modernity: Urban Parks, Public Gardens and Drainage Projects in Porfirian Mexico City," *Mexican Studies/Estudios Mexicanos* 23, no. 1 (Winter 2007): 101–123.

墨西哥的樹木氣候學：D. W. Stahle et al., "Major Mesoamerican Droughts of the Past Millennium," *Geophysical Research Letters* 38 (2011): L05703; and idem, "The Mexican Drought Atlas: Tree-Ring Reconstructions of the Soil Moisture Balance During the Late Pre-Hispanic, Colonial, and Modern Eras," *Quaternary Science Reviews* 149 (2016): 34–60.

圖勒之樹："El Sabino de Santa María del Tule," *La Naturaleza* 6 (1884): 110–115; Manuel Francisco Álvarez, *Las ruinas de Mitla y la arquitectura* (México, 1900), 1–38; Victor Jimenez, *El árbol de el Tule en la historia* (México, 1990); C. Conzatti, *Monograph on the Tree of Santa María del Tule* (México, 1934); John Skeaping, *The Big Tree of Mexico* (Bloomington, 1953), 72–84; "Grand Old Tree Has Nothing to Fear but Mexico," *New York Times*, July 29, 1995; Oscar Dorado et al., "The Árbol del Tule (*Taxodium mucronatum* Ten.) Is a Single Genetic Individual," *Madroño* 43, no. 4 (October–December 1996): 445–452; Zsolt Debreczy and István Rácz, "*El Arbol del Tule*: The Ancient Giant of Oaxaca," *Arnoldia* 57 (Winter 1997–1998): 3–11; Gerard Passola i Parcerissa,

*mance: Between State and Society, 1860–1960*, ed. Joris Vandendriessche et al. (London, 2015), 49–65; Joachim Radkau, *The Age of Ecology: A Global History* (Cambridge, 2014), 11–45; Bernhard Gissibl et al., eds., *Civilizing Nature: National Parks in Global Historical Perspective* (New York, 2012); and John Sheail, *Nature's Spectacle: The World's First National Parks and Protected Places* (London, 2010).

美國國家紀念物：Raymond Harris Thompson, ed., "'The Antiquities Act of 1906' by Ronald Freeman Lee," *Journal of the Southwest* 42, no. 2 (Summer 2000): 197–269; and Hal Rothman, *Preserving Different Pasts: The American National Monuments* (Urbana, 1997).

美國樹木的象徵用途：Jared Farmer, "Taking Liberties with Historic Trees," *Journal of American History* 105, no. 4 (March 2019): 815–842.

國際自然保育聯盟源起：Anna-Katharina Wöbse, "'The World After All Was One': The International Environmental Network of UNESCO and IUPN, 1945–1950," *Contemporary European History* 20, no. 3 (August 2011): 331–348; Stephen J. Macekura, *Of Limits and Growth: The Rise of Global Sustainable Development in the Twentieth Century* (Cambridge, 2015), 17–53; and Perrin Selcer, *The Postwar Origins of the Global Environment: How the United Nations Built Spaceship Earth* (New York, 2018). On the global problem of protected areas: E. O. Wilson, *Half-Earth: Our Planet's Fight for Life* (New York, 2016).

世界遺傳源起：Melanie Hall, *Towards World Heritage: International Origins of the Preservation Movement 1870–1930* (London, 2011); and Lynn Meskell, *A Future in Ruins: UNESCO, World Heritage, and the Dream of Peace* (Oxford, 2018).

神聖自然場所：Robert Wild et al., eds., *Sacred Natural Sites: Guidelines for Protected Area Managers* (Gland, 2008); and Bas Verschuuren et al., eds., *Sacred Natural Sites: Conserving Nature and Culture* (London, 2010).

墨西哥落羽松：Maximino Martínez, *Las pináceas mexicanas*, 3rd ed. (México, 1963), 161–212.

阿茲提克植樹：Patrizia Granziera, "Concept of the Garden in Pre-Hispanic Mexico," *Garden History* 29, no. 2 (Winter 2001): 185–213; Susan Toby Evans, "Aztec Royal Pleasure Parks: Conspicuous Consumption and Elite Status Rivalry," *Studies in the History of Gardens and Designed Landscapes* 20, no. 3 (2000): 206–228; Paul Avilés, "Seven Ways of Looking at a Mountain: Tetzcotzingo and the Aztec Garden Tradition," *Land-*

100 Jahre Naturdenkmalpflege," *Die Gartenkunst* 16, no. 2 (2004): 193–232; Anette Lenzing, "Der Begriff des Naturdenkmals in Deutschland," *Die Gartenkunst* 15, no. 1 (2003): 4–27; and Hugo Conwentz, *The Care of Natural Monuments with Special Reference to Great Britain and Germany* (Cambridge, 1909).

第三帝國的自然：Frank Uekoetter, *The Green and the Brown: A History of Conservation in Nazi Germany* (Cambridge, 2006).

集中營：David A. Hackett, ed., *The Buchenwald Report* (New York, 1997); and Paul Martin Neurath, *The Society of Terror: Inside the Dachau and Buchenwald Concentration Camps*, ed. Christian Fleck and Nico Stehr (Boulder, 2005).

集中營內的樹：Gerhard Sauder, "Die Goethe-Eiche: Weimar und Buchenwald," in *Spuren, Signaturen, Spiegelungen: Zur Goethe-Rezeption in Europa*, ed. Bernhard Beutler and Anke Bosse (Köln, 2000), 473–499; and Magdalena Izabella Sacha, "Le chêne de Goethe ou la protection des monuments naturels dans le IIIe Reich," *Bulletin trimestriel de la Fondation Auschwitz* 92 (Juillet–Septembre 2006): 51–69.

雨果・康文茲與其環境：Walther Schoenichen, *Naturschutz, Heimatschutz: Ihre Begründung durch Ernst Rudorff, Hugo Conwentz und ihre Vorläufer* (Stuttgart, 1954), which should be read skeptically; Jeffrey K. Wilson, "Imagining a Homeland: Constructing *Heimat* in the German East, 1871–1914," *National Identities* 9, no. 4 (December 2007): 331–349; and Lynn K. Nyhart, *Modern Nature: The Rise of the Biological Perspective in Germany* (Chicago, 2009).

阿洛伊斯・黎格爾：see books by Diana Reynolds Cordileone and Michael Gubser; and Margaret Olin, "The Cult of Monuments at a State Religion in Late 19th Century Austria," *Wiener Jahrbuch* für *Kunstgeschichte* 38 (1985): 177–198.

歐洲紀念物：Miles Glendinning, *The Conservation Movement: A History of Architectural Preservation* (London, 2013); Astrid Swenson, *The Rise of Heritage: Preserving the Past in France, Germany and England, 1789–1914* (Cambridge, 2013); Françoise Choay, *The Invention of the Historic Monument* (Cambridge, 2001); and G. Baldwin Brown, *The Care of Ancient Monuments* (Cambridge, 1905).

二次大戰前的國際保育：Corey Ross, "Tropical Nature as Global *Patrimoine*: Imperialism and International Nature Protection in the Early Twentieth Century," *Past & Present*, suppl. 10 (2015): 214–239; Raf de Bont, "Borderless Nature: Experts and the Internationalization of Nature Protection, 1890– 1940," in *Scientists' Expertise as Perfor-*

加那利島龍血樹：Peter Mason, *Before Disenchantment: Images of Exotic Animals and Plants in the Early Modern World* (London, 2009); José Barrios García, “La imagen del drago de la Orotava (Tenerife) en la literature y el arte: Apuntes para un catálogo cronológico (1770–1878),” *Coloquio de historia canario-americana* 19 (2014): 748–758; Manuel de Paz-Sánchez, “Un drago en *El Jardín de las Delicias*,” *Flandes y canarias* 1 (2004): 13–109; and Alfredo Herrera Piqué, “El Árbol del Drago: Iconografía y referencias históricas,” *Coloquio de historia canario-americana* 12 (1996): 163–183.

委內瑞拉的標誌性樹木：Elías Pino Iturrieta, *El divino Bolívar: ensayo sobre una religión republicana* (Caracas, 2003), 126–130; and Manuel Barroso Alfaro, *El samán de Güere* (Maracay, 2007).

歐洲的神聖櫟樹：John Walter Taylor, “Tree Worship,” *Mankind Quarterly* 20, nos. 1–2 (1979): 79–141.

楓丹白露的森林：Caroline Ford, *Natural Interests: The Contest over Environment in Modern France* (Cambridge, MA, 2016).

瓜分年代的芬蘭森林：Tomasz Samojlik et al., eds., *Białowieża Primeval Forest: Nature and Culture in the Nineteenth Century* (Cham, 2020).

德國人與他們的森林：Paul Warde, *Ecology, Economy, and State Formation in Early Modern Germany* (Cambridge, 2006); Jeffrey K. Wilson, *The German Forest: Nature, Identity, and the Contestation of a National Symbol, 1871–1914* (Toronto, 2012); Michael Imort, “A Sylvan People: Wilhelmine Forestry and the Forest as a Symbol of Germandom,” in *Germany's Nature: Cultural Landscapes and Environmental History*, ed. Thomas Zeller and Thomas Lekan (New Brunswick, 2005), 55–80; and Carina Liersch and Peter Stegmaier, “Keeping the Forest above to Phase Out the Coal Below: The Discursive Politics and Contested Meaning of the Hambach Forest,” *Energy Research & Social Science* 89 (July 2022): 102537 [online only].

戰前德國的自然保護：Thomas M. Lekan, *Imagining the Nation in Nature: Landscape Preservation and German Identity, 1885–1945* (Cambridge, MA, 2009); Friedemann Schmoll, *Erinnerung an die Natur: Die Geschichte des Naturschutzes im deutschen Kaiserreich* (Frankfurt, 2004); and William H. Rollins, *A Greener Vision of Home: Cultural Politics and Environmental Reform in the German* Heimatschutz *Movement, 1904–1918* (Ann Arbor, 1997).

德國自然紀念物：Ernst-Rainer Hönes, “Über den Schutz von Naturdenkmälern: Rund

*Britain*, vol. 2 (London, 1854), 255–266; Walter Johnson, *Folk-Memory* (Oxford, 1908), 250–257; and idem, *Byways in British Archaeology* (Cambridge, 1912), 360–407.

喪葬習俗：Thomas W. Laqueur, *The Work of the Dead: A Cultural History of Mortal Remains* (Princeton, 2015).

紅豆杉木武器：Robert Hardy, *Longbow: A Social and Military History*, 3rd ed. (London, 1992); and Matthew Strickland and Robert Hardy, *The Great Warbow: From Hastings to the Mary Rose* (Somerset, 2011).

紅豆杉定年：Jeremy Harte, "How Old Is That Old Yew?" *At the Edge* 4 (1996): 1–9; Richard Mabey, *The Cabaret of Plants: Botany and the Imagination* (London, 2016), 47–63; and the website of the Ancient Yew Group.

前現代英國樹木：Della Hooke, *Trees in Anglo-Saxon England: Literature, Lore and Landscape* (Woodbridge, 2013); and Michael D. J. Bintley, *Trees in the Religions of Early Medieval England* (Woodbridge, 2015).

屹立的神聖地標：Alexandra Walsham, *The Reformation of the Landscape: Religion, Identity, and Memory in Early Modern Britain and Ireland* (Oxford, 2011).

古代與現代異教徒：Philip C. Almond, "Druids, Patriarchs, and the Primordial Religion," *Journal of Contemporary Religion* 15, no. 3 (October 2000): 379–394; Ronald Hutton, *Blood and Mistletoe: A History of the Druids in Britain* (New Haven, 2009); and idem, *Pagan Britain* (New Haven, 2013).

現代英國把樹木紀念物化：Jacob George Strutt, *Sylva Britannica; or, Portraits of Forest Trees* (London, 1826); and Mary Roberts, *Ruins and Old Trees Associated with Memorable Events in English History* (London, 1843).

現代英國植樹：J. C. Loudon, *Arboretum et fruticetum Britannicum* (London, 1838); Paul A. Elliott et al., *The British Arboretum: Trees, Science and Culture in the Nineteenth Century* (Pittsburgh, 2011); and Paul A. Elliott, *British Urban Trees: A Social and Cultural History, c. 1800–1914* (Winwick, 2016).

## 第三章　自然紀念物

洪堡德：Andrea Wulf, *The Invention of Nature: Alexander von Humboldt's New World* (New York, 2015); and Laura Dassow Walls, *The Passage to Cosmos: Alexander von Humboldt and the Shaping of America* (Chicago, 2009).

(Chicago, 2015); David Geary, *The Rebirth of Bodh Gaya: Buddhism and the Making of a World Heritage Site* (Seattle, 2017); and K. T. S. Sarao, *The History of Mahabodhi Temple at Bodh Gaya* (Singapore, 2020).

當代印度教的菩提樹：David L. Haberman, *People Trees: Worship of Trees in Northern India* (Oxford, 2013).

猢猻木：Thomas Pakenham, *The Remarkable Baobab* (New York, 2004); Rupert Watson, *African Baobab* (Cape Town, 2007); Gerald E. Wickens and Pat Lowe, eds., *The Baobabs: Pachycauls of Africa, Madagascar and Australia* (New York, 2008); Haripriya Rangan and Karen L. Bell, "Elusive Traces: Baobabs and the African Diaspora in South Asia," *Environment and History* 21, no. 1 (February 2015): 103–133; Witness Kozanayi et al., "Customary Governance of Baobab in Eastern Zimbabwe: Impacts of State-led Interventions," in *Governance for Justice and Environmental Sustainability: Lessons across Natural Resource Sectors in Sub-Saharan Africa*, ed. Merle Sowman and Rachel Wynberg (London, 2014), 242–262; and Adrian Patrut et al., "The Demise of the Largest and Oldest African Baobabs," *Nature Plants* 4 (July 2018): 423–426.

非洲種樹者的自傳：Richard St. Barbe Baker, *My Life, My Trees* (London, 1970); and Wangari Maathai, *Unbowed: A Memoir* (New York, 2006).

## 第二章　生命終有盡頭

歐洲紅豆杉的科學概述：P. A. Thomas and A. Polwart, "*Taxus baccata* L.," *Journal of Ecology* 91, no. 3 (June 2003): 489–524.

紅豆杉專書：John Lowe, *The Yew-Trees of Great Britain and Ireland* (London, 1897); Vaughan Cornish, *The Churchyard Yew and Immortality* (London, 1946); E. W. Swanton, *The Yew Trees of England* (London, 1958); Richard Williamson, *The Great Yew Forest: The Natural History of Kingley Vale* (London, 1978); Hal Hartzell Jr., *The Yew Tree, a Thousand Whispers: Biography of a Species* (Eugene, 1996); Anand Chetan and Diana Brueton, *The Sacred Yew* (London, 1994), which should be read skeptically; Fred Hageneder, *Yew: A History* (Stroud, 2007); Robert Bevan-Jones, *The Ancient Yew: A History of* Taxus baccata (Oxford, 2017); and Tony Hall, *The Immortal Yew* (Richmond, 2018).

紅豆杉知識：John Brand and Henry Ellis, *Observations on the Popular Antiquities of Great*

(Cambridge, 2009).

銀杏：Terumitsu Hori et al., eds., *Ginkgo biloba—A Global Treasure* (Tokyo, 1997); Teris A. van Beek, ed., *Ginkgo biloba* (Amsterdam, 2000); Zhiyan Zhou and Shaolin Zheng, "The Missing Link in *Ginkgo* Evolution," *Nature* 423 (June 19, 2003): 821–822; Cindy Q. Tang et al., "Evidence for the Persistence of Wild *Ginkgo biloba* (Ginkgoaceae) Populations in the Dalou Mountains, Southwestern China," *American Journal of Botany* 99, no. 8 (August 2012): 1408–1414; Peter R. Crane, *Ginkgo: The Tree That Time Forgot* (New Haven, 2013); Peter R. Crane et al., "*Ginkgo biloba*: Connections with People and Art across a Thousand Years," *Curtis's Botanical Magazine* 30, no. 3 (October 2013): 239–260; Peter Del Tredici, "Wake Up and Smell the Ginkgoes," *Arnoldia* 66, no. 2 (2008): 11–21; Kuang-chi Hung, "Within the Lungs, the Stomach, and the Mind: Convergences and Divergences in the Medical and Natural Histories of *Ginkgo biloba*," in *Historical Epistemology and the Making of Modern Chinese Medicine*, ed. Howard Chiang (Manchester, 2015), 41–79; and Li Wang et al., "Multifeature Analyses of Vascular Cambial Cells Reveal Longevity Mechanisms in Old *Ginkgo biloba* Trees," *PNAS* 117, no. 4 (January 28, 2020): 2201–2210.

「遭轟炸的樹」: see the website of Green Legacy Hiroshima.

菩提樹：Mike Shanahan, *Gods, Wasps, and Stranglers: The Secret History and Redemptive Future of Fig Trees* (White River Junction, 2016).

斯里蘭卡佛教的典籍：John S. Strong, *The Legend of King Aśoka: A Study and Translation of the* Aśokāvadāna (Princeton, 1983); and Douglas Bullis, *The* Mahavamsa: *The Great Chronicle of Sri Lanka* (Fremont, 1999).

阿努拉德普勒：Elizabeth Nissan, "History in the Making: Anuradhapura and the Sinhala Buddhist Nation," *Social Analysis* 25 (September 1989): 64–77; H. S. S. Nissanka, ed., *Maha Bodhi Tree in Anuradhapura, Sri Lanka: The Oldest Historical Tree in the World* (New Delhi, 1994); K. M. I. Swarnasinghe, *World's Oldest Historical Sacred Bodhi Tree at Anuradhapura* (Erewwala, 2005); Karel R. van Kooij, "A Meaningful Tree: The Bo Tree at Anuradhapura, Sri Lanka," in *Site-Seeing: Place in Culture, Time and Space*, ed. Kitty Zijlmans (Leiden, 2006), 9–31; and Sujit Sivasundaram, *Islanded: Britain, Sri Lanka, and the Bounds of an Indian Ocean Colony* (Chicago, 2013).

菩提伽耶：Janice Leoshko, *Bodhgaya, the Site of Enlightenment* (Bombay, 1988); Steven Kemper, *Rescued from the Nation: Anagarika Dharmapala and the Buddhist World*

*Historical Sublime in Victorian Culture* (Manchester, 2015); and Theodore Ziolkowski, *Gilgamesh among Us: Modern Encounters with the Ancient Epic* (Ithaca, 2011).

古代利用雪松：Russell Meiggs, *Trees and Timber in the Ancient Mediterranean World* (Oxford, 1982); Marvin W. Mikesell, "The Deforestation of Mount Lebanon," *Geographical Review* 59, no. 1 (January 1969): 1–28; Nili Liphschitz and Gideon Biger, "Building in Israel Throughout the Ages—One Cause for the Destruction of the Cedar Forests of the Near East," *GeoJournal* 27, no. 4 (August 1992): 345–352; and Lara Hajar et al., "Environmental Changes in Lebanon during the Holocene: Man vs. Climate Impacts," *Journal of Arid Environments* 74, no. 7 (July 2010): 746–755.

黎巴嫩山的歷史描述：[Edward James Ravenscroft], *The Pinetum Britannicum*, vol. 3 (Edinburgh, 1884), 247–298.

最早的科學描述：J. D. Hooker, "On the Cedars of Lebanon, Taurus, Algeria, and India," *Natural History Review* 2, no. 5 (January 1862): 11–18.

現代黎巴嫩人的保育：E. W. Beals, "The Remnant Cedar Forests of Lebanon," *Journal of Ecology* 53, no. 3 (November 1965): 679–694; S. N. Talhouk et al., "Conservation of the Coniferous Forests of Lebanon: Past, Present and Future Prospects," *Oryx* 35, no. 3 (July 2001): 206–215; Myra Shackley, "Managing the Cedars of Lebanon: Botanical Gardens or Living Forests?" *Current Issues in Tourism* 7, no. 4/5 (2004): 417–425; Lara Hajar et al., "*Cedrus libani* (A. Rich) Distribution in Lebanon: Past, Present and Future," *Comptes Rendus Biologies* 333, no. 8 (August 2010): 622–630; and "Climate Change Is Killing the Cedars of Lebanon," *New York Times*, July 18, 2018.

油橄欖：Fabrizia Lanza, *Olive: A Global History* (London, 2011); Angeliki Loumou and Christina Giourga, "Olive Groves: 'The Life and Identity of the Mediterranean,'" *Agriculture and Human Values* 20, no. 1 (March 2003): 87–95; and Concepcion M. Diez et al., "Olive Domestication and Diversification in the Mediterranean Basin," *New Phytologist* 206, no. 1 (April 2015): 436–447.

聖地的橄欖：Michal Bitton, "The Garden as Sacred Nature and the Garden as a Church: Transitions of Design and Function in the Garden of Gethsemane, 1800–1959," *Cathedra* 146 (December 2012): 27–66 [in Hebrew]; and Masha Halevi, "Contested Heritage: Multi-layered Politics and the Formation of the Sacred Space—the Church of Gethsemane as a Case Study," *Historical Journal* 58, no. 4 (December 2015): 1031–1058.

巴勒斯坦橄欖：Irus Braverman, *Planted Flags: Trees, Land, and Law in Israel/Palestine*

*of Forests in Cooling and Warming the Atmosphere* (Cambridge, 2019).

人類為地質學媒介：J. R. McNeill and Peter Engelke, *The Great Acceleration: An Environmental History of the Anthropocene since 1945* (Cambridge, MA, 2014); Jeremy Davies, *The Birth of the Anthropocene* (Berkeley, 2016); Jan Zalasiewicz et al., eds., *The Anthropocene as a Geological Time Unit: A Guide to the Scientific Evidence and Current Debate* (Cambridge, 2019); Kathryn Yusoff, *A Billion Black Anthropocenes or None* (Minneapolis, 2019); and works by critics who use alternative names "Capitalocene" and "Plantationocene."

宗教與世俗末世：John R. Hall, *Apocalypse: From Antiquity to the Empire of Modernity* (Malden, 2009).

終結與現代性：Frank Kermode, *The Sense of an Ending: Studies in the Theory of Fiction*, rev. ed. (Oxford, 2000); and Umberto Eco et al., *Conversations about the End of Time* (London, 1999).

環保人士與末世：Jacob Darwin Hamblin, *Arming Mother Nature: The Birth of Catastrophic Environmentalism* (Oxford, 2013); Frank Uekötter, ed., *Exploring Apocalyptica: Coming to Terms with Environmental Alarmism* (Pittsburgh, 2018); and David Sepkoski, *Catastrophic Thinking: Extinction and the Value of Diversity from Darwin to the Anthropocene* (Chicago, 2020).

物種間倫理：Donna J. Haraway, *Staying with the Trouble: Making Kin in the Chthulucene* (Durham, NC, 2016).

世代間倫理：Katrina Forrester, "The Problem of the Future in Postwar Anglo-American Political Philosophy," *Climatic Change* 151, no. 1 (2018): 55–66.

環境故事：On environmental storytelling: Anna Lowenhaupt Tsing, *The Mushroom at the End of the World: On the Possibility of Life in Capitalist Ruins* (Princeton, 2015); and Amitav Ghosh, *The Great Derangement: Climate Change and the Unthinkable* (Chicago, 2016).

## 第一章　德高望重的物種

世上最古老的文字：A. R. George, *The Babylonian Gilgamesh Epic: Introduction, Critical Edition and Cuneiform Texts*, 2 vols. (Oxford, 2003).

現代的接受史：Vybarr Cregan-Reid, *Discovering Gilgamesh: Geology, Narrative and the*

305–321.
歷史與時間性：Penelope J. Corfield, *Time and the Shape of History* (New Haven, 2007).
歷史的生態哲學：Dipesh Chakrabarty, *The Climate of History in a Planetary Age* (Chicago, 2021).
「大歷史」: see works by David Christian and Cynthia Stokes Brown.
「深度歷史」: see works by Daniel Lord Smail; and David Graeber and David Wengrow.
長時段：see Jo Guldi and David Armitage, *The History Manifesto* (Cambridge, 2014), and the oeuvre of Fernand Braudel.
「長今」: Stewart Brand, *The Clock of the Long Now: Time and Responsibility* (New York, 1999).
「快」思「慢」想：by Daniel Kahneman and Amos Tversky.
短時間：Robert Pogue Harrison, *Juvenescence: A Cultural History of Our Age* (Chicago, 2014).
久遠過去：Martin J. S. Rudwick, *Earth's Deep History: How It Was Discovered and Why It Matters* (Chicago, 2014); Pascal Richet, *A Natural History of Time* (Chicago, 2014); Peter Brannen, *The Ends of the World: Volcanic Apocalypses, Lethal Oceans, and Our Quest to Understand Earth's Past Mass Extinctions* (New York, 2017); Marcia Bjornerud, *Timefulness: How Thinking Like a Geologist Can Help Save the World* (Princeton, 2018); and Robert Macfarlane, *Underland: A Deep Time Journey* (New York, 2019).
長遠未來：Jan Zalasiewicz, *The Earth After Us: What Legacy Will Humans Leave in the Rocks?* (Oxford, 2008); David Archer, *The Long Thaw: How Humans Are Changing the Next 100,000 Years of Earth's Climate* (Princeton, 2009); Curt Stager, *Deep Future: The Next 100,000 Years of Life on Earth* (New York, 2011); and David Farrier, *Footprints: In Search of Future Fossils* (New York, 2020).
氣候變遷與時間性：see works by Bronislaw Szerszynski; and collections edited by Bethany Wiggin et al., Kyrre Kverndokk et al., and Anders Ekström and Staffan Bergwik.
星球思考：Ursula Heise, *Sense of Place and Sense of Planet: The Environmental Imagination of the Global* (New York, 2008); Bruno Latour, *Down to Earth: Politics in the New Climatic Regime* (New York, 2018); and Thomas Nail, *Theory of the Earth* (Stanford, 2021).
以樹木為地質學媒介：David Beerling, *The Emerald Planet: How Plants Changed Earth's History* (Oxford, 2007); and William J. Manning, *Trees and Global Warming: The Role*

Story of a Venerable Tree," *Palestine Exploration Quarterly* 126, no. 2 (1994): 94–105.

歐洲樹木傳統：Robert Pogue Harrison, *Forests: The Shadow of Civilization* (Chicago, 1992); Simon Schama, *Landscape and Memory* (New York, 1995); and Charles Watkins, *Trees, Woods and Forests: A Social and Cultural History* (London, 2014).

歐洲思想中的永續：Paul Warde, *The Invention of Sustainability: Nature and Destiny, c. 1500–1870* (Cambridge, 2018).

弗雷澤：Robert Ackerman, *J. G. Frazer: His Life and Work* (Cambridge, 1987).

受接納的歷史：Mary Beard, "Frazer, Leach, and Virgil: The Popularity (and Unpopularity) of *The Golden Bough*," *Comparative Studies in Society and History* 34, no. 2 (April 1992): 203–224.

文學傳承：Matthew Sterenberg, *Mythic Thinking in Twentieth-Century Britain: Meaning for Modernity* (London, 2013).

世俗主義：Charles Taylor, *A Secular Age* (Cambridge, MA, 2007).

西方對年齡的態度：Pat Thane, ed., *The Long History of Old Age* (London, 2005); David Lowenthal, *The Past Is a Foreign Country—Revisited* (Cambridge, 2015), 206–301; and Nancy A. Pachana, *Ageing: A Very Short Introduction* (Oxford, 2016).

樹木壽命：Gianluca Piovesan and Franco Biondi, *New Phytologist* 231, no. 4 (August 2021): 1318–1337; Jonathan Silvertown, *The Long and the Short of It: The Science of Life Span and Aging* (Chicago, 2013); Edward Parker and Anna Lewington, *Ancient Trees: Trees That Live for a Thousand Years* (London, 2012); and articles by Sergi Munné-Bosch.

定年：Doug Macdougall, *Nature's Clocks: How Scientists Measure the Age of Almost Everything* (Berkeley, 2008).

證據：Michael Strevens, *The Knowledge Machine: How Irrationality Created Modern Science* (New York, 2020).

同步：Vanessa Ogle, *The Global Transformation of Time: 1870–1950* (Cambridge, MA, 2015).

十九世紀：C. A. Bayly, *The Birth of the Modern World, 1780–1914* (Oxford, 2003); and Jürgen Osterhammel, *The Transformation of the World: A Global History of the Nineteenth Century* (Princeton, 2014 [2009]).

多尺度歷史：Deborah R. Coen, "Big Is a Thing of the Past: Climate Change and Methodology in the History of Ideas," *Journal of the History of Ideas* 77, no. 2 (April 2016):

# 參考文獻

我在腦內打了千頁的草稿，而編輯縮減成這本書。我腦中完整的版本是為了創造出一個不存在的跨學科領域。我由專業經驗得知，我的研究嚴重不完整，又過度得誇張。由於沒必要把我讀過的所有資料編目，因此以下的清單是經過挑選的。

## 前言：尋找最老生物

植物：Francis Hallé, *In Praise of Plants* (Portland, OR, 2002).

樹木：Colin Tudge, *The Secret Life of Trees: How They Live, and Why They Matter* (London, 2005); Rémy J. Petit and Arndt Hampe, "Some Evolutionary Consequences of Being a Tree," *Annual Review of Ecology, Evolution, and Systematics* 37 (2006): 187–214; Suzanne Simard, *Finding the Mother Tree: Discovering the Wisdom of the Forest* (New York, 2021); and Shannon Mattern, "Tree Thinking," *Places Journal*, September 2021 [online only].

針葉樹：Aljos Farjon, *A Natural History of Conifers* (Portland, OR, 2008); and the online Gymnosperm Database.

林火：Stephen J. Pyne, *Fire: A Brief History*, 2nd ed. (Seattle, 2019).

森林濫伐：Michael Williams, *Deforesting the Earth: From Prehistory to Global Crisis, an Abridgment* (Chicago, 2006).

利用：Joachim Radkau, *Wood: A History* (Cambridge, 2012).

國家林業：Brett Bennett, *Plantations and Protected Areas: A Global History of Forest Management* (Cambridge, MA, 2015).

中國森林利用：Ian M. Miller, *Fir and Empire: The Transformation of Forests in Early Modern China* (Seattle, 2020).

神聖樹林：Jan Woudstra and Colin Roth, eds., *A History of Groves* (London, 2018).

古代案例研究：Darice Elizabeth Birge, "Sacred Groves in the Ancient Greek World" (PhD diss., UC Berkeley, 1982); and Alisa Hunt, *Reviving Roman Religion: Sacred Trees in the Roman World* (Cambridge, 2016).

希伯倫的上古櫟樹：F. Nigel Hepper and Shimon Gibson, "Abraham's Oak of Mamre: The

# 老樹的故事

## 從宗教、科學、歷史看古老植物與人類的關係

Elderflora: A Modern History of Ancient Trees

作　　者　傑瑞德．法莫（Jared Farmer）
譯　　者　周沛郁
審　　訂　林政道
封面設計　廖韡
內頁排版　藍天圖物宣字社
責任編輯　王辰元
協力編輯　洪禎璐

發 行 人　蘇拾平
總 編 輯　蘇拾平
副總編輯　王辰元
資深主編　夏于翔
主　　編　李明瑾
行銷企劃　廖倚萱
業務發行　王綬晨、邱紹溢、劉文雅
出　　版　日出出版
新北市231新店區北新路三段207-3號5樓
電話（02）8913-1005　傳真：（02）8913-1056
發　　行　大雁出版基地
新北市231新店區北新路三段207-3號5樓
24小時傳真服務（02）8913-1056
Email：andbooks@andbooks.com.tw
劃撥帳號：19983379　戶名：大雁文化事業股份有限公司

初版一刷　2025年6月
定　　價　1000元


ISBN 978-626-7568-25-5
ISBN 978-626-7568-21-7（EPUB）



國家圖書館出版品預行編目（CIP）資料

老樹的故事：從宗教、科學、歷史看古老植物與人類的關係 / 傑瑞德．法莫（Jared Farmer）著；周沛郁譯. -- 初版. -- 新北市：日出出版：大雁出版基地發行, 2025.6
520面；17×23公分
譯自：Elderflora: A Modern History of Ancient Trees
ISBN 978-626-7568-25-5
1. 樹木

436.1111　　113014078